큐브 개념 동영상 강의

학습 효과를 높이는 개념 설명 강의

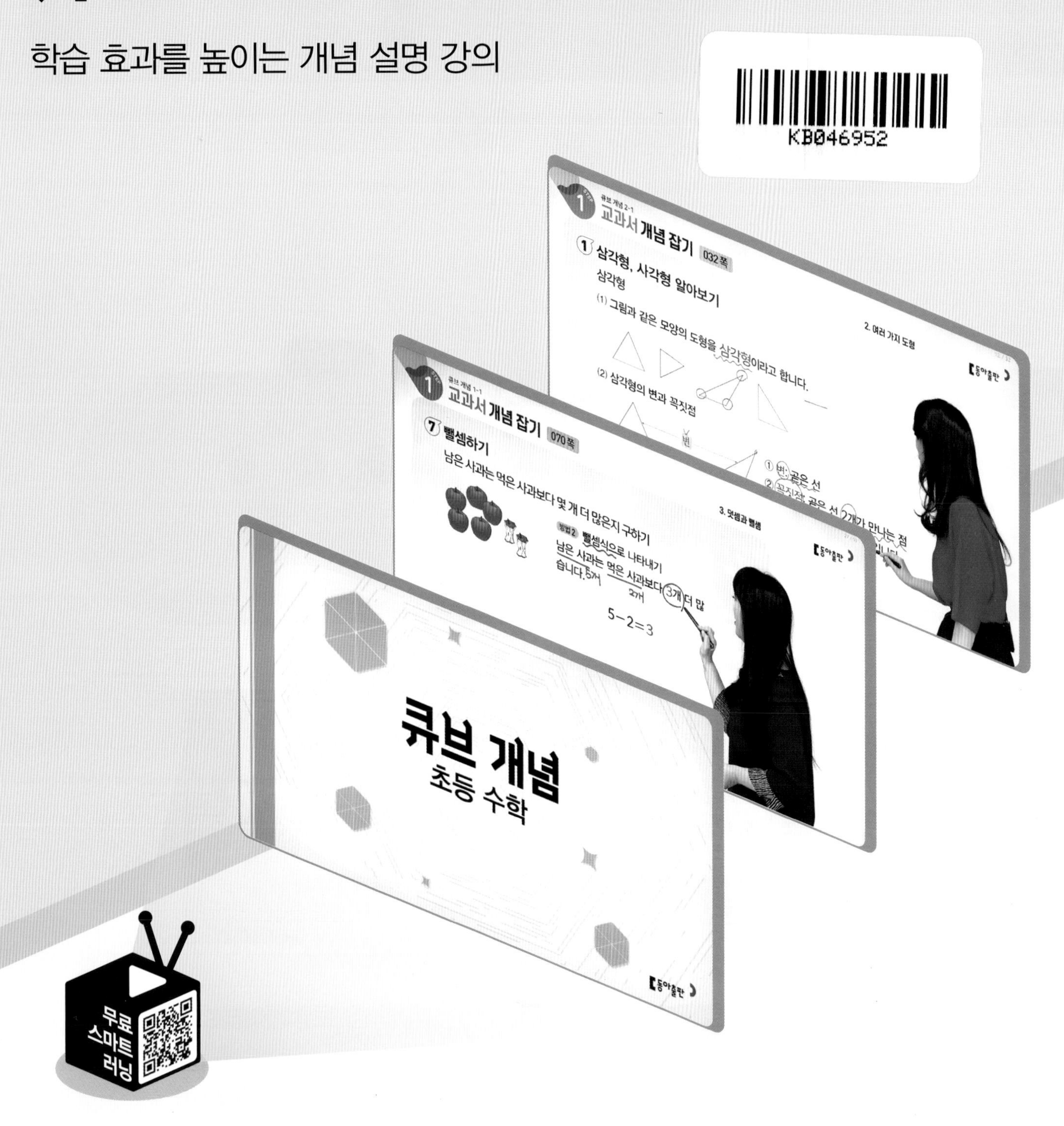

1초 만에 바로 강의 시청

QR코드를 스캔하여 개념 이해 강의를 바로 볼 수 있습니다. 개념별로 제공되는 강의를 보면 빈틈없는 개념을 완성할 수 있습니다.

친절한 개념 동영상 강의

수학 전문 선생님의 친절한 개념 강의를 보면서 교과서 개념을 쉽고 빠르게 이해할 수 있습니다.

수학의 기본

큐브 시리즈

큐브 연산 | 1~6학년 1, 2학기(전 12권)

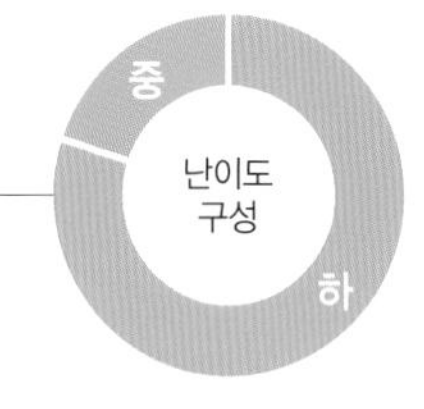

전 단원 연산을 다잡는 기본서

- 교과서 전 단원 구성
- 개념–연습–적용–완성 4단계 유형 학습
- 실수 방지 팁과 문제 제공

큐브 개념 | 1~6학년 1, 2학기(전 12권)

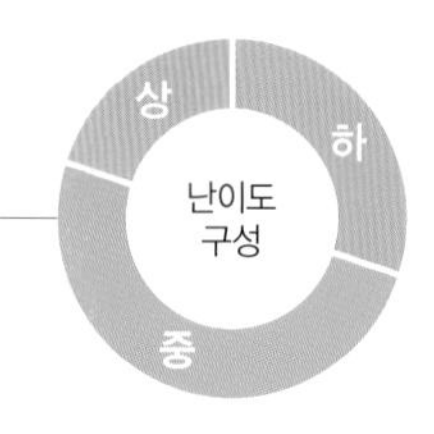

교과서 개념을 다잡는 기본서

- 교과서 개념을 시각화 구성
- 수학익힘 교과서 완벽 학습
- 기본 강화책 제공

큐브 유형 | 1~6학년 1, 2학기(전 12권)

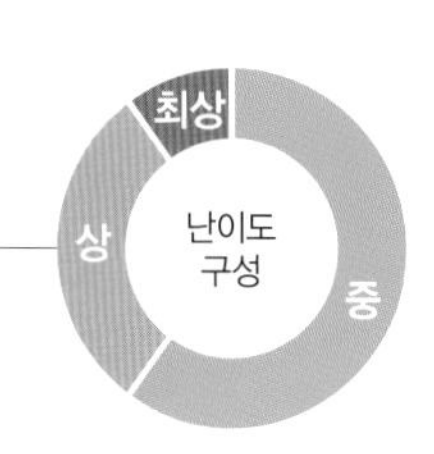

모든 유형을 다잡는 기본서

- 기본부터 응용까지 모든 유형 구성
- 대표 예제로 유형 해결 방법 학습
- 서술형 강화책 제공

큐브 개념

개념책

초등 수학

1·2

큐브 개념

구성과 특징

큐브 개념은 교과서 개념과 수학익힘 문제를 한 권에 담은 기본 개념서입니다.

개념책

1STEP 교과서 개념 잡기

꼭 알아야 할 교과서 개념을 시각화하여 쉽게 이해

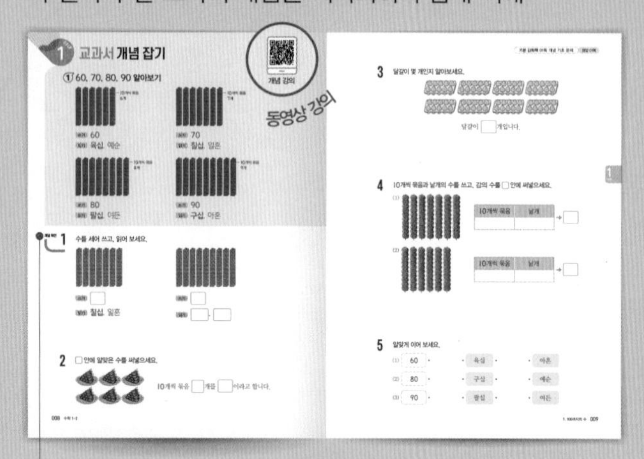

개념 확인 문제
배운 개념의 내용을 같은 형태의 문제로 한 번 더 확인

2STEP 수학익힘 문제 잡기

수학익힘의 교과서 문제 유형 제공

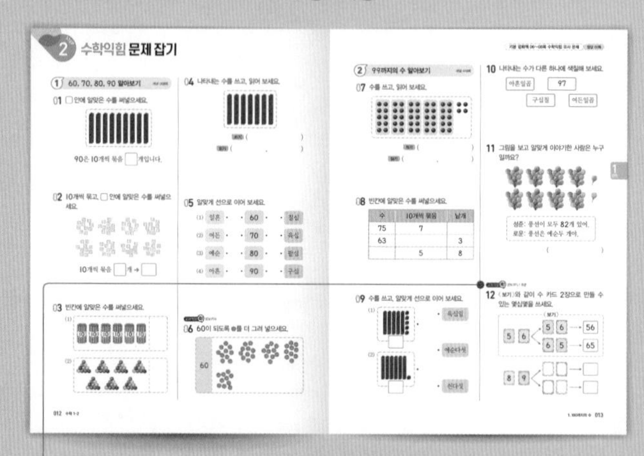

교과 역량 문제
생각하는 힘을 키우는 문제로 5가지 수학 교과 역량이 반영된 문제

개념 기초 문제를 한 번 더!

수학익힘 유사 문제를 한 번 더!

기본 강화책

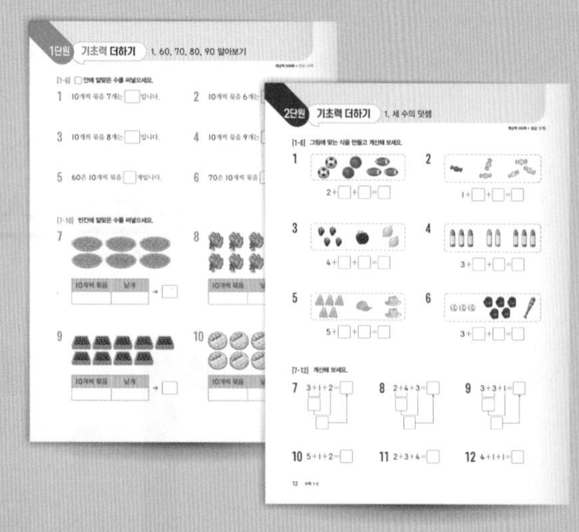

기초력 더하기
개념책의 〈교과서 개념 잡기〉 학습 후
개념별 기초 문제로 기본기 완성

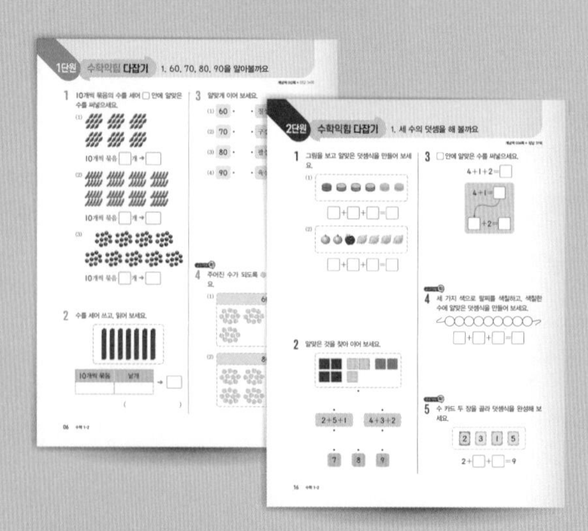

수학익힘 다잡기
개념책의 〈수학익힘 문제 잡기〉 학습 후
수학익힘 유사 문제를 반복 학습하여 수학 실력 완성

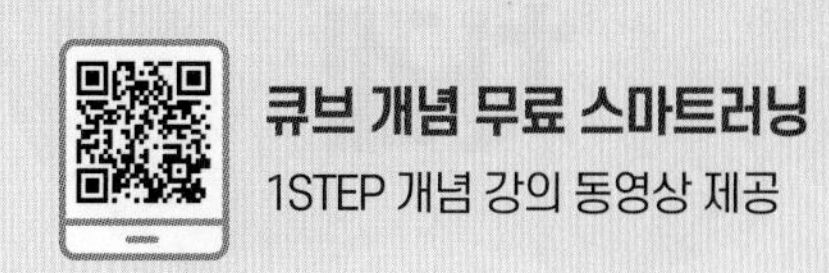

3STEP **서술형 문제 잡기**

풀이 과정을 따라 쓰며 익히는 연습 문제와 유사 문제로 구성

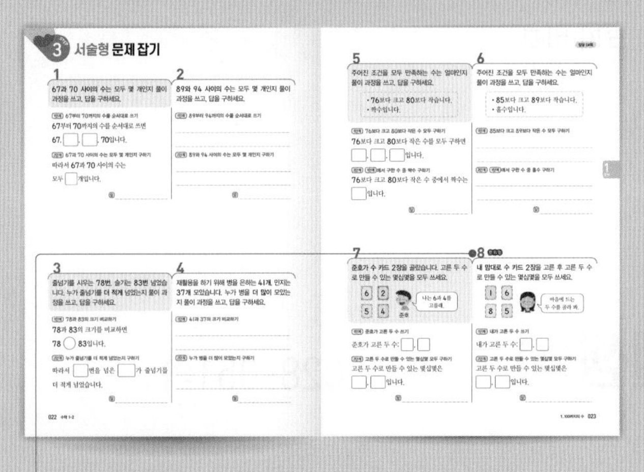

창의형 문제
다양한 형태의 답으로 창의력을 키울 수 있는 문제

평가 **단원 마무리 + 1~6단원 총정리**

마무리 문제로 단원별 실력 확인

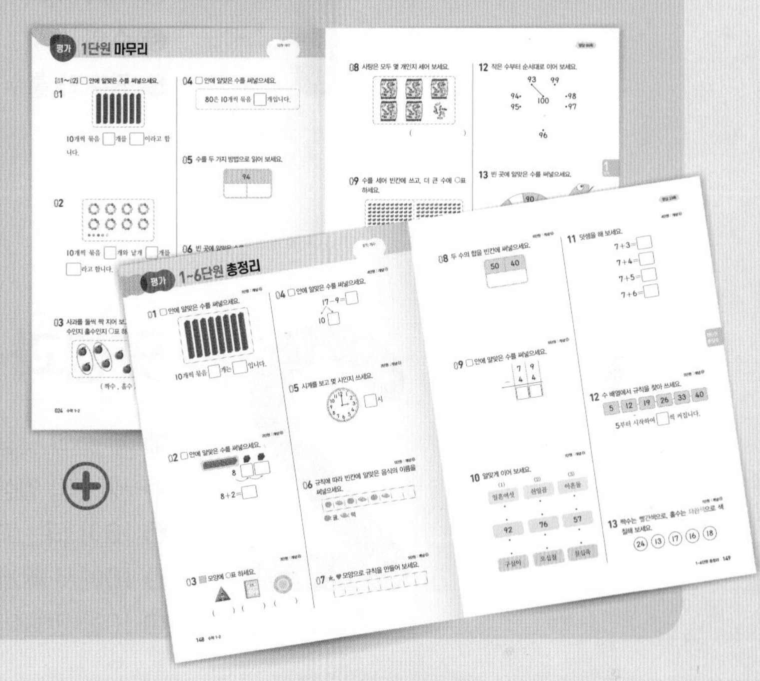

큐브 개념은 이렇게 활용하세요.

❶ 코너별 반복 학습으로 기본을 다지는 방법

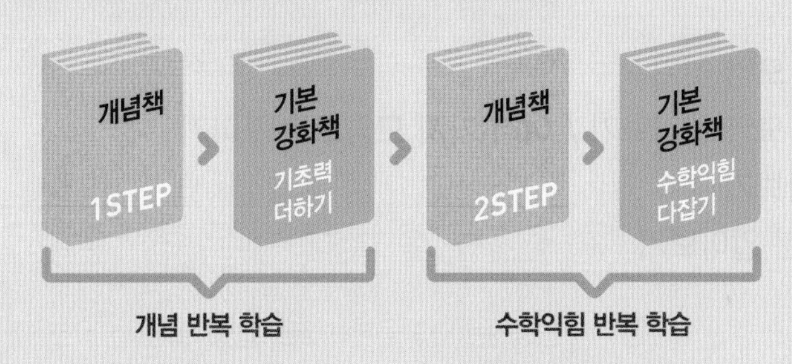

❷ 예습과 복습으로 개념을 쉽고 빠르게 이해하는 방법

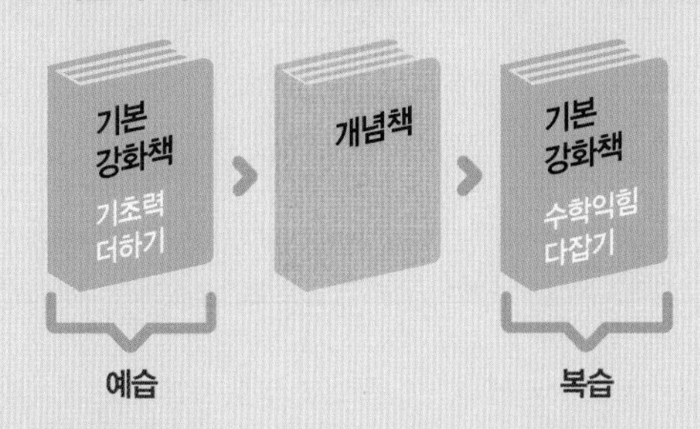

큐브 개념

차례

1

100까지의 수

학습을 끝낸 후
색칠하세요.

❶ 60, 70, 80, 90 알아보기
❷ 99까지의 수 알아보기

이전에 배운 내용

[1-1] 50까지의 수

50까지의 수 알아보기
50까지 수의 순서
50까지 수의 크기 비교

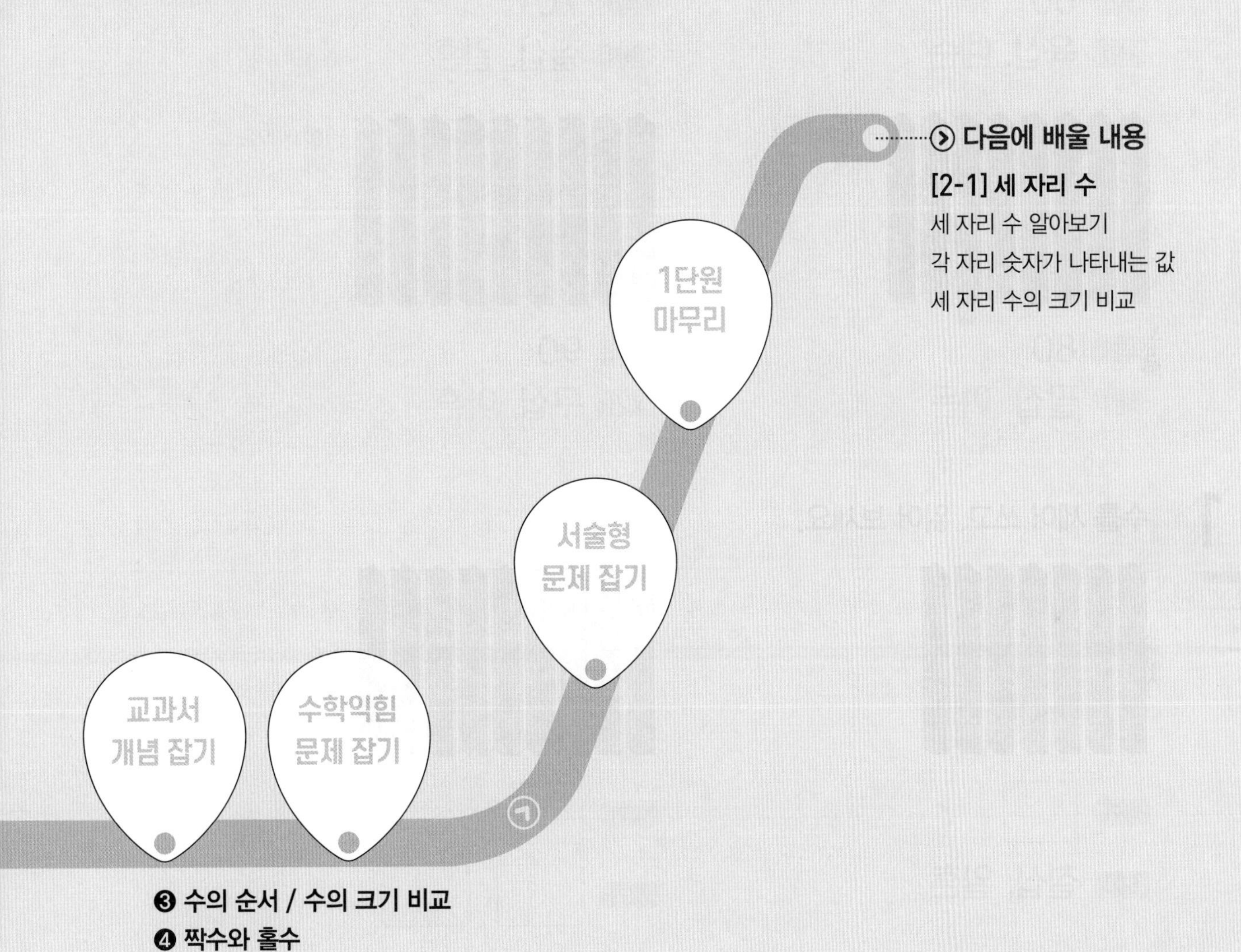

❸ 수의 순서 / 수의 크기 비교
❹ 짝수와 홀수

다음에 배울 내용

[2-1] 세 자리 수

세 자리 수 알아보기

각 자리 숫자가 나타내는 값

세 자리 수의 크기 비교

STEP 1 **교과서 개념 잡기**

① 60, 70, 80, 90 알아보기

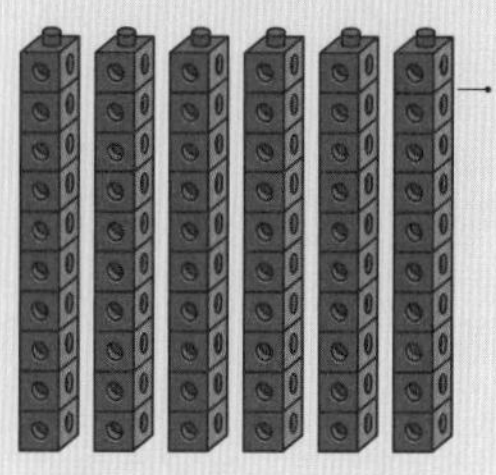

10개씩 묶음 6개

쓰기 60

읽기 육십, 예순

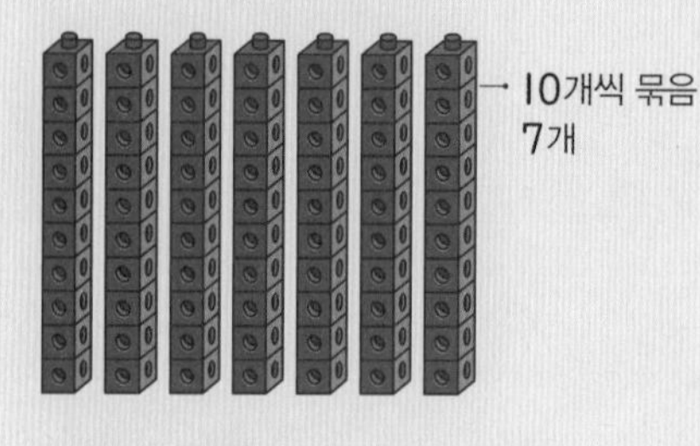

10개씩 묶음 7개

쓰기 70

읽기 칠십, 일흔

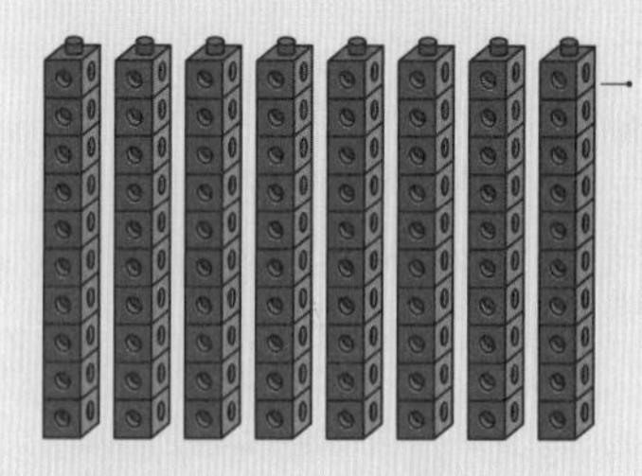

10개씩 묶음 8개

쓰기 80

읽기 팔십, 여든

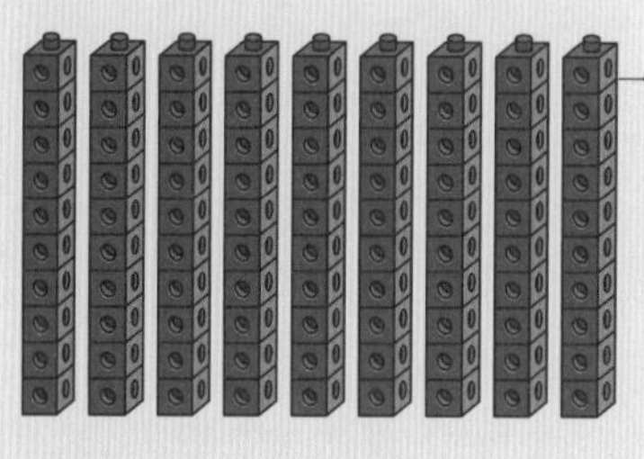

10개씩 묶음 9개

쓰기 90

읽기 구십, 아흔

개념 확인 **1** 수를 세어 쓰고, 읽어 보세요.

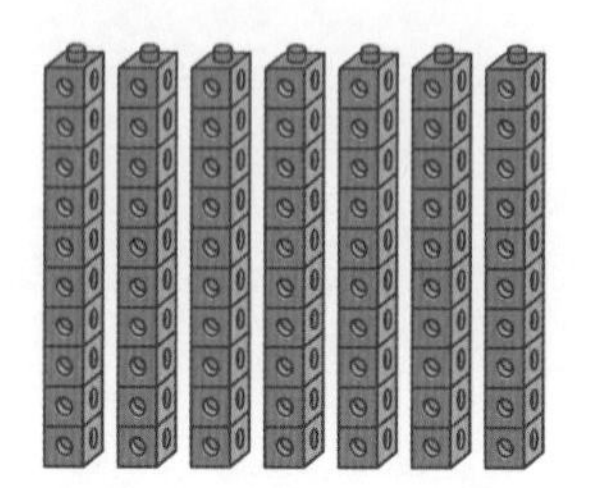

쓰기 ☐

읽기 칠십, 일흔

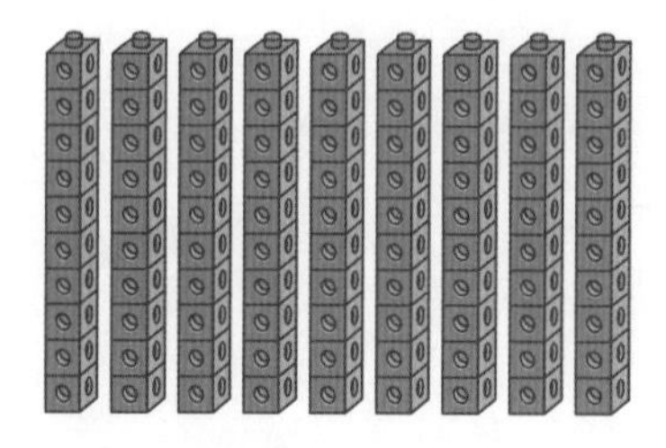

쓰기 ☐

읽기 ☐, ☐

2 ☐ 안에 알맞은 수를 써넣으세요.

10개씩 묶음 ☐개를 ☐이라고 합니다.

3 달걀이 몇 개인지 알아보세요.

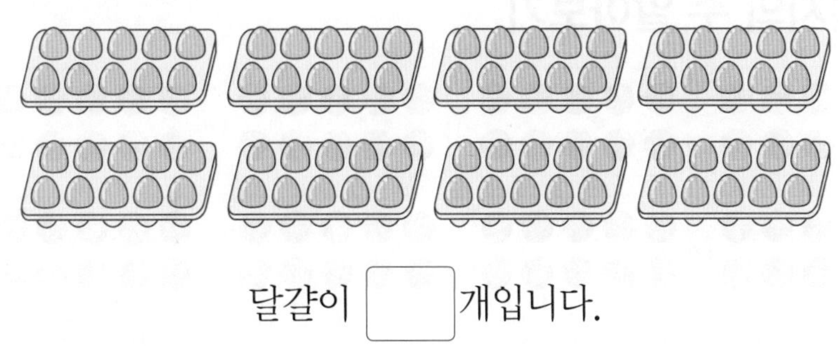

달걀이 [ ] 개입니다.

4 10개씩 묶음과 낱개의 수를 쓰고, 감의 수를 [ ] 안에 써넣으세요.

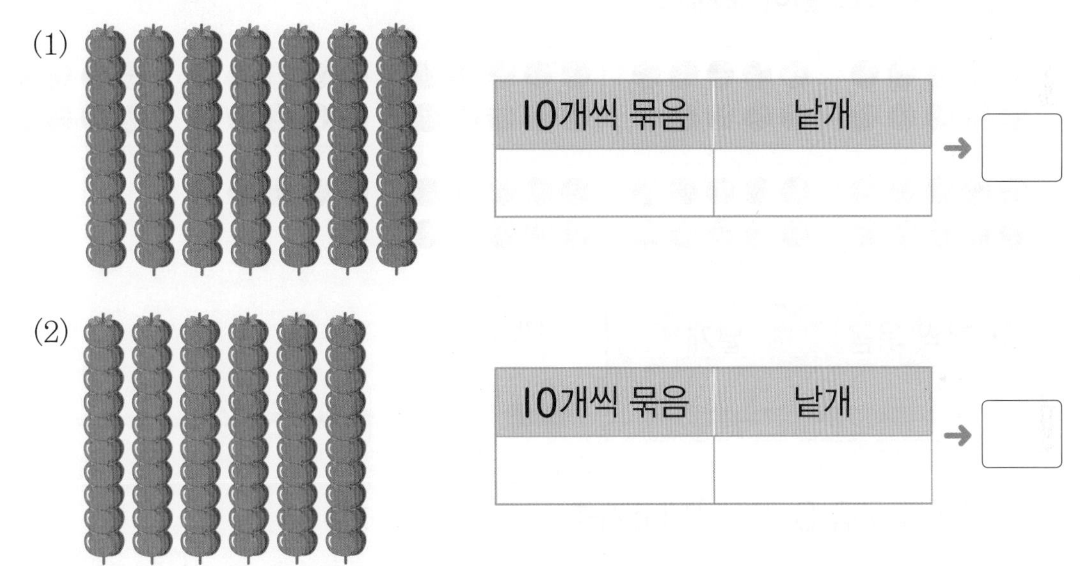

(1)

10개씩 묶음	낱개

→ [ ]

(2)

10개씩 묶음	낱개

→ [ ]

5 알맞게 이어 보세요.

(1) 60 · · 육십 · · 아흔

(2) 80 · · 구십 · · 예순

(3) 90 · · 팔십 · · 여든

교과서 개념 잡기

② 99까지의 수 알아보기

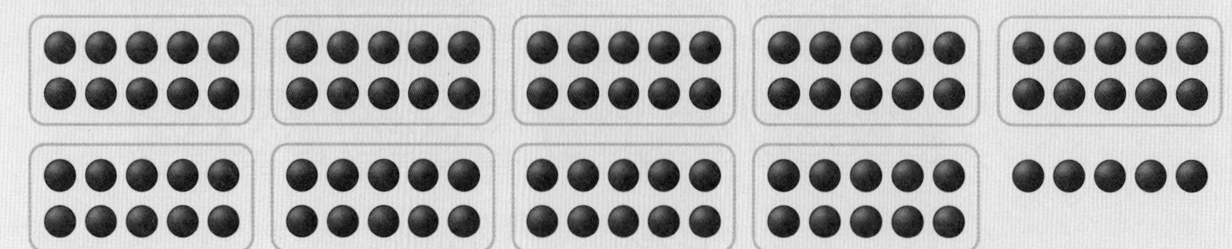

10개씩 묶음	낱개
9	5

쓰기 95

읽기 구십오, 아흔다섯

95를 '구십다섯' 또는 '아흔오'로 읽지 않도록 주의해.

→ 10개씩 묶음 9개와 낱개 5개를 95라고 합니다.

개념 확인 **1** 수를 세어 쓰고, 읽어 보세요.

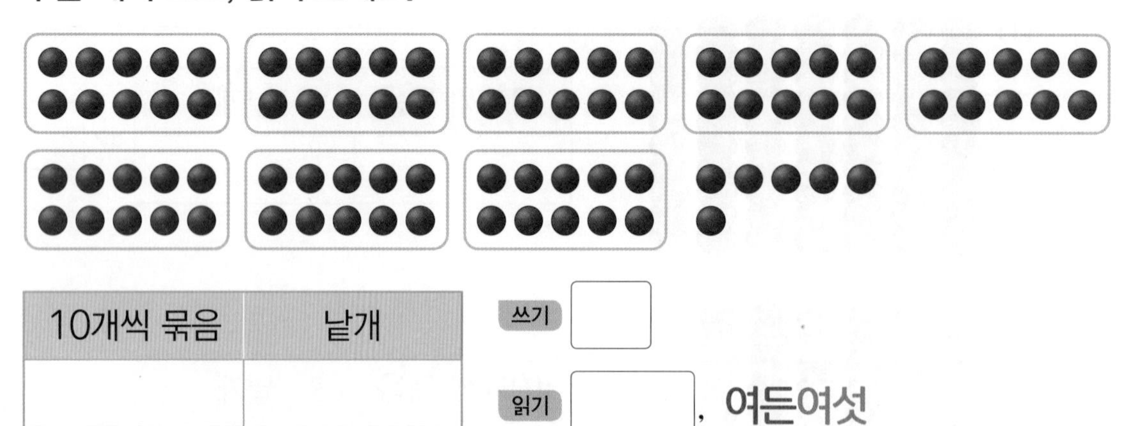

10개씩 묶음	낱개

쓰기 ☐

읽기 ☐, 여든여섯

→ 10개씩 묶음 8개와 낱개 6개를 ☐이라고 합니다.

2 ☐ 안에 알맞은 수나 말을 써넣으세요.

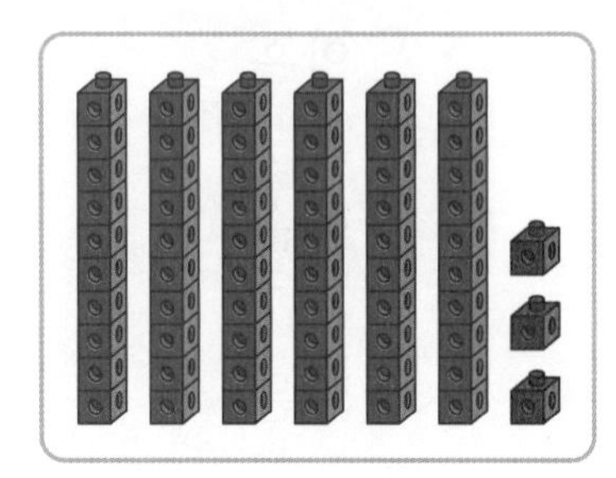

10개씩 묶음 6개와 낱개 3개를 ☐이라 쓰고,

육십삼 또는 ☐이라고 읽습니다.

3 나타내는 수를 바르게 쓰세요.

(1) 칠십구 ➜ ☐ (2) 아흔하나 ➜ ☐

4 지우개가 몇 개인지 알아보세요.

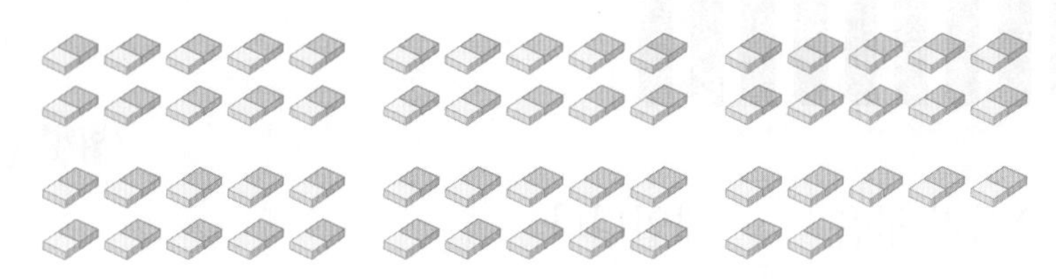

(1) 위 그림에서 지우개를 10개씩 묶어 보세요.

(2) 모두 몇 개인지 수를 쓰세요.

10개씩 묶음	낱개

➜ ☐

5 알맞게 이어 보세요.

(1)	10개씩 묶음 6개와 낱개 1개	육십일	일흔일곱
(2)	10개씩 묶음 7개와 낱개 7개	팔십삼	여든셋
(3)	10개씩 묶음 8개와 낱개 3개	칠십칠	예순하나

6 버스 번호를 바르게 읽은 것에 ○표 하세요.

88(팔십팔 , 여든여덟)번
버스를 타면 집에 갈 수 있어!

STEP 2 수학익힘 문제 잡기

1 60, 70, 80, 90 알아보기 개념 008쪽

01 ☐ 안에 알맞은 수를 써넣으세요.

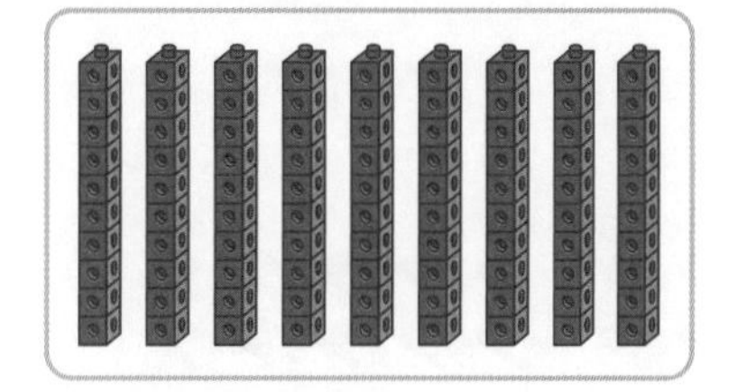

90은 10개씩 묶음 ☐개입니다.

02 10개씩 묶고, ☐ 안에 알맞은 수를 써넣으세요.

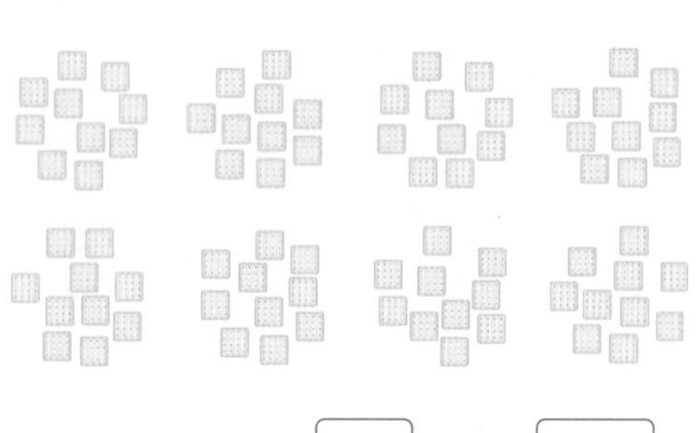

10개씩 묶음 ☐개 → ☐

03 빈칸에 알맞은 수를 써넣으세요.

(1)

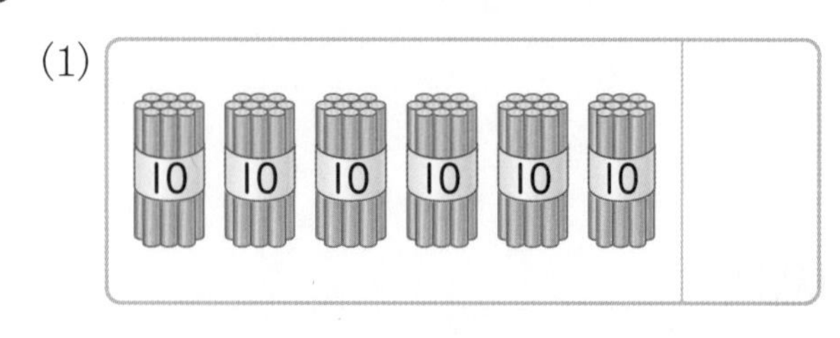

(2)

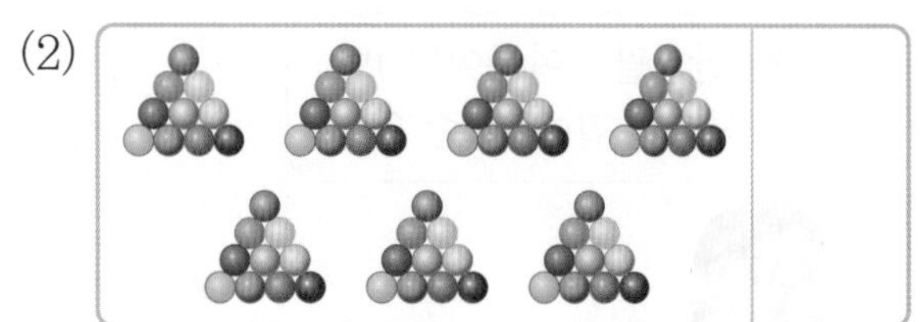

04 나타내는 수를 쓰고, 읽어 보세요.

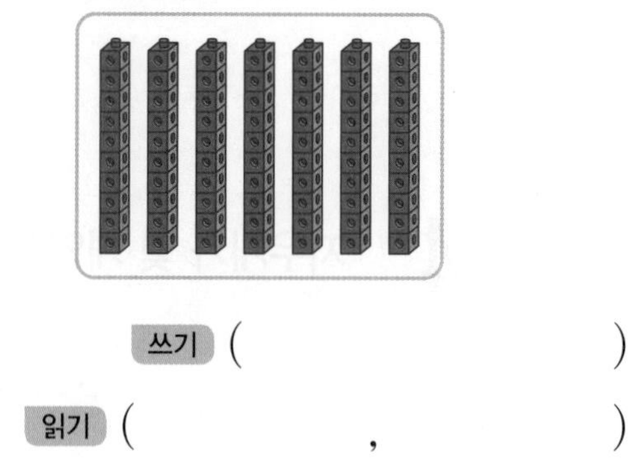

쓰기 (   )

읽기 (,   )

05 알맞게 선으로 이어 보세요.

(1) 일흔 · · 60 · · 칠십

(2) 여든 · · 70 · · 육십

(3) 예순 · · 80 · · 팔십

(4) 아흔 · · 90 · · 구십

교과역량 콕! 정보처리

06 60이 되도록 ●를 더 그려 넣으세요.

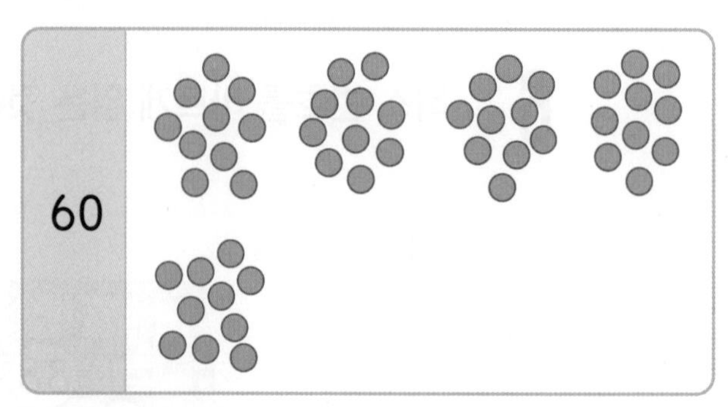

2 99까지의 수 알아보기

개념 010쪽

07 수를 쓰고, 읽어 보세요.

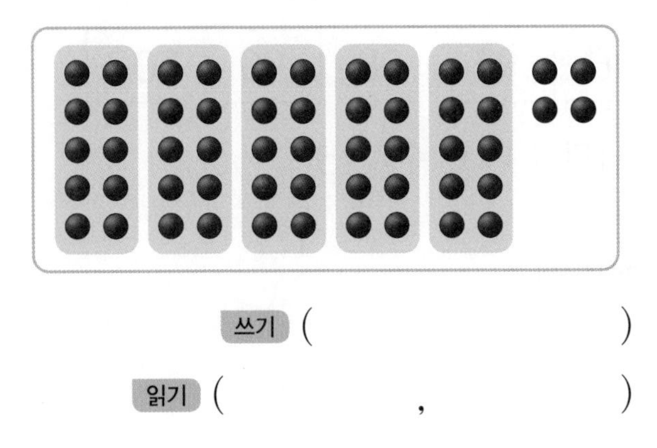

쓰기 (   )

읽기 (,   )

08 빈칸에 알맞은 수를 써넣으세요.

수	10개씩 묶음	낱개
75	7	
63		3
	5	8

09 수를 쓰고, 알맞게 선으로 이어 보세요.

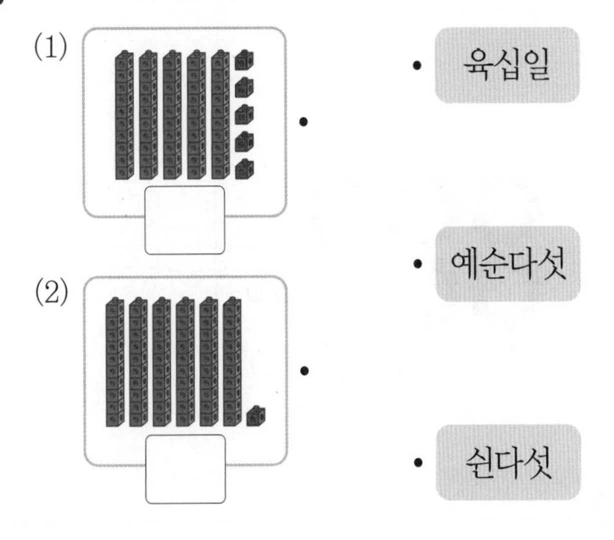

10 나타내는 수가 다른 하나에 색칠해 보세요.

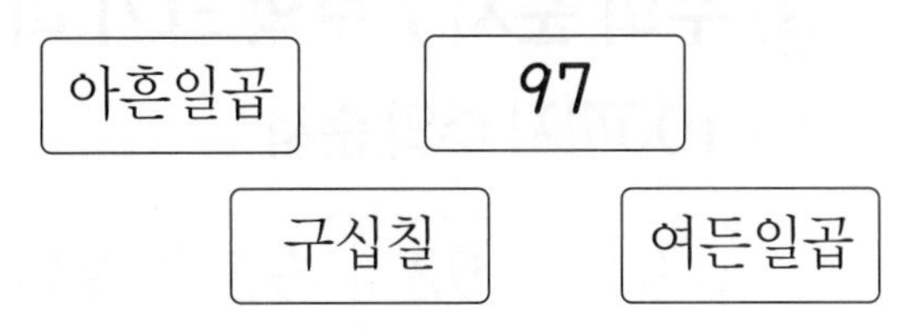

11 그림을 보고 알맞게 이야기한 사람은 누구일까요?

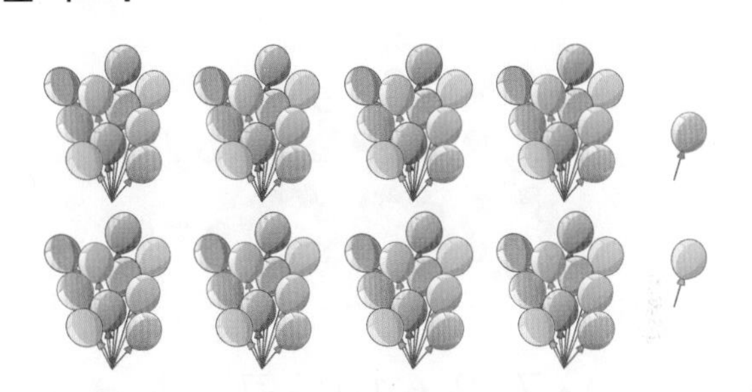

성준: 풍선이 모두 82개 있어.
로운: 풍선은 예순두 개야.

(   )

교과역량 콕! 정보처리 | 추론

12 〈보기〉와 같이 수 카드 2장으로 만들 수 있는 몇십몇을 쓰세요.

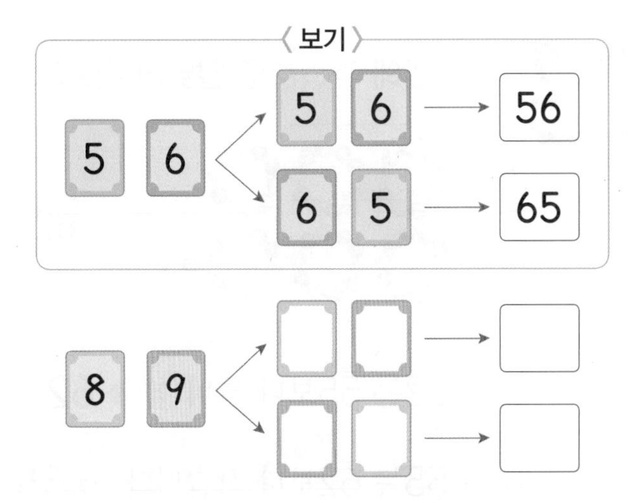

1 단원

STEP 1 교과서 개념 잡기

③ 수의 순서 / 수의 크기 비교

100까지 수의 순서

91	92	93	94	95	96	97	98	99	100

- 92보다 1만큼 더 작은 수: 91, 92보다 1만큼 더 큰 수: 93
- 95와 97 사이의 수: 96
- 99보다 1만큼 더 큰 수: 쓰기 100 읽기 백

수의 크기 비교

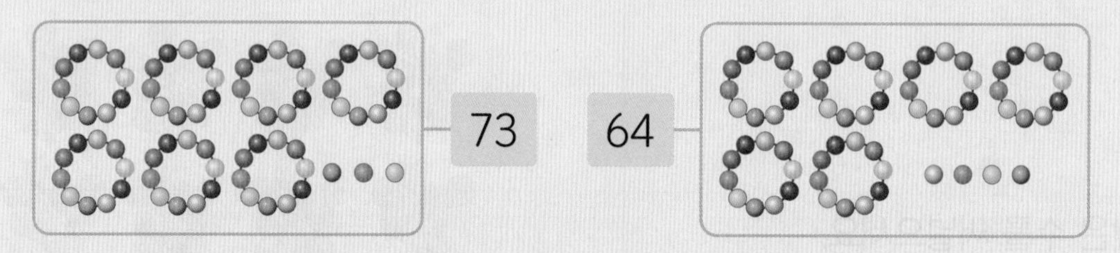

- 73은 64보다 큽니다. → 73 (>) 64
- 64는 73보다 작습니다. → 64 (<) 73

10개씩 묶음의 수가 클수록 더 큰 수야.
10개씩 묶음의 수가 같으면
낱개의 수가 클수록 더 큰 수야.

개념 확인 **1** □ 안에 알맞은 수를 써넣으세요.

61	62	63	64	65	66	67	68	69	70

- 63보다 1만큼 더 작은 수: □
- 67과 69 사이의 수: □

개념 확인 **2** ○ 안에 >, <를 알맞게 써넣으세요.

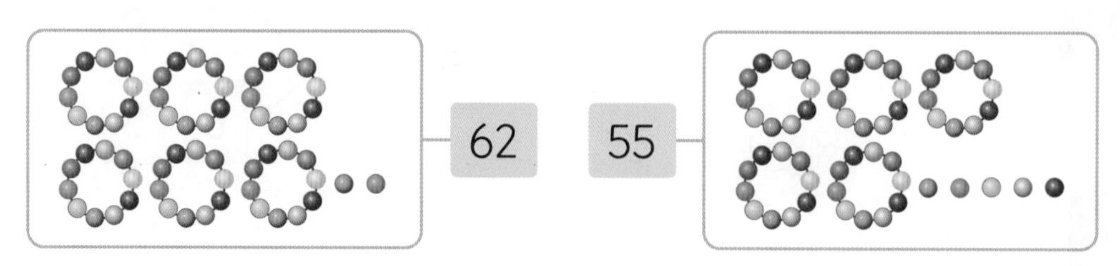

- 62는 55보다 큽니다. → 62 ○ 55
- 55는 62보다 작습니다. → 55 ○ 62

3 그림을 보고 빈 곳에 알맞은 수를 써넣으세요.

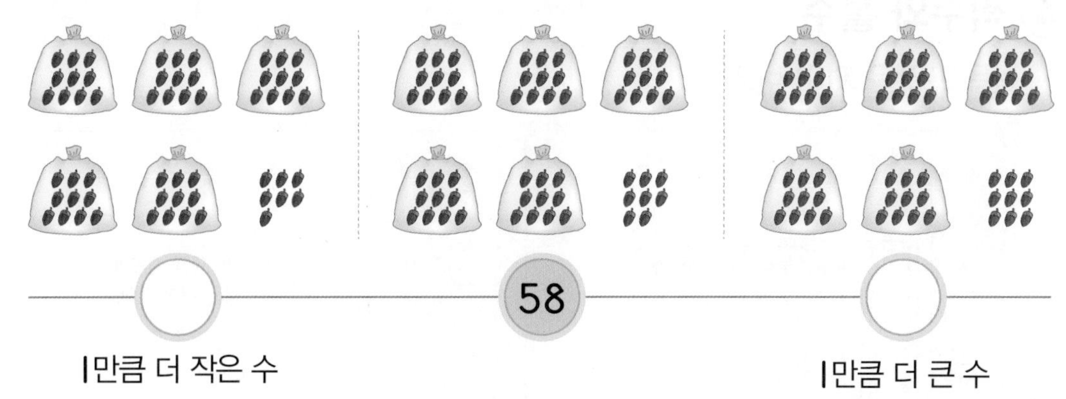

58

1만큼 더 작은 수

1만큼 더 큰 수

4 ☐ 안에 알맞은 수나 말을 써넣으세요.

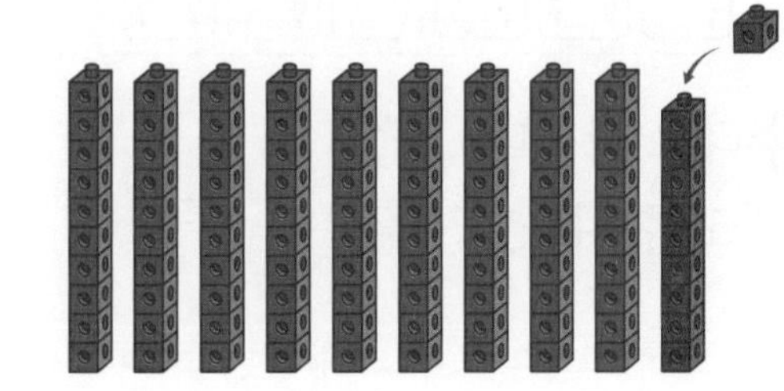

99보다 1만큼 더 큰 수를 ☐이라 하고 ☐이라고 읽습니다.

5 74와 78의 크기를 비교해 보세요.

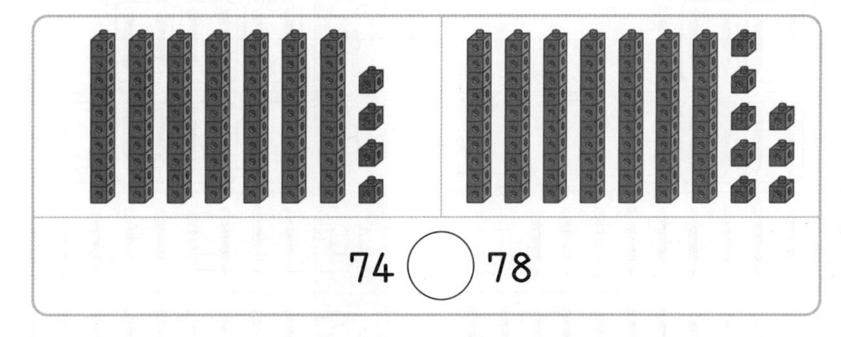

74 ◯ 78

(1) 위 그림의 ◯ 안에 >, <를 알맞게 써넣으세요.

(2) 알맞은 말에 ○표 하세요.

74는 78보다 (큽니다 , 작습니다).

78은 74보다 (큽니다 , 작습니다).

STEP 1 교과서 개념 잡기

④ 짝수와 홀수

둘씩 짝을 지어 보기

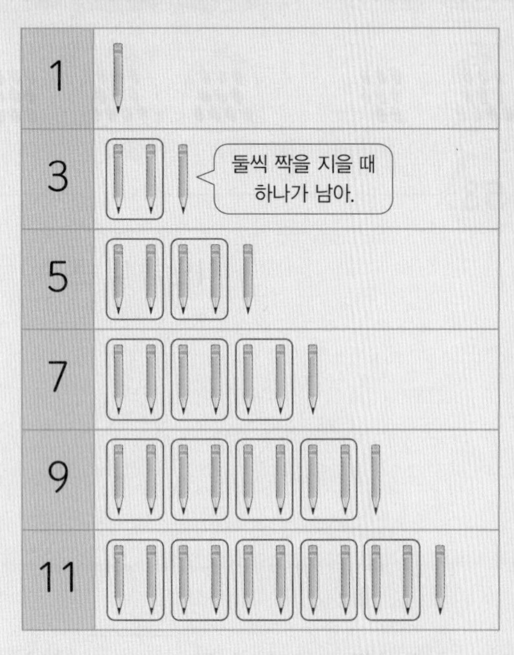

2	
4	둘씩 짝을 지을 때 남는 것이 없어.
6	
8	
10	
12	

• 2, 4, 6, 8, 10, 12와 같은 수를 **짝수**라고 합니다.

• 1, 3, 5, 7, 9, 11과 같은 수를 **홀수**라고 합니다.

개념 확인 **1** 둘씩 짝을 지어 보고, ☐ 안에 알맞은 말을 써넣으세요.

1		2	
3		4	
5		6	
7		8	
9		10	
11		12	

• 2, 4, 6, 8, 10, 12와 같은 수를 ☐ 라고 합니다.

• 1, 3, 5, 7, 9, 11과 같은 수를 ☐ 라고 합니다.

2 바나나를 보고 알맞은 말에 ○표 하세요.

7은 둘씩 짝을 지을 때 남는 것이 (있습니다 , 없습니다).
→ 7은 (짝수 , 홀수)입니다.

3 공깃돌의 수가 짝수인 것에 ○표 하세요.

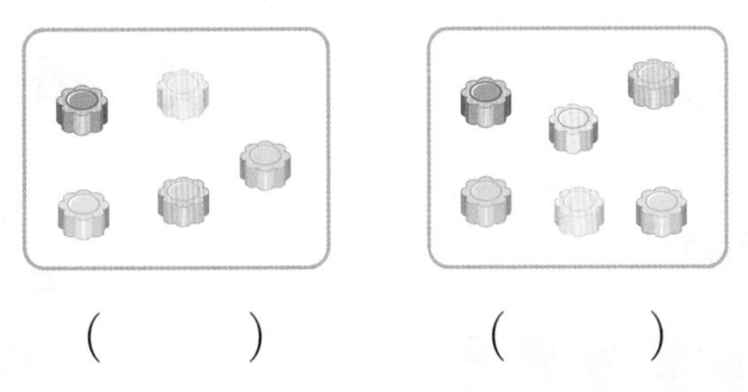

( ) ( )

4 수를 세어 □ 안에 쓰고, 짝수인지 홀수인지 ○표 하세요.

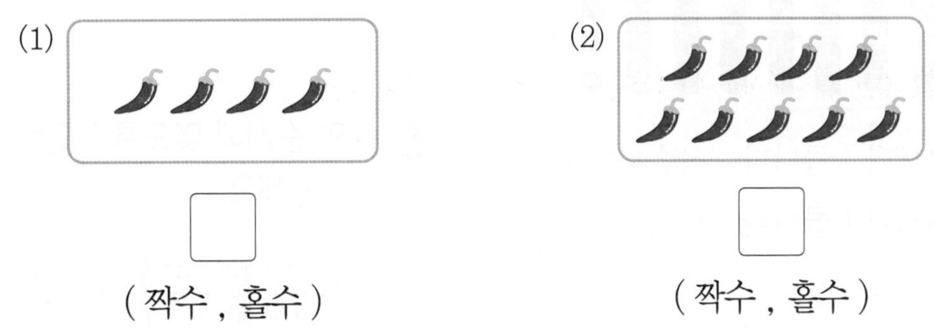

(짝수 , 홀수) (짝수 , 홀수)

5 짝수는 빨간색으로, 홀수는 파란색으로 이어 보세요.

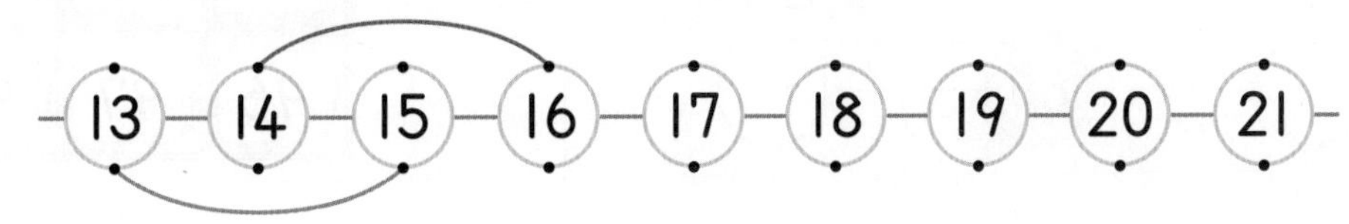

STEP 2 수학익힘 문제 잡기

3 수의 순서 / 수의 크기 비교

개념 014쪽

01 ☐ 안에 알맞은 수를 써넣으세요.

72보다 1만큼 더 작은 수는 ☐이고,

72보다 1만큼 더 큰 수는 ☐입니다.

02 알맞은 말에 ○표 하세요.

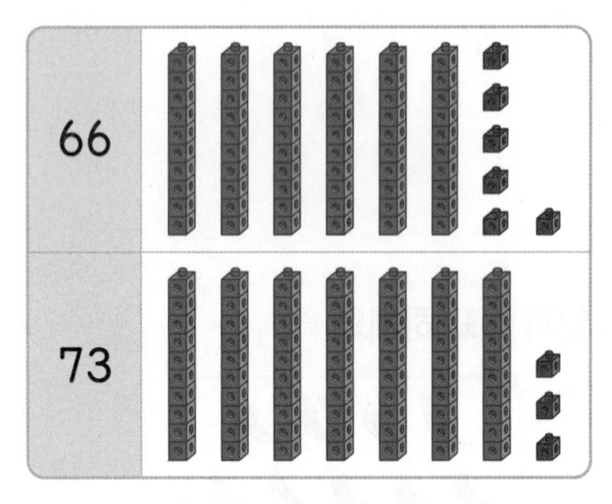

66은 73보다 (큽니다 , 작습니다).

73은 66보다 (큽니다 , 작습니다).

03 빈 곳에 알맞은 수를 써넣으세요.

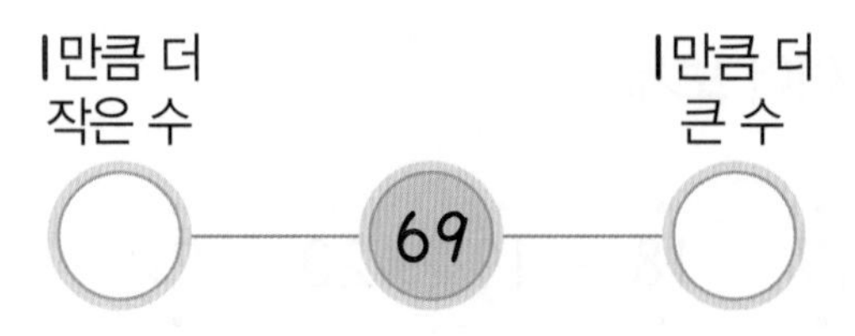

04 수의 순서대로 빈칸에 알맞은 수를 써넣으세요.

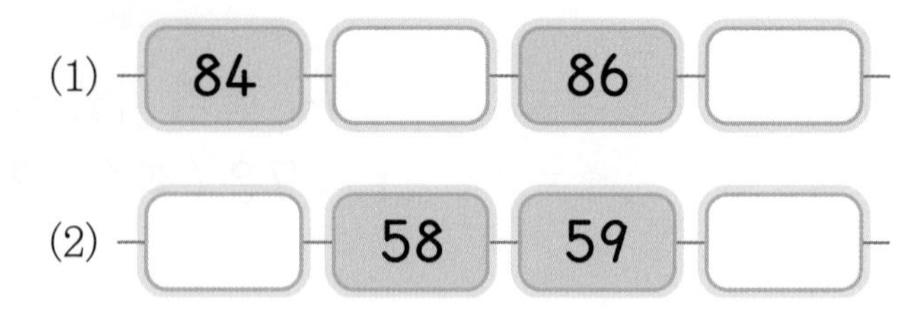

05 수를 순서대로 이어 보세요.

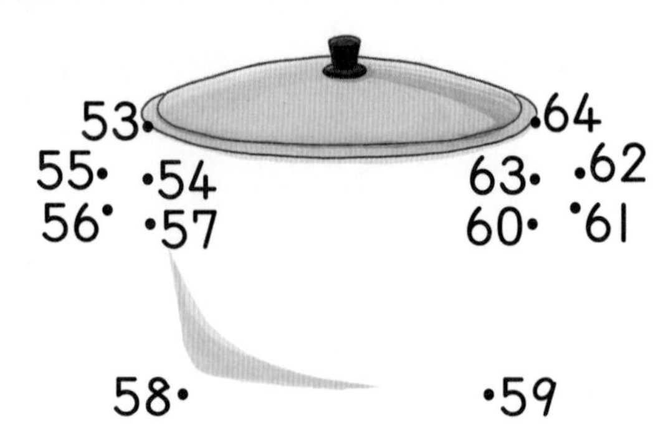

06 수의 순서에 맞도록 빈칸에 알맞은 번호를 써넣으세요.

76	77	78	79	80
	82	83		
	87	88	89	90
			94	95
96	97	98	99	

07 78과 82의 크기를 비교하여 ◯ 안에 >, <를 알맞게 써넣으세요.

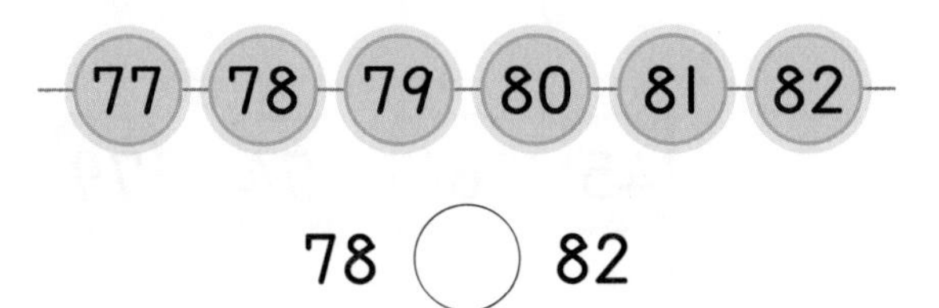

78 ◯ 82

교과역량 콕! 추론 | 연결

08 가게들이 번호 순서대로 있습니다. 주어진 번호의 위치에 알맞게 수를 써넣으세요.

72번 75번 80번

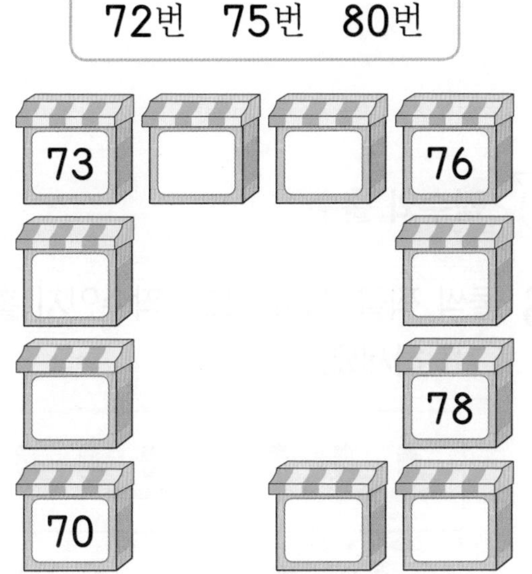

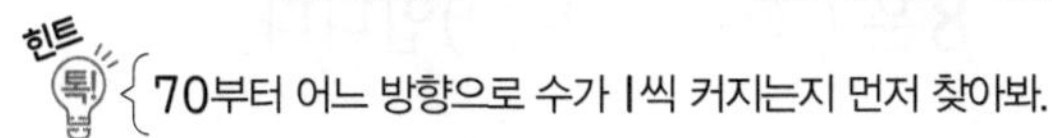

09 수를 세어 빈칸에 쓰고, 더 작은 수에 △표 하세요.

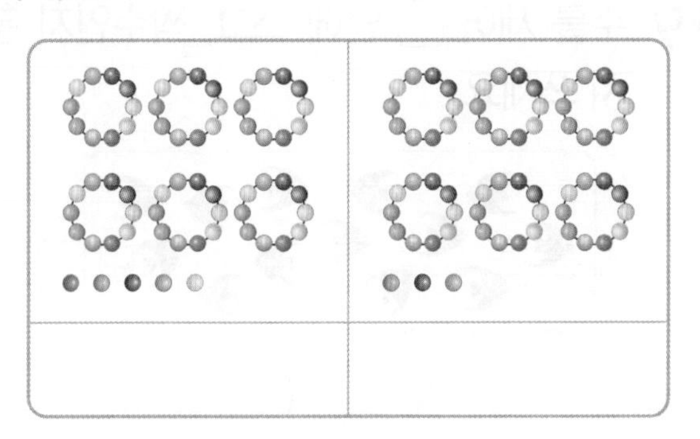

10 수를 세어 ☐ 안에 쓰고, ◯ 안에 >, <를 알맞게 써넣으세요.

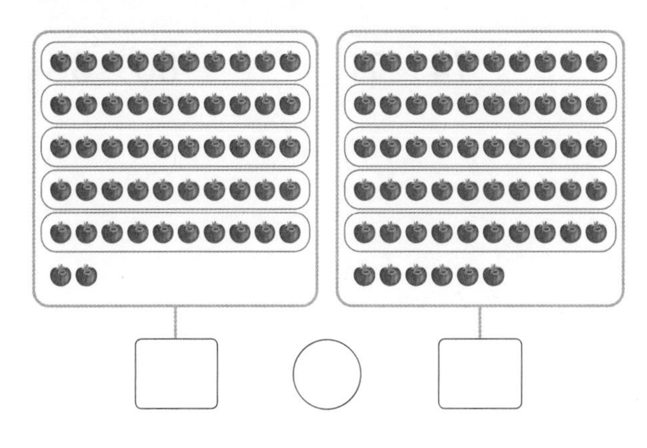

☐ ◯ ☐

11 두 수의 크기를 비교해 보세요.

62 65

(1) 62는 ☐보다 (큽니다 , 작습니다).

(2) ☐는 62보다 (큽니다 , 작습니다).

12 ◯ 안에 >, <를 알맞게 써넣으세요.

(1) 53 ◯ 70 (2) 97 ◯ 95

(3) 62 ◯ 85 (4) 76 ◯ 71

1 단원

13 두 수의 크기를 바르게 비교한 것에 ○표 하세요.

74>71　　　80>88

(　　)　　　(　　)

14 가장 큰 수를 찾아 쓰세요.

78　83　91

(　　　　　)

15 가장 큰 수에 ○표, 가장 작은 수에 △표 하세요.

65　61　89

16 은지, 유나, 선규 중 고구마를 가장 적게 캔 사람의 이름을 쓰세요.

은지	유나	선규
57개	53개	59개

(　　　　　)

교과역량 콕! 문제해결 | 추론

17 수 카드를 작은 수부터 차례로 놓으려고 합니다. 72 는 어디에 놓아야 할까요?

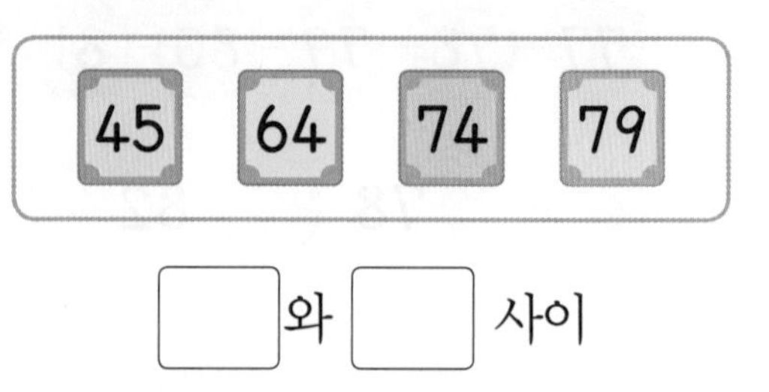

□와 □ 사이

힌트 톡! 45부터 하나씩 72와 크기를 비교해서 72를 어떤 수와 어떤 수 사이에 놓아야 하는지 찾아봐.

4 짝수와 홀수

개념 016쪽

18 둘씩 짝을 지어 보고, 짝수인지 홀수인지 ○표 하세요.

8은 (짝수 , 홀수)입니다.

19 수를 세어 □ 안에 쓰고, 짝수인지 홀수인지 쓰세요.

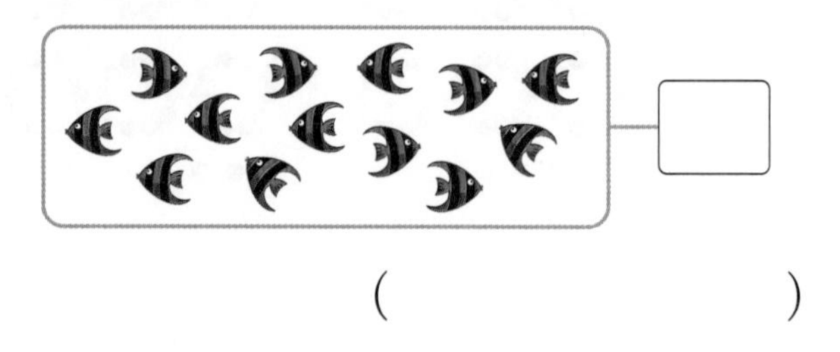

(　　　　　)

20 짝수에는 ○표, 홀수에는 △표 하세요.

21 짝수는 빨간색으로, 홀수는 노란색으로 색칠해 보세요.

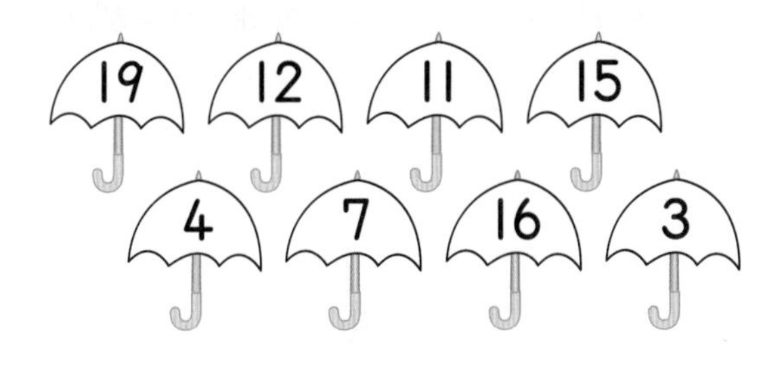

22 짝수인지 홀수인지 ○표 하세요.

(1) 운동장에 학생이 14명 있습니다.
→ 학생 수는 (짝수 , 홀수)입니다.

(2) 화단에 꽃이 17송이 피었습니다.
→ 꽃의 수는 (짝수 , 홀수)입니다.

23 홀수를 따라 선을 그어 보세요.

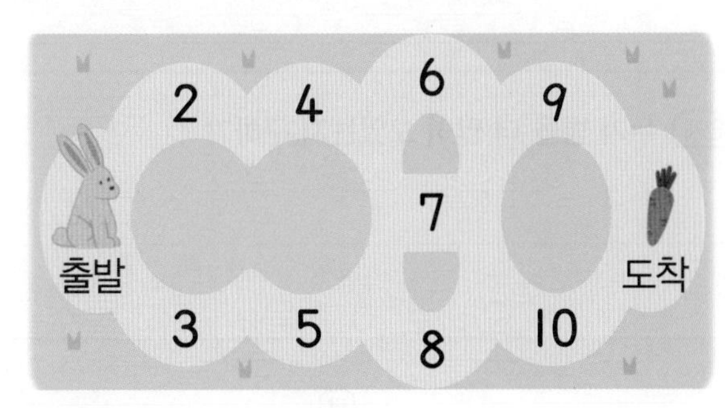

24 책상 위에 있는 지우개와 가위의 수가 각각 짝수인지, 홀수인지 쓰세요.

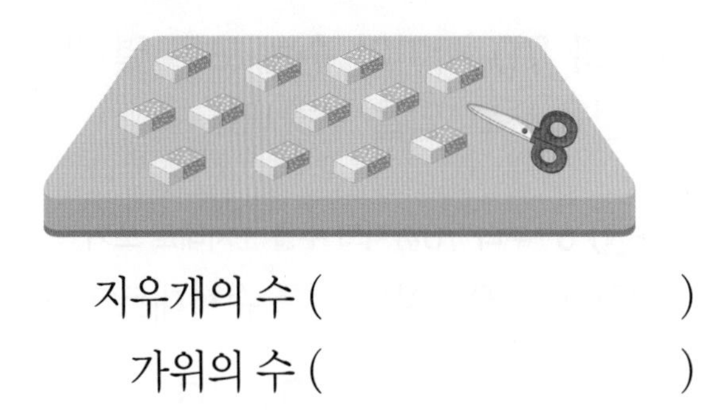

지우개의 수 (　　　　　)

가위의 수 (　　　　　)

25 짝수만 모여 있는 것에 ○표 하세요.

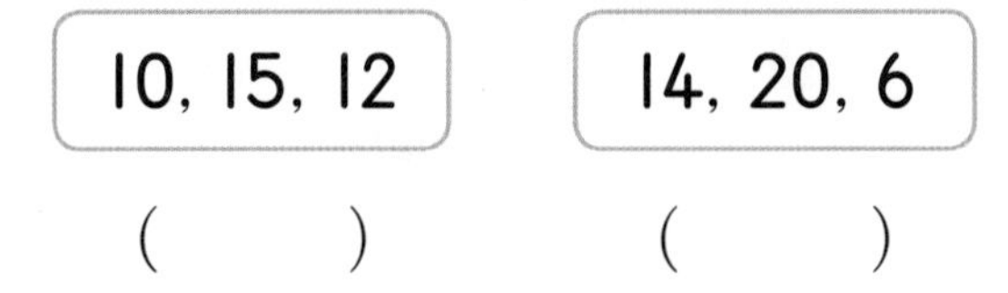

(　　)　　(　　)

교과역량 콕! 연결

26 그림을 보고 주어진 수가 짝수인지 홀수인지 쓰세요.

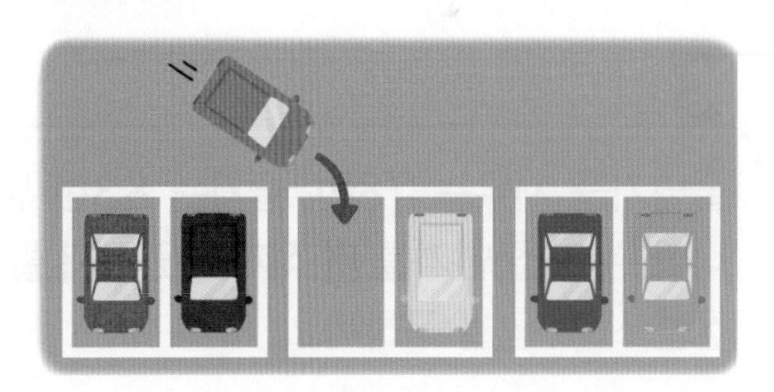

(1) 자동차 1대가 들어오기 전 주차장에 있던 자동차 수

(　　　　　)

(2) 자동차 1대가 들어온 후 주차장에 있는 자동차 수

(　　　　　)

STEP 3 서술형 문제 잡기

1

67과 70 사이의 수는 모두 몇 개인지 풀이 과정을 쓰고, 답을 구하세요.

(1단계) 67부터 70까지의 수를 순서대로 쓰기

67부터 70까지의 수를 순서대로 쓰면

67, ☐, ☐, 70입니다.

(2단계) 67과 70 사이의 수는 모두 몇 개인지 구하기

따라서 67과 70 사이의 수는

모두 ☐개입니다.

답 ____________

2

89와 94 사이의 수는 모두 몇 개인지 풀이 과정을 쓰고, 답을 구하세요.

(1단계) 89부터 94까지의 수를 순서대로 쓰기

(2단계) 89와 94 사이의 수는 모두 몇 개인지 구하기

답 ____________

3

줄넘기를 시우는 **78번**, 슬기는 **83번** 넘었습니다. 누가 줄넘기를 **더 적게** 넘었는지 풀이 과정을 쓰고, 답을 구하세요.

(1단계) 78과 83의 크기 비교하기

78과 83의 크기를 비교하면

78 ◯ 83입니다.

(2단계) 누가 줄넘기를 더 적게 넘었는지 구하기

따라서 ☐번을 넘은 ☐가 줄넘기를 더 적게 넘었습니다.

답 ____________

4

재활용을 하기 위해 병을 은하는 **41개**, 민지는 **37개** 모았습니다. 누가 병을 **더 많이** 모았는지 풀이 과정을 쓰고, 답을 구하세요.

(1단계) 41과 37의 크기 비교하기

(2단계) 누가 병을 더 많이 모았는지 구하기

답 ____________

5

주어진 조건을 모두 만족하는 수는 얼마인지 풀이 과정을 쓰고, 답을 구하세요.

- 76보다 크고 80보다 작습니다.
- 짝수입니다.

(1단계) 76보다 크고 80보다 작은 수 모두 구하기

76보다 크고 80보다 작은 수를 모두 구하면 ☐, ☐, ☐ 입니다.

(2단계) (1단계)에서 구한 수 중 짝수 구하기

76보다 크고 80보다 작은 수 중에서 짝수는 ☐ 입니다.

답 ____________

6

주어진 조건을 모두 만족하는 수는 얼마인지 풀이 과정을 쓰고, 답을 구하세요.

- 85보다 크고 89보다 작습니다.
- 홀수입니다.

(1단계) 85보다 크고 89보다 작은 수 모두 구하기

(2단계) (1단계)에서 구한 수 중 홀수 구하기

답 ____________

7

준호가 수 카드 2장을 골랐습니다. 고른 두 수로 만들 수 있는 몇십몇을 모두 쓰세요.

6 2 5 4

나는 6과 4를 고를래.

(1단계) 준호가 고른 두 수 쓰기

준호가 고른 두 수: ☐, ☐

(2단계) 고른 두 수로 만들 수 있는 몇십몇 모두 구하기

고른 두 수로 만들 수 있는 몇십몇은 ☐, ☐ 입니다.

답 ____________

8 창의형

내 맘대로 수 카드 2장을 고른 후 고른 두 수로 만들 수 있는 몇십몇을 모두 쓰세요.

1 6 8 5

마음에 드는 두 수를 골라 봐.

(1단계) 내가 고른 두 수 쓰기

내가 고른 두 수: ☐, ☐

(2단계) 고른 두 수로 만들 수 있는 몇십몇 모두 구하기

고른 두 수로 만들 수 있는 몇십몇은 ☐, ☐ 입니다.

답 ____________

평가 1단원 마무리

맞힌 개수

[01~02] ☐ 안에 알맞은 수를 써넣으세요.

01

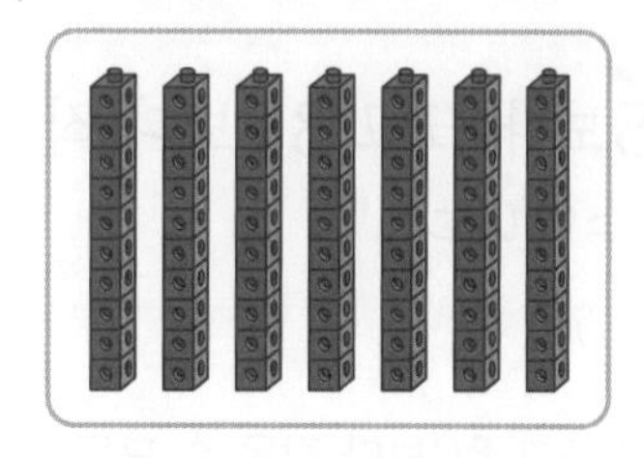

10개씩 묶음 ☐개를 ☐이라고 합니다.

02

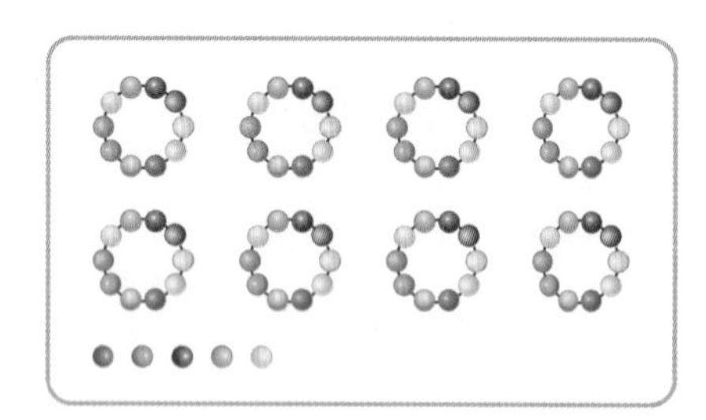

10개씩 묶음 ☐개와 낱개 ☐개를 ☐라고 합니다.

03 사과를 둘씩 짝 지어 보고, 사과의 수가 짝수인지 홀수인지 ○표 하세요.

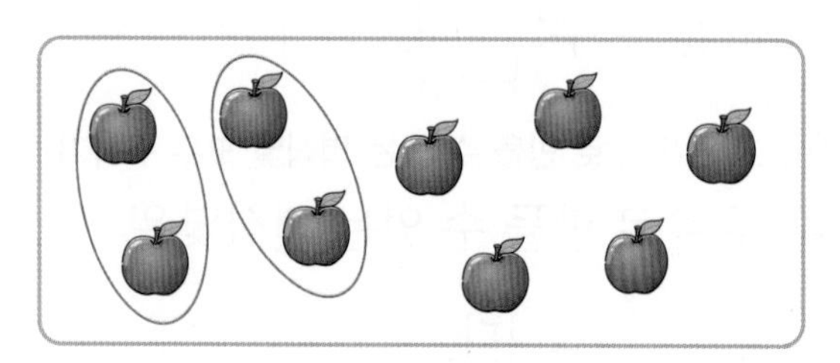

(짝수 , 홀수)

04 ☐ 안에 알맞은 수를 써넣으세요.

80은 10개씩 묶음 ☐개입니다.

05 수를 두 가지 방법으로 읽어 보세요.

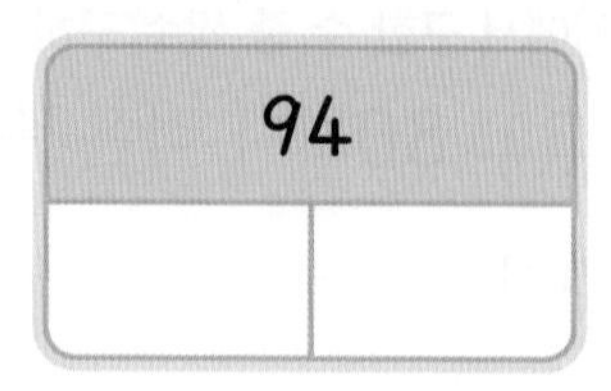

06 빈 곳에 알맞은 수를 써넣으세요.

1만큼 더 작은 수 ○ — 63 — ○ 1만큼 더 큰 수

07 알맞게 이어 보세요.

(1)	오십육	•	• 56 •		•	일흔여덟
(2)	칠십팔	•	• 92 •		•	쉰여섯
(3)	구십이	•	• 78 •		•	아흔둘

정답 05쪽

08 사탕은 모두 몇 개인지 세어 보세요.

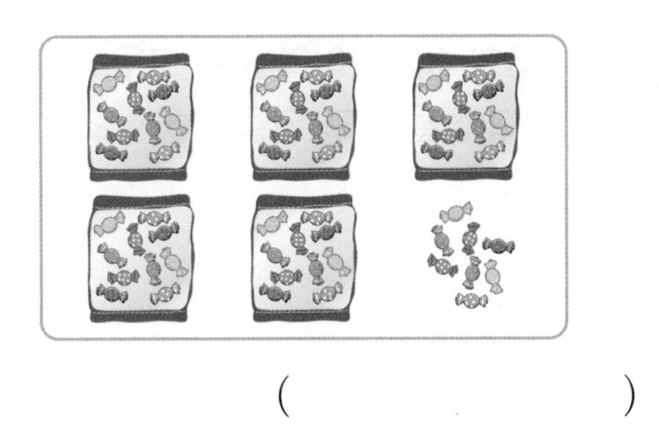

(　　　　　　　　)

09 수를 세어 빈칸에 쓰고, 더 큰 수에 ○표 하세요.

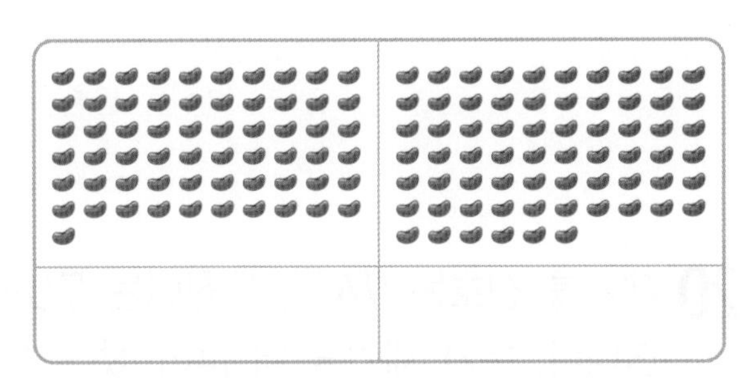

10 ○ 안에 >, <를 알맞게 써넣으세요.

87 ○ 91

11 짝수는 빨간색으로, 홀수는 파란색으로 색칠해 보세요.

12 작은 수부터 순서대로 이어 보세요.

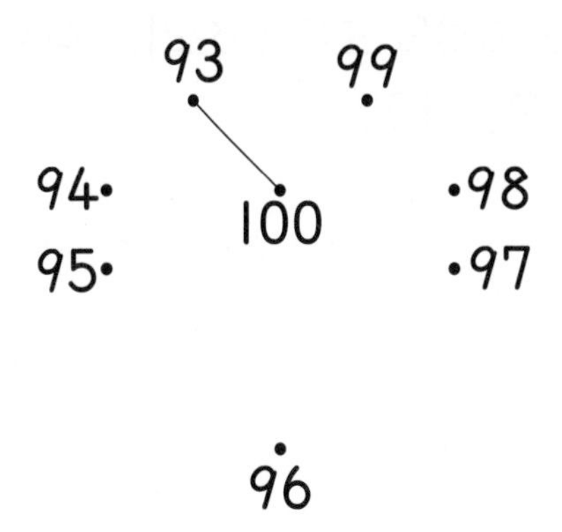

13 빈 곳에 알맞은 수를 써넣으세요.

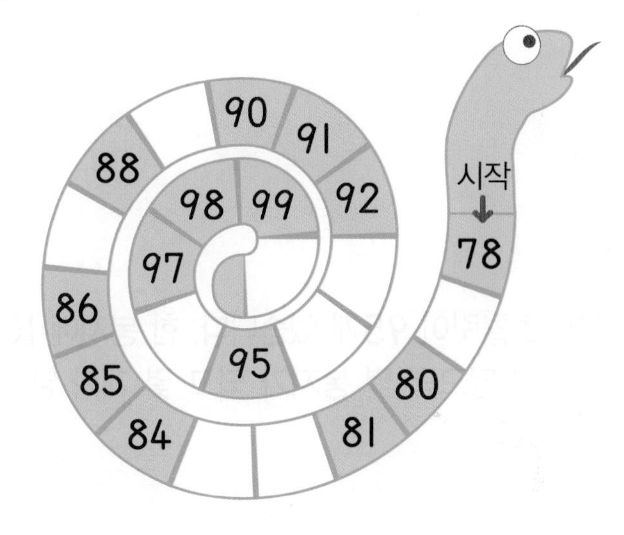

14 10부터 20까지의 수 중에서 짝수를 모두 쓰세요.

(　　　　　　　　　　　　)

15 가장 작은 수에 △표 하세요.

77	92	69

정답 05쪽

16 블록을 한 상자에 10개씩 담으려고 합니다. 블록을 모두 담으려면 상자는 몇 개가 필요할까요?

(　　　　　　　　)

17 초콜릿이 95개 있습니다. 한 봉지에 10개씩 담으면 몇 봉지가 되고 몇 개가 남을까요?

(　　　　　　), (　　　　　　)

18 ㉠과 ㉡ 중 더 작은 수의 기호를 쓰세요.

㉠ 10개씩 묶음 8개와 낱개 6개
㉡ 일흔아홉

(　　　　　　　　)

서술형

19 58과 62 사이의 수는 모두 몇 개인지 풀이 과정을 쓰고, 답을 구하세요.

풀이

답

20 제기를 진호는 74번, 은찬이는 70번 찼습니다. 누가 제기를 더 많이 찼는지 풀이 과정을 쓰고, 답을 구하세요.

풀이

답

창의력 쑥쑥

글자 열매가 열리는 감나무가 있다면 '감'이라는 글자가 나무에 열리겠지요?
'감' 글자 열매는 모두 몇 개가 열렸는지 세어 보세요.
'감'이 아닌 다른 글자도 섞여 있으니 조심해요!

정답은 개념책 152쪽에서 확인하세요.

2

덧셈과 뺄셈(1)

학습을 끝낸 후
색칠하세요.

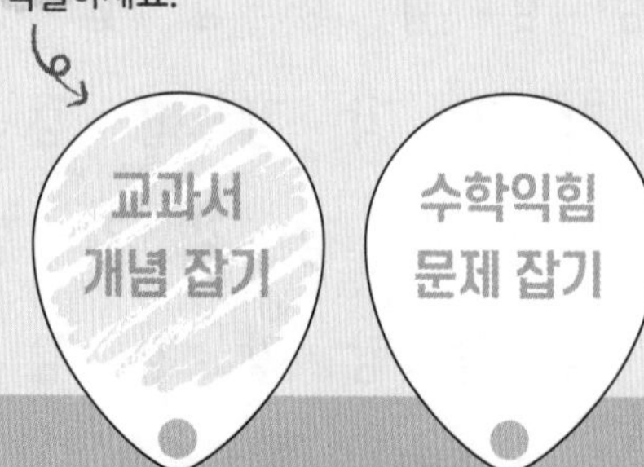

❶ 세 수의 덧셈
❷ 세 수의 뺄셈

이전에 배운 내용

[1-1] 덧셈과 뺄셈

모으기와 가르기

덧셈식과 뺄셈식 쓰고 읽기

덧셈과 뺄셈하기

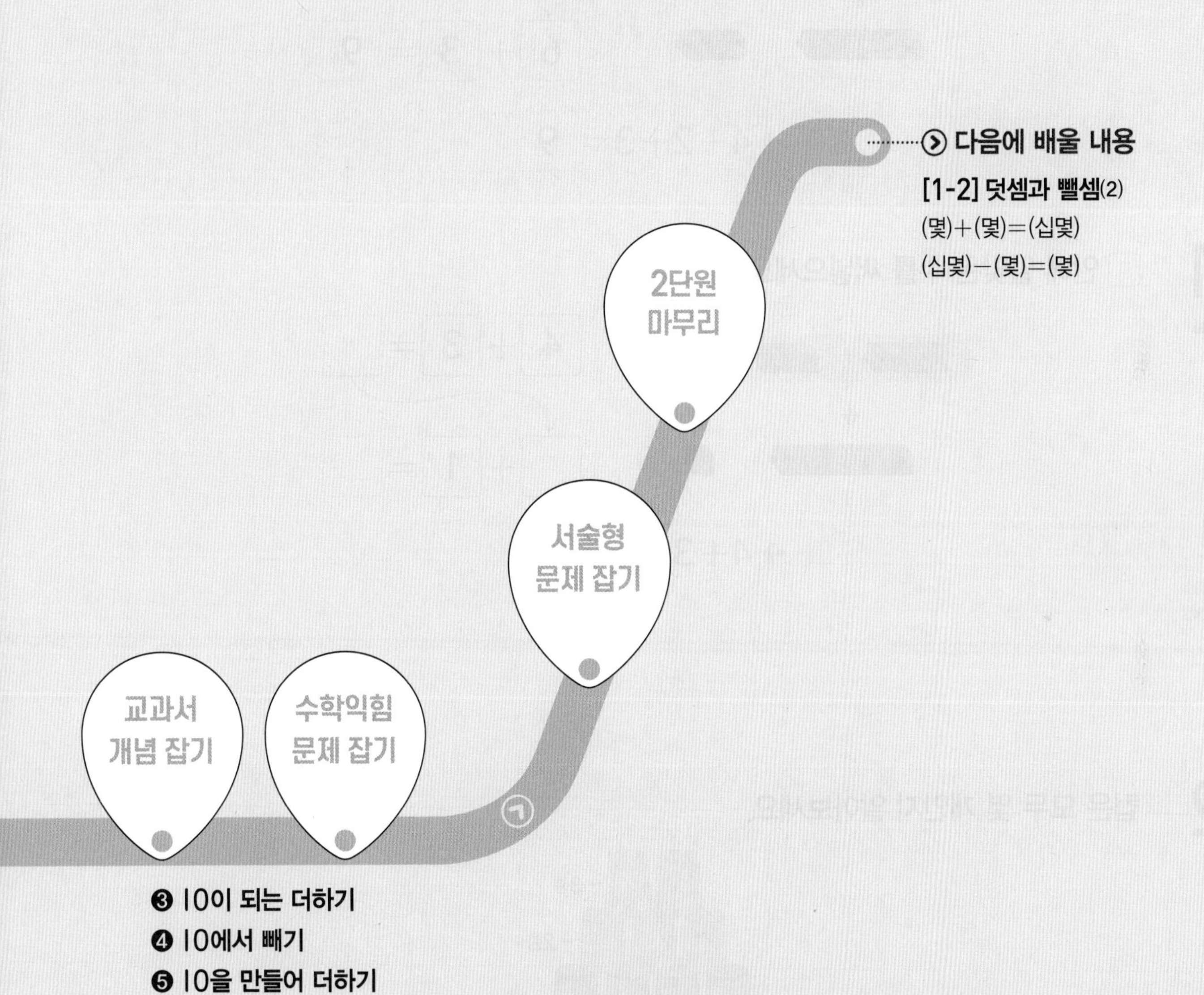

❸ 10이 되는 더하기
❹ 10에서 빼기
❺ 10을 만들어 더하기

다음에 배울 내용

[1-2] 덧셈과 뺄셈(2)

(몇)+(몇)=(십몇)

(십몇)−(몇)=(몇)

STEP 1 교과서 개념 잡기

① 세 수의 덧셈

4+2+3 계산하기

두 수를 먼저 더하고 남은 한 수를 더합니다.

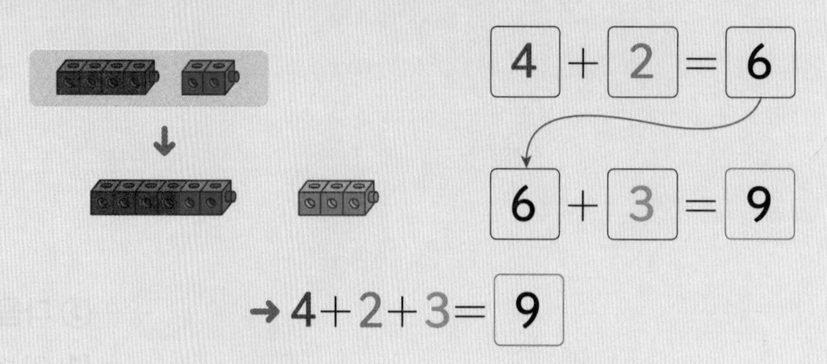

개념 확인 **1** □ 안에 알맞은 수를 써넣으세요.

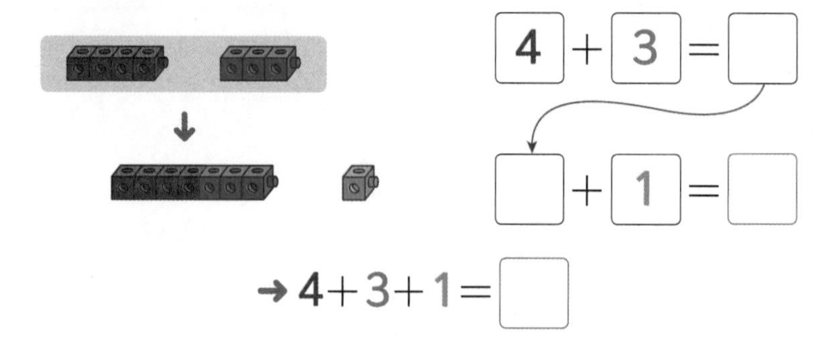

2 컵은 모두 몇 개인지 알아보세요.

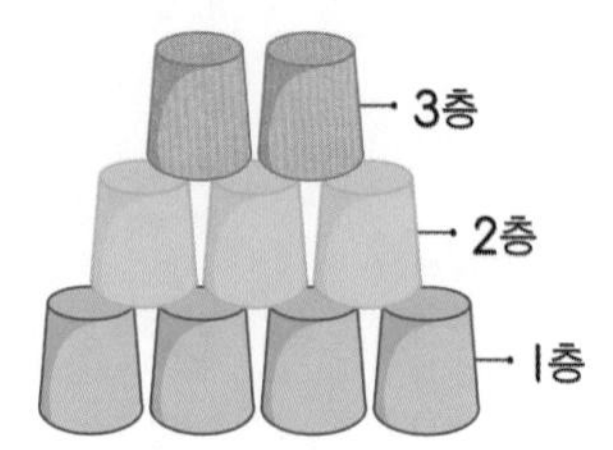

(1) 층별로 쌓여 있는 컵은 각각 몇 개인지 쓰세요.

1층: □개, 2층: □개, 3층: □개

(2) 컵은 모두 몇 개인지 덧셈식을 쓰세요.

4+□+□=□

3 빨간 장미가 3송이, 노란 장미가 1송이, 파란 장미가 4송이 있습니다. 장미는 모두 몇 송이인지 알아보세요.

(1) 장미의 수만큼 ○를 그리고, □ 안에 알맞은 수를 써넣으세요.

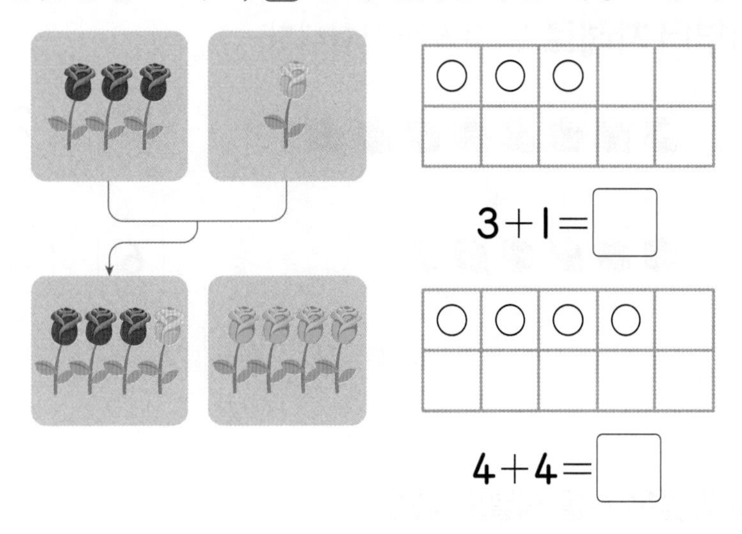

$3+1=\square$

$4+4=\square$

(2) 장미는 모두 몇 송이인지 덧셈식을 쓰세요.

$3+1+\square=\square$

4 과일은 모두 몇 개인지 덧셈식을 쓰세요.

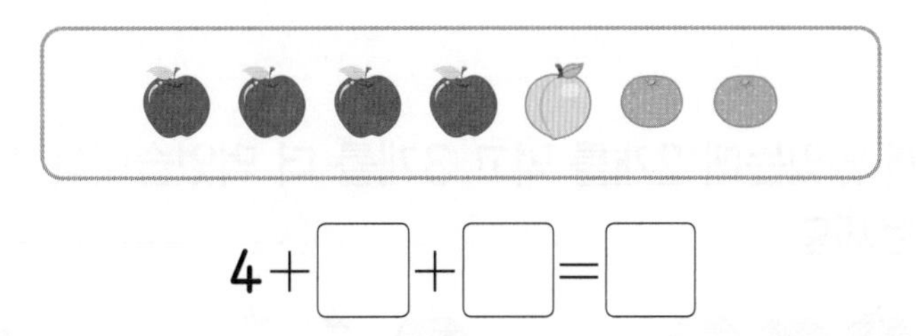

$4+\square+\square=\square$

5 □ 안에 알맞은 수를 써넣으세요.

(1) $3+4+1=\square$

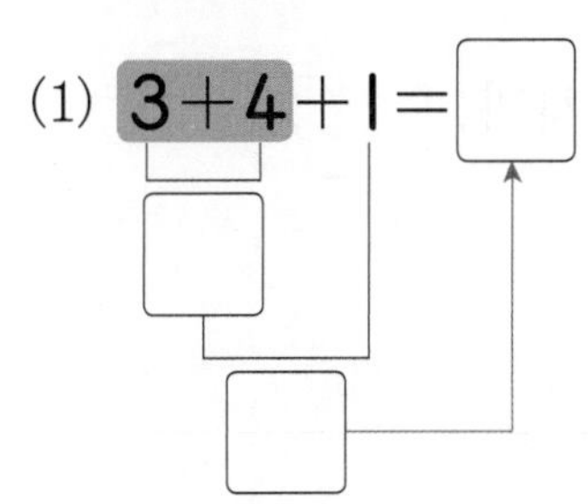

(2) $2+1+3=\square$

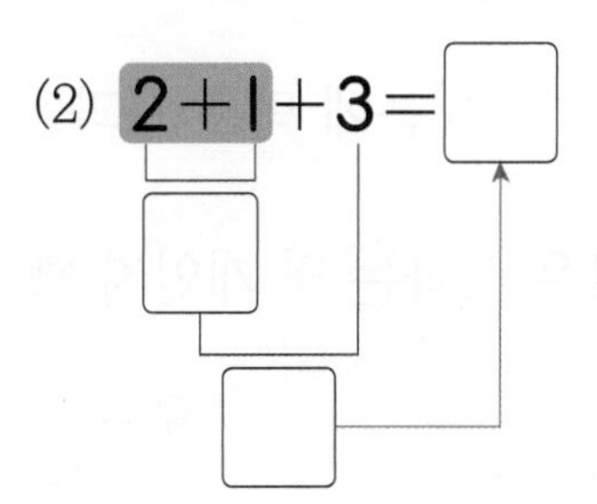

STEP 1 교과서 개념 잡기

② 세 수의 뺄셈

8－2－4 계산하기

앞에서부터 차례로 두 수씩 계산합니다.

➜ 8－2－4＝ 2

개념 확인 **1** ▢ 안에 알맞은 수를 써넣으세요.

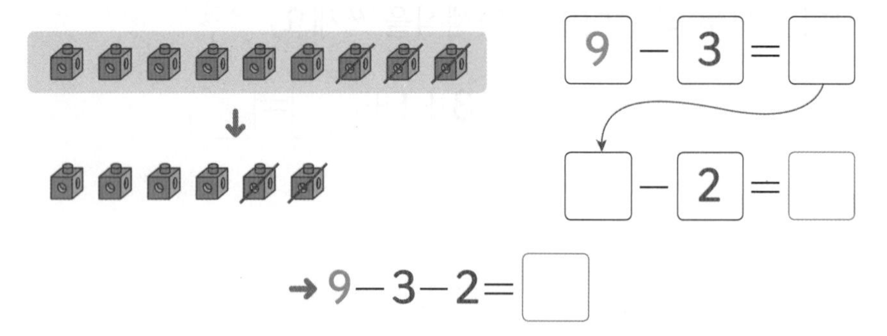

➜ 9－3－2＝ ▢

2 사과가 9개 있었는데 2개를 먹고 3개를 더 먹었습니다. 먹지 않은 사과는 몇 개인지 알아보세요.

(1) 처음에 먹은 사과와 더 먹은 사과는 각각 몇 개인가요?

처음에 먹은 사과: ▢개, 더 먹은 사과: ▢개

(2) 먹지 않은 사과는 몇 개인지 뺄셈식을 쓰세요.

9－▢－▢＝▢

3 **야구공 8개가 있었는데 어제는 2개, 오늘은 1개를 잃어버렸습니다. 남은 야구공은 몇 개인지 알아보세요.**

(1) 잃어버린 야구공의 수만큼 ○를 /으로 지우고, □ 안에 알맞은 수를 써넣으세요.

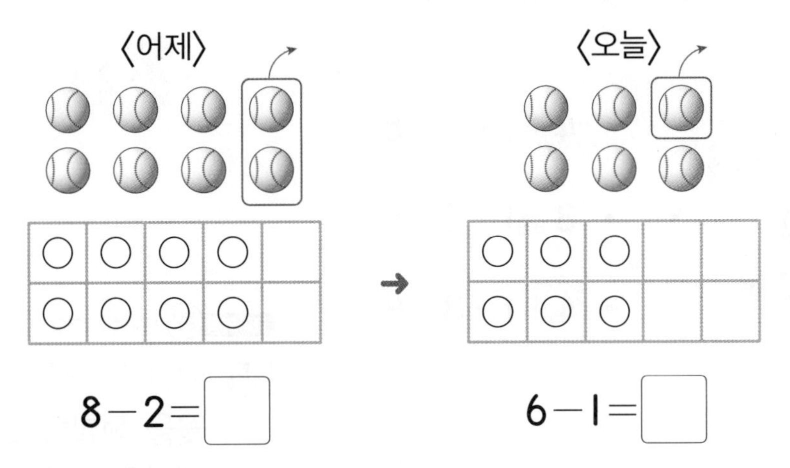

8－2=□　　6－1=□

(2) 남은 야구공은 몇 개인지 뺄셈식을 쓰세요.

8－□－□=□

4 **접시에 남은 사탕은 몇 개인지 뺄셈식을 쓰세요.**

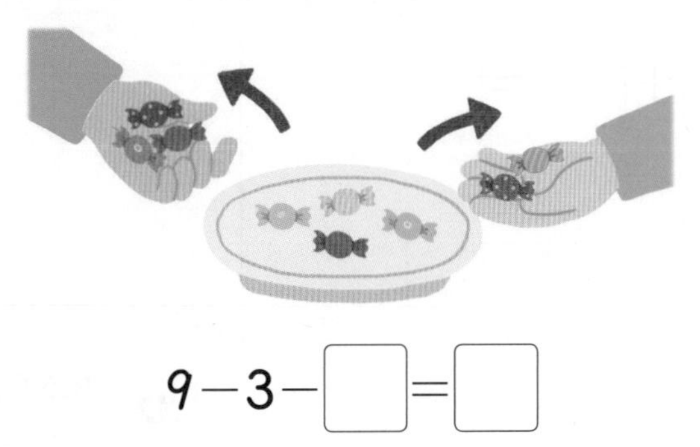

9－3－□=□

5 **□ 안에 알맞은 수를 써넣으세요.**

(1) 7－4－1=□

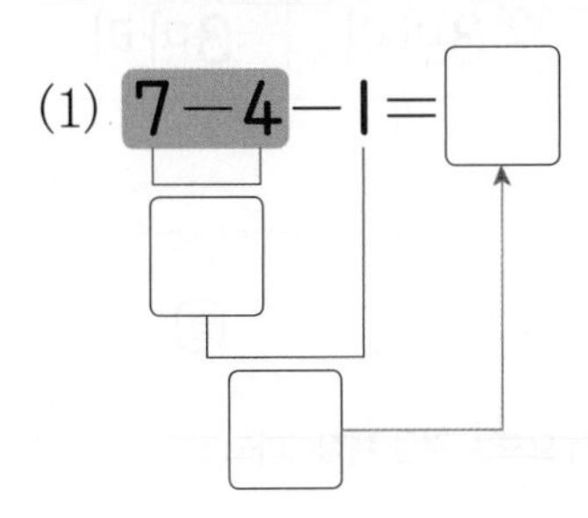

(2) 8－1－2=□

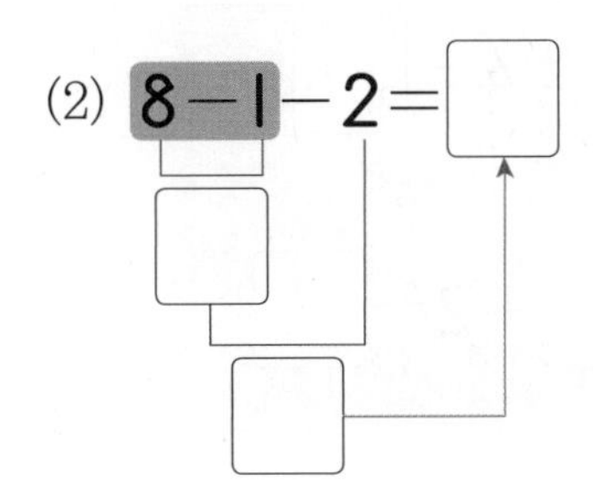

STEP 2 수학익힘 문제 잡기

1 세 수의 덧셈

개념 030쪽

01 그림을 보고 알맞은 덧셈식을 찾아 이어 보세요.

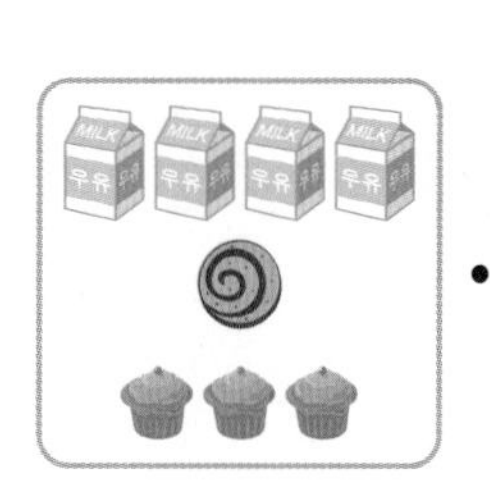

- $4+1+3=8$
- $3+1+2=6$
- $4+1+3=9$

02 리본은 모두 몇 개인지 덧셈식을 쓰세요.

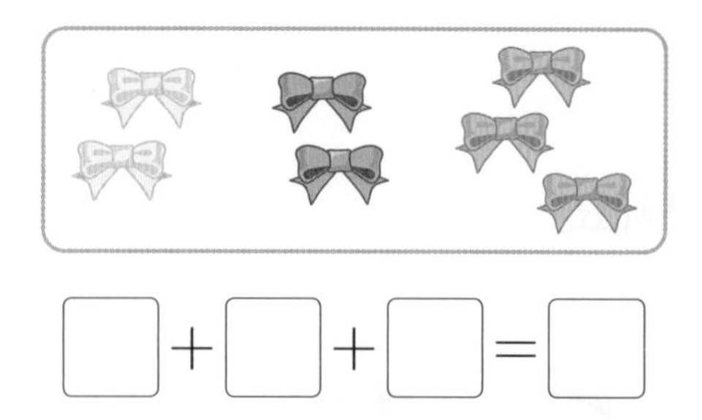

☐+☐+☐=☐

03 ☐ 안에 알맞은 수를 써넣으세요.

$2+4+2=$ ☐

$2+4=$ ☐

☐ $+2=$ ☐

04 빈칸에 알맞은 수를 써넣으세요.

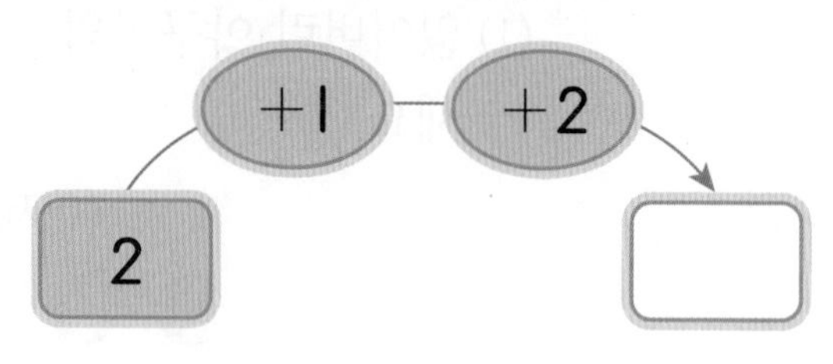

교과역량 콕! 문제해결 | 연결

05 빨간색, 노란색, 파란색의 세 가지 색으로 꽃을 색칠하고, 색깔별 꽃의 수에 맞게 덧셈식을 쓰세요.

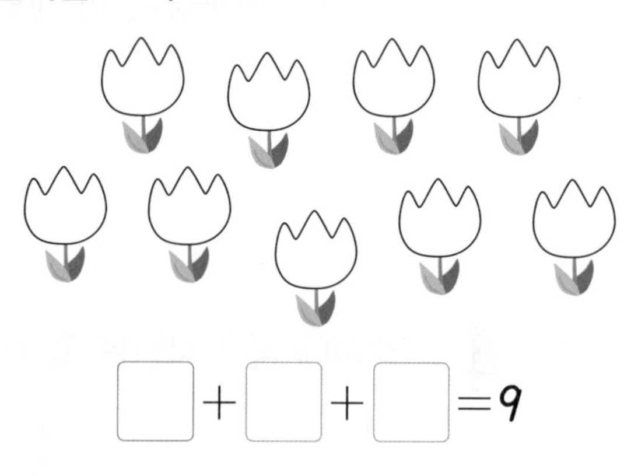

☐+☐+☐=9

06 연주와 친구들이 잠자리를 **채집**했습니다. 세 사람이 채집한 잠자리는 모두 몇 마리인가요?

연주	민서	이든
3마리	3마리	3마리

식

답

어휘 톡! 잡아서 모으는 것을 **채집**이라고 해.

2 세 수의 뺄셈

개념 032쪽

07 빼는 수만큼 ○를 /으로 지우고, 세 수의 뺄셈을 해 보세요.

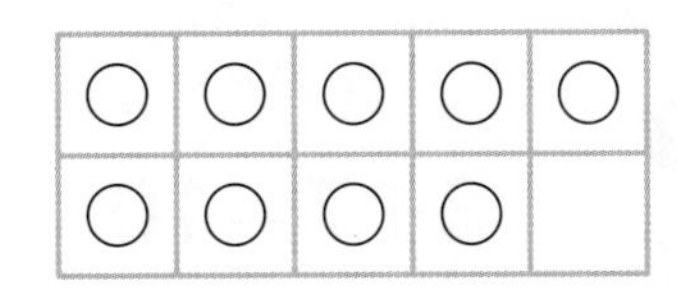

9－4－3＝□

08 그림에 맞는 식을 만들고 계산해 보세요.

8－□－□＝□

09 계산이 잘못된 것에 ×표 하세요.

8－5－1＝2	(　　)
9－6－2＝5	(　　)
6－2－1＝3	(　　)

10 차를 구하여 이어 보세요.

(1) 6－1－3 •

(2) 7－3－3 •

(3) 9－2－4 •

• 1

• 2

• 3

• 4

11 규민이의 말을 보고 □ 안에 알맞은 수를 써넣으세요.

달걀 3개는 아침에 먹고
2개는 점심에 먹어야지.
그럼 달걀은 몇 개 남을까?

규민

6－□－□＝□

교과역량 콕! 문제해결 | 추론

12 수 카드 두 장을 골라 뺄셈식을 완성해 보세요.

1　2　4　6

7－□－□＝4

STEP 1 교과서 개념 잡기

③ 10이 되는 더하기

3＋7과 7＋3 계산하기

방법1 이어 세기로 두 수 더하기

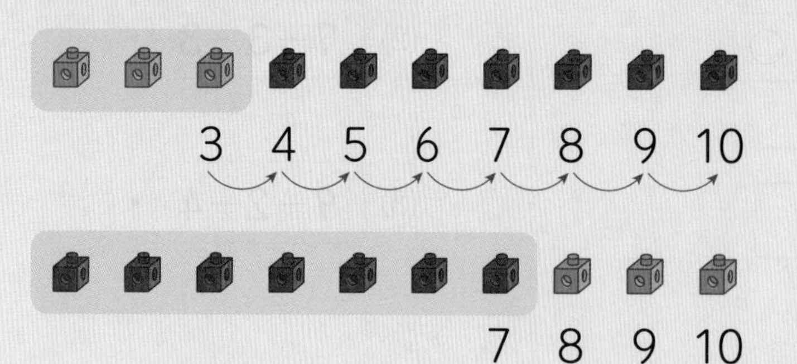

3에 7을 더하면 10이고 7에 3을 더해도 10이야.

$3+7=10$

$7+3=10$

방법2 그림을 그려서 두 수 더하기

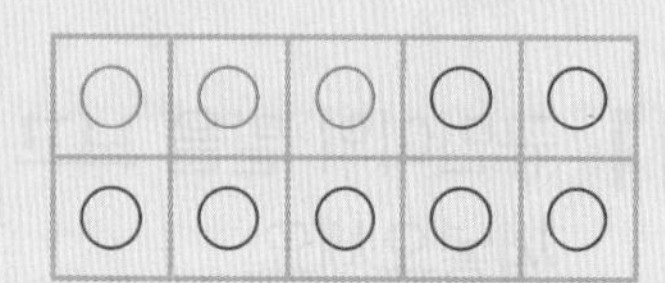

$3+7=10$ $7+3=10$

개념 확인 1

4＋6과 6＋4를 두 가지 방법으로 계산해 보세요.

방법1 이어 세기로 두 수 더하기

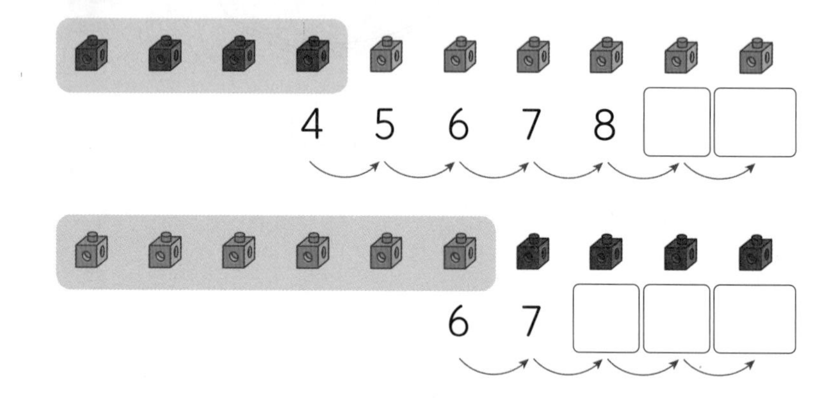

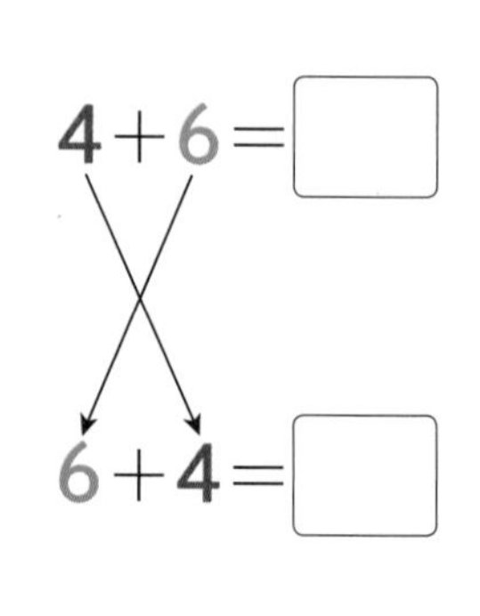

방법2 그림을 그려서 두 수 더하기

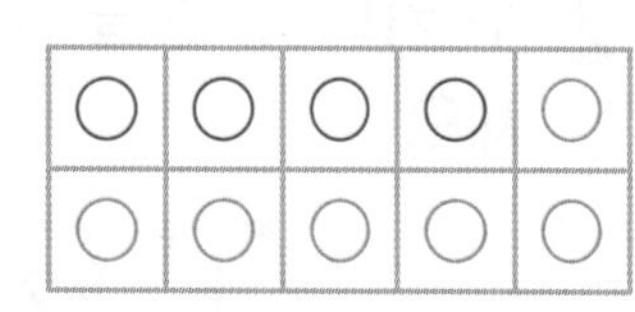

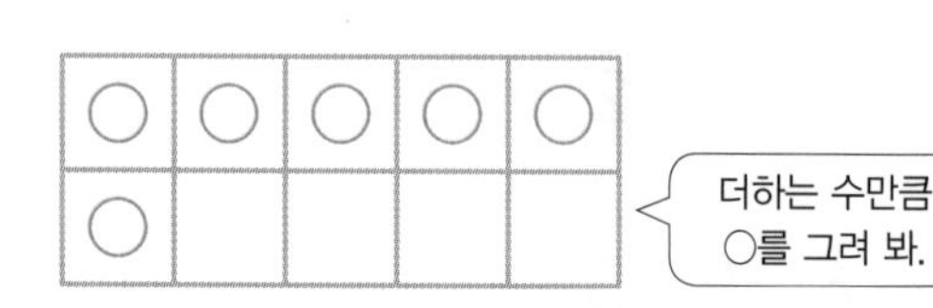

$4+6=$ □ $6+4=$ □

2 빈칸에 알맞은 수를 써넣고, 10이 되는 더하기를 해 보세요.

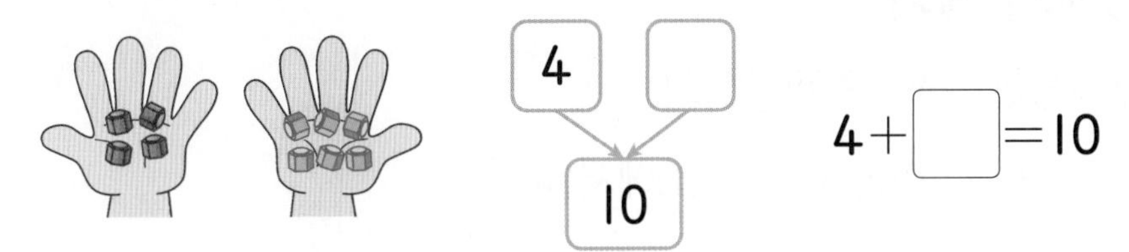

3 10이 되는 두 수를 이용하여 덧셈식을 쓰세요.

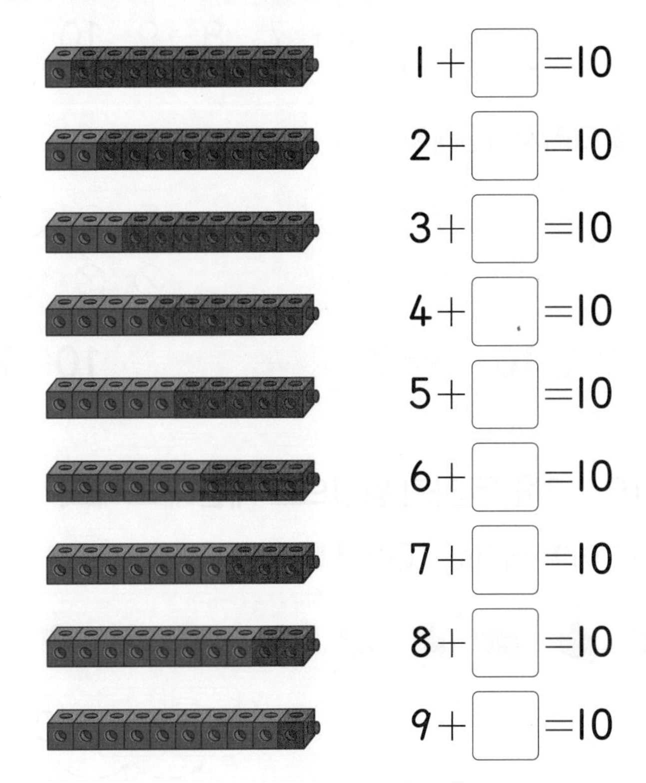

4 점의 수를 더해서 10이 되도록 이어 보고, 덧셈식을 쓰세요.

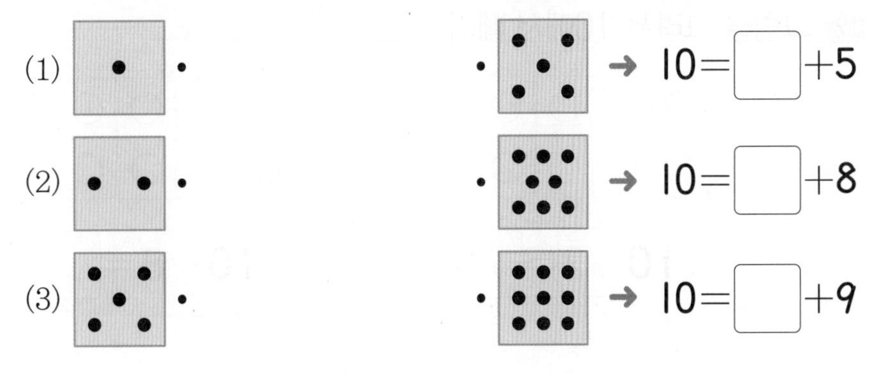

2 단원

STEP 1 교과서 개념 잡기

④ 10에서 빼기

10－3과 10－7 계산하기

방법1 거꾸로 이어 세기로 10에서 빼기

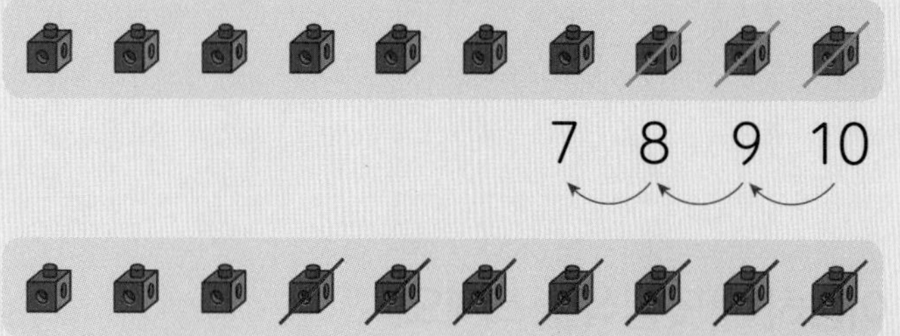

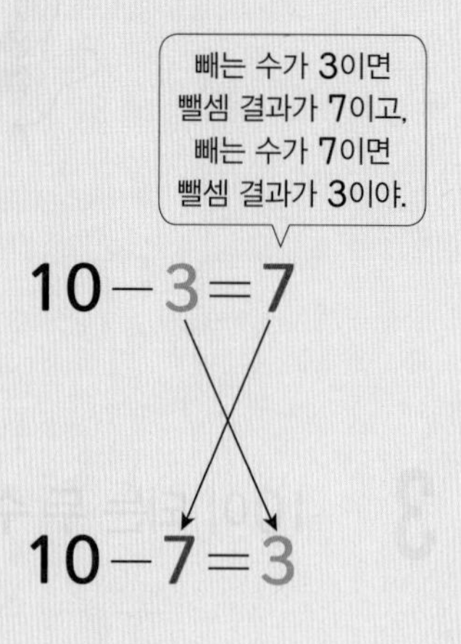

방법2 그림을 그려서 10에서 빼기

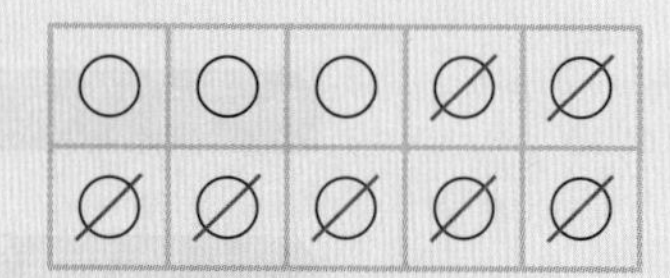

10－3=7　　10－7=3

개념 확인 1

10－2와 10－8을 두 가지 방법으로 계산해 보세요.

방법1 거꾸로 이어 세기로 10에서 빼기

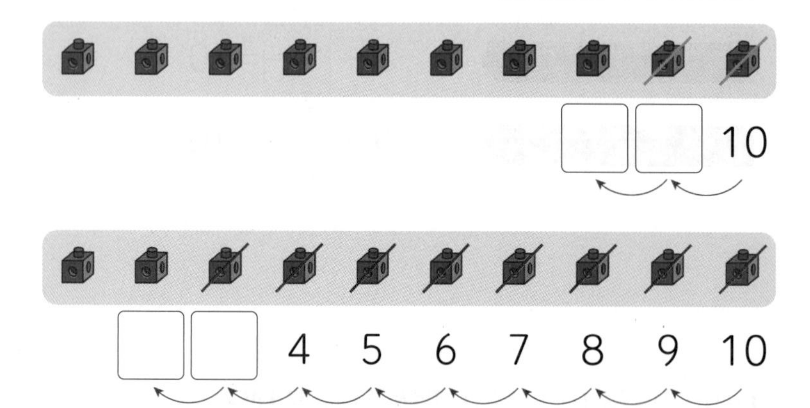

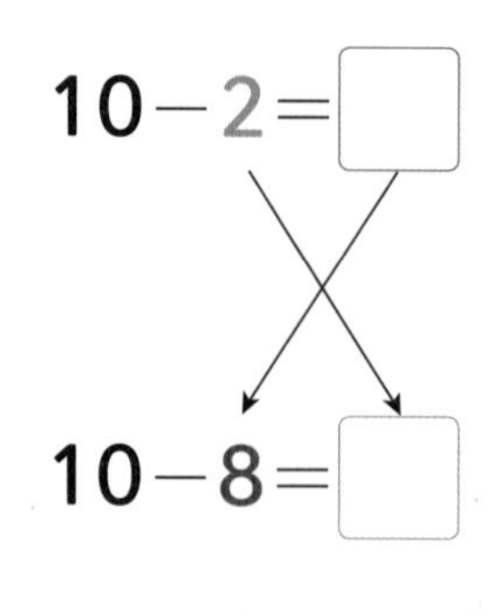

방법2 그림을 그려서 10에서 빼기

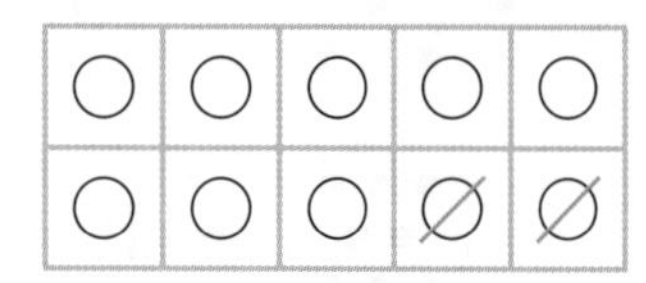

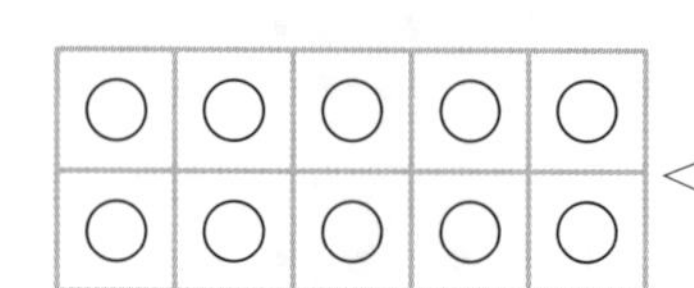

빼는 수만큼 /을 그려 봐.

10－2=☐　　10－8=☐

2 빈칸에 알맞은 수를 써넣고, 10에서 빼기를 해 보세요.

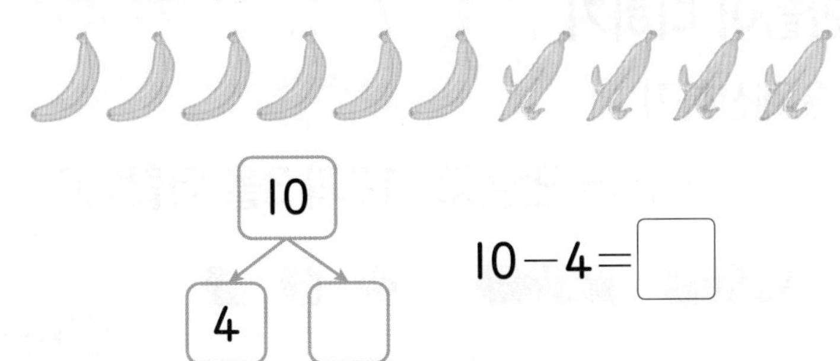

$10-4=\square$

3 그림을 보고 뺄셈을 해 보세요.

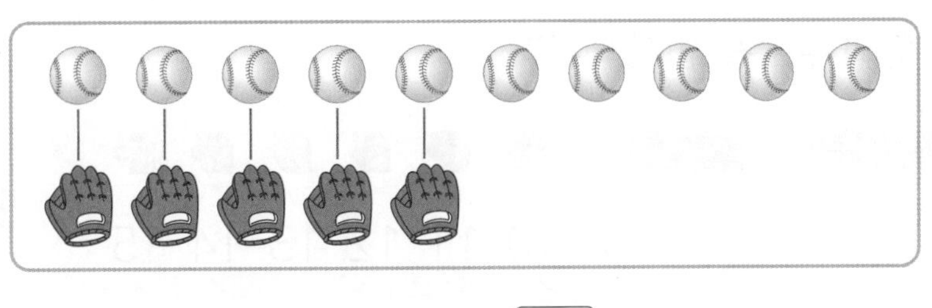

$10-5=\square$

4 10에서 빼기를 이용하여 뺄셈식을 쓰세요.

$10-1=\square$

$10-2=\square$

$10-3=\square$

$10-4=\square$

$10-5=\square$

$10-6=\square$

$10-7=\square$

$10-8=\square$

$10-9=\square$

교과서 개념 잡기

개념 강의

⑤ 10을 만들어 더하기

5+5+3 계산하기

앞의 두 수를 더해 **10을 만들고, 10과 3을 더합니다.**

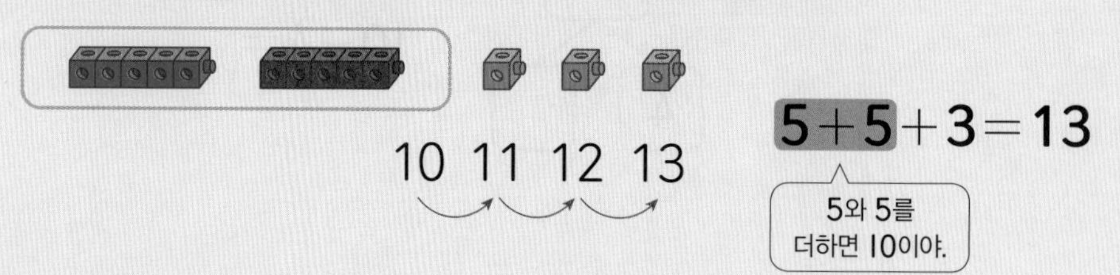

10 11 12 13

$5+5+3=13$

5와 5를 더하면 10이야.

5+4+6 계산하기

방법 1 앞의 두 수를 먼저 더하기

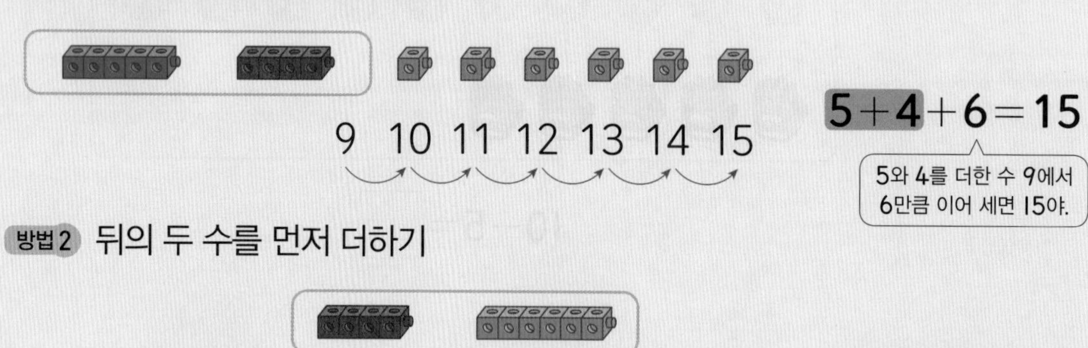

$5+4+6=15$

5와 4를 더한 수 9에서 6만큼 이어 세면 15야.

방법 2 뒤의 두 수를 먼저 더하기

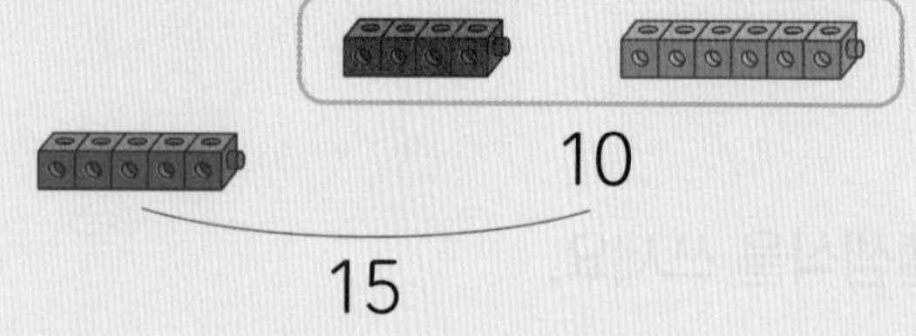

10

15

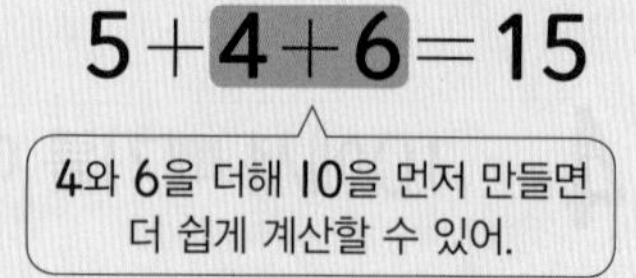

$5+4+6=15$

4와 6을 더해 10을 먼저 만들면 더 쉽게 계산할 수 있어.

개념 확인 **1** 2+7+3을 계산해 보세요.

방법 1 앞의 두 수를 먼저 더하기

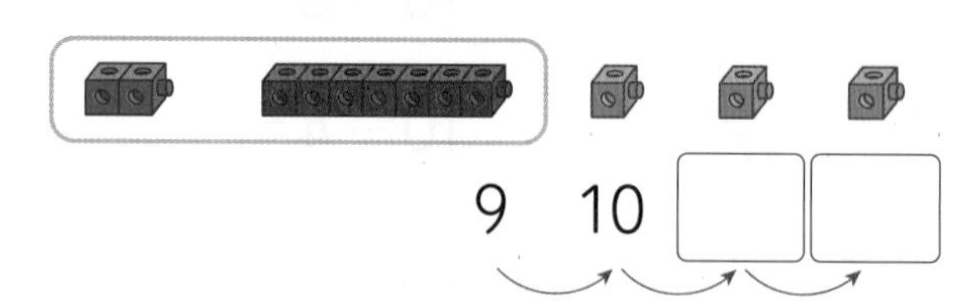

9 10 ☐ ☐

$2+7+3=$ ☐

방법 2 뒤의 두 수를 먼저 더하기

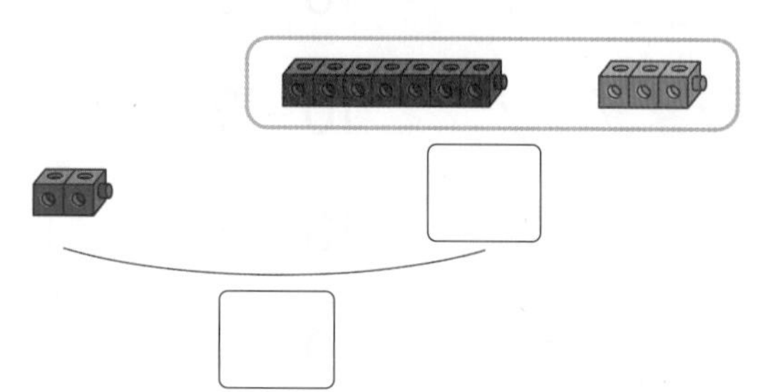

☐

☐

$2+7+3=$ ☐

2 연필은 모두 몇 자루인지 알아보세요.

(1) 연필의 수에 맞게 ○를 그려 보세요.

○	○	○		

(2) 연필은 모두 몇 자루인지 덧셈식을 쓰세요.

3 + □ + 5 = □

3 6 + 4 + 3을 계산하려고 합니다. □ 안에 알맞은 수를 써넣으세요.

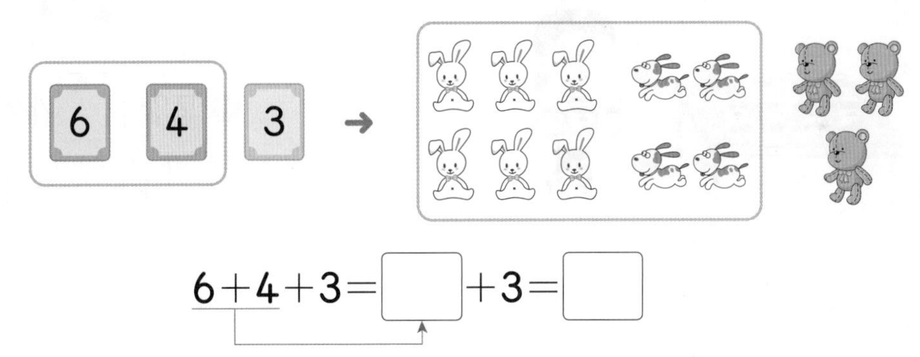

6 + 4 + 3 = □ + 3 = □

4 〈보기〉와 같이 계산해 보세요.

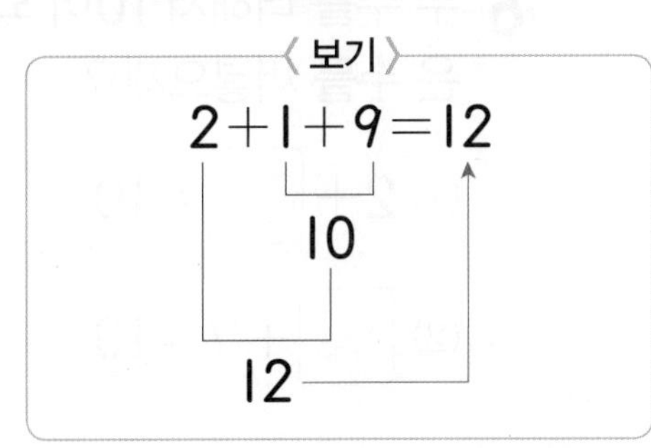

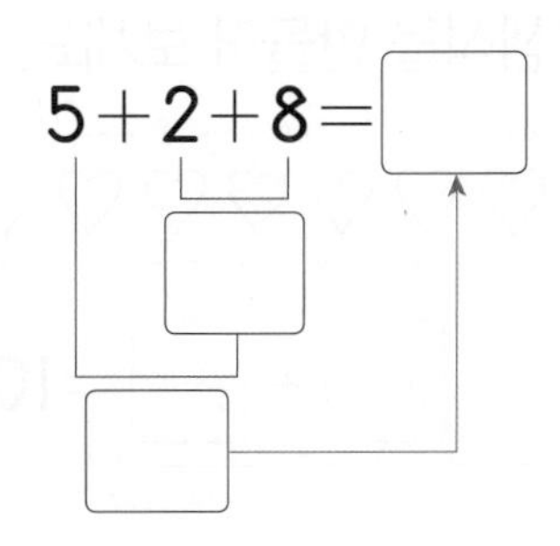

STEP 2 수학익힘 문제 잡기

3 10이 되는 더하기

개념 036쪽

01 □ 안에 알맞은 수를 써넣으세요.

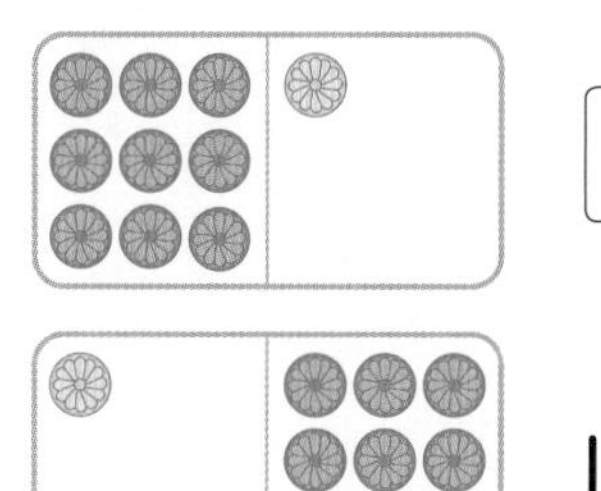

□+1=□

1+□=□

02 그림을 보고 알맞은 덧셈식을 만들어 보세요.

□+□=□

교과역량 콕! 문제해결 | 연결

03 두 가지 색으로 색칠하고, 색칠한 수에 알맞은 덧셈식을 만들어 보세요.

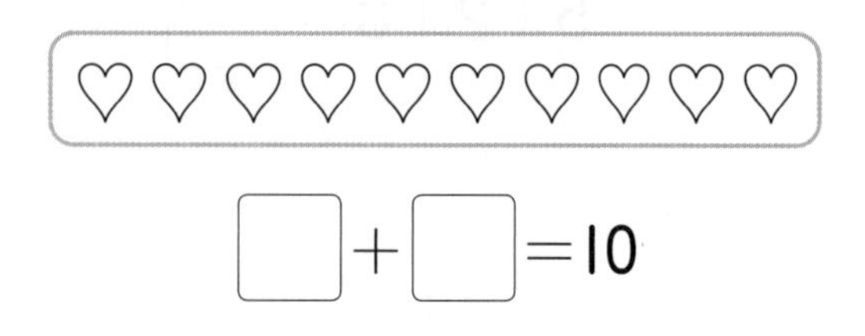

□+□=10

04 □ 안에 알맞은 수를 쓰고, 빈 곳에 알맞은 그림을 그려 보세요.

→ 4+□=10

→ □+□=10

05 □ 안에 알맞은 수를 써넣으세요.

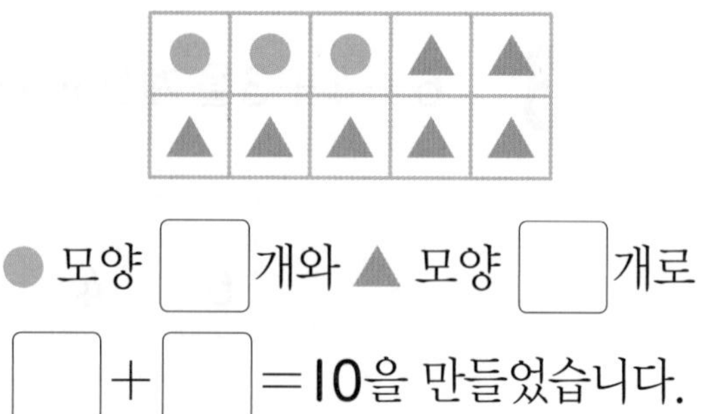

● 모양 □개와 ▲ 모양 □개로

□+□=10을 만들었습니다.

06 두 수를 더해서 10이 되도록 □ 안에 알맞은 수를 써넣으세요.

(1) 2+□=10

(2) □+7=10

07 계산 결과의 크기를 비교하여 ○ 안에 >, =, <를 알맞게 써넣으세요.

$8+2$ ○ $5+5$

08 미나는 어제와 오늘 줄넘기를 모두 몇 번 했을까요?

줄넘기를 어제 1번, 오늘 9번 했어.

미나

㉦ ______________________

㉠ ______________________

교과역량 콕! 문제해결 | 정보처리

09 더해서 10이 되는 두 수를 찾아 ⬭로 묶고, 덧셈식을 쓰세요.

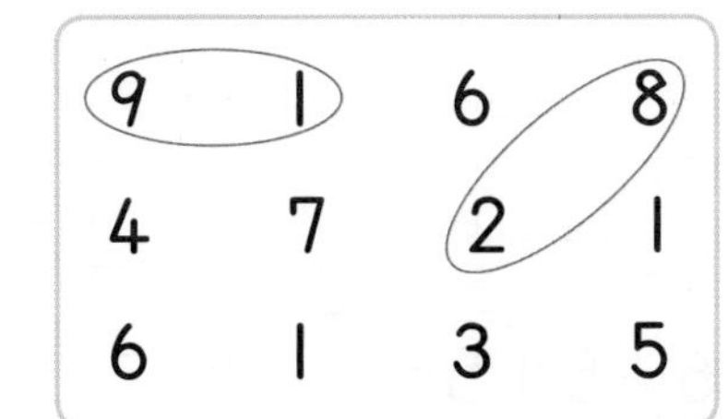

9 + 1 = 10　8 + 2 = 10

□ + □ = 10　□ + □ = 10

개념 038쪽

10 □ 안에 알맞은 수를 써넣으세요.

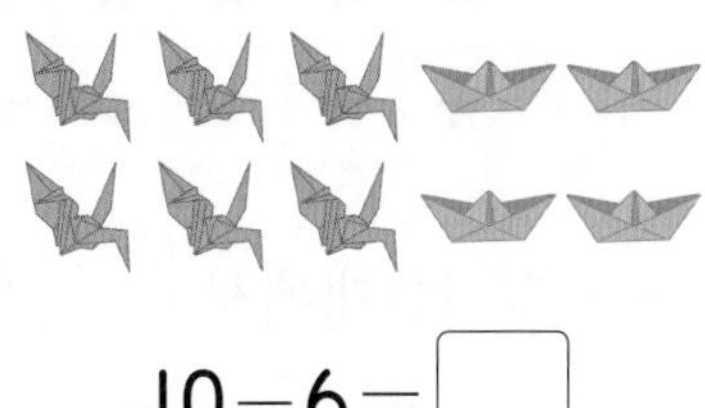

$10-6=$ □

$10-$ □ $=6$

11 계산해 보세요.

(1) $10-9=$ □

(2) $10-2=$ □

12 빈 곳에 알맞은 수를 써넣으세요.

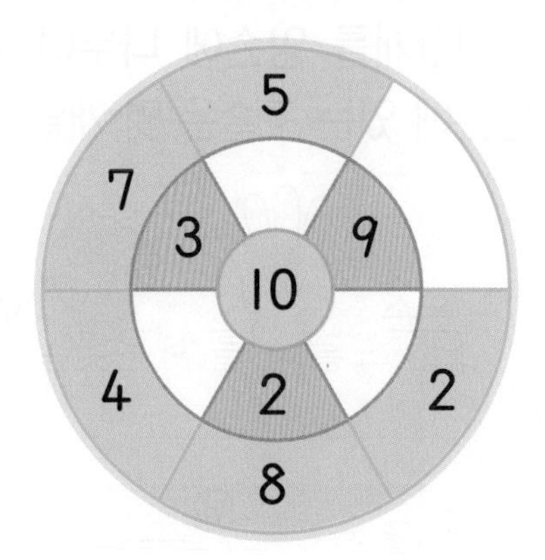

2 단원

13 /을 그려 뺄셈식을 만들고, ☐ 안에 알맞은 수를 써넣으세요.

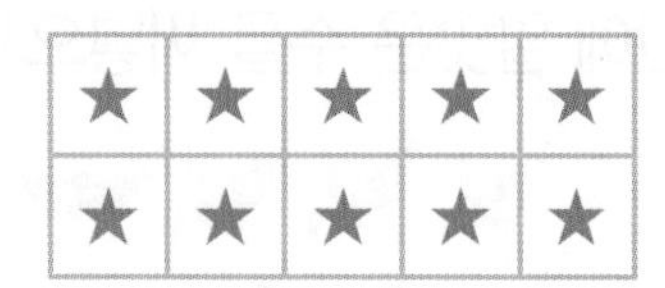

★ 모양 10개에서 ☐개를 빼면

10－☐＝☐입니다.

14 고리 던지기 놀이에서 우영이는 10개, 진규는 8개를 걸었습니다. 우영이는 진규보다 몇 개 더 많이 걸었을까요?

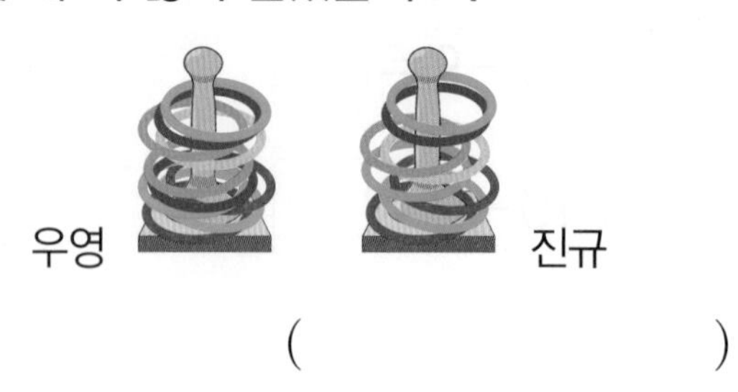

(　　　　　　　)

교과역량 콕! 추론

15 구슬 10개를 양손에 나누어 가졌습니다. 오른손에 있는 구슬은 몇 개일까요?

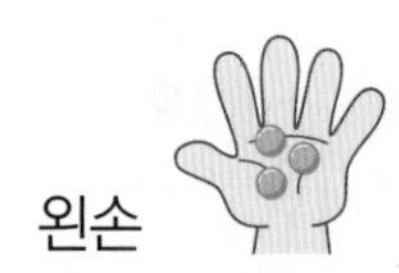

식 ______________________

답 ______________

5 10을 만들어 더하기

개념 040쪽

16 그림을 보고 덧셈식을 완성해 보세요.

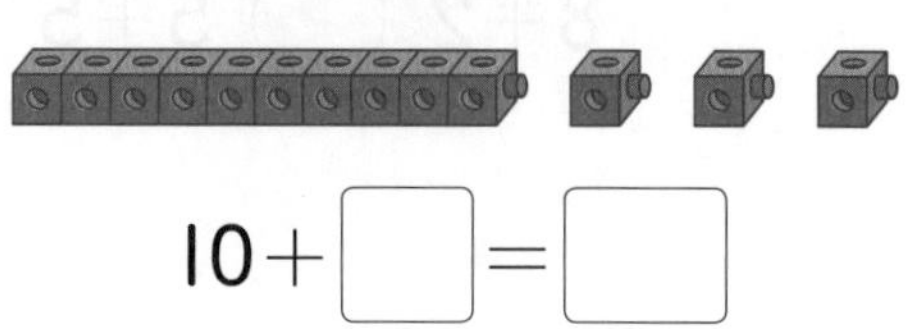

10＋☐＝☐

17 ☐ 안에 알맞은 수를 써넣으세요.

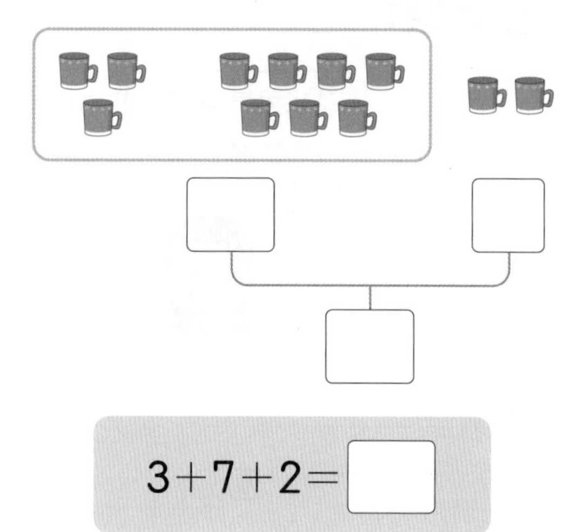

3＋7＋2＝☐

18 ☐ 안에 알맞은 수를 써넣으세요.

(1) 8＋2＋4＝☐

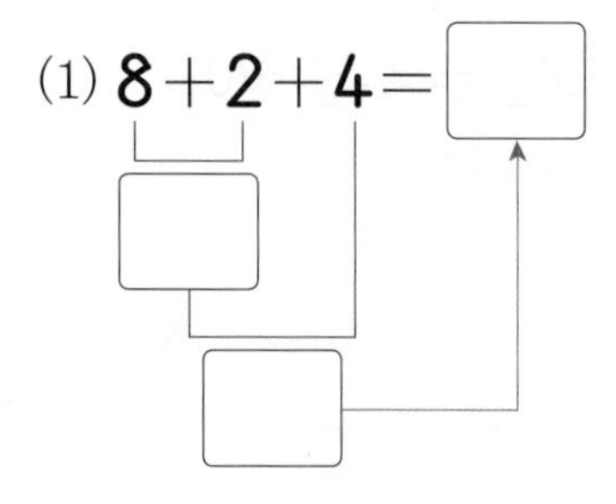

(2) 6＋5＋5＝☐

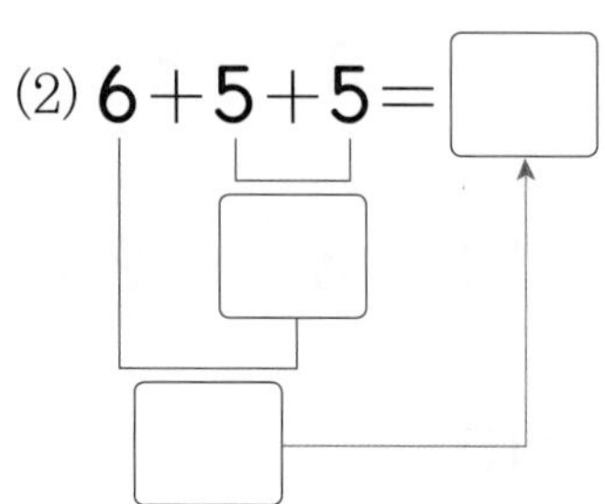

19 10을 만들어 더할 수 있는 식을 모두 찾아 ○표 하세요.

$1+9+4$	( )
$2+7+6$	( )
$3+5+5$	( )

20 그림을 보고 □ 안에 알맞은 수를 써넣으세요.

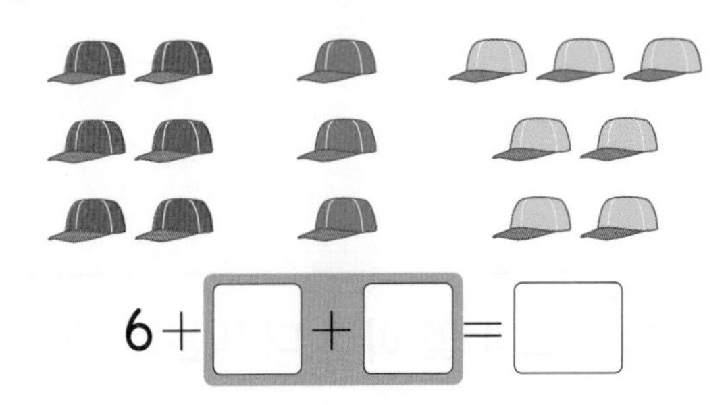

$6+\square+\square=\square$

21 〈보기〉와 같이 합이 10이 되는 두 수를 묶고, 덧셈을 해 보세요.

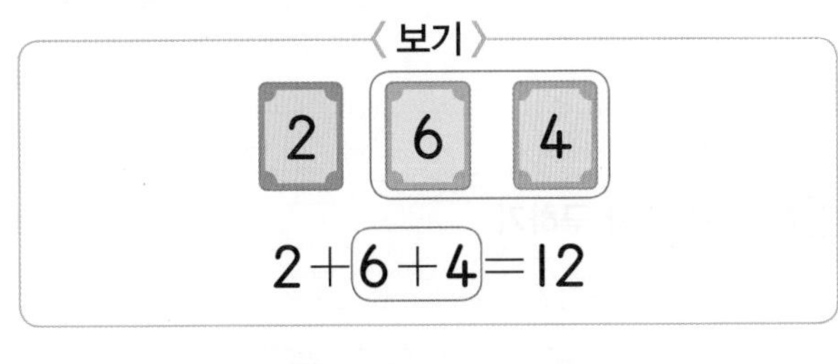

〈보기〉

2 6 4

$2+6+4=12$

7 3 8

$7+3+8=\square$

22 합이 같은 것끼리 이어 보세요.

(1) $4+5+5$ •　　• $10+3$

　　　　　　　　• $4+10$

(2) $8+2+3$ •　　• $5+10$

23 수 카드 두 장을 골라 덧셈식을 완성해 보세요.

7 2 8

$4+\square+\square=14$

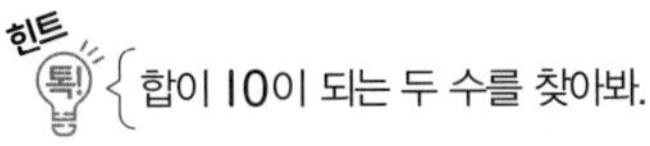

힌트 톡! 합이 10이 되는 두 수를 찾아봐.

교과역량 콕! 문제해결 | 연결

24 1모둠과 2모둠에서 송편을 만들었습니다. □ 안에 알맞은 수를 써넣으세요.

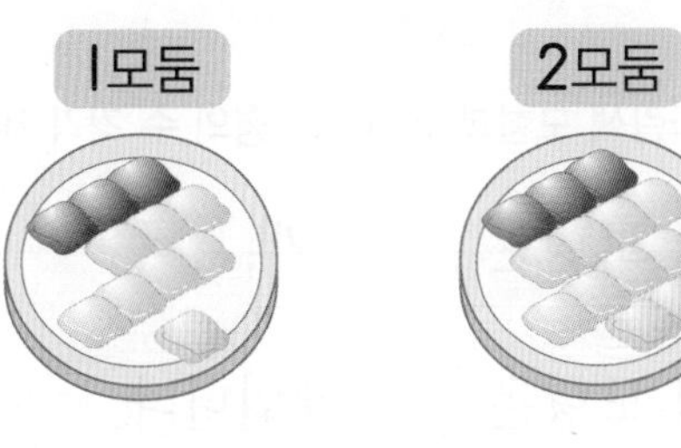

1모둠 $3+7+\square=\square$

2모둠 $3+\square+\square=\square$

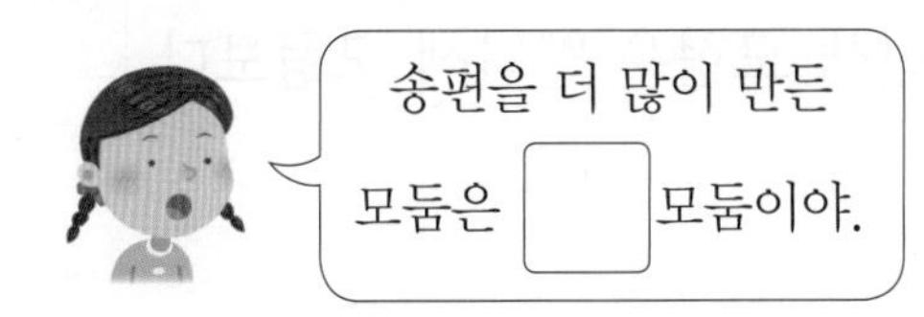

2 단원

STEP 3 서술형 **문제 잡기**

1

상자에 **밤 3개, 대추 2개, 호두 1개**가 들어 있습니다. 상자에 들어 있는 밤, 대추, 호두는 모두 몇 개인지 풀이 과정을 쓰고, 답을 구하세요.

(1단계) 구하려는 것을 덧셈식으로 나타내기

밤, 대추, 호두의 수를 모두 더하면

☐+☐+☐=☐입니다.

(2단계) 밤, 대추, 호두는 모두 몇 개인지 쓰기

따라서 상자에 들어 있는 밤, 대추, 호두는 모두 ☐개입니다.

답 ____

2

주차장에 **버스 2대, 트럭 2대, 택시 4대**가 있습니다. 주차장에 있는 버스, 트럭, 택시는 모두 몇 대인지 풀이 과정을 쓰고, 답을 구하세요.

(1단계) 구하려는 것을 덧셈식으로 나타내기

(2단계) 버스, 트럭, 택시는 모두 몇 대인지 쓰기

답 ____

3

파란색 모형은 빨간색 모형보다 **몇 개 더 많은지** 풀이 과정을 쓰고, 답을 구하세요.

(1단계) 파란색 모형과 빨간색 모형의 수 각각 세어 보기

파란색 모형은 ☐개,

빨간색 모형은 ☐개입니다.

(2단계) 두 수의 차 구하기

뺄셈식을 쓰면 ☐−☐=☐이므로

파란색 모형은 빨간색 모형보다 ☐개 더 많습니다.

답 ____

4

닭은 병아리보다 **몇 마리 더 많은지** 풀이 과정을 쓰고, 답을 구하세요.

(1단계) 닭과 병아리의 수 각각 세어 보기

(2단계) 두 수의 차 구하기

답 ____

정답 10쪽

5

계산 결과가 더 큰 것의 기호를 쓰려고 합니다. 풀이 과정을 쓰고, 답을 구하세요.

㉠ $8-1-3$ ㉡ $9-2-4$

1단계 ㉠과 ㉡ 각각 계산하기

㉠ $8-1-3=\square$,

㉡ $9-2-4=\square$입니다.

2단계 계산 결과가 더 큰 것의 기호 쓰기

따라서 계산 결과가 더 큰 것의 기호는

$\square$입니다.

답 ________

6

계산 결과가 더 큰 것의 기호를 쓰려고 합니다. 풀이 과정을 쓰고, 답을 구하세요.

㉠ $9-3-3$ ㉡ $7-1-1$

1단계 ㉠과 ㉡ 각각 계산하기

____

____

2단계 계산 결과가 더 큰 것의 기호 쓰기

____

____

답 ________

7

도율이가 고른 두 수를 ▭의 □ 안에 써넣고, 덧셈식을 계산해 보세요.

나는 6과 4를 고를래.

    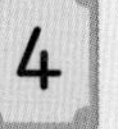   

6 2 5 4 9 7

1단계 도율이가 고른 수 카드 두 장 찾기

도율이가 고른 수: □, □

2단계 덧셈식 계산하기

$3+\square+\square=\square$

8 창의형

합이 10이 되는 두 수를 골라 ▭의 □ 안에 써넣고, 덧셈식을 계산해 보세요.

합이 10이 되는 수 카드 두 장을 골라 봐.

7 4 2 6 8 3

1단계 수 카드 두 장을 고르기

내가 고른 수: □, □

2단계 덧셈식 계산하기

$5+\square+\square=\square$

평가 2단원 마무리

맞힌 개수

01 □ 안에 알맞은 수를 써넣으세요.

2+5+1=□

02 두 수를 더해 보세요.

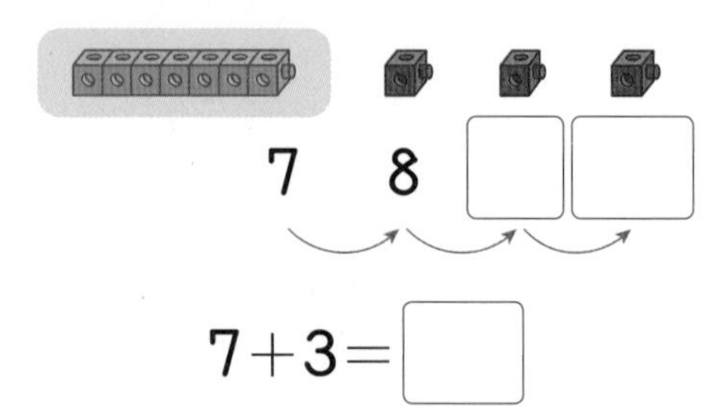

7+3=□

03 그림을 보고 뺄셈을 해 보세요.

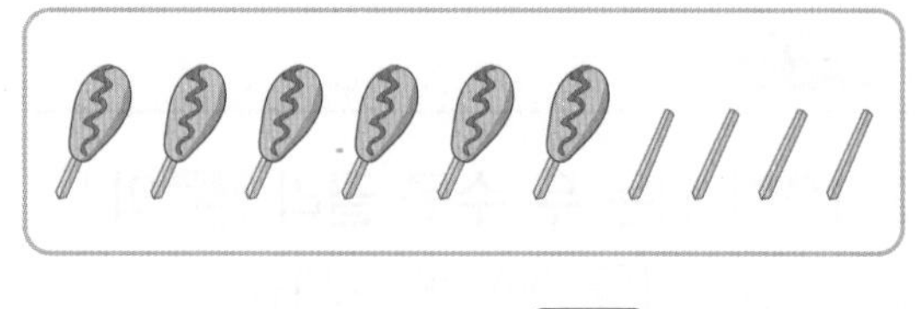

10−4=□

04 □ 안에 알맞은 수를 써넣으세요.

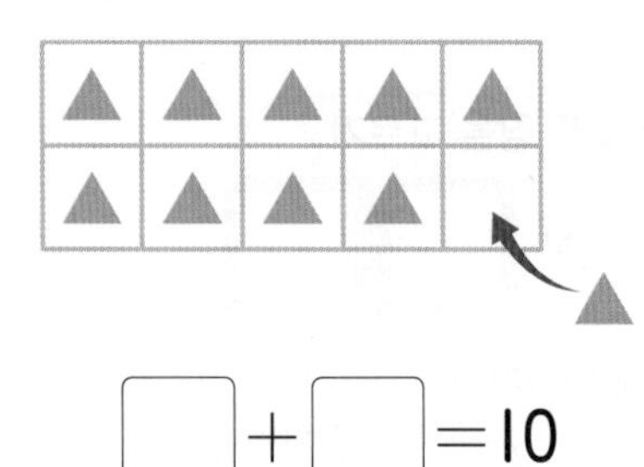

□+□=10

[05~06] □ 안에 알맞은 수를 써넣으세요.

05 1+3+1=□

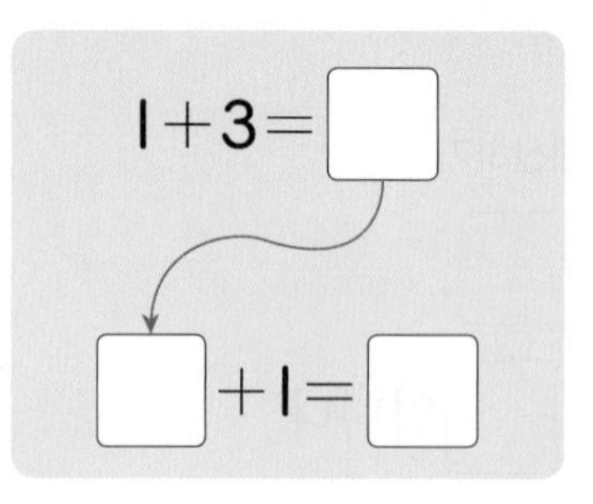

06 7−1−4=□

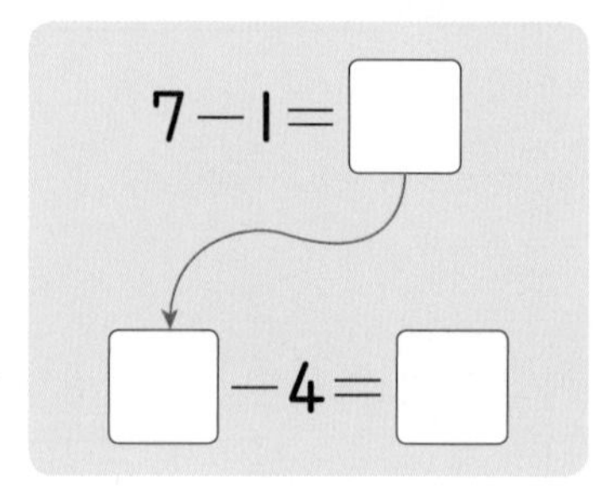

07 계산해 보세요.

9+7+3=□

08 빈 곳에 알맞은 수를 써넣으세요.

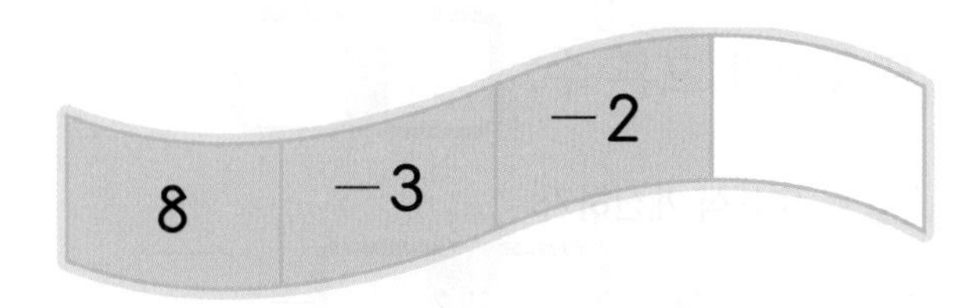

09 개구리가 5번째 돌다리에서 5번 더 뛰었다면 몇 번째 돌다리에 도착했을까요?

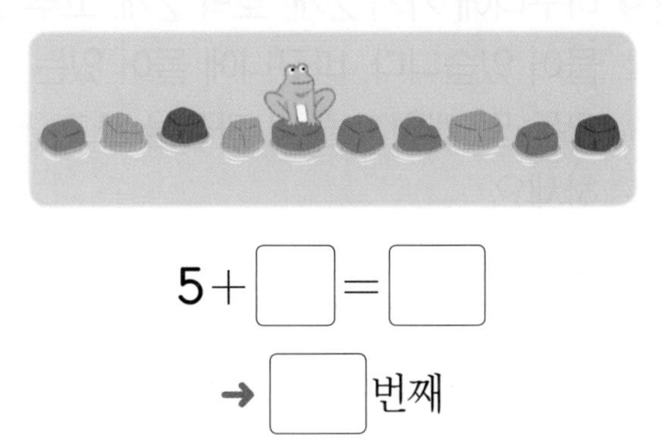

$5+\square=\square$

→ $\square$ 번째

10 합이 같은 것끼리 이어 보세요.

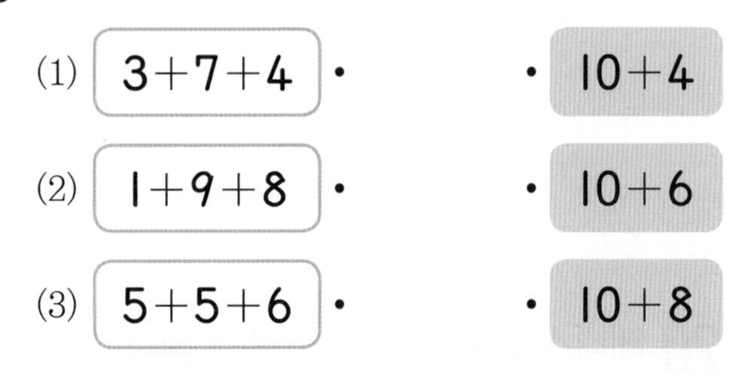

11 계산 결과의 크기를 비교하여 ○ 안에 >, <를 알맞게 써넣으세요.

$10-8$ ○ $10-7$

12 합이 10이 되도록 □ 안에 알맞은 수를 써넣으세요.

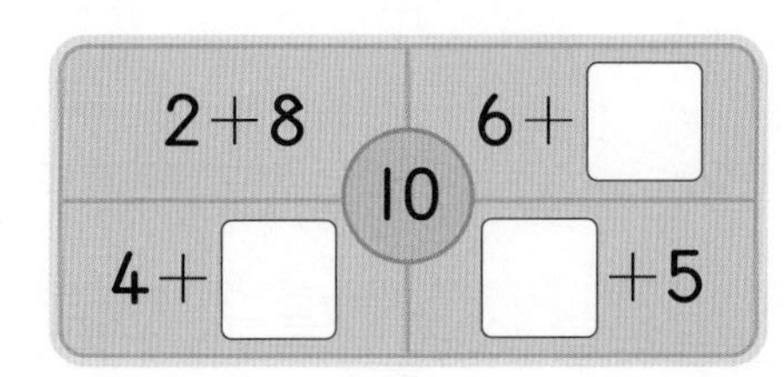

13 사탕은 모두 몇 개인지 덧셈식을 만들어 구하세요.

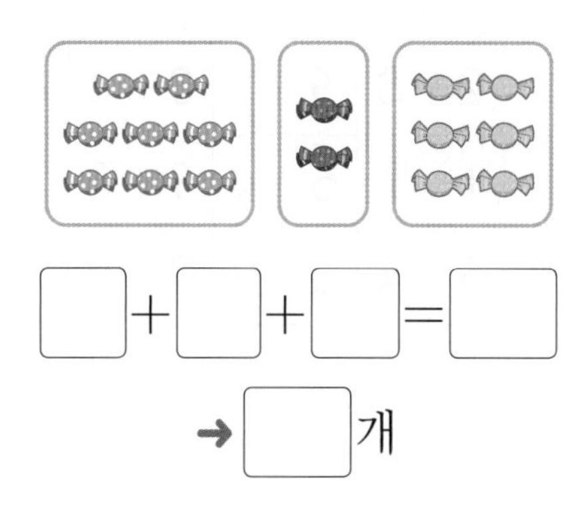

$\square+\square+\square=\square$

→ $\square$ 개

14 밑줄 친 두 수의 합이 10이 되도록 ○ 안에 수를 써넣고, 식을 완성해 보세요.

$\underline{\bigcirc+5}+9=\square$

15 상현, 수동, 주현이가 모은 100원짜리 동전의 수입니다. 세 사람이 모은 동전은 모두 몇 개일까요?

상현	수동	주현
6개	9개	1개

(　　　　　　)

2 단원

정답 10쪽

16 합이 10이 되는 칸에 모두 색칠해 보고, 나타난 글자를 쓰세요.

2+8	9+1	0+8	8+2
1+7	6+4	9+0	7+3
5+4	3+7	7+2	1+9

( )

17 빵 6개 중에서 내가 1개, 윤주가 2개를 먹으면 남는 빵은 몇 개인가요?

식

답

18 같은 모양 초콜릿끼리 모으려고 합니다. ★, ● 모양은 각각 몇 개인가요?

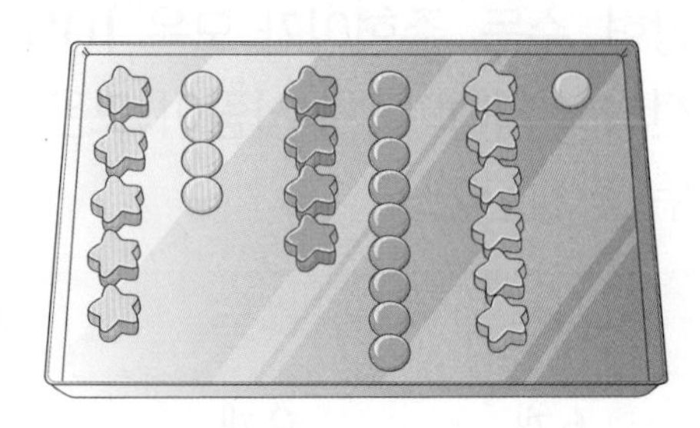

★ 모양 ( )

● 모양 ( )

서술형

19 바구니에 가지 2개, 호박 2개, 고추 2개가 들어 있습니다. 바구니에 들어 있는 채소는 모두 몇 개인지 풀이 과정을 쓰고, 답을 구하세요.

풀이

답

20 테니스 채는 테니스공보다 몇 개 더 많은지 풀이 과정을 쓰고, 답을 구하세요.

풀이

답

창의력 쑥쑥

생쥐 마을에 치즈 축제가 열렸어요.
어라? 그런데 생쥐가 아닌 친구들도 섞여 있네요?
다람쥐 5마리와 고슴도치 5마리를 찾아보세요.

정답은 개념책 152쪽에서 확인하세요.

3

모양과 시각

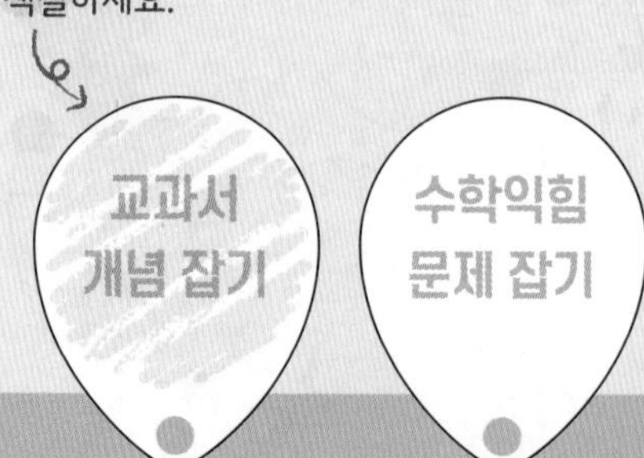

❶ 여러 가지 모양 찾기
❷ 여러 가지 모양 알아보기 /
여러 가지 모양으로 꾸미기

이전에 배운 내용

[1-1] 여러 가지 모양

□, □, ○ 모양 찾기

□, □, ○ 모양으로 만들기

교과서 개념 잡기

수학익힘 문제 잡기

서술형 문제 잡기

3단원 마무리

❸ 몇 시 알아보기
❹ 몇 시 30분 알아보기

다음에 배울 내용

[2-1] 여러 가지 도형
삼각형, 사각형, 원 알아보기
쌓기나무로 모양 만들기

[2-2] 시각과 시간
몇 시 몇 분 알아보기

교과서 개념 잡기

개념 강의

① 여러 가지 모양 찾기

■, ▲, ● 모양 찾기

■ 모양은 초록색, ▲ 모양은 파란색, ● 모양은 빨간색으로 따라 그려 봅니다.

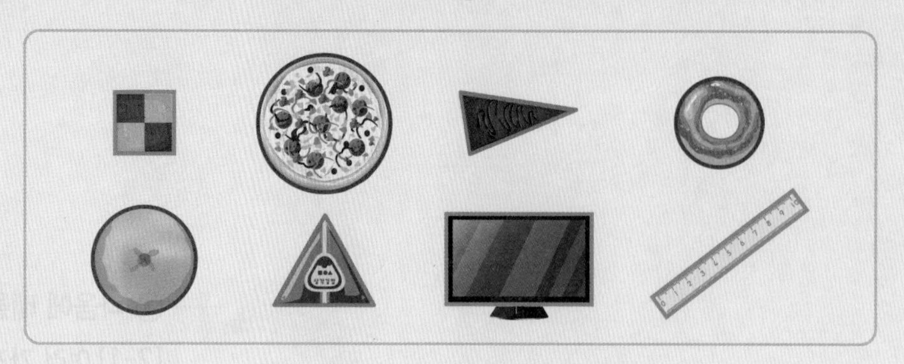

개념 확인 **1** ■ 모양은 초록색, ▲ 모양은 파란색, ● 모양은 빨간색으로 따라 그려 보세요.

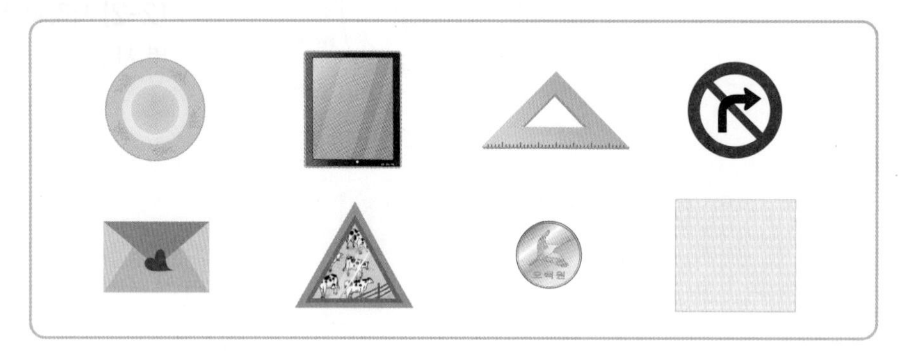

2 알맞은 모양에 ○표 하세요.

(1) 는 (■ , ▲ , ●) 모양입니다.

(2) 는 (■ , ▲ , ●) 모양입니다.

(3) 는 (■ , ▲ , ●) 모양입니다.

3 같은 모양끼리 모은 쪽에 ○표 하세요.

(　　)　　(　　)

4 주어진 것과 모양이 같은 물건을 찾아 ○표 하세요.

(1)

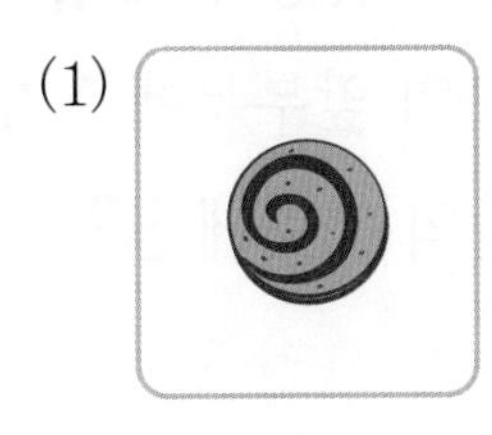

(　　)　(　　)　(　　)

(2)

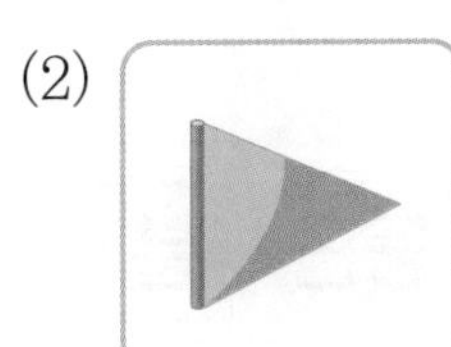

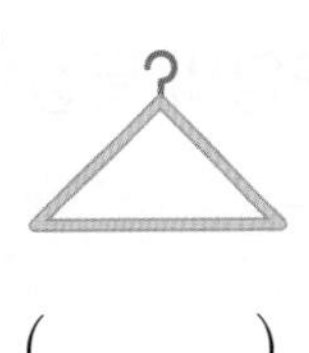

(　　)　(　　)　(　　)

5 모양이 같은 것끼리 이어 보세요.

(1) 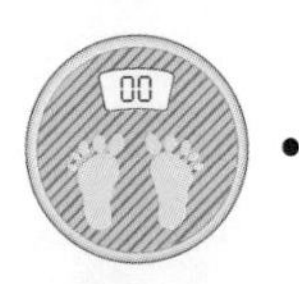 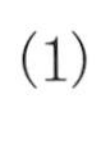 • 　•  • 　• 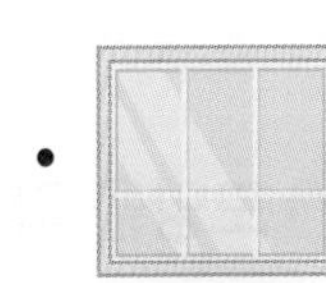

(2)  • 　• 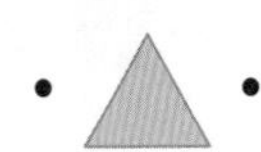 • 　• 

(3)  • 　•  • 　• 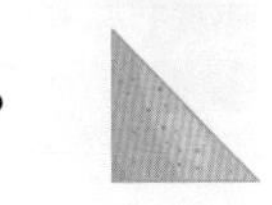

STEP 1 교과서 개념 잡기

② 여러 가지 모양 알아보기 / 여러 가지 모양으로 꾸미기

■, ▲, ● 모양의 특징

모양	뾰족한 부분	둥근 부분
■	4군데 있습니다.	없습니다.
▲	3군데 있습니다.	없습니다.
●	없습니다.	있습니다.

■, ▲, ● 모양으로 꾸미기

→

- ■ 모양: 기차의 몸통에 **4개**
- ▲ 모양: 기차의 앞부분에 **1개**
- ● 모양: 기차의 바퀴에 **3개**

개념 확인 **1** ■, ▲, ● 모양의 특징을 알아보세요.

모양	뾰족한 부분	둥근 부분
■	☐군데 있습니다.	없습니다.
▲	☐군데 있습니다.	없습니다.
●	(있습니다 , 없습니다).	(있습니다 , 없습니다).

개념 확인 **2** ■, ▲, ● 모양을 각각 몇 개 사용했는지 세어 보세요.

→

- ■ 모양: 거북의 다리에 ☐개
- ▲ 모양: 거북의 등껍질에 ☐개
- ● 모양: 거북의 머리에 ☐개

3 물건을 본뜬 모양을 찾아 ○표 하세요.

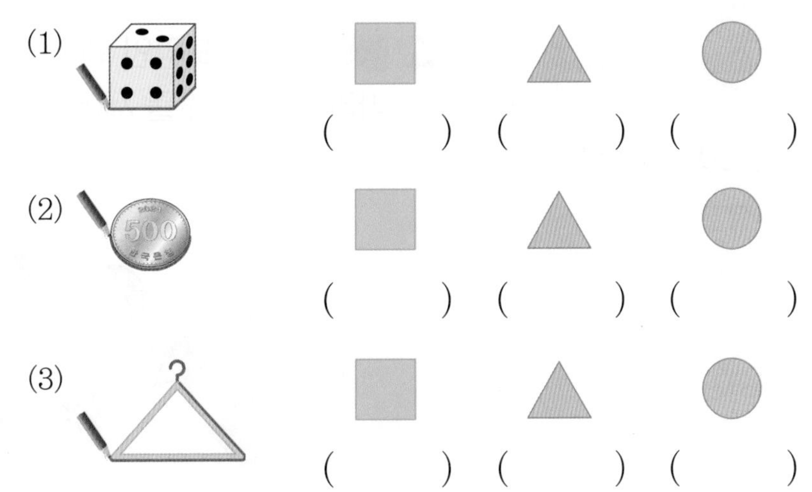

4 어떤 모양을 만든 것인지 알맞은 모양에 ○표 하세요.

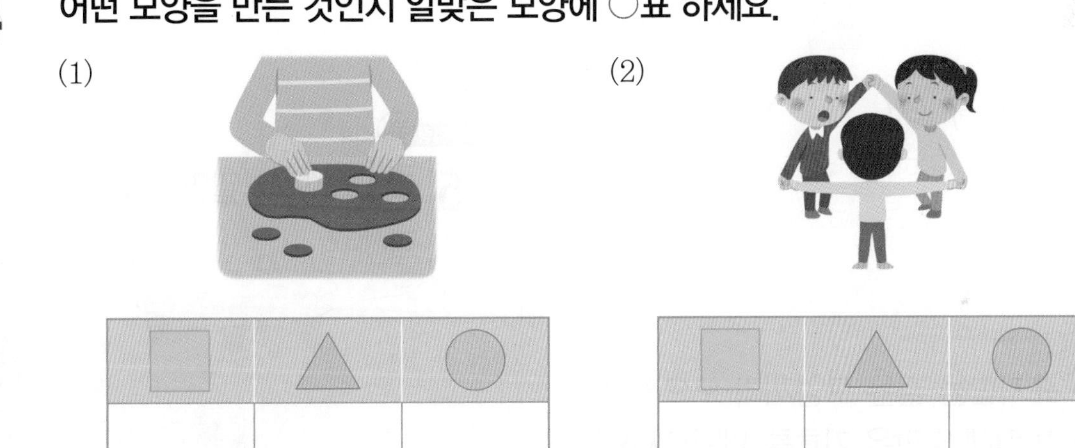

5 물고기를 □, △, ○ 모양으로 꾸몄습니다. □, △, ○ 모양은 각각 몇 개인지 쓰세요.

□ 모양: □개

△ 모양: □개

○ 모양: □개

STEP 2 수학익힘 문제 잡기

1 여러 가지 모양 찾기 개념 054쪽

01 □ 모양 물건을 모두 찾아 ○표 하세요.

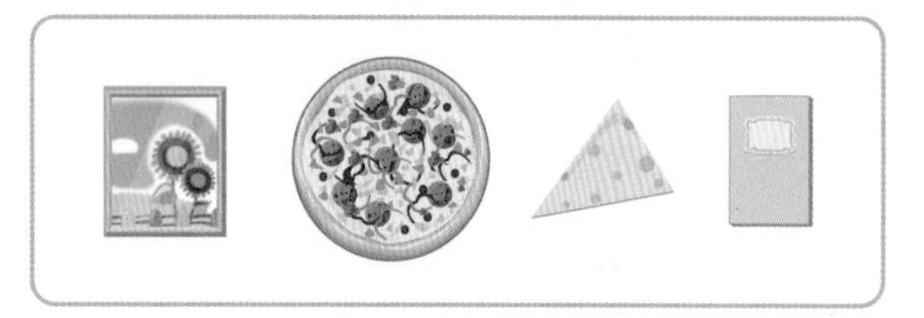

02 모양이 다른 것에 ×표 하세요.

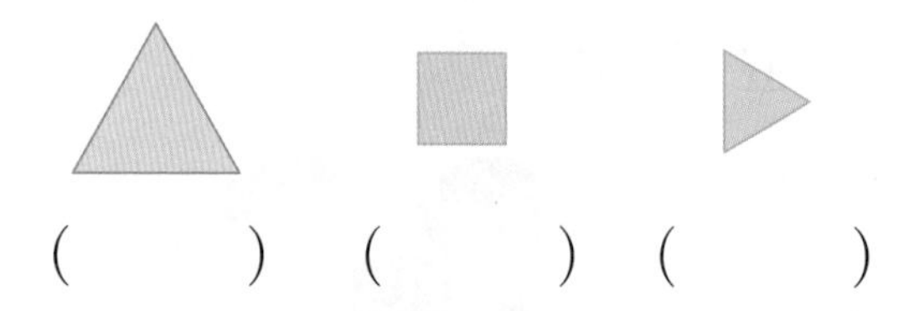

(　　) (　　) (　　)

03 교통 표지판을 같은 모양끼리 모으려고 합니다. 빈칸에 알맞은 기호를 써넣으세요.

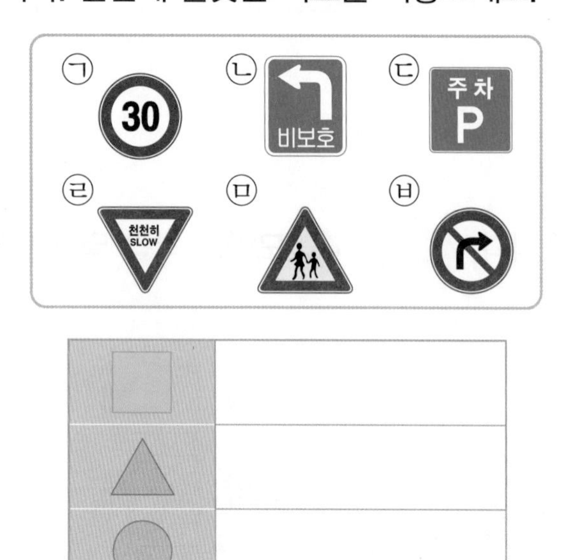

□	
△	
○	

04 □, △, ○ 모양인 과자를 찾아 색연필로 따라 그리고, 수를 세어 보세요.

□ 모양	△ 모양	○ 모양
□개	□개	□개

교과역량 콕! 연결

05 그림을 보고 알맞게 이야기한 친구에 ○표 하세요.

(　　)

(　　)

(　　)

2 여러 가지 모양 알아보기 / 여러 가지 모양으로 꾸미기

개념 056쪽

06 본뜬 모양이 다른 것을 찾아 기호를 쓰세요.

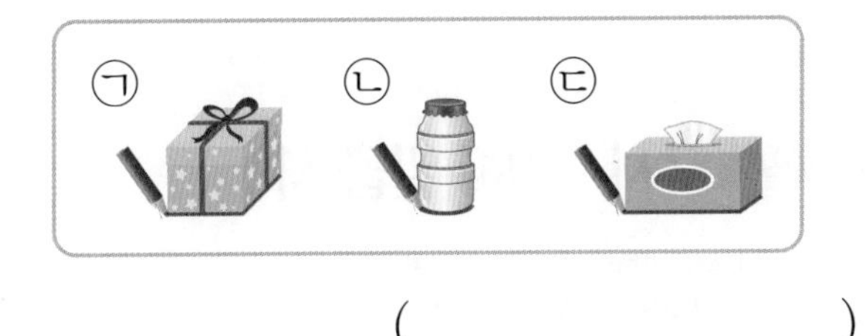

( )

07 바르게 설명한 것을 찾아 기호를 쓰세요.

㉠ ▲ 모양은 뾰족한 부분이 있습니다.
㉡ ● 모양은 둥근 부분이 없습니다.
㉢ ■ 모양은 뾰족한 부분이 3군데입니다.

( )

08 뾰족한 부분이 있는 초콜릿은 모두 몇 개인지 세어 쓰세요.

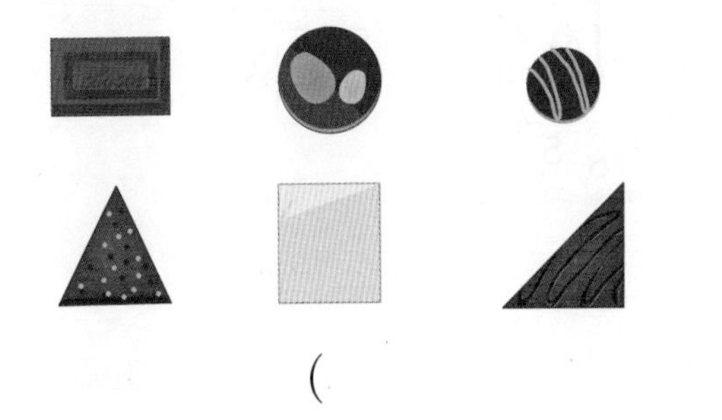

( )

교과역량 콕! 연결

09 손으로 어떤 모양을 만든 것인지 알맞게 이어 보세요.

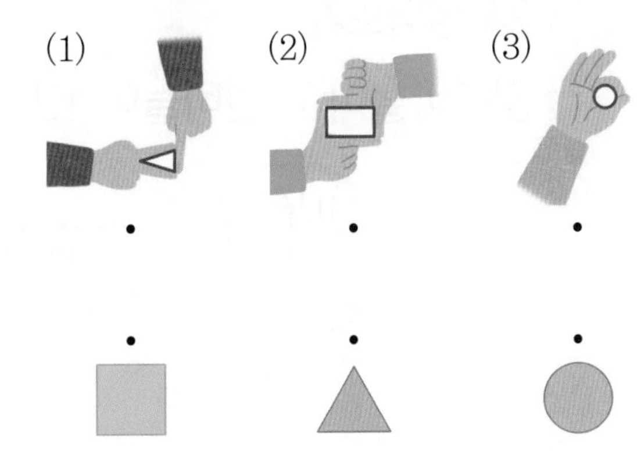

10 로켓을 ■, ▲, ● 모양으로 꾸몄습니다. 가장 많이 사용한 모양에 ○표 하세요.

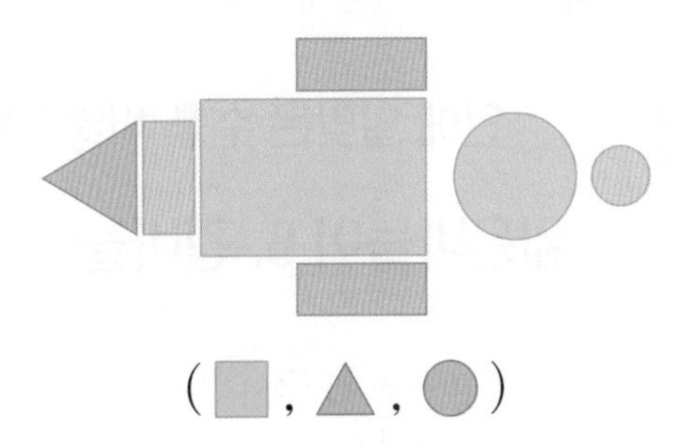

(■ , ▲ , ●)

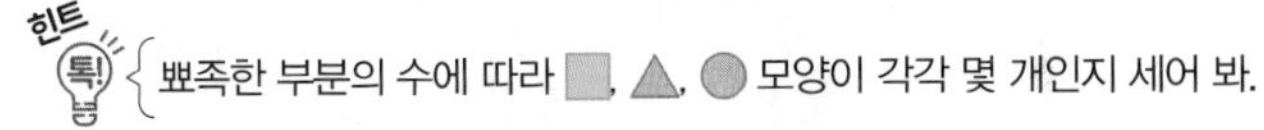

11 ■, ▲, ● 모양을 이용하여 부채를 꾸며 보세요.

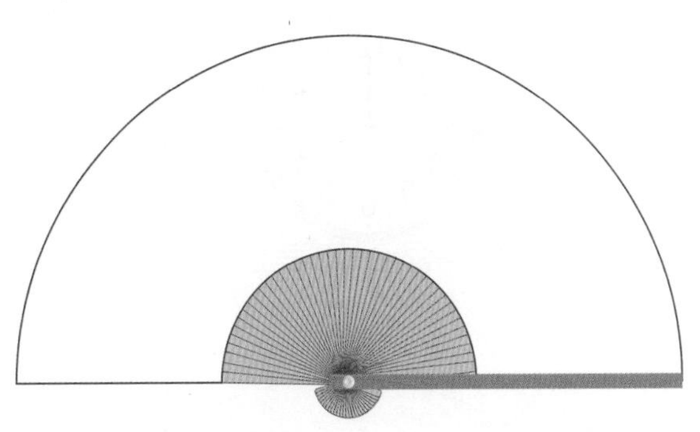

STEP 1 교과서 개념 잡기

③ 몇 시 알아보기

7시 알아보기

짧은바늘이 7, **긴바늘이** 12를 가리킬 때 시계는 7시를 나타냅니다.

시계에 10시 나타내기

① 짧은바늘: 10을 가리키도록 그립니다.
② 긴바늘: 12를 가리키도록 그립니다.

'몇 시'는 긴바늘이 항상 12를 가리켜.

개념 확인 **1** □ 안에 알맞은 수를 써넣으세요.

짧은바늘이 5, **긴바늘이** 12를 가리킬 때 시계는 □시를 나타냅니다.

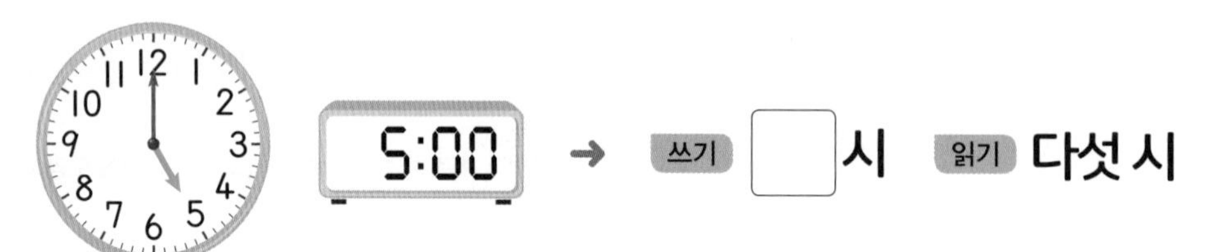

2 시계를 보고 몇 시인지 쓰세요.

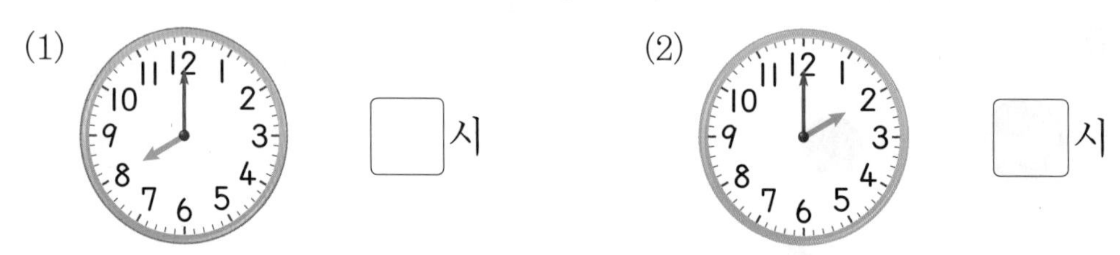

3 시계를 보고 알맞게 이어 보세요.

(1) 

(2) 

(3) 6:00

4 몇 시를 시계에 나타내세요.

(1) 9시

(2) 11시

5 그림을 보고 □ 안에 알맞은 수를 써넣으세요.

□시에 버스를 탄 뒤 □시에 동물원에 도착하였습니다.

1 STEP **교과서 개념 잡기**

④ 몇 시 30분 알아보기

1시 30분 알아보기

짧은바늘이 1과 2 사이, 긴바늘이 6을 가리킬 때
시계는 **1시 30분**을 나타냅니다.

2시와 2시 30분 비교하기

2시, 2시 30분 등을 시각이라고 합니다.

'몇 시 30분'은 긴바늘이 항상 6을 가리켜.

시계	(2시 시계)	(2시 30분 시계)
시각	2시	2시 30분
긴바늘	12	6
짧은바늘	2	2와 3 사이

☐ 안에 알맞은 수를 써넣으세요.

짧은바늘이 8과 9 사이, 긴바늘이 6을 가리킬 때
시계는 ☐**시** ☐**분**을 나타냅니다.

2 시계를 보고 몇 시 30분인지 쓰세요.

(1)

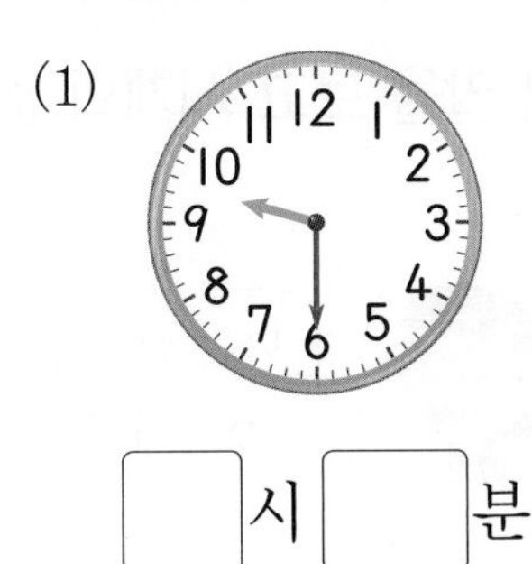

□시 □분

(2)

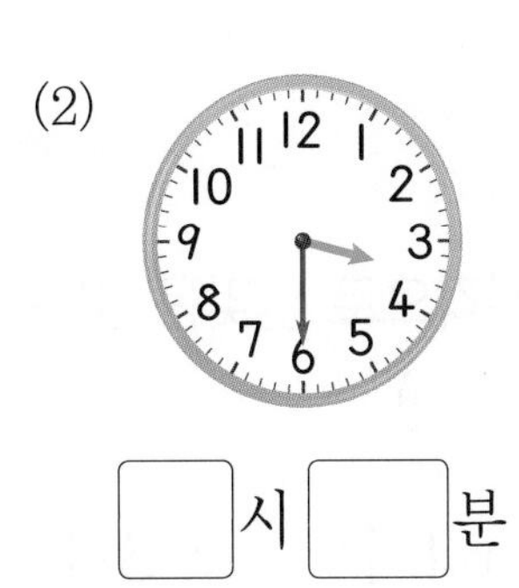

□시 □분

3 몇 시 30분을 나타낸 것입니다. 짧은바늘이 바르게 그려진 것을 모두 찾아 ○표 하세요.

( ) ( ) ( )

4 시계에 몇 시 30분을 나타내세요.

(1)

(2)

3 몇 시 알아보기

개념 060쪽

01 시계가 나타내는 시각으로 알맞은 것은 어느 것일까요? (   )

① 1시 ② 3시
③ 8시 ④ 9시
⑤ 12시

02 시계를 보고 □ 안에 알맞은 수를 써넣으세요.

짧은바늘이 □, 긴바늘이 □를 가리키므로 □시입니다.

03 몇 시를 시계에 나타내세요.

(1)

→

(2)

→

교과역량 콕! 연결

04 연서의 말을 보고 시계의 짧은바늘을 그려 보세요.

연서

나는 오늘 1시에 밥을 먹고, 6시에 피아노를 칠 거야.

05 10시를 시계에 나타내세요.

06 시곗바늘을 알맞게 그리고, 몇 시인지 쓰세요.

긴바늘 → 12
짧은바늘 → 8

(   )

4 몇 시 30분 알아보기 개념 062쪽

07 오른쪽 시계는 상호가 친구를 만난 시각을 나타낸 것입니다. □ 안에 알맞은 수를 써넣으세요.

짧은바늘이 □과 2 사이에 있고,
긴바늘이 □을 가리키므로 친구를
만난 시각은 □시 □분입니다.

08 나타내는 시각이 몇 시 30분인지 쓰세요.

- 짧은바늘: 5와 6 사이
- 긴바늘: 6

(　　　　　　)

09 시각을 시계에 알맞게 나타내었으면 ○표, 잘못 나타내었으면 ×표 하세요.

7시 30분　　4시 30분

(　　)　　(　　)

10 시각에 알맞게 짧은바늘을 그려 보세요.

교과역량 콕! 연결 | 추론

11 계획표를 보고 알맞게 이어 보세요.

	시각
청소하기	12시 30분
수영하기	2시

(1)
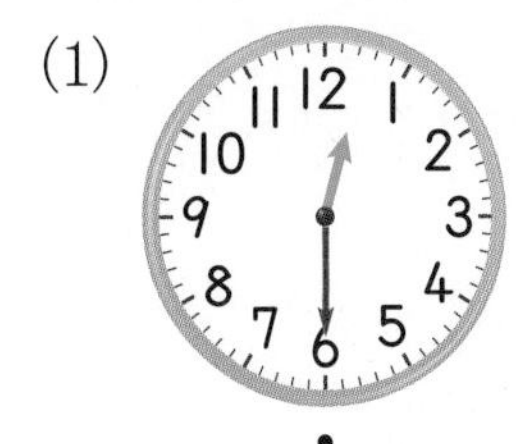

(2)
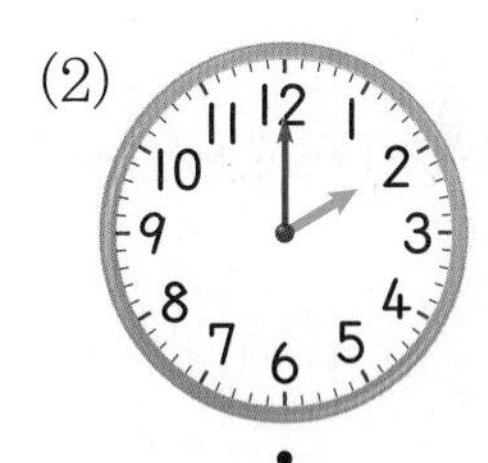

12 진구는 9시 30분에 일기를 썼습니다. 진구가 일기를 쓴 시각을 시계에 나타내세요.

3 단원

STEP 3 서술형 문제 잡기

1

■ 모양과 ● 모양은 어떤 점이 다른지 설명해 보세요.

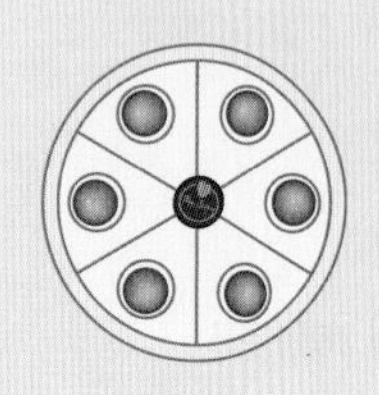

(설명) 두 모양의 다른 점 찾아 쓰기

■ 모양은 [   ]이 있고,

● 모양은 [   ]이 없습니다.

2

■ 모양과 ▲ 모양은 어떤 점이 다른지 설명해 보세요.

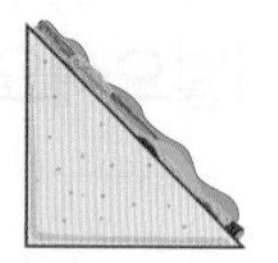

(설명) 두 모양의 다른 점 찾아 쓰기

____

____

3

왼쪽 시각을 오른쪽 시계에 바르게 나타내었는지 쓰고, 그 이유를 쓰세요.

(1단계) 시각을 시계에 바르게 나타내었는지 쓰기

[ ]시 30분을 시계에 (바르게 , 잘못) 나타냈습니다.

(2단계) 이유 쓰기

짧은바늘이 [ ]과 [ ] 사이, 긴바늘이 [ ]을 가리켜야 하기 때문입니다.

4

왼쪽 시각을 오른쪽 시계에 바르게 나타내었는지 쓰고, 그 이유를 쓰세요.

4:30 →

(1단계) 시각을 시계에 바르게 나타내었는지 쓰기

____

____

(2단계) 이유 쓰기

____

____

5

㉠과 ㉡에 사용된 ▲ **모양**은 모두 몇 개인지 풀이 과정을 쓰고, 답을 구하세요.

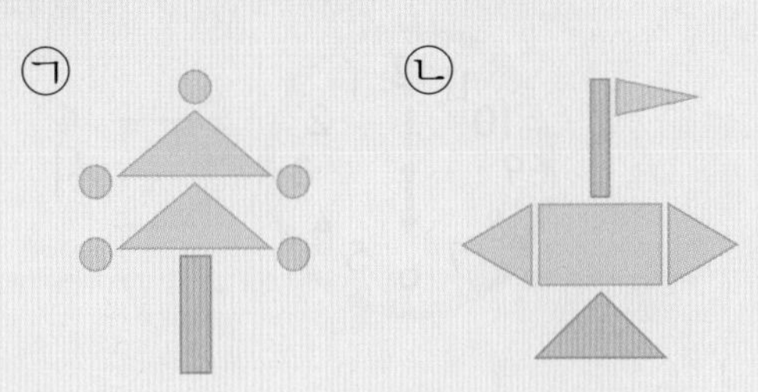

1단계 ㉠과 ㉡에 사용된 ▲ 모양이 각각 몇 개인지 구하기

㉠에 사용된 ▲ 모양은 ☐개이고,

㉡에 사용된 ▲ 모양은 ☐개입니다.

2단계 ㉠과 ㉡에 사용된 ▲ 모양은 모두 몇 개인지 구하기

따라서 ㉠과 ㉡에 사용된 ▲ 모양은 모두 ☐개입니다.

답 ______

6

㉠과 ㉡에 사용된 ■ **모양**은 모두 몇 개인지 풀이 과정을 쓰고, 답을 구하세요.

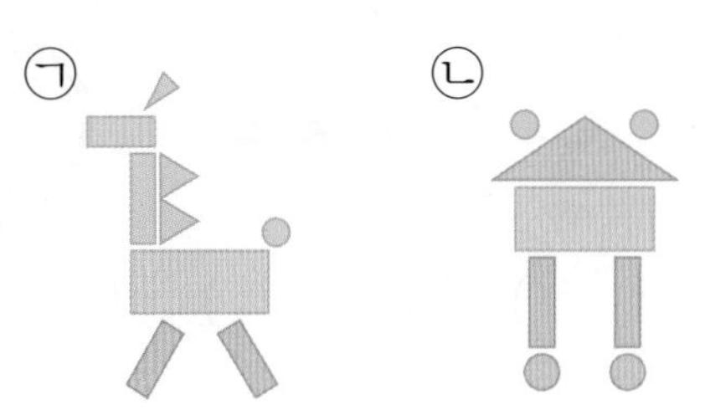

1단계 ㉠과 ㉡에 사용된 ■ 모양이 각각 몇 개인지 구하기

______

______

2단계 ㉠과 ㉡에 사용된 ■ 모양은 모두 몇 개인지 구하기

______

______

답 ______

3 단원

7

시계가 나타내는 시각에 **준호가 무엇을 할지** 이야기해 보세요.

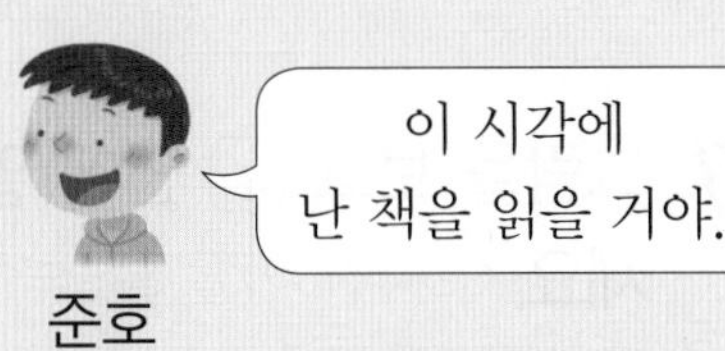

1단계 주어진 시각이 몇 시인지 쓰기

시계가 나타내는 시각: ☐시

2단계 나타내는 시각에 무엇을 할지 이야기하기

준호는 ☐시에 ☐ 것입니다.

8 창의형

시계가 나타내는 시각에 **내가 하고 싶은 것**을 이야기해 보세요.

하고 싶은 일을
생각해 봐.

1단계 주어진 시각이 몇 시 30분인지 쓰기

시계가 나타내는 시각: ☐시 ☐분

2단계 나타내는 시각에 무엇을 할지 이야기하기

나는 ☐시 ☐분에 ☐ 것입니다.

평가 3단원 마무리

맞힌 개수

01 ■ 모양에 ○표 하세요.

( ) ( ) ( )

[02~03] 그림을 보고 물음에 답하세요.

02 ▲ 모양을 모두 찾아 기호를 쓰세요.

( )

03 ● 모양을 모두 찾아 기호를 쓰세요.

( )

04 모양이 같은 것끼리 이어 보세요.

(1) 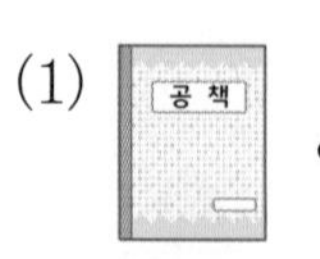 • • 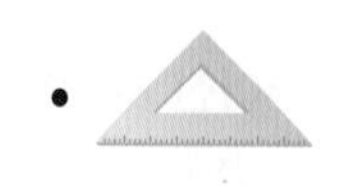

(2)  • • 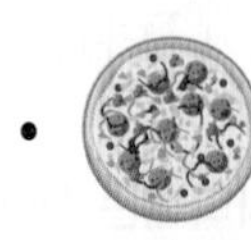

(3)  • • 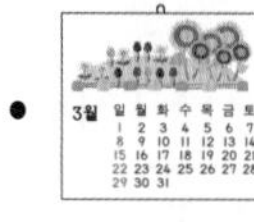

05 시각을 쓰세요.

□시

06 같은 시각끼리 이어 보세요.

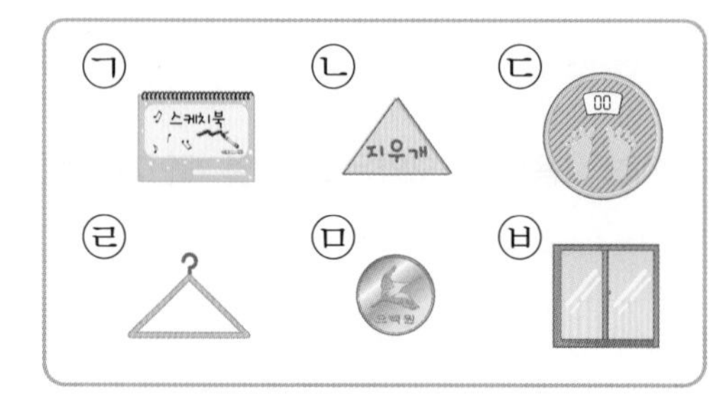

07 그림을 보고 □ 안에 알맞은 수를 써넣으세요.

병준이네 가족은 □시 □분에 텔레비전을 보았습니다.

08 오른쪽과 같이 연필꽂이를 찰흙 위에 찍었을 때 나오는 모양을 찾아 ○표 하세요.

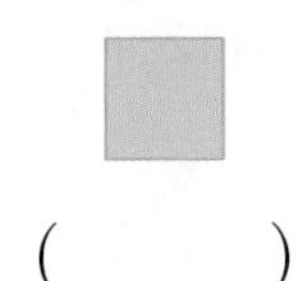 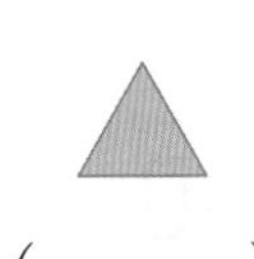 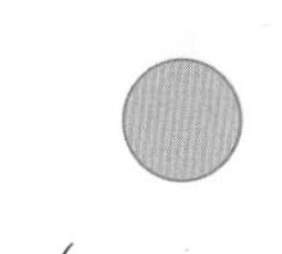

(　　) (　　) (　　)

09 몸으로 만든 모양을 찾아 ○표 하세요.

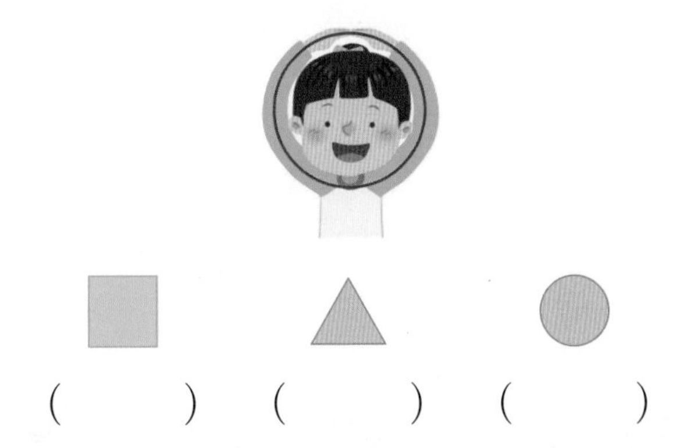

(　　) (　　) (　　)

10 ■ 모양을 모두 찾아 ○표 하세요.

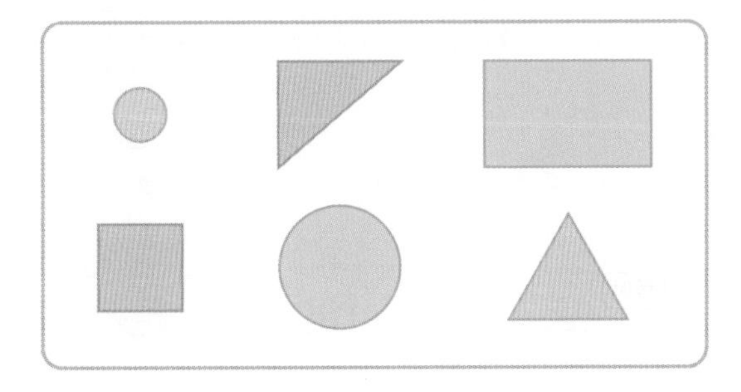

11 본뜬 모양에 알맞게 이어 보세요.

(1) 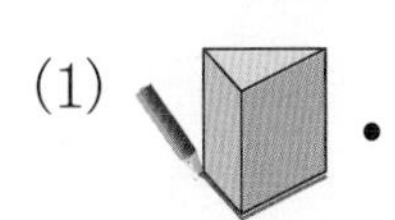 •　　　• 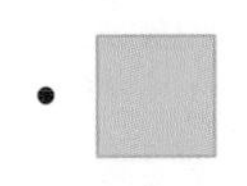

(2)  •　　　• 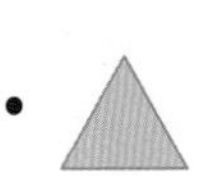

(3) 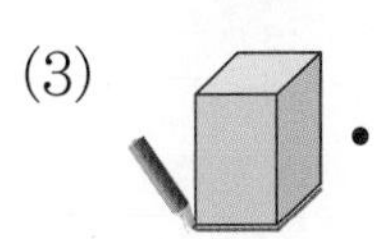 •　　　• 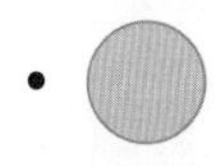

12 시각에 알맞게 짧은바늘을 그려 보세요.

12시 30분

13 학원에 간 시각을 시계에 나타내세요.

3시에 학원을 갔습니다.

14 오른쪽 그림에서 사용한 모양을 모두 찾아 ○표 하세요.

 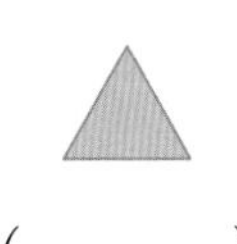 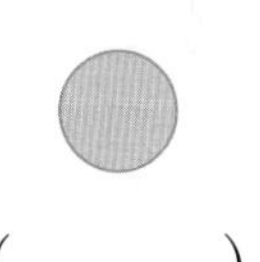

(　　) (　　) (　　)

15 ■ 모양으로만 꾸민 것에 ○표 하세요.

(　　) (　　)

정답 14쪽

16 붙임딱지를 같은 모양끼리 모으려고 합니다. 빈칸에 알맞은 기호를 써넣으세요.

모양	
■ 모양	
▲ 모양	
● 모양	

17 리아가 이야기하는 모양을 찾아 ○표 하세요.

( ) ( ) ( )

18 ■, ▲, ● 모양을 이용하여 친구의 얼굴을 꾸며 보세요.

서술형

19 왼쪽 시각을 오른쪽 시계에 나타낸 것을 보고 잘못된 이유를 쓰세요.

이유

20 ㉠과 ㉡에 사용된 ▲ 모양은 모두 몇 개인지 풀이 과정을 쓰고, 답을 구하세요.

풀이

답

창의력 쑥쑥

우리 동네에 재미있는 서커스가 열렸어요~.
공 위에 올라간 사자와 자전거를 타는 곰도 있어요!
아래 빈 곳에 각각 알맞은 그림의 번호를 찾아 써 봐요.

정답은 개념책 152쪽에서 확인하세요.

4

덧셈과 뺄셈(2)

학습을 끝낸 후
색칠하세요.

❶ 덧셈 알아보기
❷ 덧셈하기
❸ 여러 가지 덧셈하기

이전에 배운 내용

[1-2] 덧셈과 뺄셈(1)
세 수의 덧셈과 뺄셈
10이 되는 더하기 / 10에서 빼기
10을 만들어 더하기

다음에 배울 내용

[1-2] 덧셈과 뺄셈(3)

받아올림이 없는 (몇십몇)+(몇십몇)

받아내림이 없는 (몇십몇)−(몇십몇)

❹ 뺄셈 알아보기

❺ 뺄셈하기

❻ 여러 가지 뺄셈하기

STEP 1

교과서 개념 잡기

① 덧셈 알아보기

나비가 모두 몇 마리인지 알아보기

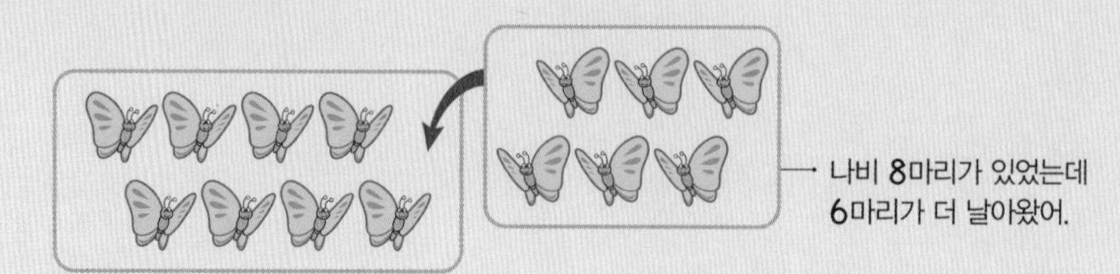

방법 1 이어 세기로 구하기

방법 2 더 날아온 나비 수만큼 △를 그려서 구하기

○	○	○	○	○
○	○	○	△	△

△	△	△	△	

○ 8개에 △ 6개를 그리면 모두 14개야.

$8+6=14$ → 나비는 모두 14마리입니다.

개념 확인 **1**

자동차는 모두 몇 대인지 알아보세요.

초록색 자동차 7대와
빨간색 자동차 9대가 있어.

방법 1 이어 세기로 구하기

7 8 9 10 11 12 13 □ □ □

방법 2 빨간색 자동차 수만큼 △를 그려서 구하기

○	○	○	○	○
○	○			

$7+9=$ □ → 자동차는 모두 □ 대입니다.

2 사과는 모두 몇 개인지 구슬을 옮겨서 알아보세요.

(1) 구슬 6개를 옮긴 후 7개를 더 옮기면 왼쪽으로 옮긴 구슬은 모두 몇 개인가요?

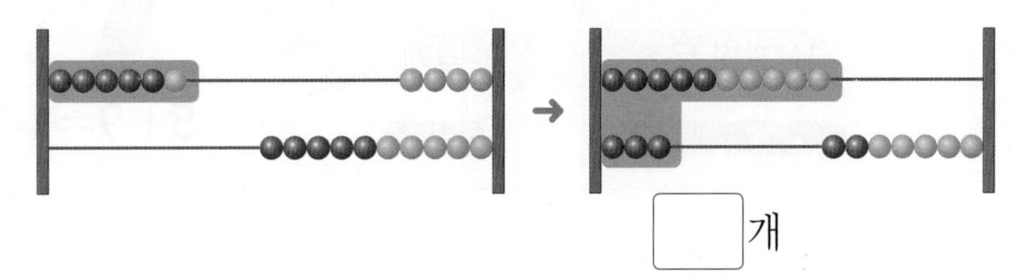

☐개

(2) 사과는 모두 몇 개인지 식으로 나타내세요.

$6+7=$ ☐

3 당근은 모두 몇 개인지 구하세요.

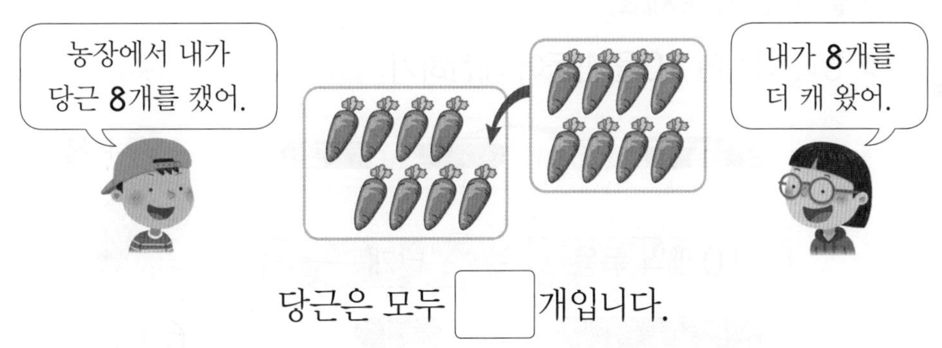

당근은 모두 ☐개입니다.

4 강아지는 모두 몇 마리인지 식으로 나타내세요.

$9+$ ☐ $=$ ☐

② 덧셈하기

5+9 계산하기

방법1 5와 더하여 10을 만들어 계산하기

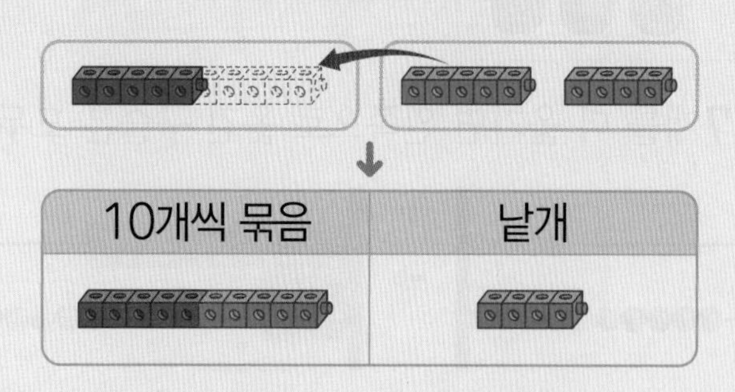

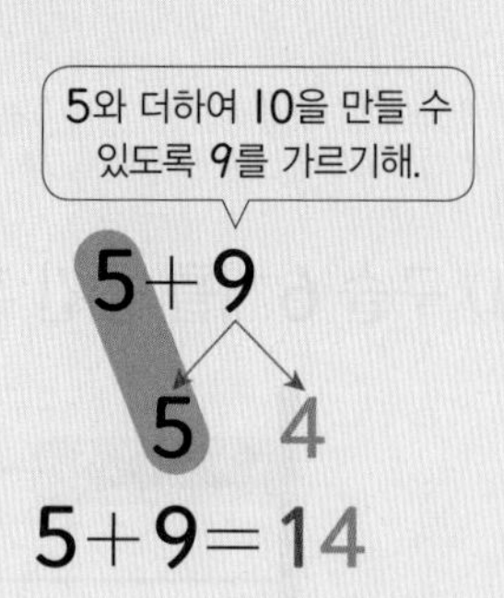

방법2 9와 더하여 10을 만들어 계산하기

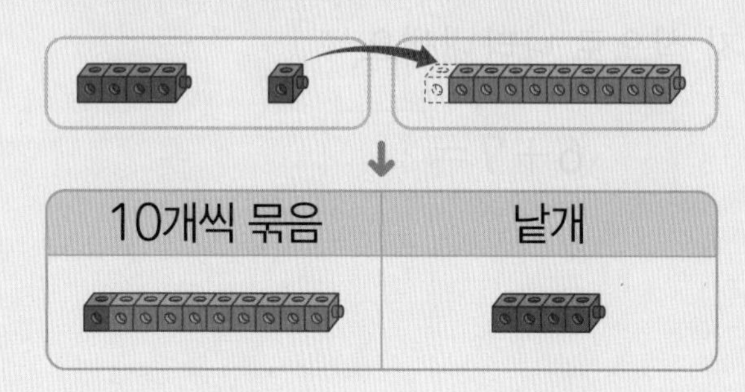

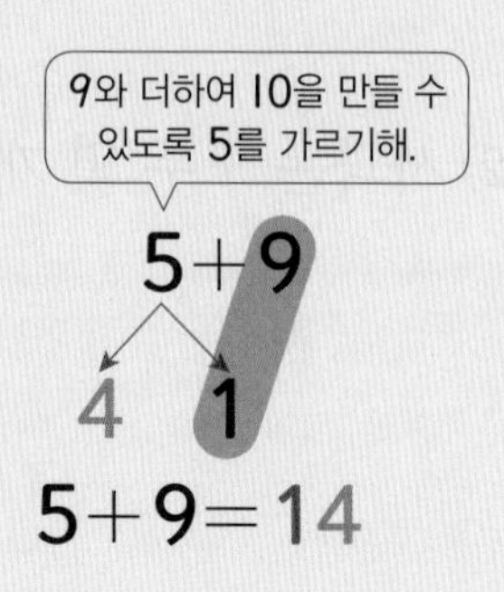

개념 확인 1

6+8을 계산해 보세요.

방법1 6과 더하여 10을 만들어 계산하기

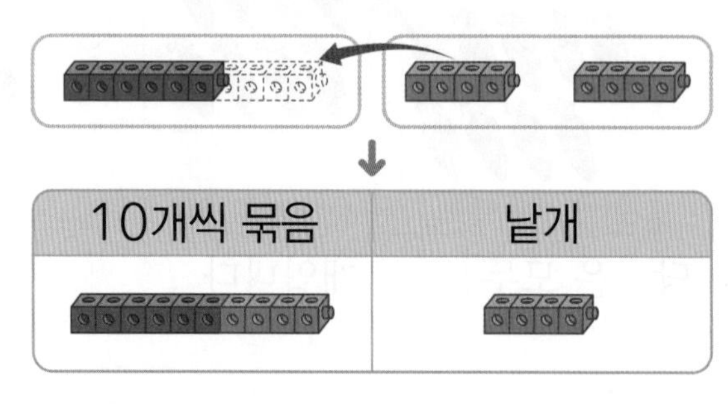

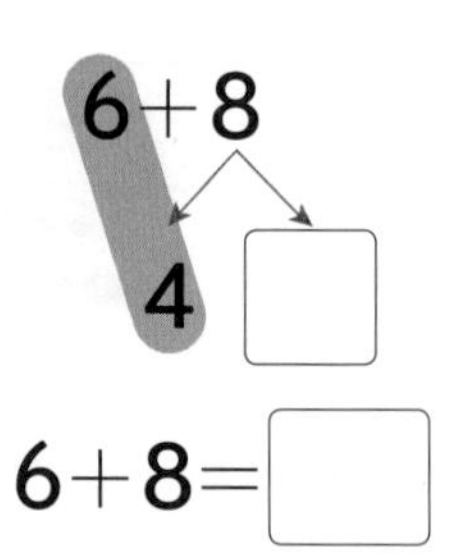

방법2 8과 더하여 10을 만들어 계산하기

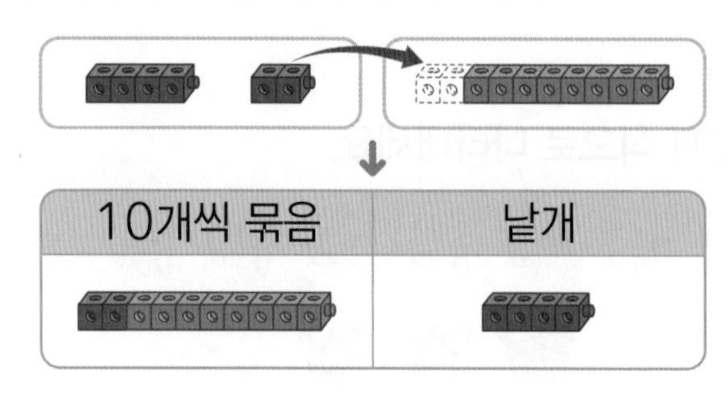

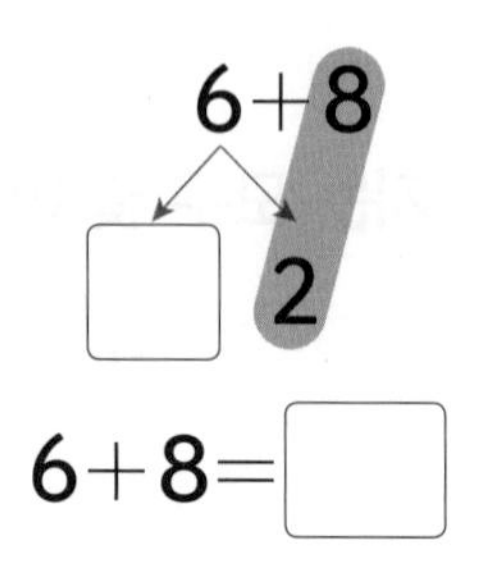

2 8＋7을 여러 가지 방법으로 계산해 보세요.

(1) 8과 더하여 10을 만들어 계산해 보세요.

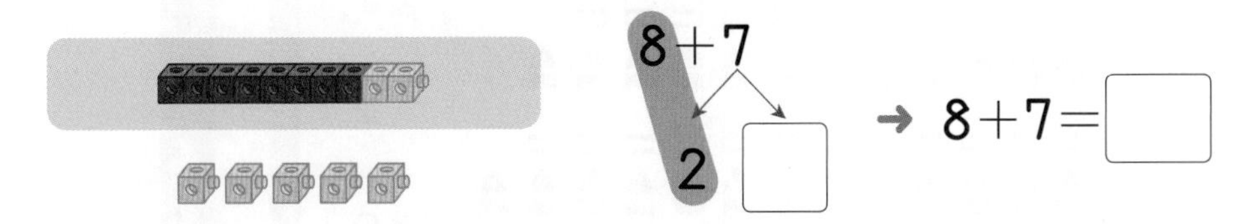

→ 8＋7＝□

(2) 7과 더하여 10을 만들어 계산해 보세요.

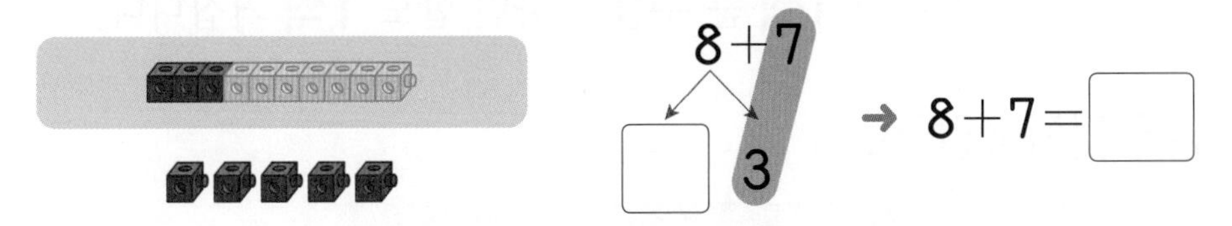

→ 8＋7＝□

(3) 5와 5를 더하여 10을 만들어 계산해 보세요.

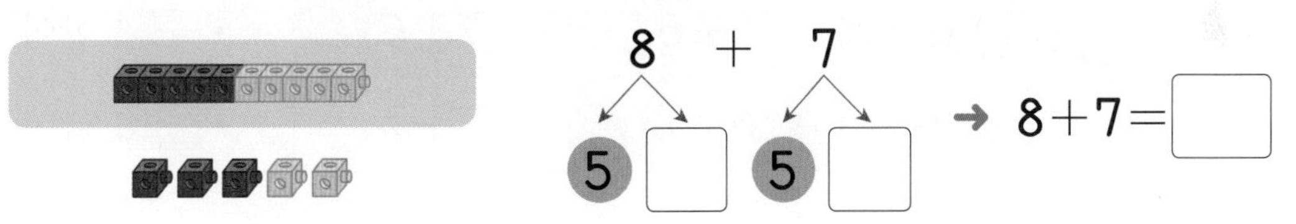

→ 8＋7＝□

3 컵케이크는 모두 몇 개인지 여러 가지 방법으로 알아보세요.

방법 1 7과 더하여 10 만들기

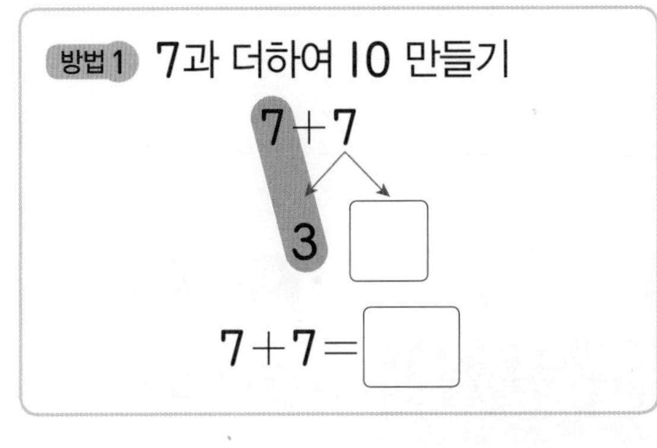

7＋7＝□

방법 2 5와 5를 더하기

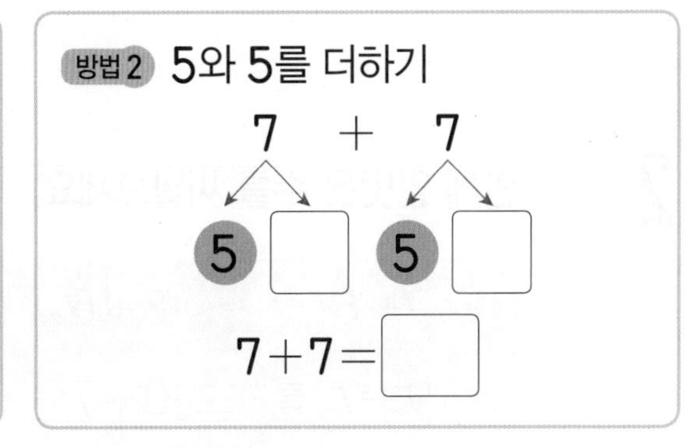

7＋7＝□

컵케이크는 모두 □개입니다.

STEP 1 교과서 개념 잡기

③ 여러 가지 덧셈하기

덧셈식에서 규칙 찾기

9+2=11

9+3=12

9+4=13

→ 같은 수에 **1씩** 큰 수를 더하면 합도 **1씩** 커집니다.

합이 같은 덧셈식 알아보기

5+5	6+5	7+5
5+6	6+6	7+6
5+7	6+7	7+7

• ▭: 합이 11

• ▭: 합이 12

• ▭: 합이 13

개념 확인 **1**

☐ 안에 알맞은 수를 써넣으세요.

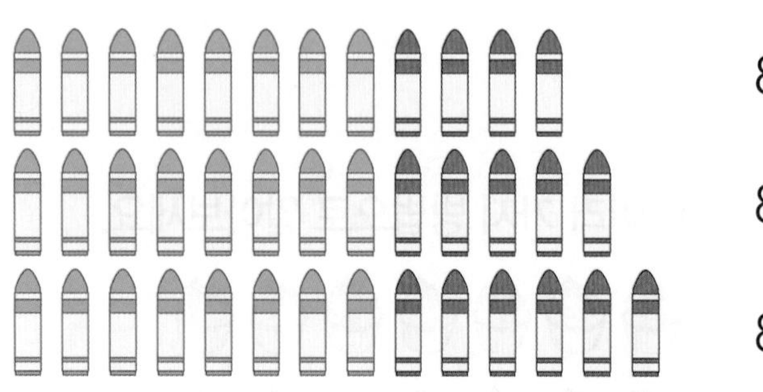

8+4=☐

8+5=☐

8+6=☐

→ 같은 수에 **1씩** 큰 수를 더하면 합도 ☐**씩** 커집니다.

개념 확인 **2**

☐ 안에 알맞은 수를 써넣으세요.

9+6	8+6	7+6
9+7	8+7	7+7
9+8	8+8	7+8

• ▭: 합이 ☐

• ▭: 합이 ☐

• ▭: 합이 ☐

3 덧셈을 해 보세요.

(1) $5+8=\square$

$5+7=\square$

$5+6=\square$

$5+5=\square$

(2) $6+7=\square$

$7+7=\square$

$8+7=\square$

$9+7=\square$

4 덧셈을 해 보고 알게 된 점을 찾아보세요.

(1) 덧셈을 해 보세요.

$4+7=\square$

$7+4=\square$

$8+5=\square$

$5+8=\square$

(2) 알맞은 말에 ○표 하세요.

더하는 두 수를 서로 바꾸어 더해도 합은 (같습니다 , 다릅니다).

5 합이 16인 덧셈식을 모두 찾아 색칠해 보세요.

6+9			
7+9	7+8		
8+9	8+8	8+7	
9+9	9+8	9+7	9+6

STEP 2
수학익힘 문제 잡기

1 덧셈 알아보기

개념 074쪽

01 과자는 모두 몇 개인지 구하세요.

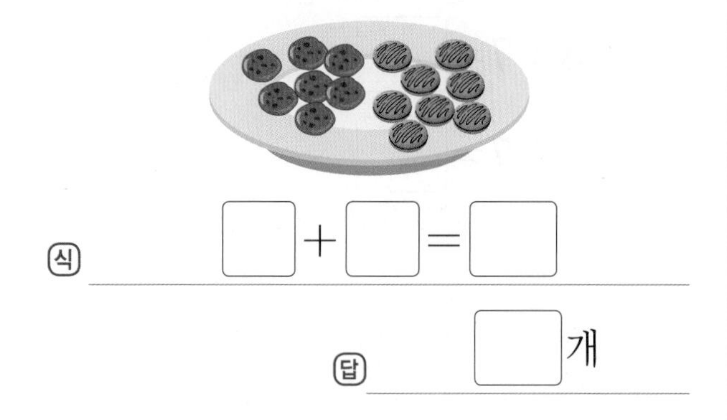

식 □+□=□

답 □개

02 훌라후프는 모두 몇 개인지 구하세요.

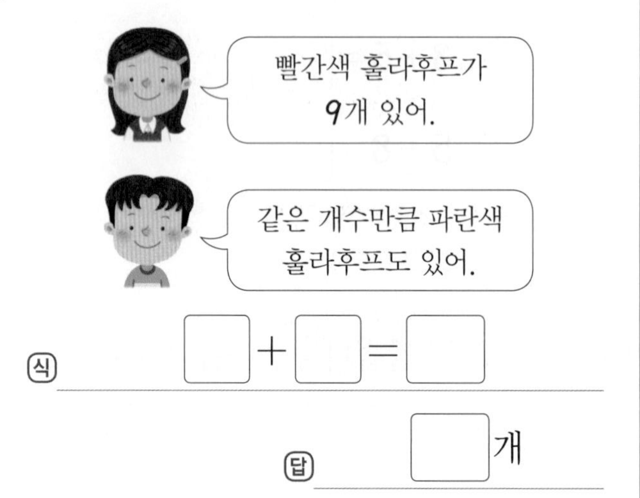

식 □+□=□

답 □개

교과역량 콕! 추론

03 합이 같도록 점을 그리고, □ 안에 알맞은 수를 써넣으세요.

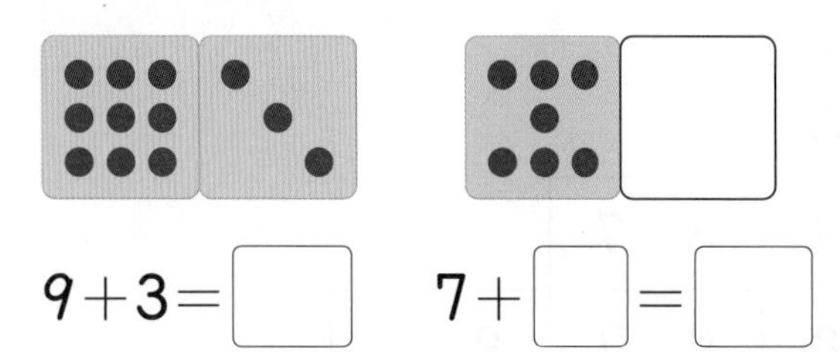

9+3=□ 7+□=□

2 덧셈하기

개념 076쪽

04 □ 안에 알맞은 수를 써넣으세요.

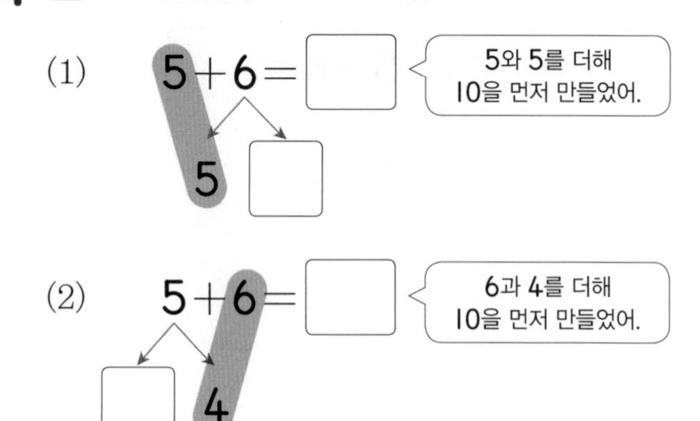

05 덧셈을 해 보세요.

9+6=□

06 목각 인형이 4개 있었는데 9개를 더 만들었습니다. 목각 인형은 모두 몇 개인지 구하세요.

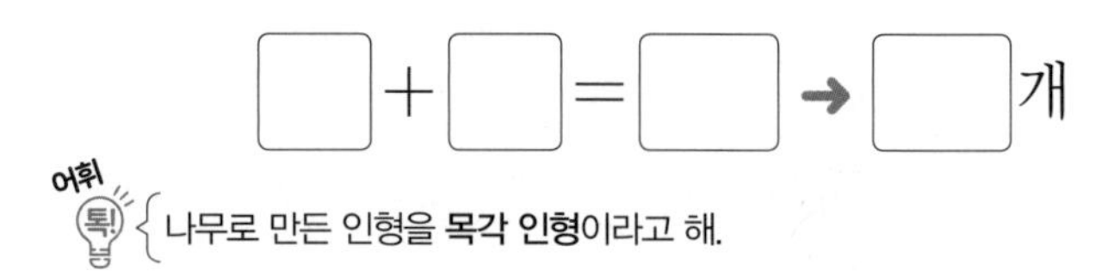

□+□=□ → □개

어휘 톡! 나무로 만든 인형을 **목각 인형**이라고 해.

07 바구니에 귤 6개, 사과 8개를 담았습니다. 바구니에 담은 과일은 모두 몇 개인지 구하세요.

□+□=□ → □개

08 풍선에서 알맞은 수를 골라 덧셈식을 완성해 보세요.

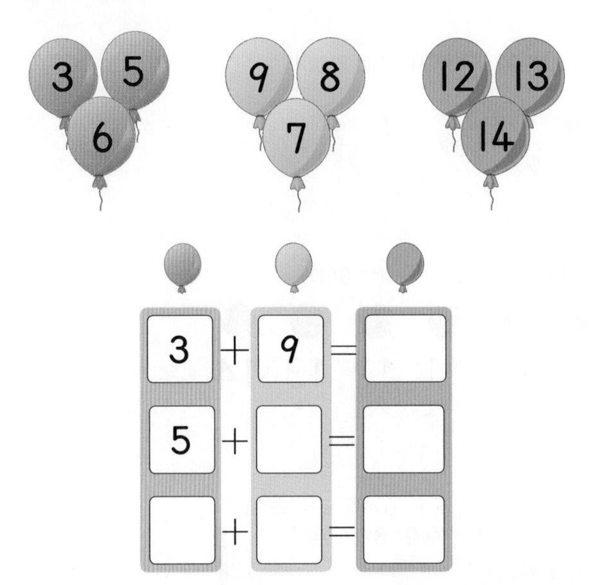

교과역량 콕! 추론

09 수 카드 두 장을 골라 적힌 수를 더했을 때 합이 가장 큰 덧셈식을 구하세요.

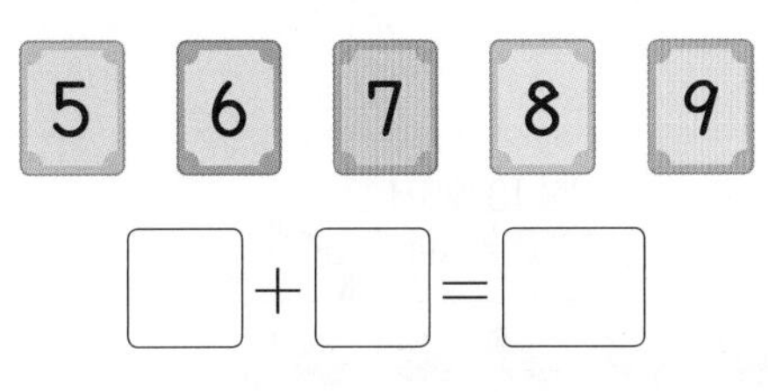

힌트 톡! 합이 가장 크려면 가장 큰 수와 둘째로 큰 수를 더해.

3 여러 가지 덧셈하기

개념 078쪽

10 □ 안에 알맞은 수를 써넣으세요.

$8+3=\square$

$8+5=\square$

$8+7=\square$

$8+9=\square$

11 □ 안에 알맞은 수를 써넣어 덧셈식을 완성해 보세요.

$9+8=17$

↓

$9+\square=16$

12 두 수의 합이 작은 식부터 순서대로 이어 보세요.

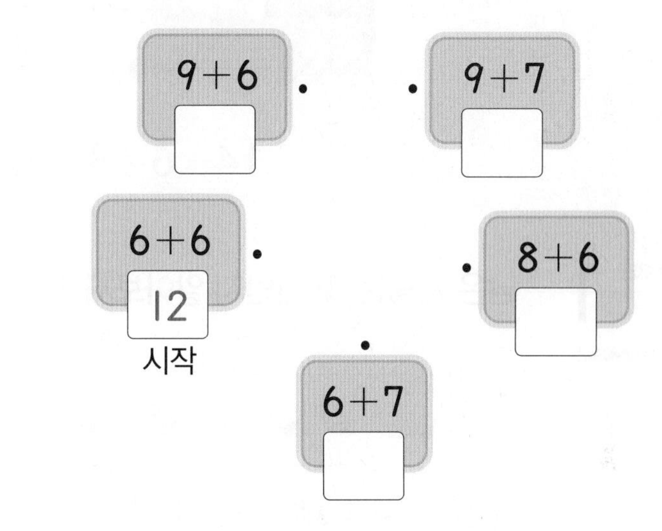

교과역량 콕! 연결

13 합이 같은 식을 찾아 □, △, ○표 해 보세요.

5+9	9+6	7+9
9+5	6+9	7+7
7+8	6+8	9+7
8+8	9+9	8+7

4 단원

STEP 1 교과서 개념 잡기

④ 뺄셈 알아보기

남은 바나나는 몇 개인지 알아보기

바나나 14개에서 6개를 먹었어.

방법1 거꾸로 세어 구하기

14에서 6만큼 거꾸로 이어 세면 8이야.

8 9 10 11 12 13 14

방법2 구슬을 옮겨 구하기

구슬 14개 중 6개를 오른쪽으로 옮기면 왼쪽에는 8개가 남아.

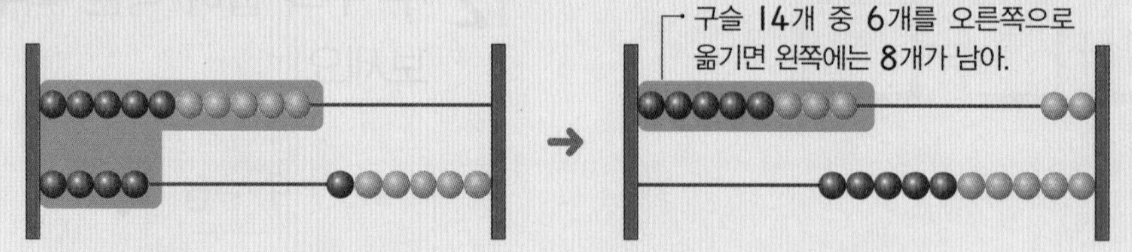

14－6＝8 → 남은 바나나는 8개입니다.

개념 확인 **1** 남은 사탕은 몇 개인지 알아보세요.

사탕 13개에서 4개를 먹었어.

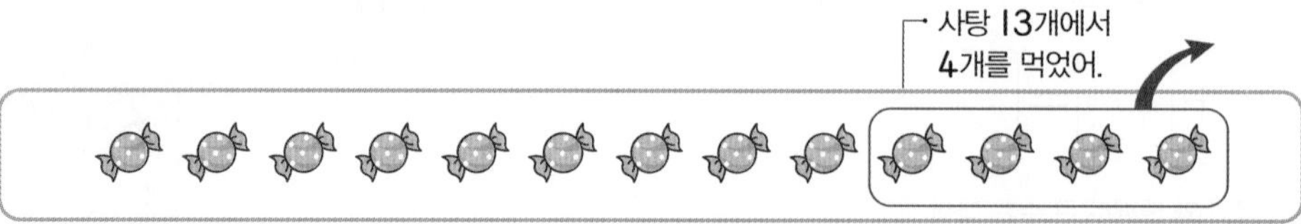

방법1 거꾸로 세어 구하기

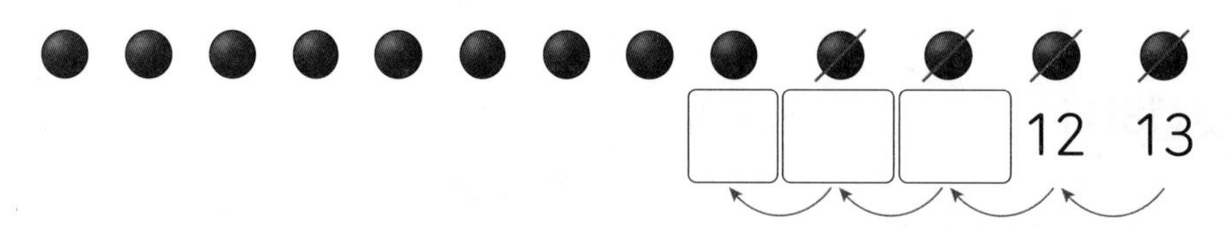

방법2 구슬을 옮겨 구하기

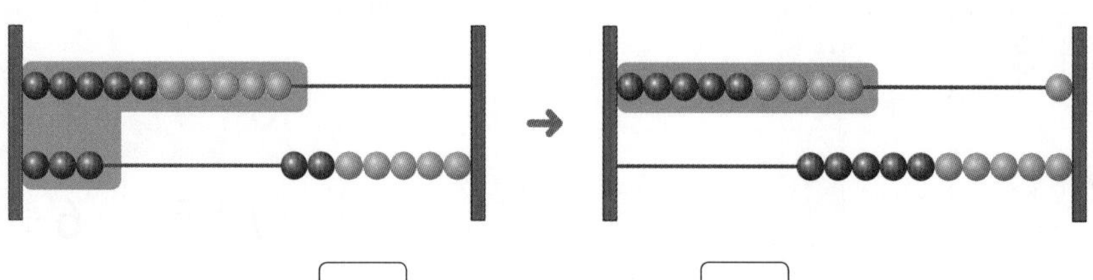

13－4＝☐ → 남은 사탕은 ☐개입니다.

2 키위 12개와 귤 7개가 있습니다. 키위는 귤보다 몇 개 더 많은지 구하세요.

(1) 키위와 귤을 하나씩 짝 지어 보세요.

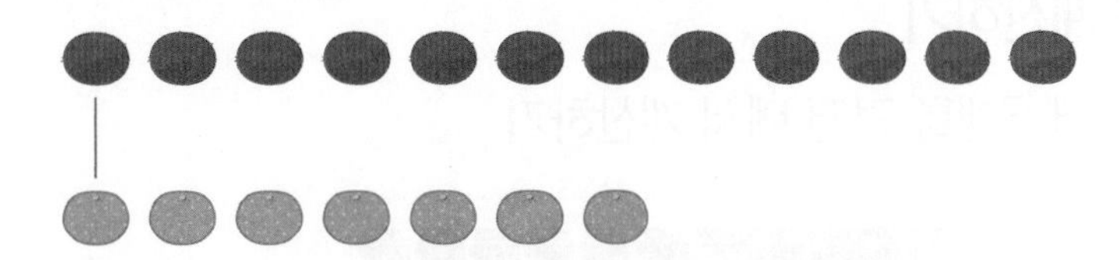

(2) 키위는 귤보다 몇 개 더 많은지 식으로 나타내세요.

$12-7=\square$

3 촛불 11개에서 3개가 꺼지면 남는 촛불은 몇 개인지 구하세요.

3개가 꺼지면 남는 촛불은 $\square$개입니다.

4 어느 것이 몇 마리 더 많은지 구하세요.

(병아리 , 강아지)가 $\square$마리 더 많습니다.

5 햄버거 16개 중에서 8개를 먹었습니다. 먹은 햄버거 수만큼 /을 그리고, 남은 햄버거는 몇 개인지 식으로 나타내세요.

$16-\square=\square$

교과서 개념 잡기

⑤ 뺄셈하기

15－8 계산하기

방법 1 낱개 5개를 먼저 빼서 계산하기

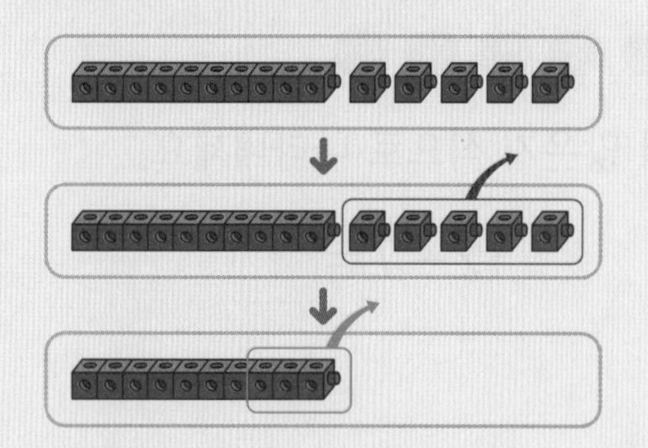

15－8

5 3

15에서 5를 먼저 빼고 3을 더 빼.

15－8＝7

방법 2 10개씩 묶음에서 한 번에 빼서 계산하기

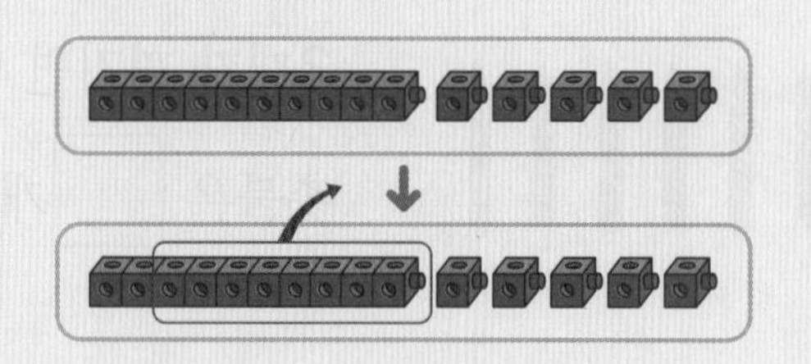

15－8

10 5

10에서 8을 빼고 남은 2와 5를 더해.

15－8＝7

개념 확인 1

14－5를 계산해 보세요.

방법 1 낱개 4개를 먼저 빼서 계산하기

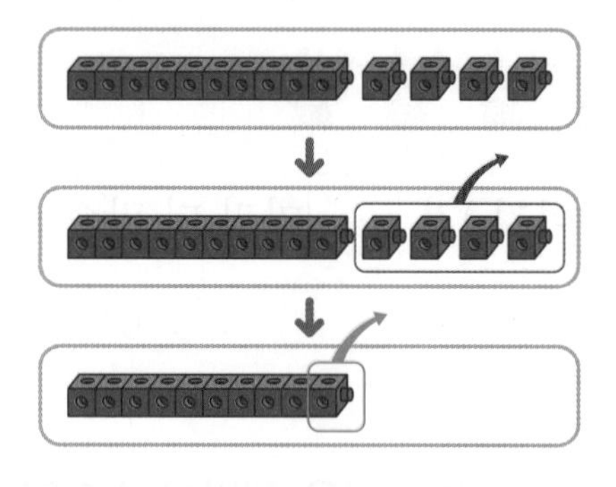

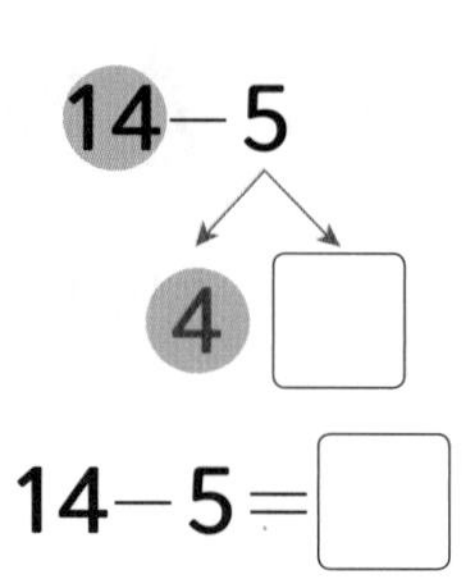

방법 2 10개씩 묶음에서 한 번에 빼서 계산하기

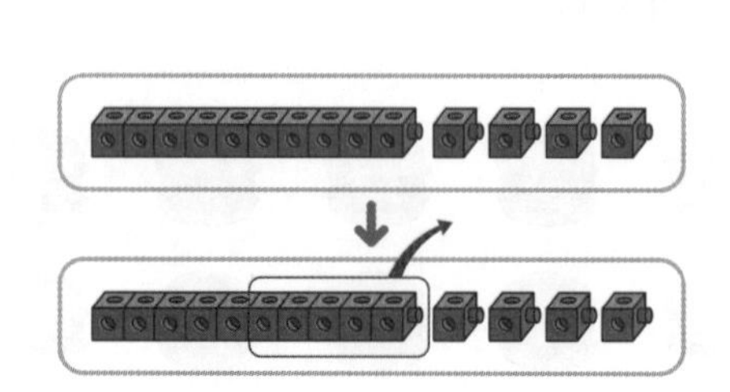

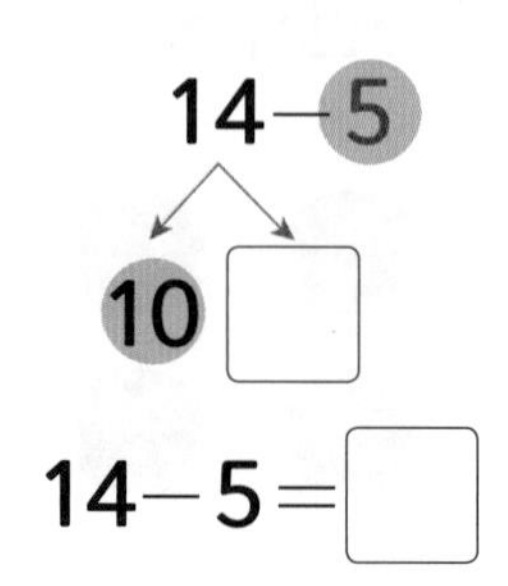

2 13－4를 여러 가지 방법으로 계산해 보세요.

(1) 13에서 3을 먼저 빼는 방법으로 계산해 보세요.

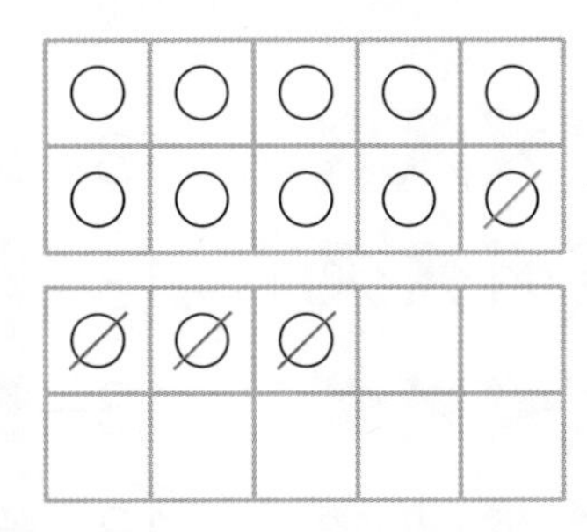

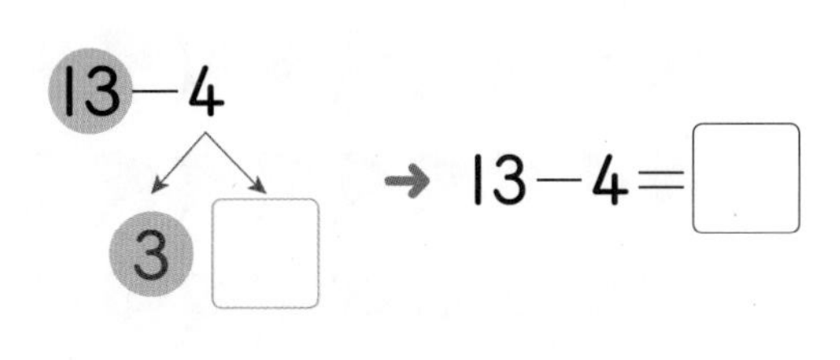

13－4
3 □

➜ 13－4＝□

(2) 10개씩 묶음에서 한 번에 빼는 방법으로 계산해 보세요.

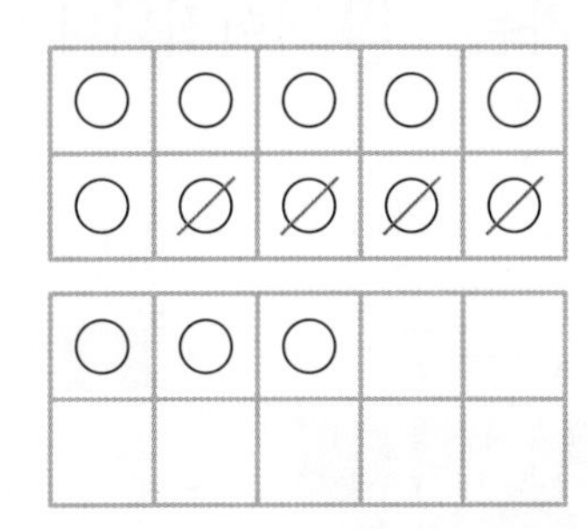

13－4
10 □

➜ 13－4＝□

3 18－9는 얼마인지 여러 가지 방법으로 알아보세요.

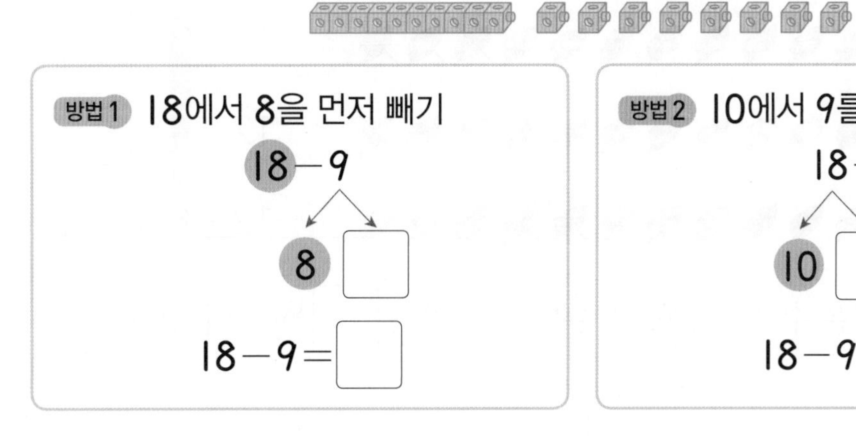

방법 1 18에서 8을 먼저 빼기

18－9
8 □

18－9＝□

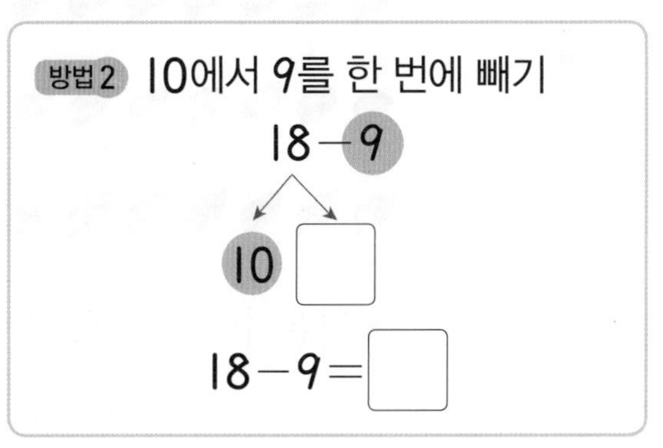

방법 2 10에서 9를 한 번에 빼기

18－9
10 □

18－9＝□

4 □ 안에 알맞은 수를 써넣으세요.

12－7
10 2

➜ 10－7＝□
□＋2＝□

➜ 12－7＝□

4 단원

STEP 1 교과서 개념 잡기

⑥ 여러 가지 뺄셈하기

뺄셈식에서 규칙 찾기

13－3＝10
13－4＝9
13－5＝8
13－6＝7

→ 같은 수에서 **1씩** 큰 수를 빼면 차는 **1씩** 작아집니다.

차가 같은 뺄셈식 알아보기

11－5	11－6	11－7
12－5	12－6	12－7
13－5	13－6	13－7

• ■: 차가 5
• ■: 차가 6
• ■: 차가 7

개념 확인 **1** □ 안에 알맞은 수를 써넣으세요

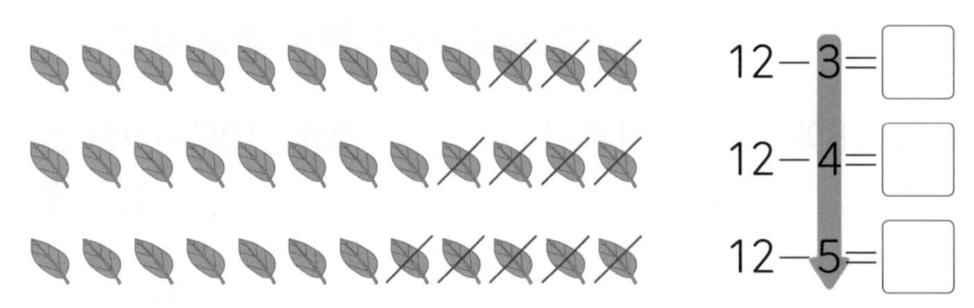

12－3＝□
12－4＝□
12－5＝□

→ 같은 수에서 **1씩** 큰 수를 빼면 차는 □씩 작아집니다.

개념 확인 **2** □ 안에 알맞은 수를 써넣으세요.

11－9	11－8	11－7
12－9	12－8	12－7
13－9	13－8	13－7

• ■: 차가 □
• ■: 차가 □
• ■: 차가 □

3 **뺄셈을 해 보고 알게 된 점을 찾아보세요.**

(1) 뺄셈을 해 보세요.

11－6=□
12－6=□
13－6=□
14－6=□

13－7=□
14－7=□
15－7=□
16－7=□

(2) 알맞은 말에 ○표 하세요.

1씩 커지는 수에서 같은 수를 빼면
차도 1씩 (커집니다 , 작아집니다).

4 **차가 7인 뺄셈식을 모두 찾아 색칠해 보세요.**

11－2	11－3	11－4	11－5
	12－3	12－4	12－5
		13－4	13－5
			14－5

5 **빈칸에 알맞은 수를 써넣으세요.**

(1)

11－8	11－9
3	

(2)

12－8	12－9
	3

STEP 2 수학익힘 문제 잡기

4 뺄셈 알아보기

개념 082쪽

01 우유병은 컵보다 몇 개 더 많은지 구하세요.

식 □ − □ = □

답 □개

02 남는 빵의 수를 구하세요.

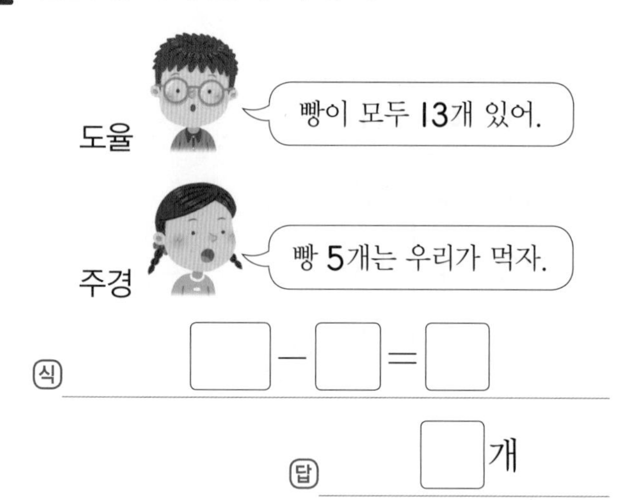

식 □ − □ = □

답 □개

교과역량 콕! 문제해결

03 □ 안에 알맞은 수를 써넣으세요.

14 − 9 = ♥

12 − ♥ = □

5 뺄셈하기

개념 084쪽

04 □ 안에 알맞은 수를 써넣으세요.

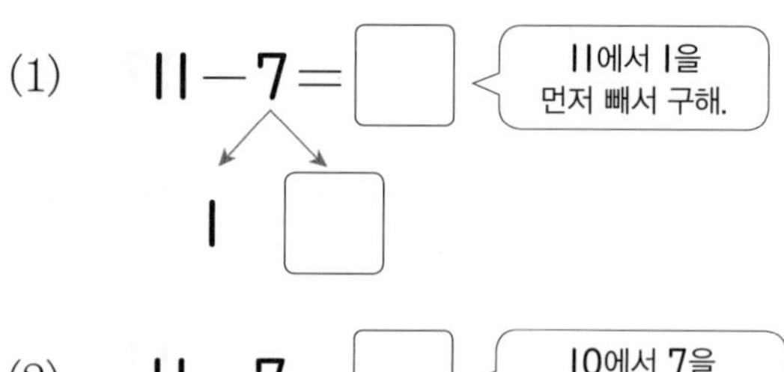

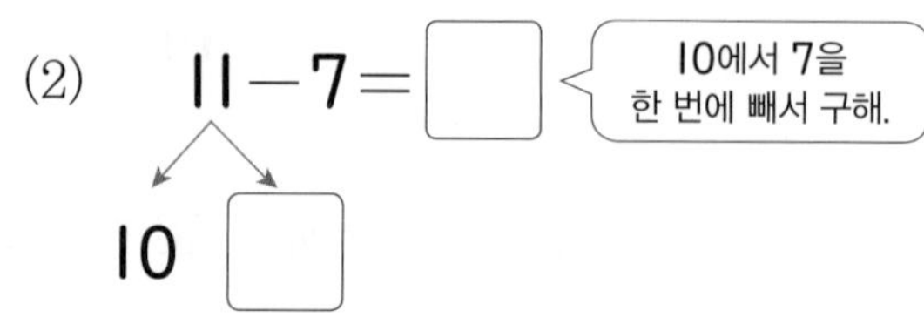

05 차를 구하여 이어 보세요.

(1)	13 − 7 •	• 5
(2)	11 − 6 •	• 6
(3)	12 − 4 •	• 7
(4)	14 − 7 •	• 8

06 접시에 있던 만두 15개 중 8개를 먹었습니다. 남은 만두는 몇 개인지 구하세요.

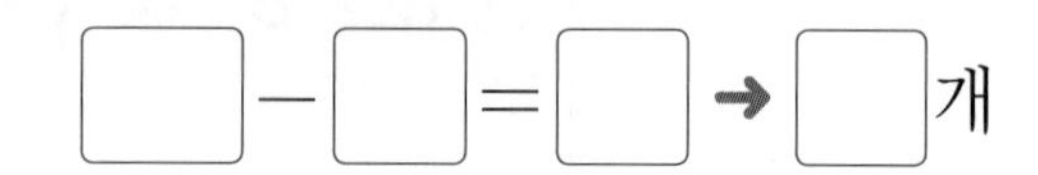

07 영주가 공책 5권을 더 샀더니 공책이 모두 11권이 되었습니다. 처음에 가지고 있던 공책은 몇 권이었는지 식을 쓰고, 답을 구하세요.

식 ____________________

답 ____________

교과역량 콕! 추론

08 빨간색 공과 파란색 공을 하나씩 골라 적힌 두 수의 차를 구하려고 합니다. 차가 가장 작은 뺄셈식을 구하세요.

□ − □ = □

■−●에서 ■는 작을수록, ●는 클수록 차가 작아져.

6 여러 가지 뺄셈하기

개념 086쪽

09 □ 안에 알맞은 수를 써넣으세요.

12−9=3	
14−9=□	12−7=□
16−9=□	12−5=□
18−9=□	12−3=□

10 차가 7이 되도록 □ 안에 알맞은 수를 써넣으세요.

13−□=7	14−□=7
15−□=7	16−□=7

11 수 카드 3장을 한 번씩만 사용하여 만들 수 있는 뺄셈식을 2가지 쓰세요.

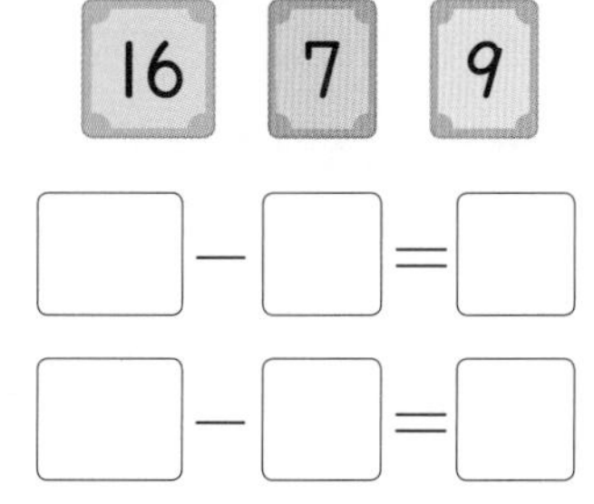

□ − □ = □

□ − □ = □

12 차가 같은 식을 찾아 □, △, ○표 해 보세요.

14−8 (□)	12−5 (△)	13−5 (○)
11−4	14−7	15−9
12−6	15−7	12−4
13−7	16−9	16−8

STEP 3 # 서술형 **문제 잡기**

1

연지는 **빨간색 구슬 7개와 파란색 구슬 5개를** 가지고 있습니다. 연지가 가지고 있는 구슬은 모두 몇 개인지 풀이 과정을 쓰고, 답을 구하세요.

(1단계) 전체 구슬 수를 덧셈식으로 나타내기

(빨간색 구슬 수)+(파란색 구슬 수)

=☐+☐=☐

(2단계) 가지고 있는 구슬은 모두 몇 개인지 쓰기

연지가 가지고 있는 구슬은

모두 ☐개입니다.

답 ____________

2

미경이는 오늘 **딸기를 아침에 6개, 저녁에 9개** 먹었습니다. 미경이가 오늘 먹은 딸기는 모두 몇 개인지 풀이 과정을 쓰고, 답을 구하세요.

(1단계) 먹은 딸기 수를 덧셈식으로 나타내기

(2단계) 먹은 딸기는 모두 몇 개인지 쓰기

답 ____________

3

가장 큰 수와 가장 작은 수의 차는 얼마인지 풀이 과정을 쓰고, 답을 구하세요.

14　8　10

(1단계) 가장 큰 수와 가장 작은 수 찾기

가장 큰 수는 ☐, 가장 작은 수는 ☐입니다.

(2단계) 가장 큰 수와 가장 작은 수의 차 구하기

따라서 가장 큰 수와 가장 작은 수의 차는

☐−☐=☐입니다.

답 ____________

4

가장 큰 수와 가장 작은 수의 차는 얼마인지 풀이 과정을 쓰고, 답을 구하세요.

4　11　7

(1단계) 가장 큰 수와 가장 작은 수 찾기

(2단계) 가장 큰 수와 가장 작은 수의 차 구하기

답 ____________

5

카드에 적힌 두 수의 합이 더 큰 사람이 이기는 놀이를 하였습니다. **지호와 승우** 중 이긴 사람은 누구인지 풀이 과정을 쓰고, 답을 구하세요.

3 9	4 7
지호	승우

(1단계) 두 사람이 고른 두 수의 합 각각 구하기

지호가 고른 두 수의 합은

☐+☐=☐이고,

승우가 고른 두 수의 합은

☐+☐=☐입니다.

(2단계) 이긴 사람은 누구인지 구하기

☐>☐이므로 이긴 사람은 ☐ 입니다.

답 ____________

6

카드에 적힌 두 수의 합이 더 큰 사람이 이기는 놀이를 하였습니다. **유라와 현규** 중 이긴 사람은 누구인지 풀이 과정을 쓰고, 답을 구하세요.

유라 현규

(1단계) 두 사람이 고른 두 수의 합 각각 구하기

____

(2단계) 이긴 사람은 누구인지 구하기

____

답 ____________

7

미나가 이야기한 방법으로 화살표를 따라 **차가 1씩 커지도록** ☐ 안에 알맞은 수를 써넣으세요.

미나

1씩 커지는 수에서 6을 빼는 뺄셈식을 만들어야지.

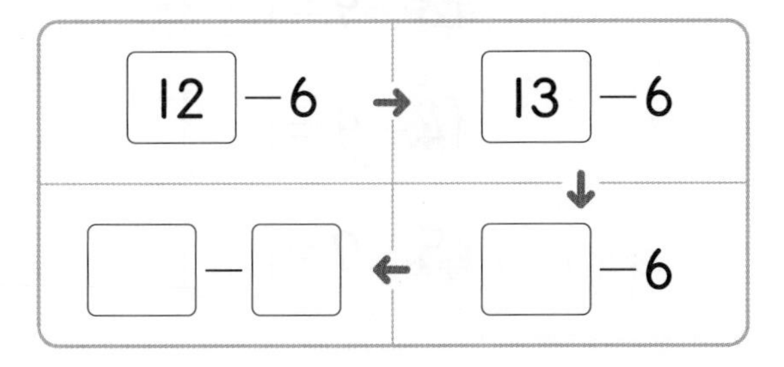

8 창의형

나만의 방법으로 화살표를 따라 **합이 2씩 커지도록** ☐ 안에 알맞은 수를 써넣으세요.

어떤 방법으로 덧셈식을 만들지 생각해 봐.

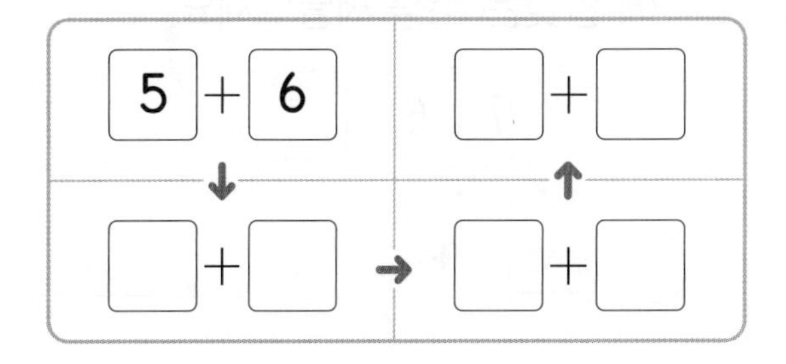

4 단원

4단원 마무리

맞힌 개수

01 뺄셈을 해 보세요.

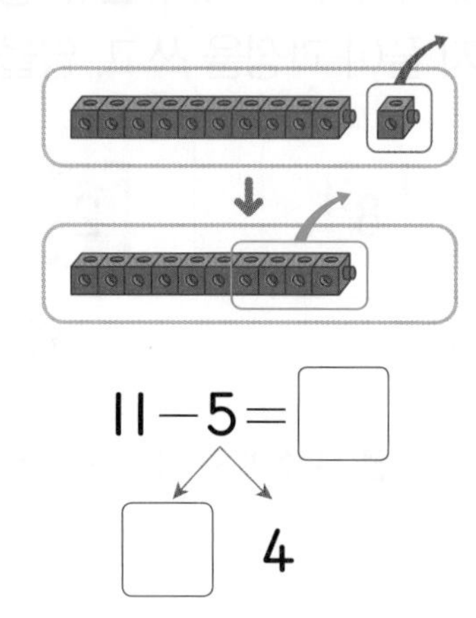

11−5=□

□ 4

02 □ 안에 알맞은 수를 써넣으세요.

○	○	○	○	○

○	○	○	○	○
○	○	○		

5+8=□

03 □ 안에 알맞은 수를 써넣으세요.

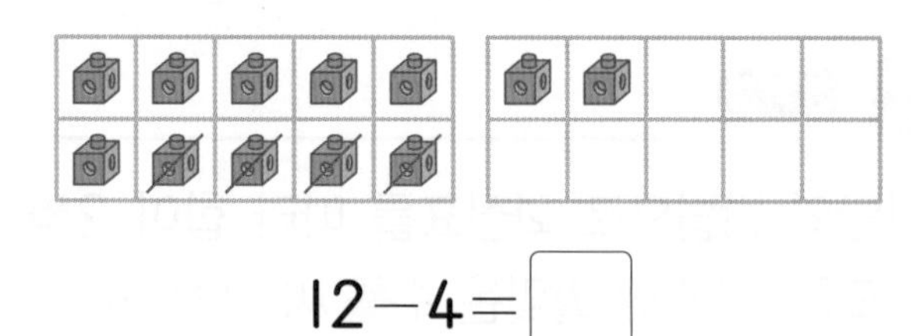

12−4=□

04 □ 안에 알맞은 수를 써넣으세요.

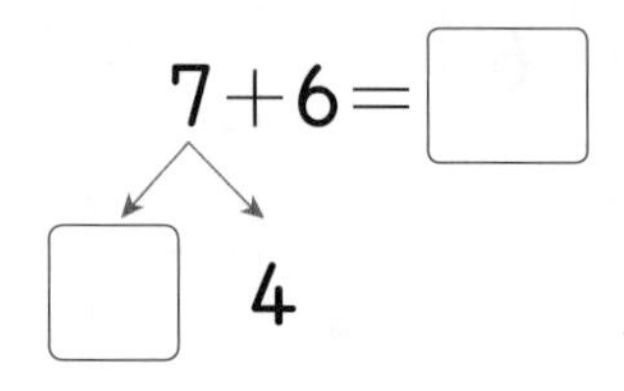

7+6=□

□ 4

05 □ 안에 알맞은 수를 써넣으세요.

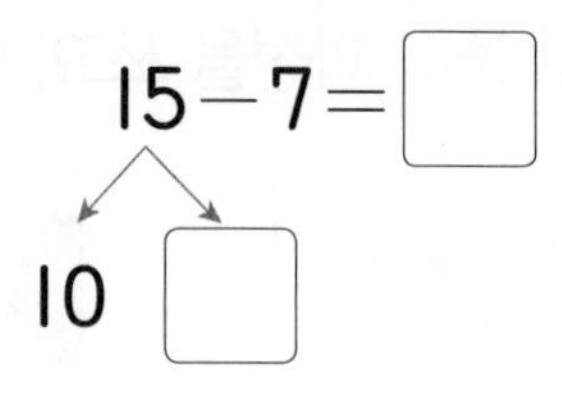

15−7=□

10 □

06 덧셈을 해 보세요.

8+2=□

8+3=□

8+4=□

8+5=□

07 뺄셈을 해 보세요.

12−9=□

13−9=□

14−9=□

15−9=□

08 두 가지 방법으로 덧셈을 해 보세요.

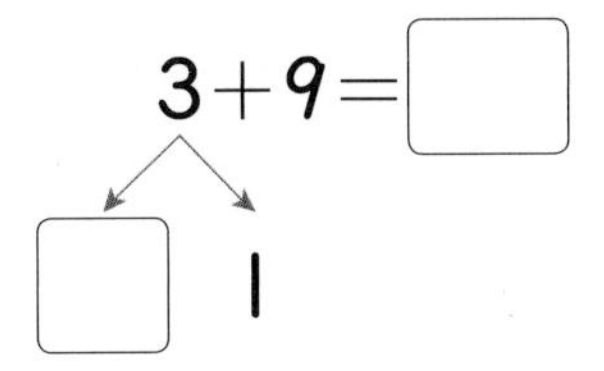

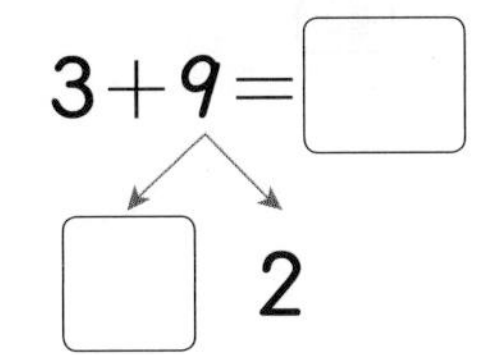

$3+9=\square$, $\square$ 1

$3+9=\square$, $\square$ 2

09 두 수의 차를 빈칸에 써넣으세요.

16	8

10 합을 구하여 이어 보세요.

(1) 6+9 • • 12

(2) 7+4 • • 11

(3) 5+7 • • 15

11 차가 9인 뺄셈식을 모두 찾아 ○표 하세요.

12−7	16−7	17−9	14−5

12 계산 결과의 크기를 비교하여 ○ 안에 >, =, <를 알맞게 써넣으세요.

6+8 ○ 8+6

13 12−6과 차가 같은 식을 모두 찾아 색칠해 보세요.

13−6	14−6	15−6
13−7	14−7	15−7
13−8	14−8	15−8

14 운동화가 5켤레, 구두가 9켤레 있습니다. 신발은 모두 몇 켤레인지 구하세요.

$\square+\square=\square$ → $\square$켤레

15 상우가 밤 11개 중에서 6개를 먹었습니다. 남은 밤은 몇 개일까요?

식

답

4 단원

16 두 수의 차가 작은 식부터 순서대로 이어 보세요.

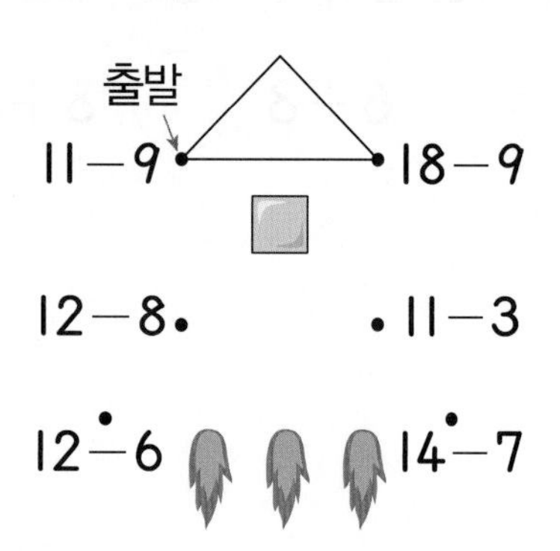

17 수 카드 3장을 한 번씩만 사용하여 만들 수 있는 덧셈식을 2가지 쓰세요.

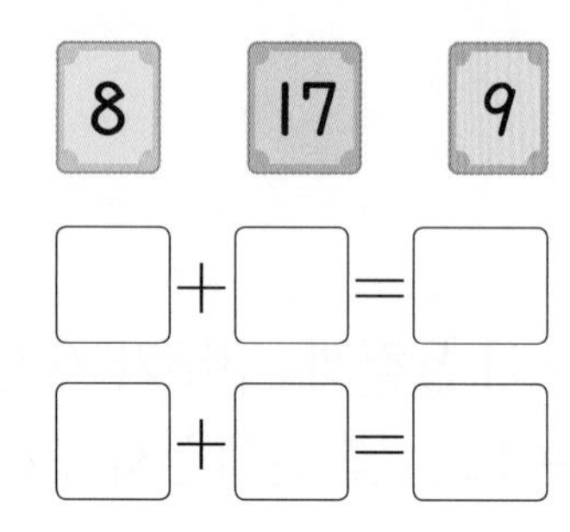

18 운동장에 여학생이 5명, 남학생이 13명 있습니다. 여학생과 남학생 중 누가 몇 명 더 많은지 차례로 쓰세요.

( ), ( )

서술형

19 연필 7자루가 들어 있는 필통에 연필 7자루를 더 넣었습니다. 필통에 있는 연필은 모두 몇 자루인지 풀이 과정을 쓰고, 답을 구하세요.

풀이

답

20 가장 큰 수와 가장 작은 수의 합은 얼마인지 풀이 과정을 쓰고, 답을 구하세요.

9	6	7

풀이

답

창의력 쑥쑥

거울 나라에서는 모든 것의 왼쪽과 오른쪽이 바뀌어 보여요.
앗, 그런데 거울 나라에 들어간 공룡들의 색깔이 사라졌어요!
색깔이 사라진 공룡을 예쁘게 색칠해 보세요.

정답은 개념책 152쪽에서 확인하세요.

5

규칙 찾기

학습을 끝낸 후
색칠하세요.

교과서
개념 잡기

수학익힘
문제 잡기

❶ 규칙 찾기
❷ 규칙 만들기

이전에 배운 내용

[누리과정]
주변에서 반복되는 규칙 찾기

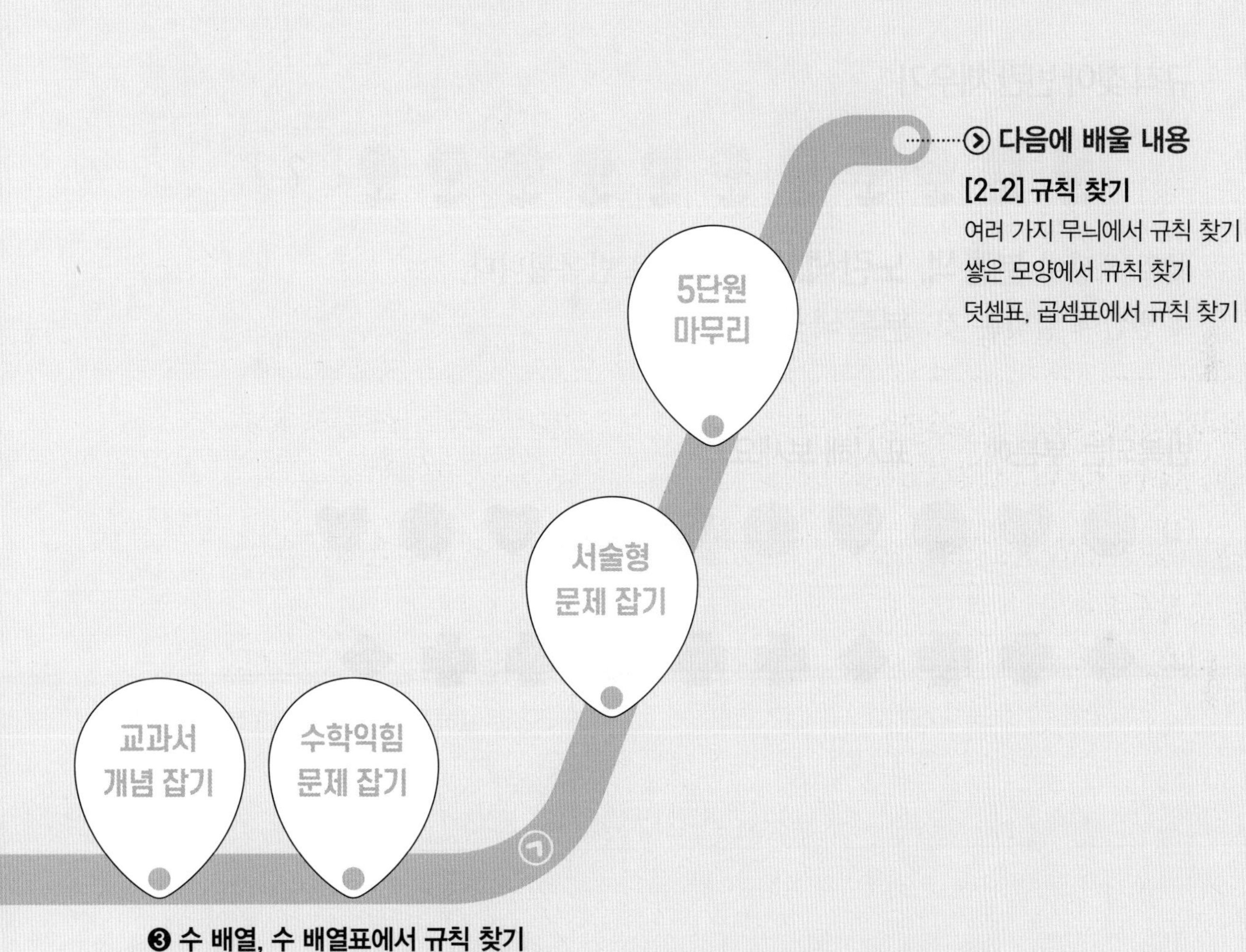

다음에 배울 내용

[2-2] 규칙 찾기

여러 가지 무늬에서 규칙 찾기
쌓은 모양에서 규칙 찾기
덧셈표, 곱셈표에서 규칙 찾기

❸ 수 배열, 수 배열표에서 규칙 찾기
❹ 규칙을 여러 가지 방법으로 나타내기

교과서 개념 잡기

① 규칙 찾기

반복되는 규칙 찾기

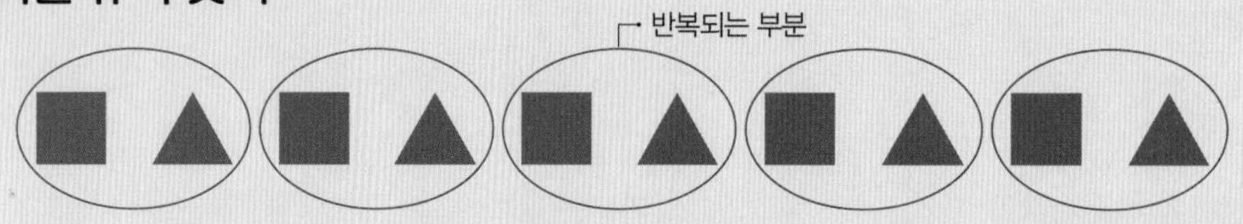

네모(■), 세모(▲) 모양이 반복됩니다.

규칙 찾아 빈칸 채우기

꽃의 색깔이 **분홍색**, **노란색**, **분홍색**으로 반복됩니다.

→ 빈칸에 알맞은 것: **분홍색 꽃**()

개념 확인 **1** 반복되는 부분에 ◯ 표시해 보세요.

(1) 

(2) 

개념 확인 **2** 규칙을 찾아 빈칸에 알맞은 것에 ○표 하세요.

(1) 

→ 빈칸에 알맞은 것: (,)

(2) 

→ 빈칸에 알맞은 것: (,)

3 규칙을 찾아 알맞게 색칠해 보세요.

(1)

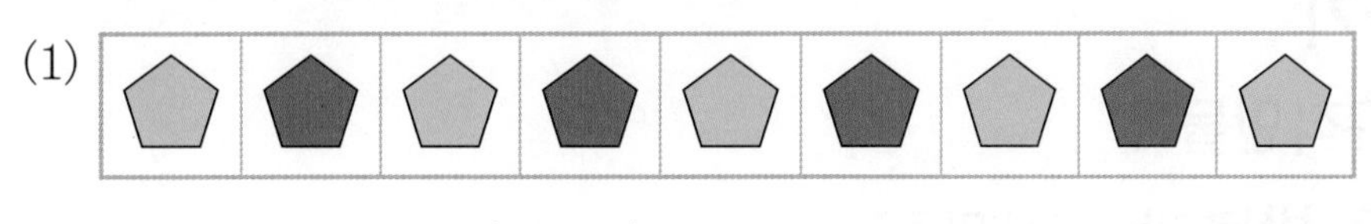

반복되는 규칙: ⬠, ⬠

(2)

반복되는 규칙: ☆, ☆, ☆

4 규칙을 찾아 빈칸에 알맞은 그림을 그려 보세요.

(1)

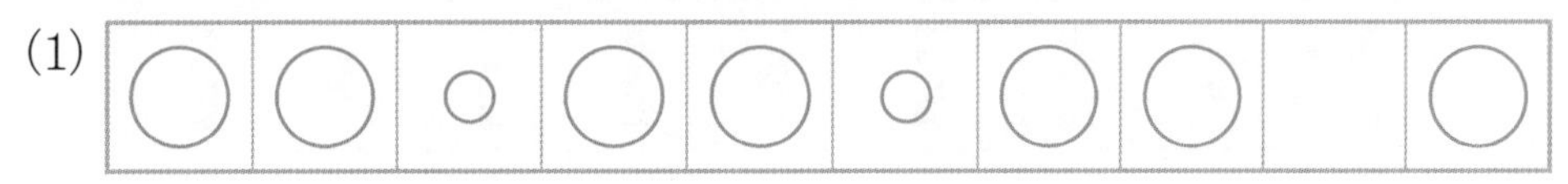

(2)

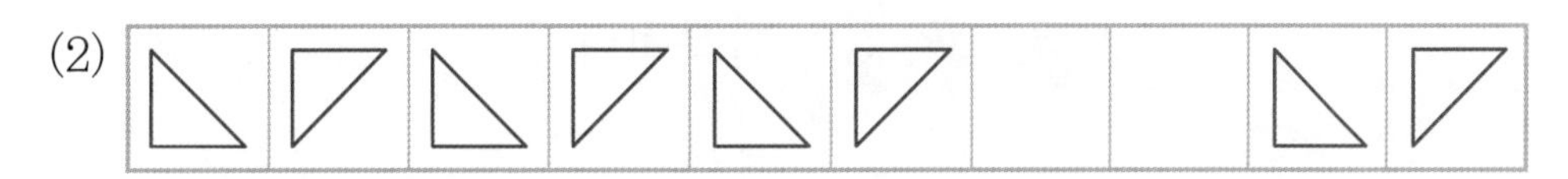

(3)

5 규칙을 찾아 ☐ 안에 알맞은 말을 써넣으세요.

(1)

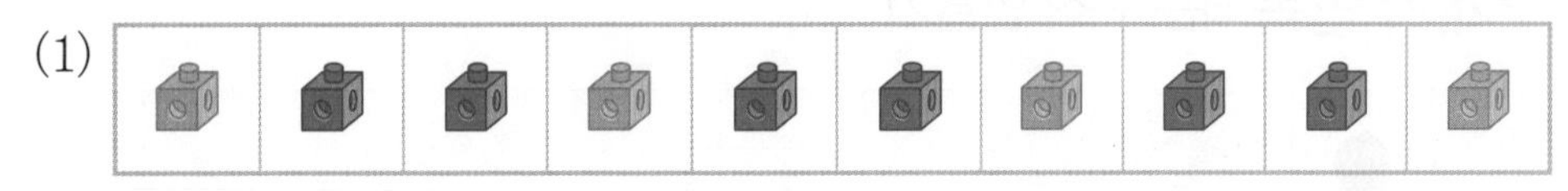

➜ 연결 모형이 주황색, 파란색, ☐으로 반복됩니다.

(2)

➜ 달이 큰 것, 작은 것, ☐으로 반복됩니다.

교과서 개념 잡기

② 규칙 만들기

여러 가지 규칙 만들기

방법1 **2개가 반복**되는 규칙 만들기

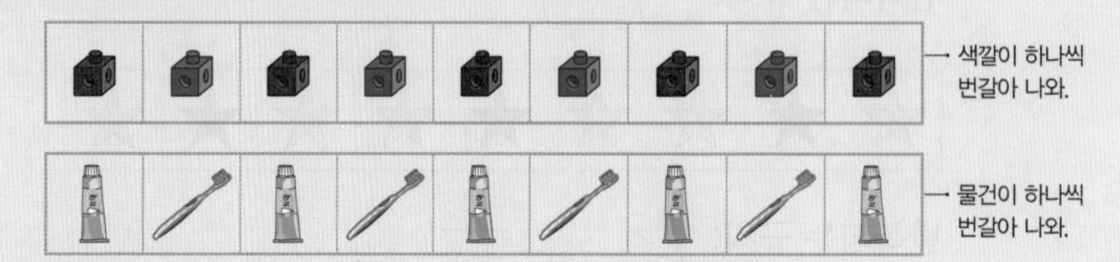

방법2 **3개가 반복**되는 규칙 만들기

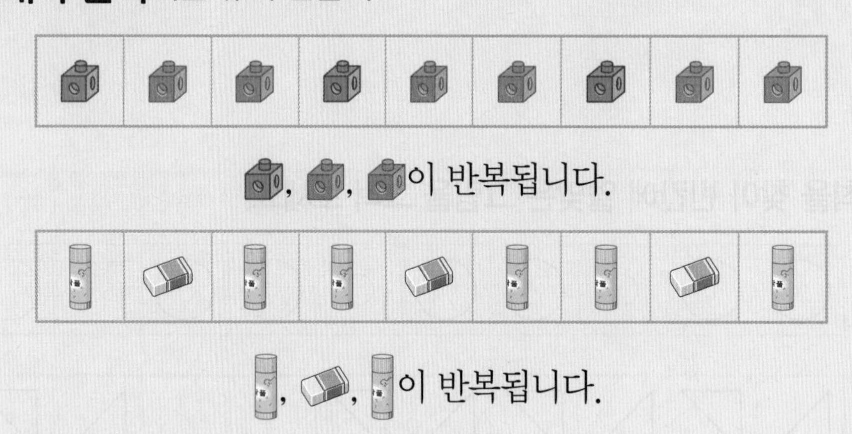

규칙을 만들어 무늬 꾸미기

- 첫째 줄: **연두색**, **노란색**이 반복됩니다.
- 둘째 줄: **노란색**, **연두색**이 반복됩니다.

개념 확인 **1** ●와 ○를 사용하여 규칙을 만들어 보세요.

방법1 **2개가 반복**되는 규칙 만들기

●	○							

방법2 **3개가 반복**되는 규칙 만들기

●	○	●						

2 리아가 만든 규칙으로 ◎, □를 그려 보세요.

3 규칙에 따라 알맞은 색으로 빈칸을 색칠해 보세요.

(1)

(2)

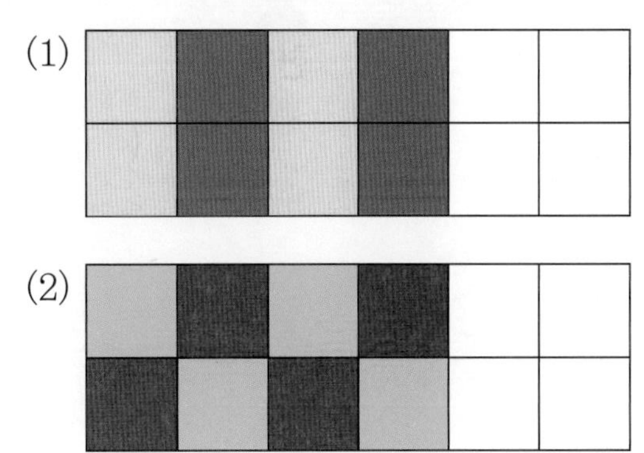

4 같은 규칙으로 만든 것에 모두 ○표 하세요.

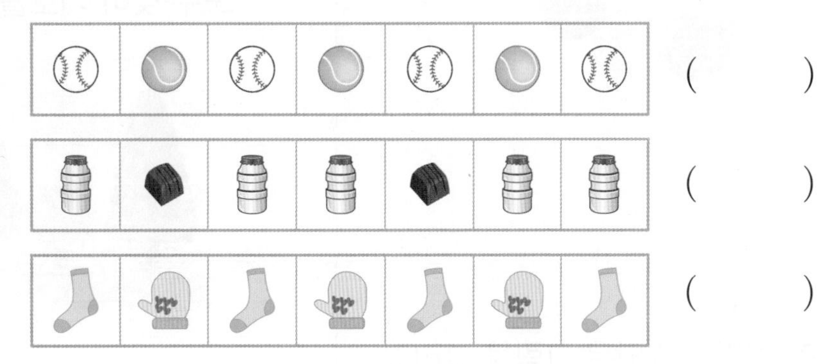

( )

( )

( )

5 △, ♡ 모양으로 규칙을 만들어 구슬 팔찌를 꾸며 보세요.

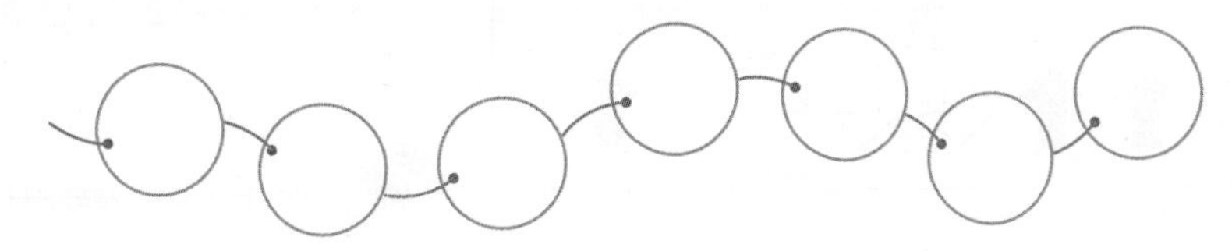

STEP 2 수학익힘 문제 잡기

1 규칙 찾기

개념 098쪽

01 반복되는 부분에 ◯ 표시하고, 규칙을 찾아 쓰세요.

[ ], [ ]이 반복됩니다.

02 규칙을 찾아 색칠해 보세요.

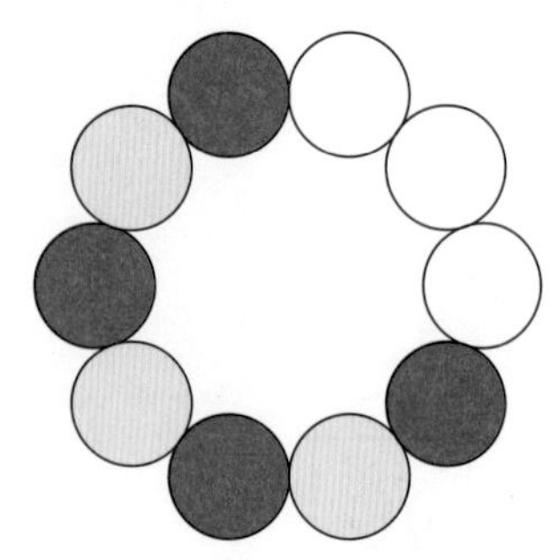

03 규칙을 찾아 빈칸에 알맞은 그림을 그리고, 색칠해 보세요.

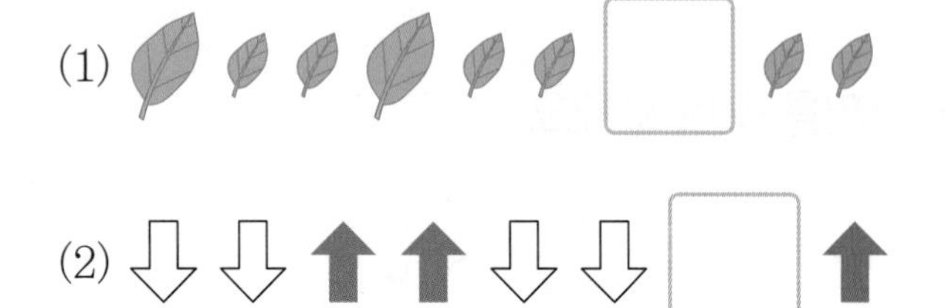

교과역량 콕! 추론 | 의사소통

04 규칙을 바르게 말한 사람을 찾아 이름을 쓰세요.

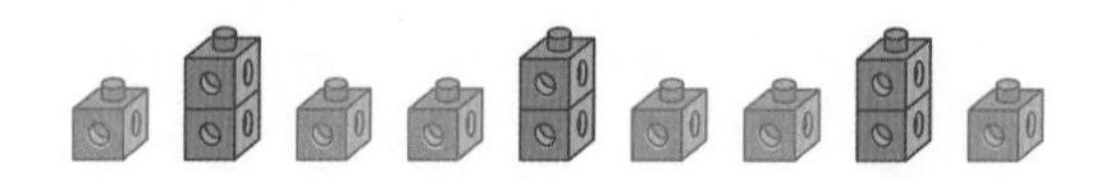

색깔이 주황색, 초록색, 주황색으로 반복되는 규칙이야.

개수가 1개짜리, 2개짜리로 반복되는 규칙이야.

(　　　　　　)

05 나무를 보고 규칙을 바르게 설명한 것을 모두 찾아 기호를 쓰세요.

㉠ 키가 큰 것, 작은 것이 반복됩니다.
㉡ 세모, 동그라미, 동그라미 모양이 반복됩니다.
㉢ 초록색, 연두색이 반복됩니다.

(　　　　　　)

힌트 톡! 나무의 키, 모양, 색깔에서 각각 규칙을 찾아봐.

2 규칙 만들기

개념 100쪽

06 규칙에 따라 빈칸을 색칠해 보세요.

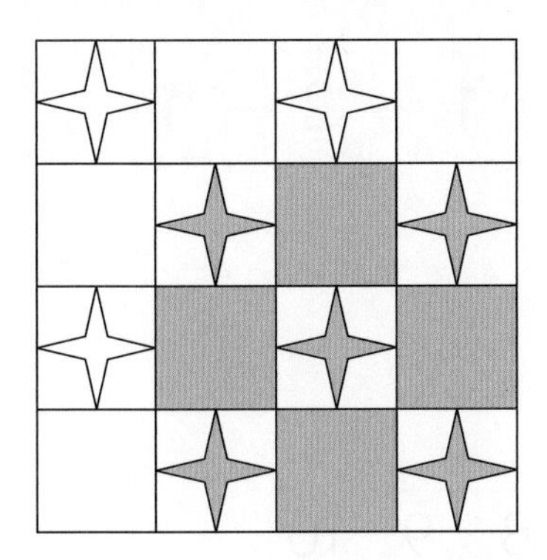

07 규칙에 따라 무늬를 완성해 보세요.

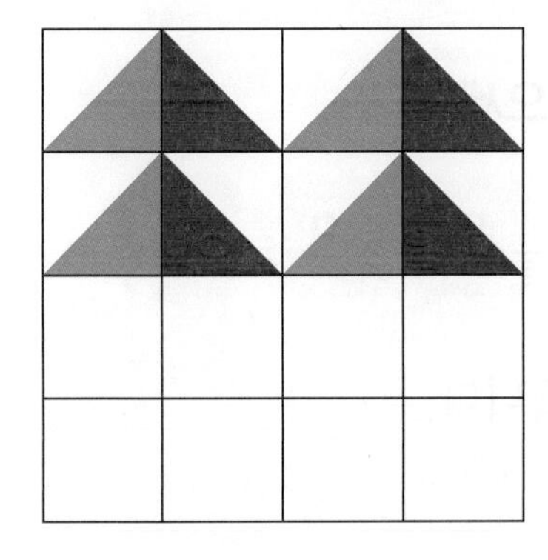

08 빨간색과 파란색으로 규칙을 만들어 컵을 색칠해 보세요.

09 두 가지 모양을 골라 ○표 하고, 고른 모양을 사용하여 규칙을 만들어 보세요.

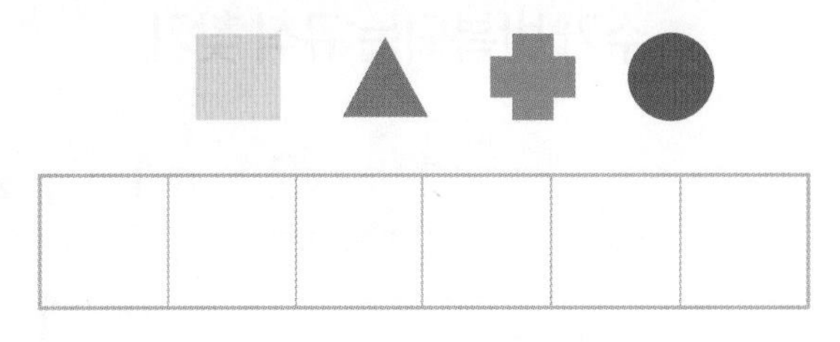

교과역량 콕! 문제해결

10 〈보기〉와 다르게 규칙을 만들어 모양을 그려 보세요.

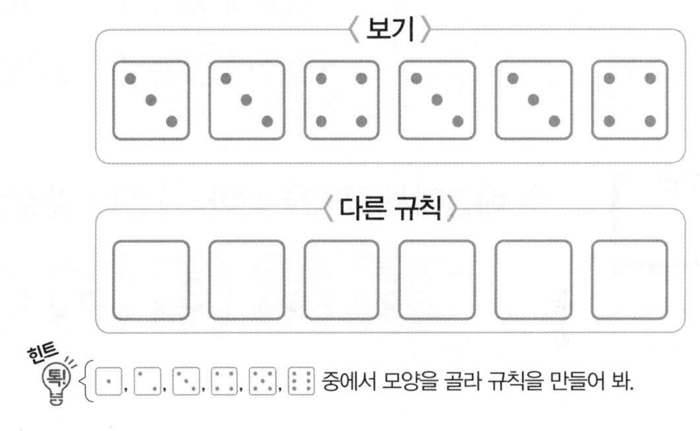

힌트 톡! ⚀, ⚁, ⚂, ⚃, ⚄, ⚅ 중에서 모양을 골라 규칙을 만들어 봐.

11 ♥, ●, ◆로 규칙을 만들어 3개의 주머니에 똑같이 그려 보세요.

5 단원

STEP 1 # 교과서 개념 잡기

③ 수 배열, 수 배열표에서 규칙 찾기

수가 반복되는 규칙 찾기

1 - 2 - 1 - 2 - 1 - 2 - 1 - 2 - 1

1, 2가 반복됩니다.

수의 크기가 변하는 규칙 찾기

1	2	3	4	5	6	7	8	9	10
11	12	13	14	15	16	17	18	19	20
21	22	23	24	25	26	27	28	29	30
31	32	33	34	35	36	37	38	39	40

- ▬에 있는 수: → **방향**으로 **1씩 커집니다.**
- ▬에 있는 수: ↓ **방향**으로 **10씩 커집니다.**

개념 확인 **1** 수 배열에서 규칙을 찾아 □ 안에 알맞은 수를 써넣으세요.

5 - 3 - 3 - 5 - 3 - 3 - 5 - 3 - 3

□, □, □**이 반복**됩니다.

개념 확인 **2** 수 배열표에서 규칙을 찾아 □ 안에 알맞은 수를 써넣으세요.

61	62	63	64	65	66	67	68	69	70
71	72	73	74	75	76	77	78	79	80
81	82	83	84	85	86	87	88	89	90
91	92	93	94	95	96	97	98	99	100

- ▬에 있는 수: → **방향**으로 □**씩 커집니다.**
- ▬에 있는 수: ↓ **방향**으로 □**씩 커집니다.**

3 수 배열의 규칙을 찾으려고 합니다. 물음에 답하세요.

(1) □ 안에 알맞은 수를 써넣으세요.

20부터 시작하여 □씩 커집니다.

(2) 수 배열의 빈칸에 알맞은 수를 써넣으세요.

4 규칙을 찾아 빈 곳에 알맞은 수를 써넣으세요.

(1)

(2)

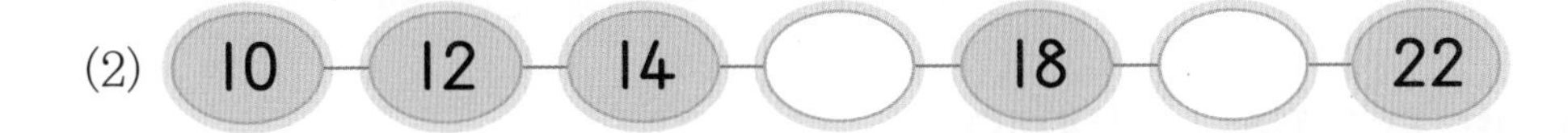

5 빈칸에 알맞은 수를 써넣으세요.

1	2	3	4	5	6	7	8	9	10
11		13	14	15	16	17	18	19	20
21	22		24	25	26	27	28	29	30
31	32	33	34	35	36	37		39	40
41	42	43	44	45	46	47		49	50
51	52	53	54	55	56	57	58	59	60
61	62	63	64	65	66	67	68	69	70
71	72	73	74	75	76	77	78	79	80
81	82	83	84	85	86	87	88	89	90
91	92	93	94	95			98	99	100

→ 방향으로는 1씩,
↓ 방향으로는 10씩,
↘ 방향으로는 11씩
수가 커져.

④ 규칙을 여러 가지 방법으로 나타내기

모양으로 바꾸어 나타내기

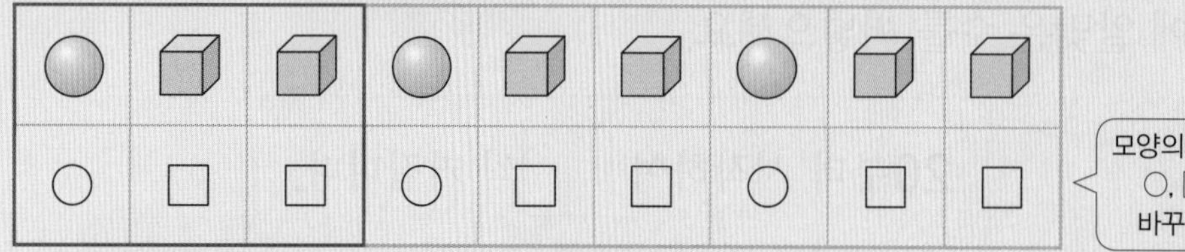

○	□	□	○	□	□	○	□	□

모양의 생김새에 맞게 ○, □로 간단히 바꾸어 나타냈어.

●, ■, ■가 반복되는 규칙을 ●은 **○로**, ■은 **□로** 나타냈습니다.

수로 바꾸어 나타내기

1	2	1	1	2	1	1	2	1

과일의 수에 맞게 1, 2로 간단히 바꾸어 나타냈어.

귤, 체리, 귤이 반복되는 규칙을 **귤은 1로**, **체리는 2로** 나타냈습니다.

개념 확인 **1**

○, △ 모양으로 규칙을 나타내세요.

○	○	△	○	○	△			

은 ☐로, 은 ☐로 나타냈습니다.

개념 확인 **2**

1, 2로 규칙을 나타내세요.

1	2	1	2	1	2			

숟가락은 ☐**로, 젓가락은** ☐**로** 나타냈습니다.

3 □, △ 모양으로 규칙을 나타내세요.

□	△	□						

4 규칙에 따라 빈칸에 알맞은 수를 써넣으세요.

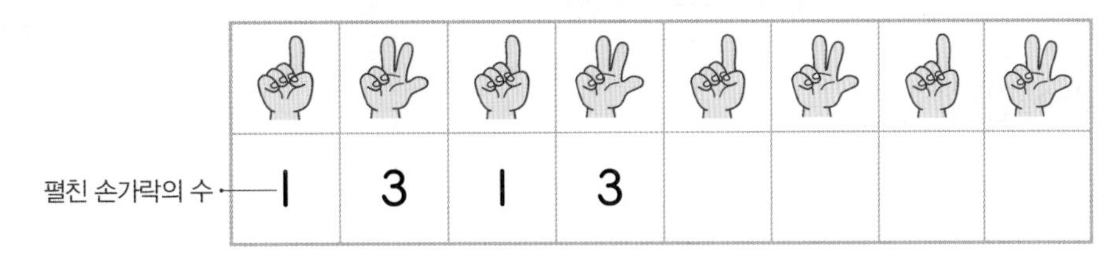

펼친 손가락의 수 — 1	3	1	3				

5 규칙에 따라 ○, ×로 나타내세요.

○	×						

6 규칙에 따라 여러 가지 방법으로 나타내세요.

방법 1 연결 모형 수로 바꾸어 나타내기

3	5				

방법 2 모양으로 바꾸어 나타내기

ㄱ	ㄷ				

STEP 2 수학익힘 문제 잡기

3 수 배열, 수 배열표에서 규칙 찾기 개념 104쪽

01 수 배열에서 규칙을 찾아 ☐ 안에 알맞은 수를 써넣으세요.

☐부터 시작하여 → 방향으로

☐씩 작아집니다.

02 선을 따라 놓인 수 배열에서 규칙을 찾아 빈 곳에 알맞은 수를 써넣으세요.

(1)

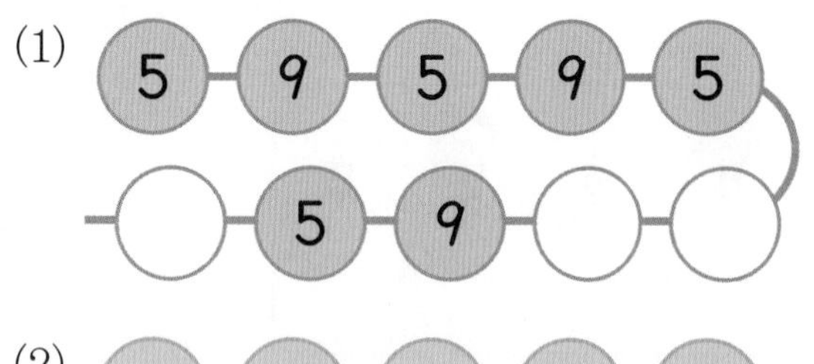

(2)

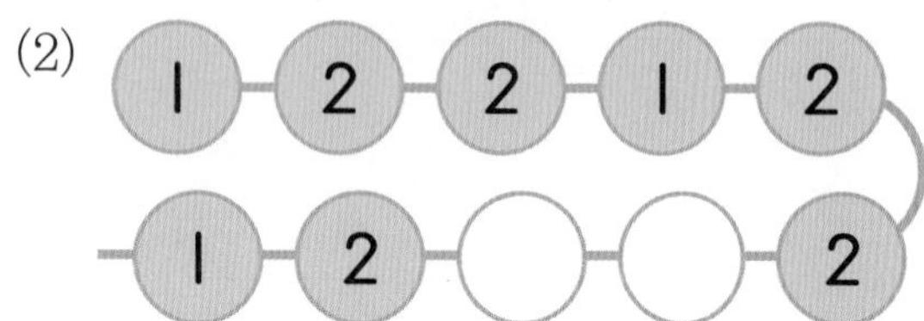

03 규칙을 찾아 빈 곳에 알맞은 수를 써넣으세요.

(1)

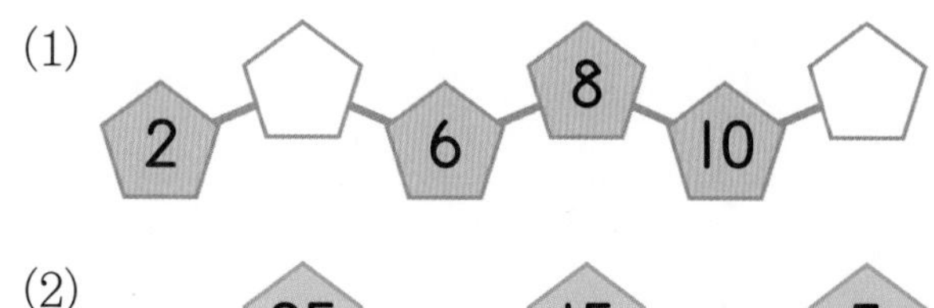

(2)

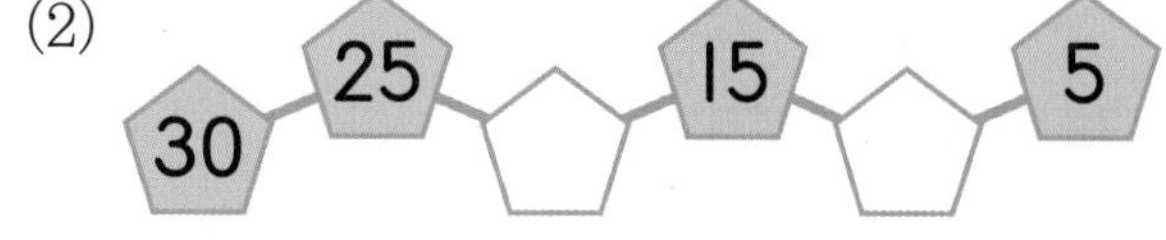

04 규칙을 만들어 빈 곳에 알맞은 수를 써넣으세요.

(1)

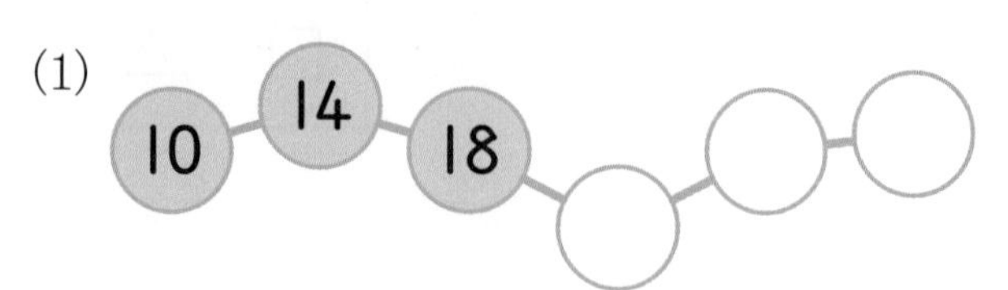

(2)

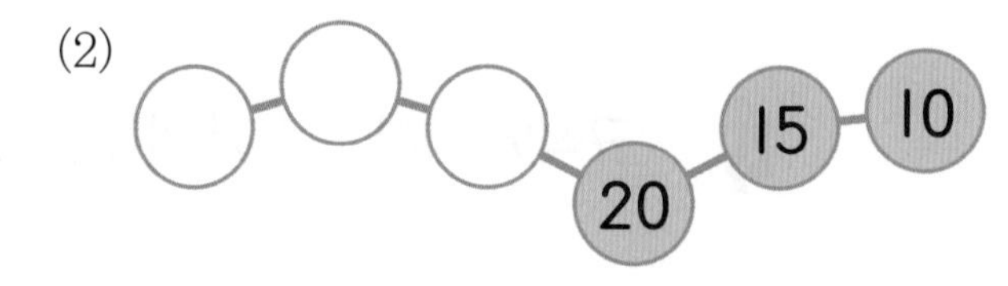

05 규칙을 찾아 빈칸에 알맞은 수를 써넣으세요.

21	25		33	37
22	26		34	38
		31	35	
24	28	32		

06 색칠한 수의 규칙을 찾아 ☐ 안에 알맞은 수를 써넣으세요.

10	11	12	13	14	15	16
17	18	19	20	21	22	23

☐부터 시작하여 → 방향으로

☐씩 커집니다.

교과역량 콕! 추론 | 의사소통

07 수 배열에서 찾을 수 있는 규칙을 모두 찾아 ○표 하세요.

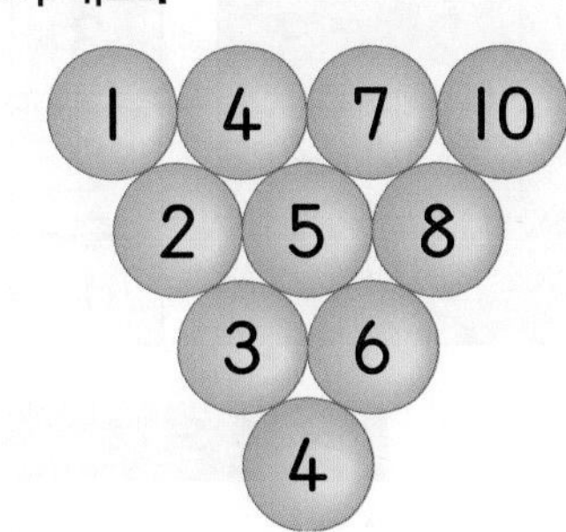

↘ 방향으로 1씩 커집니다. (　　　)

→ 방향으로 3씩 커집니다. (　　　)

↙ 방향으로 2씩 커집니다. (　　　)

08 수 배열표를 보고 규칙을 잘못 말한 사람의 이름을 쓰세요.

67	66	65	64	63	62	61	60	59
58	57	56	55	54	53	52	51	50
49	48	47	46	45	44	43	42	41

(　　　　　　　　)

[09~11] 수 배열표를 보고 물음에 답하세요.

1	2	3	4	5	6	7	8	9	10
11	12	13	14	15	16	17	18	19	20
21	22	23	24	25	26	27	28	29	30
31	32	33	34	35	36	37	38	39	40
41	42	43	44	45	46	47	48	49	50
51	52	53	54	55	56	57	58	59	60
61	62	63	64	65	66	67	68	69	70
71	72	73	74	75	76	77	78	79	80
81	82	83	84	85	86	87	88	89	90
91	92	93	□	□	□	97	98	99	100

09 ■에 있는 수에는 어떤 규칙이 있는지 쓰세요.

□부터 시작하여 ↓ 방향으로 □씩 커집니다.

10 규칙에 따라 위 수 배열표의 □ 안에 알맞은 수를 써넣으세요.

11 ■에 있는 수에는 어떤 규칙이 있는지 쓰세요.

1부터 시작하여 → 방향으로 □씩 커집니다.

12 색칠된 곳에 있는 수의 규칙을 찾아 쓰고, 이어서 색칠해 보세요.

31	32	33	34	35	36	37	38	39	40
41	42	43	44	45	46	47	48	49	50
51	52	53	54	55	56	57	58	59	60

규칙 31부터 시작하여 ☐씩 커집니다.

13 규칙을 찾아 ★과 ♥에 알맞은 수를 각각 구하세요.

46	47	48	49	50
51	52	53		
	57	58		
	★		♥	

★ (　　　)
♥ (　　　)

14 규칙을 정해 색칠해 보세요.

100	99	98	97	96
95	94	93	92	91
90	89	88	87	86
85	84	83	82	81

교과역량 콕! 추론 | 의사소통

15 규칙이 어떻게 다른지 알아보세요.

1	2	3
4	5	6
7	8	9

3	6	9
2	5	8
1	4	7

왼쪽 우편함

(↓ , ↑ , → , ←) 방향으로 3씩 커집니다.

오른쪽 우편함

(↓ , ↑ , → , ←) 방향으로 3씩 커집니다.

4 규칙을 여러 가지 방법으로 나타내기

개념 106쪽

16 규칙에 따라 △, ○로 나타내세요.

(삼각형)	(공)	(삼각형)	(공)	(삼각형)	(공)
△	○				

17 규칙에 따라 빈칸에 알맞은 수를 써넣으세요.

(다리)	(다리)	(다리)	(다리)	(다리)	(다리)	(다리)
2	2	1				

18 4, 3으로 규칙을 나타내고, ☐ 안에 알맞은 수를 써넣으세요.

4	3				

의자의 다리 수가 ☐개, ☐개로 반복됩니다.

19 알맞은 모양으로 규칙을 나타내세요.

×	△	○			

20 규칙에 따라 빈칸에 그림을 그리고, 수로 나타내세요.

2	4	2	2	4		2	

교과역량 콕! 추론 | 의사소통

21 점의 수에 따라 4, 1로 규칙을 나타내세요.

[22~23] 규칙에 따라 물음에 답하세요.

22 위 빈칸에 들어갈 동작을 바르게 나타낸 사람의 이름을 쓰세요.

( )

23 몸으로 나타낸 규칙을 위로 올린 팔의 수로 바꾸어 나타내세요.

0					

STEP 3 서술형 문제 잡기

1

그림을 보고 규칙을 쓰세요.

우유 과자

규칙 반복되는 규칙 쓰기

우유, ☐, ☐가 반복됩니다.

2

그림을 보고 규칙을 쓰세요.

지우개 연필

규칙 반복되는 규칙 쓰기

3

수 배열표에서 규칙을 찾아 ♥**에 들어갈 수는** 얼마인지 풀이 과정을 쓰고, 답을 구하세요.

32	33	34	35	36
37	38			41
42			45	
	♥			51

1단계 수 배열표에서 규칙 찾기

→ 방향으로 ☐씩 커지고

↓ 방향으로 ☐씩 커지는 규칙입니다.

2단계 ♥에 들어갈 수 구하기

42에서 한 칸 아래인 수는 ☐이므로

♥에 들어갈 수는 ☐보다 1만큼 더 큰 수인

☐입니다.

답

4

수 배열표에서 규칙을 찾아 ★**에 들어갈 수는** 얼마인지 풀이 과정을 쓰고, 답을 구하세요.

51	52	53	54	55
56			59	
61	62			65
		★		

1단계 수 배열표에서 규칙 찾기

2단계 ★에 들어갈 수 구하기

답

정답 24쪽

5

규칙에 따라 빈칸에 들어갈 그림에서 펼친 손가락은 몇 개인지 풀이 과정을 쓰고, 답을 구하세요.

(1단계) 규칙을 찾아 수로 나타내기

펼친 손가락의 규칙을 찾아 수로 나타내면

5, 5, [ ]가 반복됩니다.

(2단계) 빈칸에 들어갈 그림에서 펼친 손가락의 수 구하기

규칙에 따라 빈칸에 알맞은 수는 [ ]이므로

펼친 손가락은 [ ]개입니다.

답 ______

6

규칙에 따라 빈칸에 들어갈 그림에서 펼친 손가락은 몇 개인지 풀이 과정을 쓰고, 답을 구하세요.

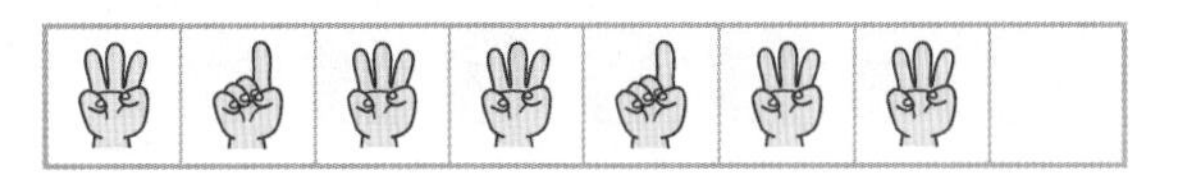

(1단계) 규칙을 찾아 수로 나타내기

______

______

(2단계) 빈칸에 들어갈 그림에서 펼친 손가락의 수 구하기

______

______

답 ______

5 단원

7

연서가 색칠한 규칙에 따라 빈 곳에 색칠해 보고, 어떤 규칙인지 쓰세요.

빨간색과 파란색으로 규칙을 만들었어.

(1단계) 규칙에 따라 빈 곳에 색칠하기

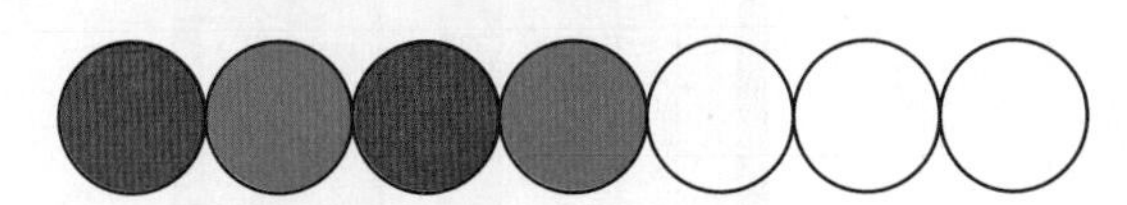

(2단계) 어떤 규칙인지 쓰기

[ ], [ ]이 반복되는 규칙으로 색칠했습니다.

8 창의형

규칙을 만들어 색칠해 보고, 어떤 규칙인지 쓰세요.

두 가지 색으로 규칙을 만들어 봐.

(1단계) 규칙을 만들어 빈 곳에 색칠하기

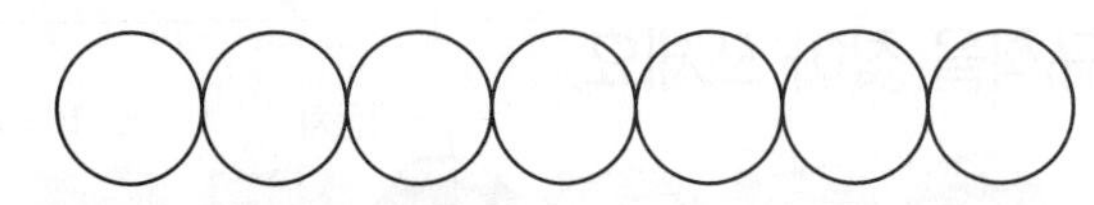

(2단계) 어떤 규칙인지 쓰기

[ ]이 반복되는 규칙으로 색칠했습니다.

평가 5단원 마무리

맞힌 개수

01 규칙을 찾아 빈칸에 알맞은 그림에 ○표 하세요.

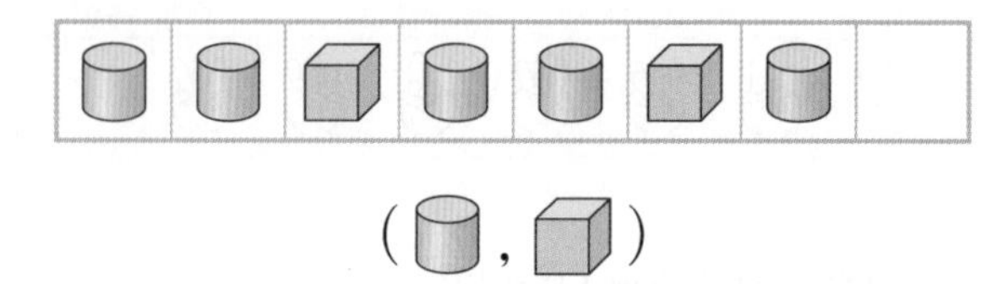

02 규칙에 따라 빈칸에 알맞은 과일의 이름을 써넣으세요.

03 규칙을 찾아 빈 곳에 알맞은 수를 써넣으세요.

04 규칙을 찾아 쓰세요.

자동차 비행기

자동차, [ ], [ ]가 반복됩니다.

05 규칙에 따라 빈칸에 알맞은 수를 써넣으세요.

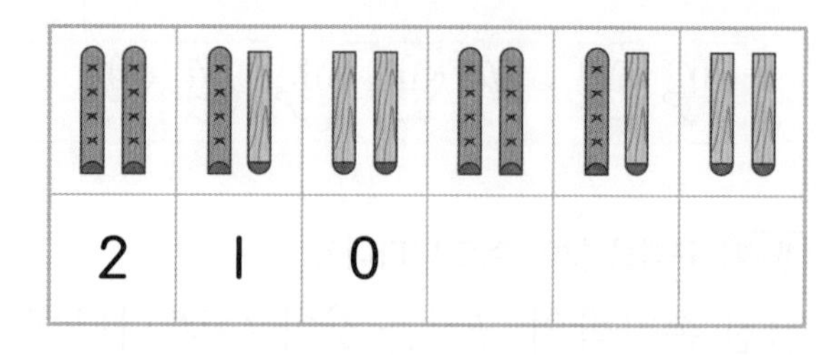

06 규칙을 찾아 알맞게 색칠해 보세요.

07 바둑돌(● ○)로 규칙을 만들어 보세요.

●	○						

08 규칙을 찾아 [ ] 안에 알맞은 수를 써넣으세요.

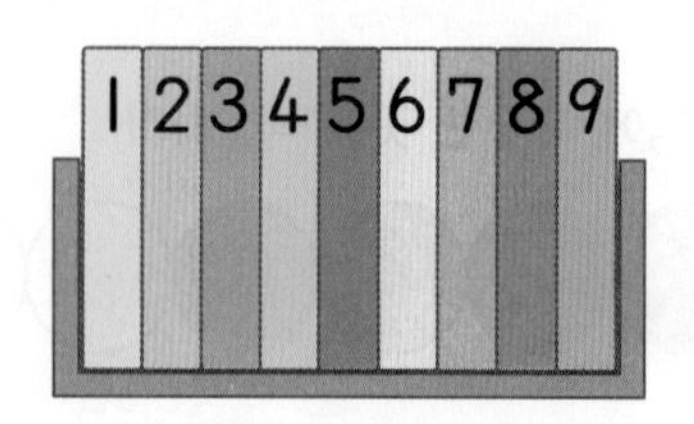

책에 적힌 수가 → 방향으로 [ ]씩 커집니다.

09 수 배열에서 규칙을 찾아 쓰세요.

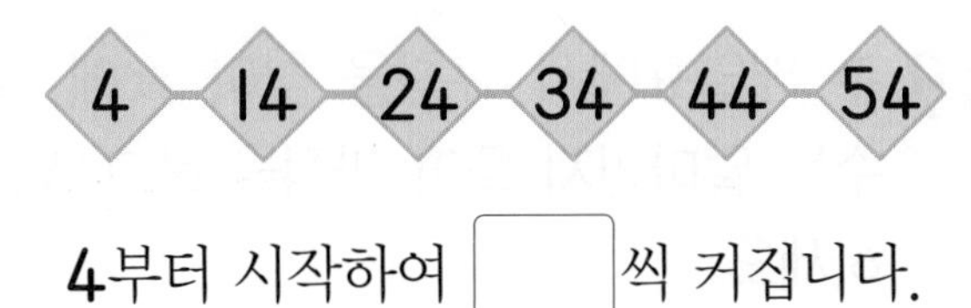

4부터 시작하여 [ ]씩 커집니다.

[10～11] 규칙을 찾아 물음에 답하세요.

10 규칙을 찾아 쓰세요.

11 다리의 수를 보고 규칙에 따라 빈칸에 알맞은 수를 써넣으세요.

2	4	2					

12 □, □, ♡, ♡가 반복되는 규칙으로 무늬를 꾸며 보세요.

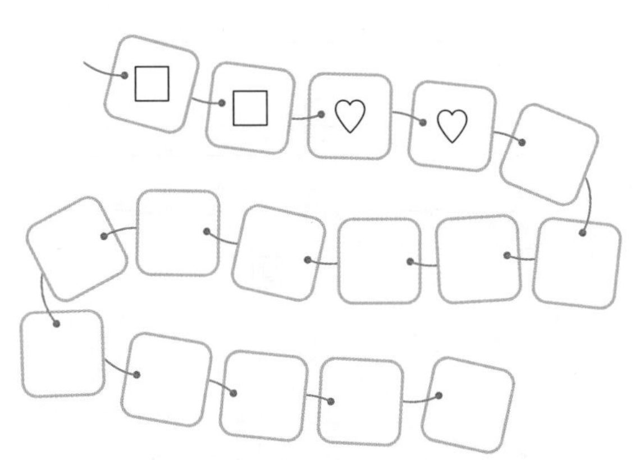

13 규칙에 따라 무늬를 색칠해 보세요.

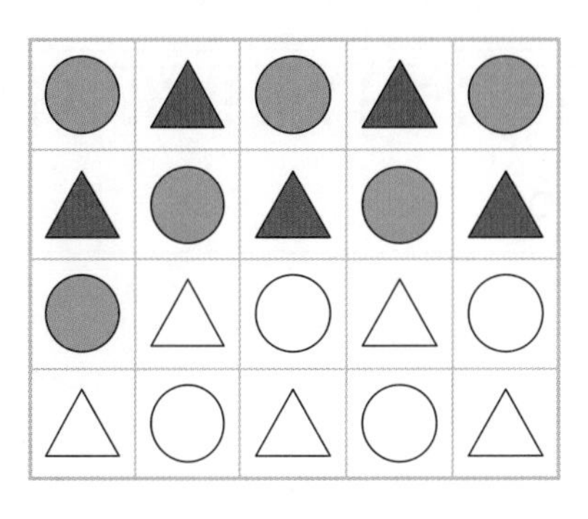

14 규칙에 따라 빈칸에 알맞은 수를 써넣으세요.

31	34	37	
32			41
		39	42

15 색칠한 수의 규칙을 찾아 쓰세요.

51	52	53	54	55	56	57	58	59	60
61	62	63	64	65	66	67	68	69	70
71	72	73	74	75	76	77	78	79	80

- → 방향으로 [ ]씩 커집니다.
- ↓ 방향으로 [ ]씩 커집니다.

정답 25쪽

16 점의 수에 따라 규칙을 수로 나타내세요.

⚅	⚃	⚅	⚅	⚃	⚅	⚅	⚃
6							

17 규칙을 정해 색칠해 보세요.

21	22	23	24	25	26	27	28	29	30
31	32	33	34	35	36	37	38	39	40
41	42	43	44	45	46	47	48	49	50

18 수 배열표를 보고 찾을 수 있는 규칙을 모두 찾아 기호를 쓰세요.

86	85	84	83	82	81	80	79	78
77	76	75	74	73	72	71	70	69
68	67	66	65	64	63	62	61	60

㉠ → 방향으로 1씩 작아집니다.
㉡ ↘ 방향으로 10씩 커집니다.
㉢ ↓ 방향으로 9씩 작아집니다.

(　　　　　　)

서술형

19 수 배열표에서 규칙을 찾아 ★에 들어갈 수는 얼마인지 풀이 과정을 쓰고, 답을 구하세요.

33	34	35	36	37
38	39		41	
43		45		
	★		51	

풀이

답

20 규칙에 따라 빈칸에 들어갈 그림에서 자전거의 바퀴는 몇 개인지 풀이 과정을 쓰고, 답을 구하세요.

두발자전거　세발자전거

풀이

답

창의력 쑥쑥

분홍, 파랑, 연두, 노랑, 보라
다섯 가지 색깔과 글자가 서로 맞지 않게 적혀 있어요.
실제 색깔에 맞도록 색 이름을 말해 보세요.
생각보다 쉽지 않을 걸요~?

노랑	연두	파랑	보라	분홍
보라	파랑	연두	분홍	노랑
분홍	노랑	보라	연두	파랑
연두	분홍	연두	파랑	보라
파랑	노랑	보라	분홍	연두
분홍	파랑	노랑	연두	보라
보라	연두	분홍	파랑	노랑
노랑	분홍	연두	보라	파랑

정답은 개념책 152쪽에서 확인하세요.

6

덧셈과 뺄셈(3)

학습을 끝낸 후
색칠하세요.

❶ (몇십몇)+(몇)
❷ (몇십)+(몇십)
❸ (몇십몇)+(몇십몇)

이전에 배운 내용

[1-2] 덧셈과 뺄셈(2)
(몇)+(몇)=(십몇)
(십몇)−(몇)=(몇)

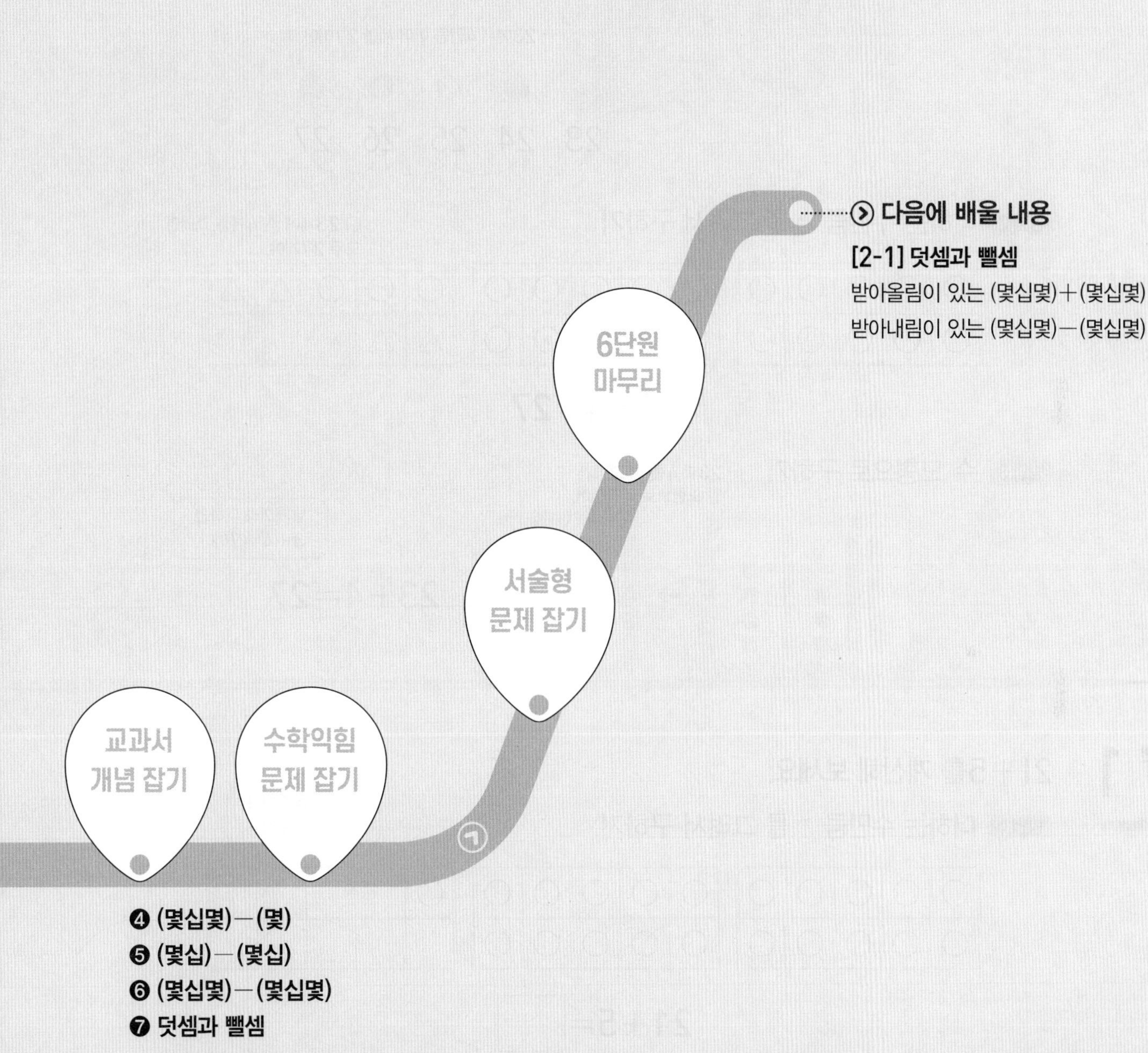

❹ (몇십몇)−(몇)
❺ (몇십)−(몇십)
❻ (몇십몇)−(몇십몇)
❼ 덧셈과 뺄셈

다음에 배울 내용

[2-1] 덧셈과 뺄셈

받아올림이 있는 (몇십몇)+(몇십몇)

받아내림이 있는 (몇십몇)−(몇십몇)

STEP 1 교과서 개념 잡기

① (몇십몇)+(몇)

23+4 계산하기

방법 1 이어 세기로 구하기

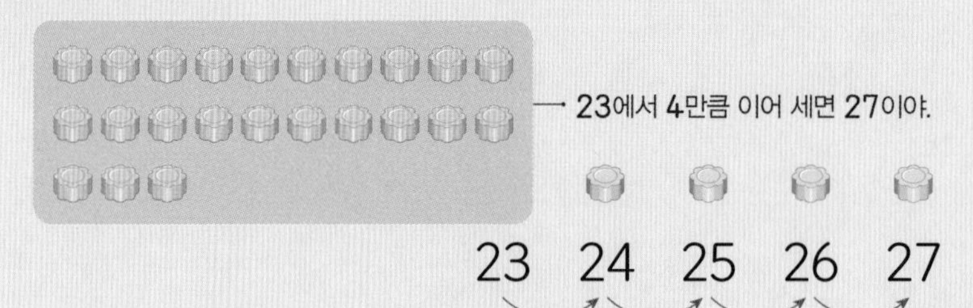

방법 2 더하는 수만큼 △를 그려서 구하기

○ 23개에 △ 4개를 그리면 모두 27개야.

○	○	○	○	○	○	○	○	○	○	○	○	○	△	△
○	○	○	○	○	○	○	○	○	○	△	△			

23+4=27

방법 3 수 모형으로 구하기

23과 4를 십 모형과 일 모형으로 나타냈어.

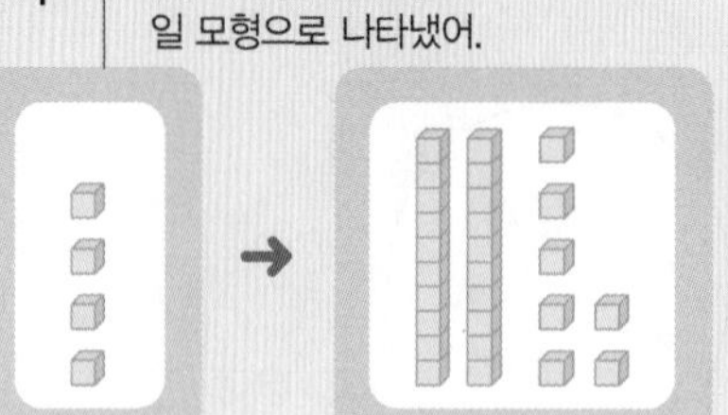

낱개끼리 더하면 3+4=7이야.

23+4=27

개념 확인 1

21+5를 계산해 보세요.

방법 1 더하는 수만큼 △를 그려서 구하기

더하는 수 5만큼 △를 그려 봐.

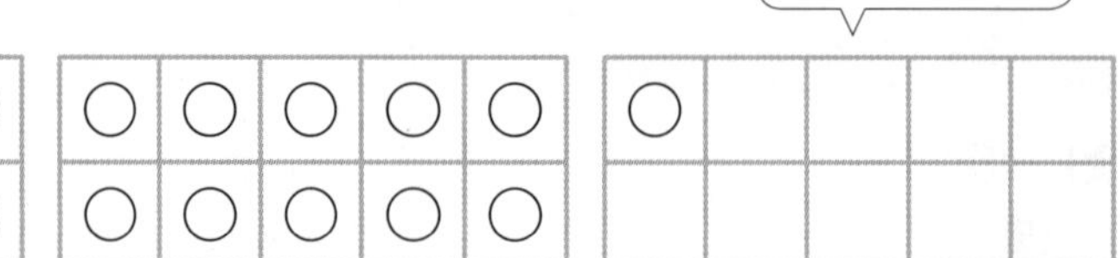

21+5=☐

방법 2 수 모형으로 구하기

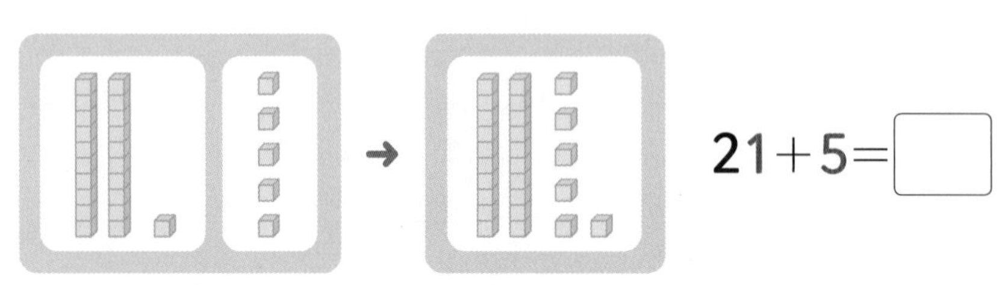

21+5=☐

2 수 모형을 보고 ☐ 안에 알맞은 수를 써넣으세요.

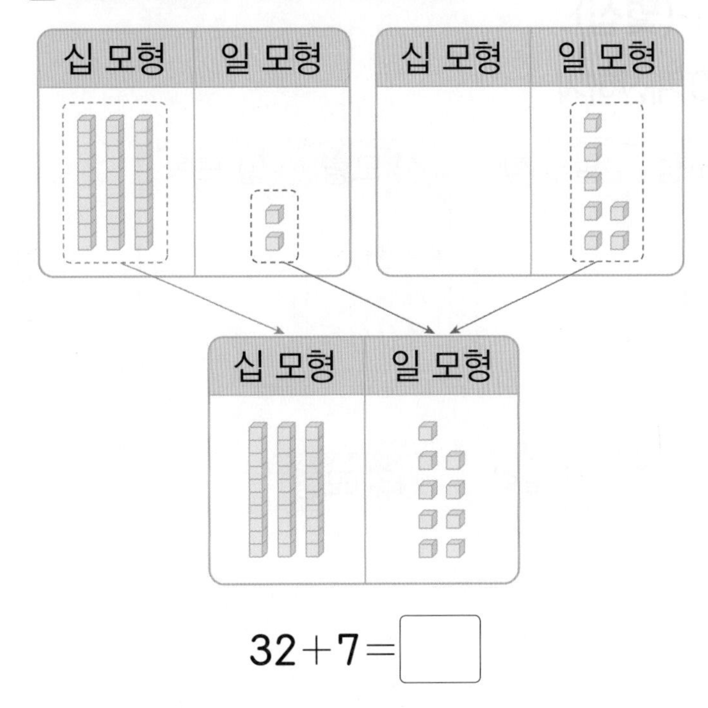

32+7=☐

3 그림을 보고 ☐ 안에 알맞은 수를 써넣으세요.

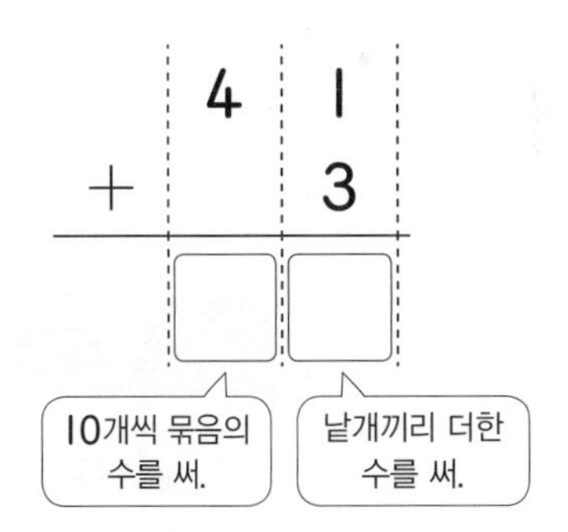

4 덧셈을 해 보세요.

(1) 60+9=☐

(2) 82+3=☐

(3)

$$\begin{array}{r} 35 \\ +\ \ 2 \\ \hline \square \end{array}$$

(4)

$$\begin{array}{r} 73 \\ +\ \ 4 \\ \hline \square \end{array}$$

STEP 1 교과서 개념 잡기

② (몇십)+(몇십)

20+40 계산하기

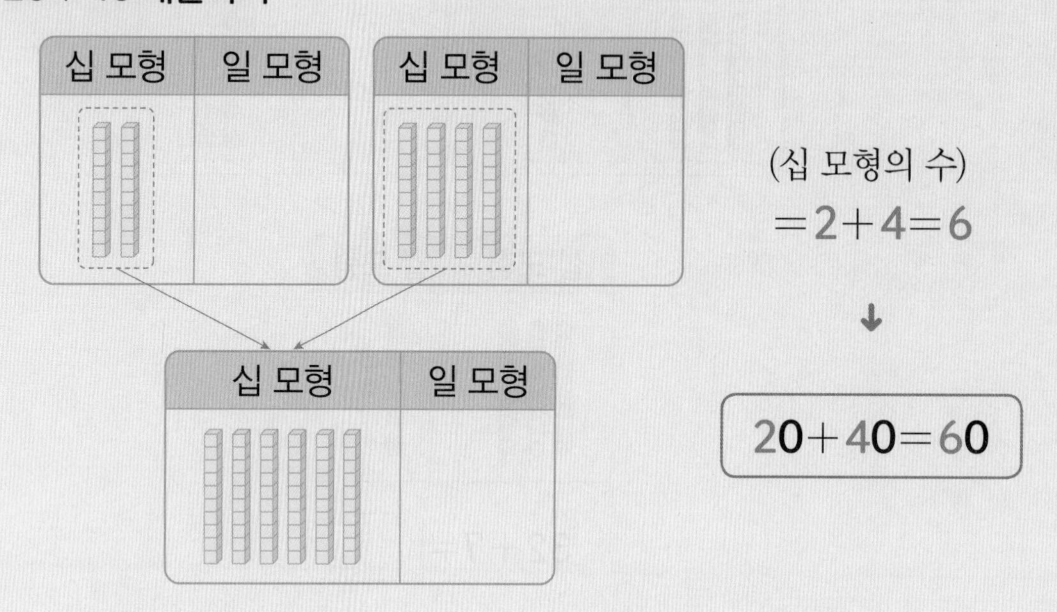

(십 모형의 수)
=2+4=6

↓

20+40=60

개념 확인 **1** 30+40을 계산해 보세요.

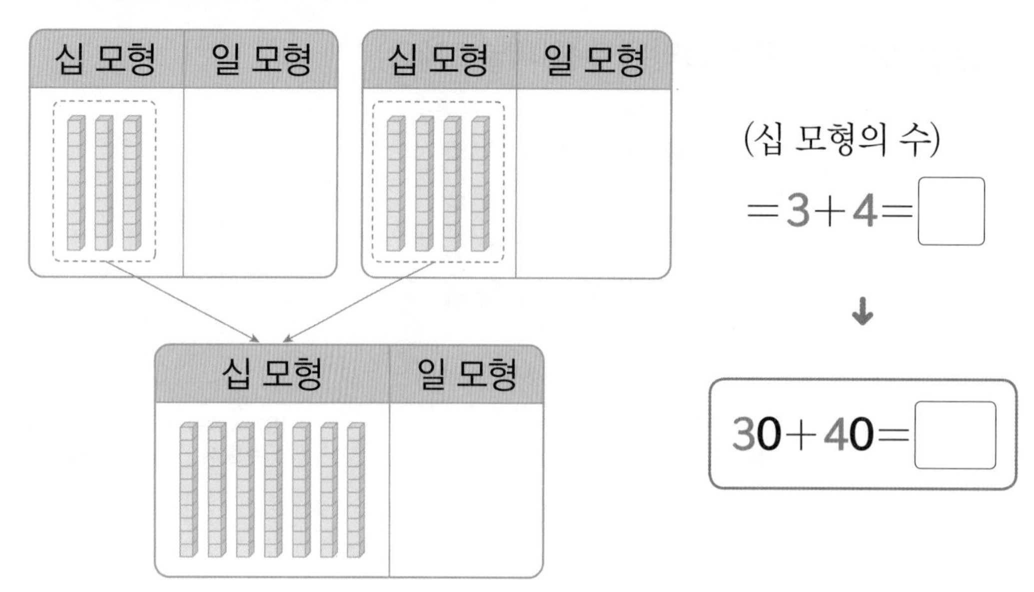

(십 모형의 수)
=3+4=□

↓

30+40=□

2 그림을 보고 □ 안에 알맞은 수를 써넣으세요.

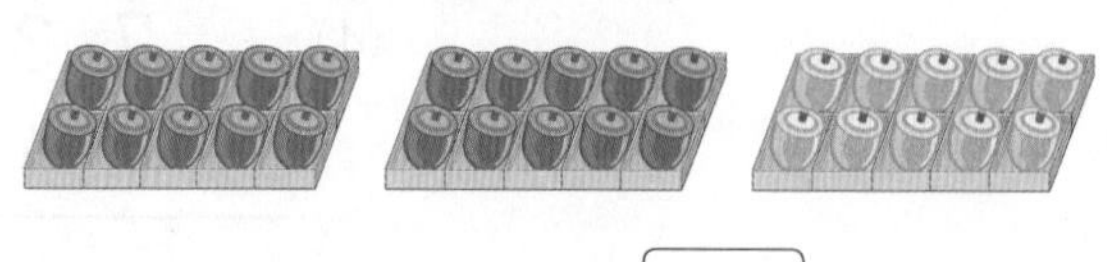

20+10=□

3 ☐ 안에 알맞은 수를 써넣으세요.

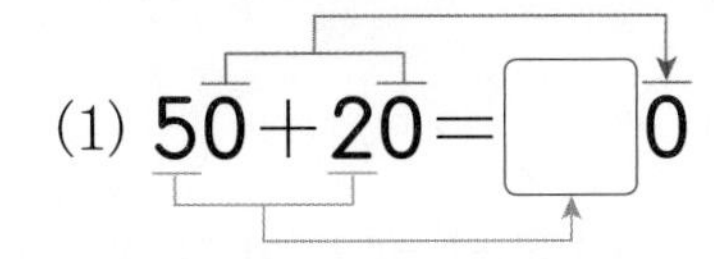

(1) 50+20=☐0

(2) 30+60=☐0

4 덧셈을 해 보세요.

(1)

$$\begin{array}{r} 2\ 0 \\ +\ 6\ 0 \\ \hline \square\ \square \end{array}$$

(2)

$$\begin{array}{r} 5\ 0 \\ +\ 4\ 0 \\ \hline \square\ \square \end{array}$$

5 달걀은 모두 몇 개인지 ☐ 안에 알맞은 수를 써넣으세요.

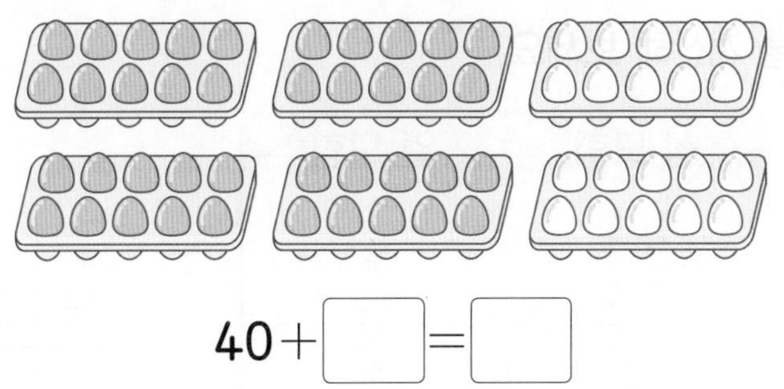

40+☐=☐

6 덧셈을 해 보세요.

(1) 30+10=☐

(2) 50+30=☐

(3)

$$\begin{array}{r} 1\ 0 \\ +\ 6\ 0 \\ \hline \square \end{array}$$

(4)

$$\begin{array}{r} 7\ 0 \\ +\ 2\ 0 \\ \hline \square \end{array}$$

6 단원

STEP 1 교과서 개념 잡기

③ (몇십몇)+(몇십몇)

26+12 계산하기

십 모형은 십 모형끼리, 일 모형은 일 모형끼리 각각 더하여 계산합니다.

십 모형	일 모형

$$\begin{array}{r} 2\ 6 \\ +\ 1\ 2 \\ \hline \end{array} \rightarrow \begin{array}{r} 2\ 6 \\ +\ 1\ 2 \\ \hline 3\ 8 \end{array}$$

10개씩 묶음의 수가 2+1=3이야.

낱개의 수가 6+2=8이야.

개념 확인 1

24+23을 계산해 보세요.

십 모형	일 모형

$$\begin{array}{r} 2\ 4 \\ +\ 2\ 3 \\ \hline \end{array} \rightarrow \begin{array}{r} 2\ 4 \\ +\ 2\ 3 \\ \hline \square\ \square \end{array}$$

2 그림을 보고 □ 안에 알맞은 수를 써넣으세요.

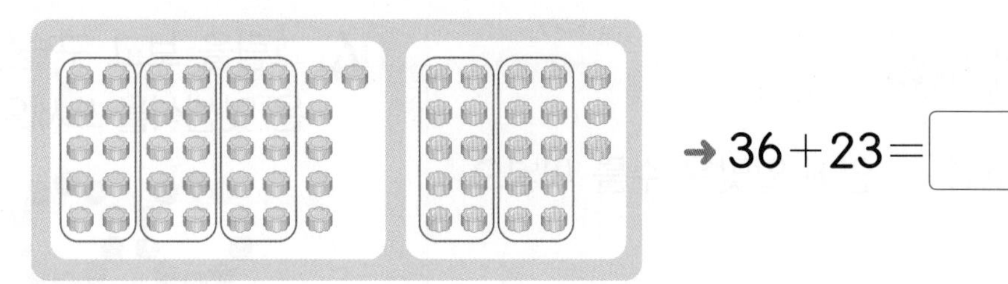

➜ 36＋23＝□

3 □ 안에 알맞은 수를 써넣으세요.

(1) 20＋43＝□□

(2) 35＋44＝□□

4 덧셈을 해 보세요.

(1)
$$\begin{array}{r} 5\ 2 \\ +\ 4\ 4 \\ \hline \square\square \end{array}$$

(2)
$$\begin{array}{r} 2\ 4 \\ +\ 5\ 3 \\ \hline \square\square \end{array}$$

5 덧셈을 해 보세요.

(1) 16＋32＝□

(2) 33＋41＝□

(3)
$$\begin{array}{r} 2\ 7 \\ +\ 5\ 1 \\ \hline \square \end{array}$$

(4)
$$\begin{array}{r} 4\ 1 \\ +\ 1\ 8 \\ \hline \square \end{array}$$

STEP 2 # 수학익힘 문제 잡기

1 (몇십몇)+(몇)

개념 120쪽

01 그림을 보고 □ 안에 알맞은 수를 써넣으세요.

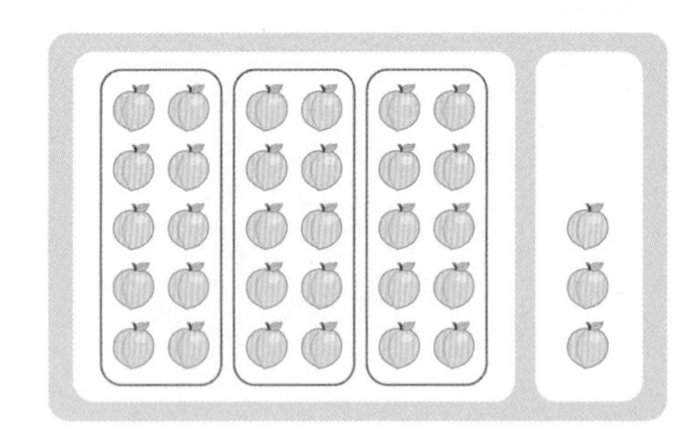

30+□=□

02 그림을 보고 □ 안에 알맞은 수를 써넣으세요.

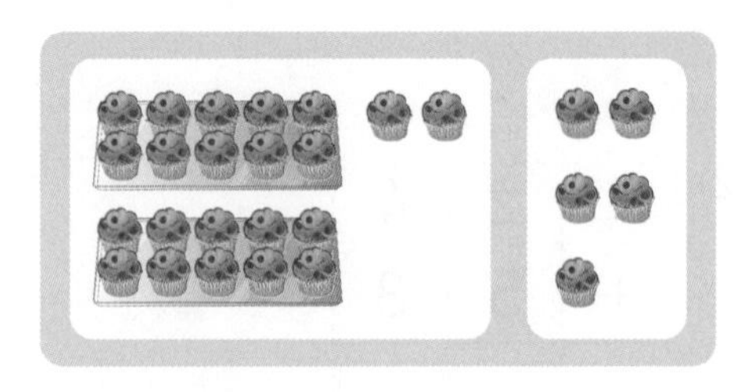

22+□=□

03 덧셈을 해 보세요.

(1) 40+2

(2) 61+4

(3) $\begin{array}{r} 90 \\ +\ \ 7 \\ \hline \end{array}$

(4) $\begin{array}{r} 83 \\ +\ \ 5 \\ \hline \end{array}$

04 그림을 보고 구슬은 모두 몇 개인지 알맞은 덧셈식을 쓰세요.

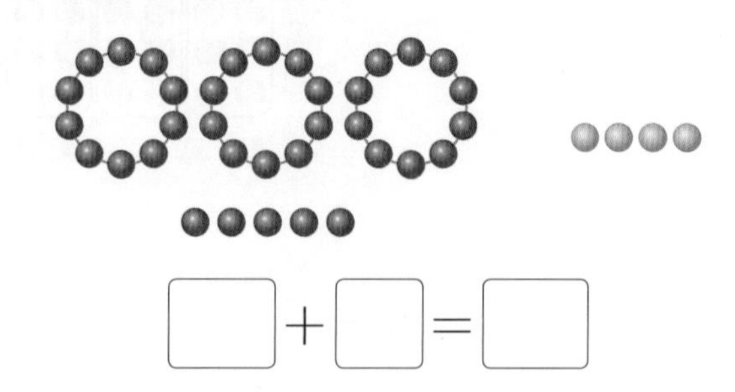

□+□=□

05 합이 37이 되는 덧셈식을 모두 찾아 색칠해 보세요.

36+1 34+3 34+5

36+2 32+5 30+7

06 합이 같은 것끼리 이어 보세요.

(1) 70+3 • • 64+3

(2) 6+61 • • 72+1

(3) 24+4 • • 8+20

07 빈칸에 알맞은 수를 써넣으세요.

+	4	7	2
22		29	
51			53

교과역량 콕! 추론 | 의사소통

08 바르게 계산한 친구를 찾아 ○표 하세요.

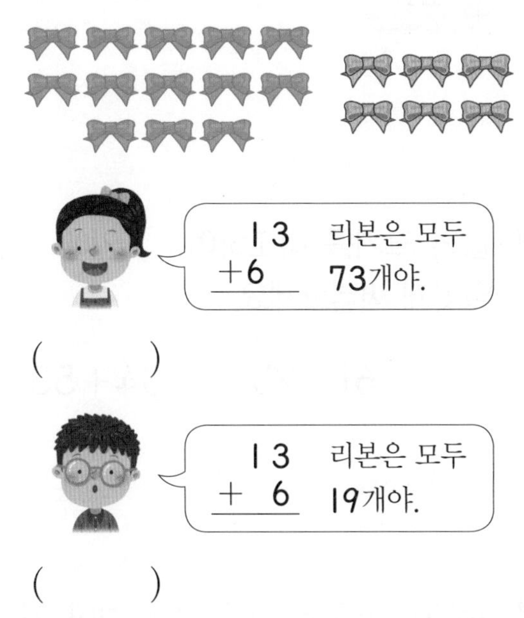

(　　　)

(　　　)

09 연못에 오리가 17마리 있습니다. 오리가 2마리 더 오면 연못에 오리는 모두 몇 마리가 되나요?

식 □+□=□

답 □마리

2 (몇십)+(몇십)

개념 122쪽

10 그림을 보고 □ 안에 알맞은 수를 써넣으세요.

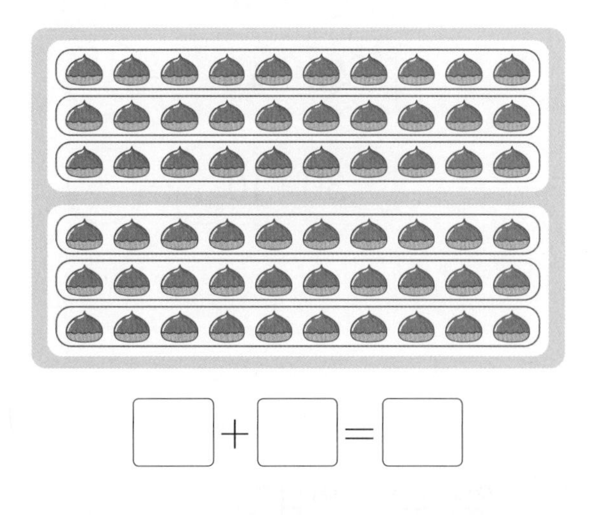

□+□=□

11 빈 곳에 알맞은 수를 써넣으세요.

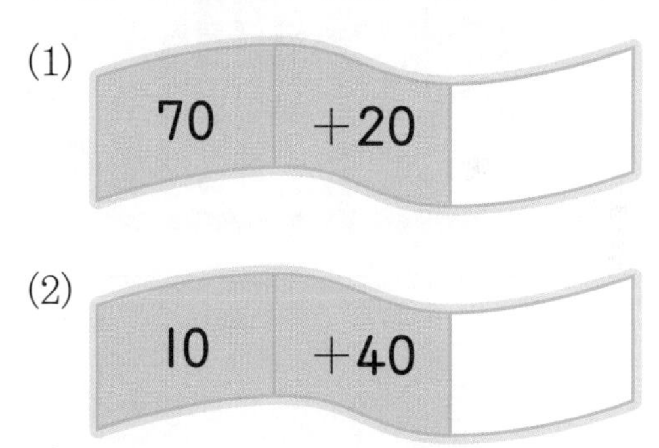

교과역량 콕! 추론

12 다음 수 카드 중에서 2장을 골라 합이 90이 되도록 덧셈식을 쓰세요.

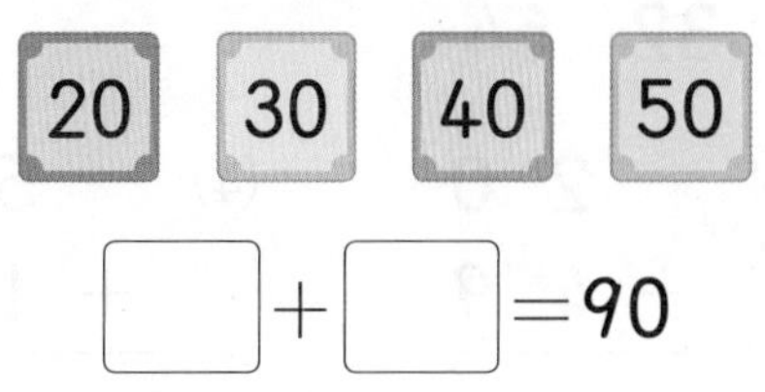

□+□=90

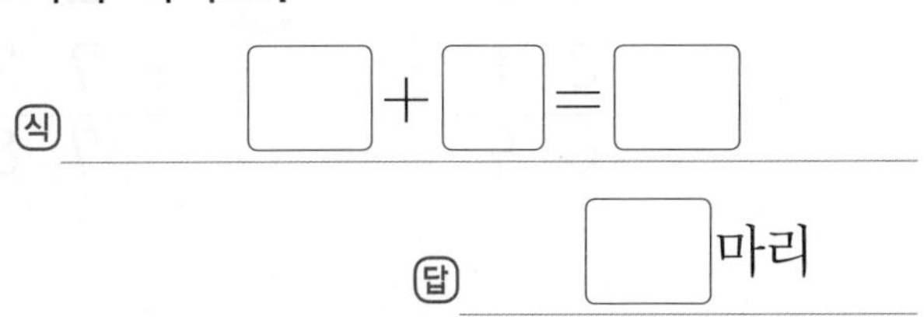

13 합이 큰 것부터 빈 곳에 차례로 1, 2, 3을 써넣으세요.

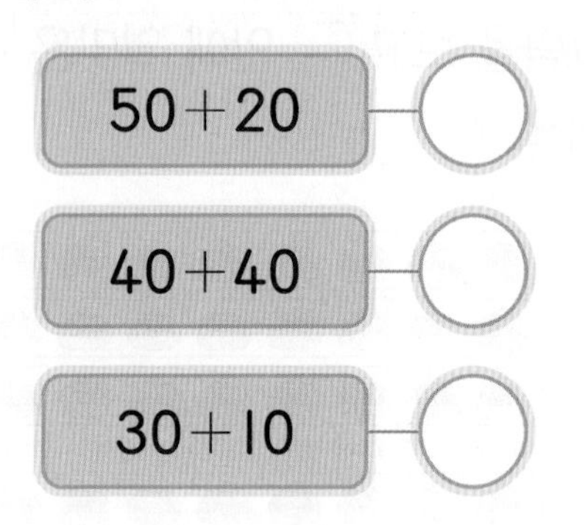

3 (몇십몇)+(몇십몇)

개념 124쪽

14 수 모형을 보고 □ 안에 알맞은 수를 써넣으세요.

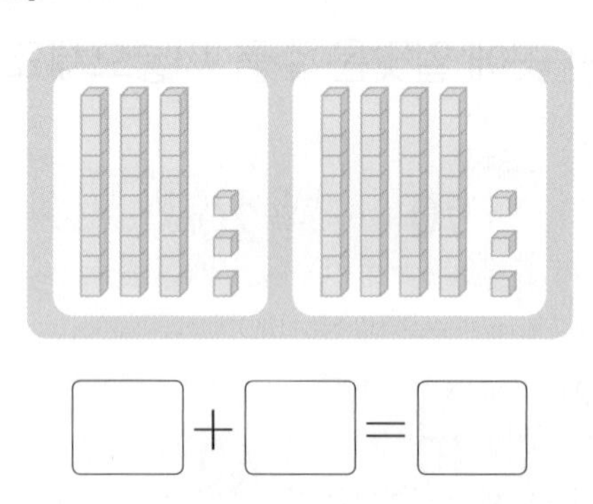

□+□=□

15 덧셈을 해 보세요.

(1) 27+50

(2) 32+64

(3) $\begin{array}{r} 20 \\ +\ 49 \\ \hline \end{array}$

(4) $\begin{array}{r} 51 \\ +\ 15 \\ \hline \end{array}$

16 합이 다른 것에 ○표 하세요.

21+17	20+28	15+23
( )	( )	( )

17 빈칸에 알맞은 수를 써넣으세요.

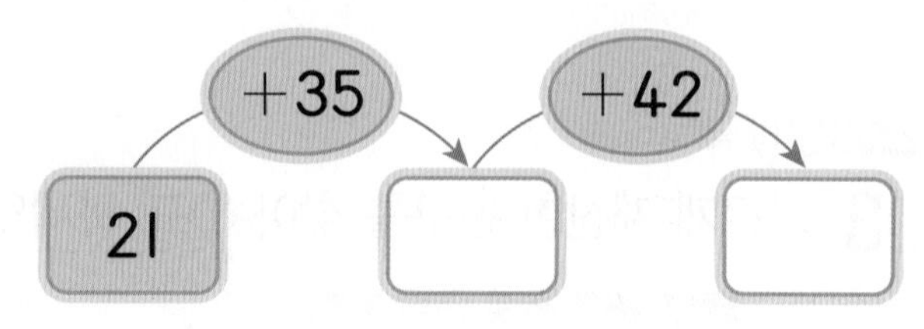

18 합의 크기를 비교하여 ○ 안에 >, <를 알맞게 써넣으세요.

61+25 ○ 34+53

19 계산이 잘못된 것을 모두 찾아 기호를 쓰세요.

㉠ $\begin{array}{r} 42 \\ +\ 40 \\ \hline 82 \end{array}$

㉡ $\begin{array}{r} 73 \\ +\ 11 \\ \hline 85 \end{array}$

㉢ $\begin{array}{r} 38 \\ +\ 31 \\ \hline 69 \end{array}$

㉣ $\begin{array}{r} 26 \\ +\ 72 \\ \hline 78 \end{array}$

(   )

20 여자 23명, 남자 22명이 식당에 갔습니다. 식당에 간 사람은 모두 몇 명인가요?

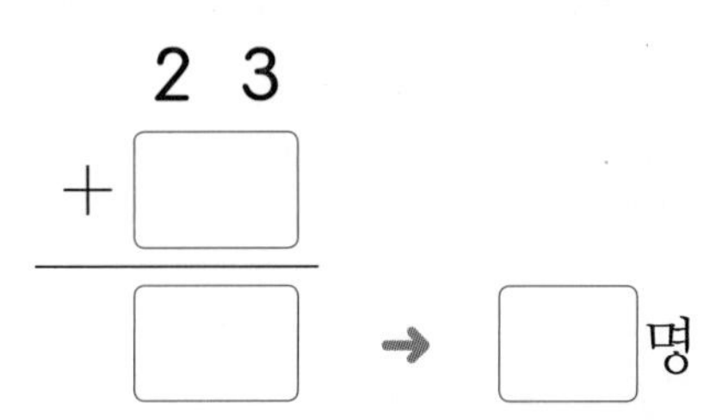

교과역량 콕! 연결

[21~22] 두 가지 색 구슬을 골라 더하려고 합니다. 물음에 답하세요.

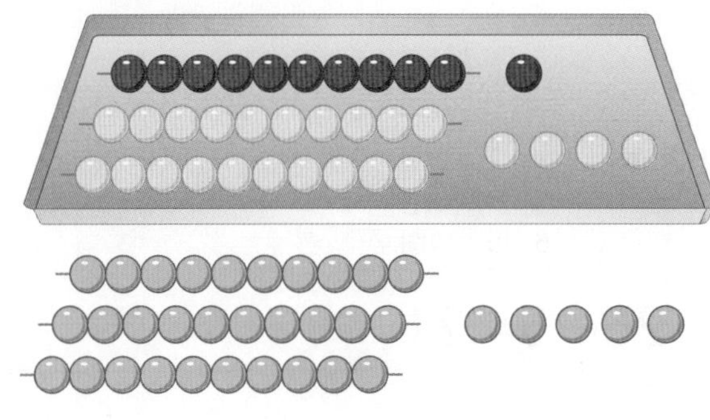

21 빨간색 구슬과 파란색 구슬은 모두 몇 개인가요?

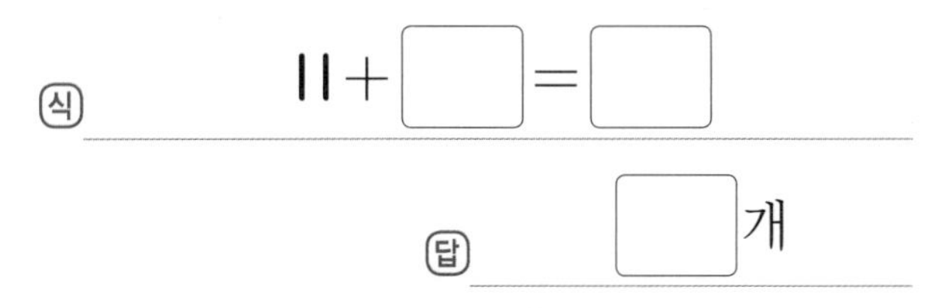

22 쟁반 위에 있는 구슬은 모두 몇 개인가요?

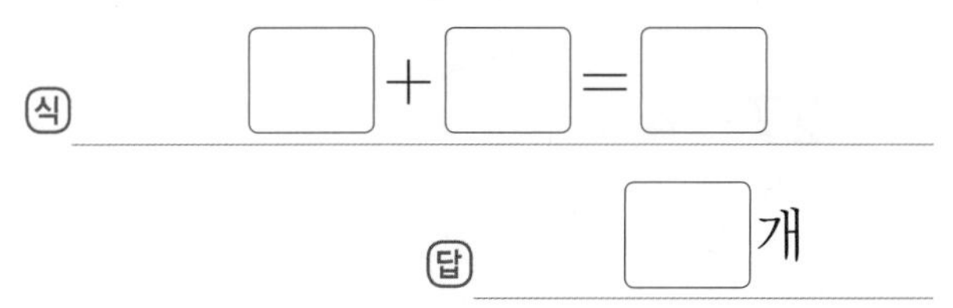

23 같은 모양에 적힌 수의 합을 구하세요.

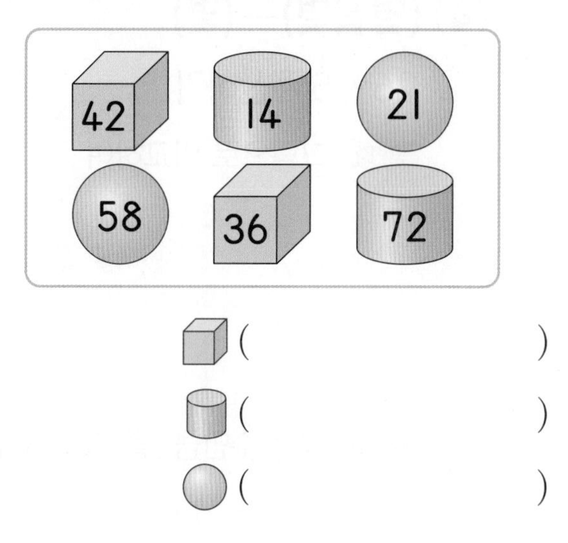

□ (　　　　　　)

○ (　　　　　　)

● (　　　　　　)

교과역량 콕! 추론 | 의사소통

24 그림을 보고 이야기를 완성해 보세요.

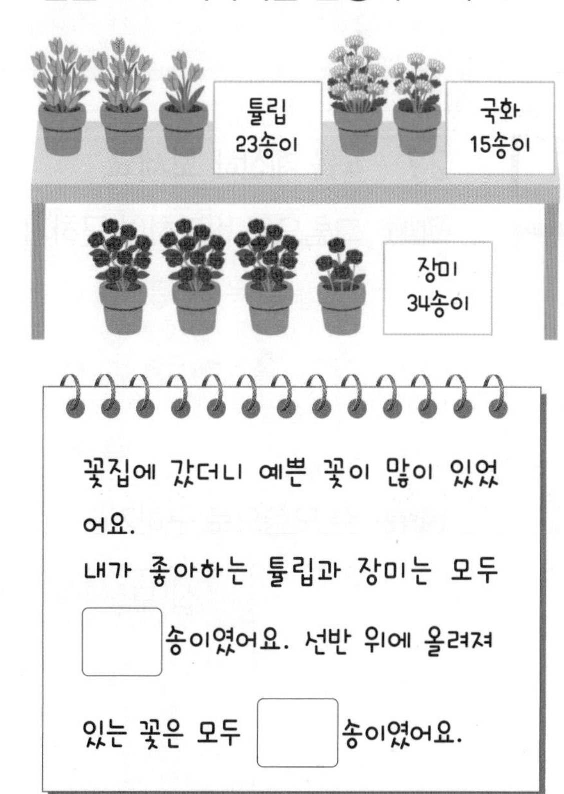

교과서 개념 잡기

개념 강의

4 (몇십몇)−(몇)

26−5 계산하기

방법1 그림으로 비교하여 구하기

분홍색 하트와 초록색 하트를 하나씩 짝 지으면 분홍색 하트 21개가 남아.

$26-5=21$

방법2 빼는 수만큼 /을 그려서 구하기

26개에서 5개를 지우면 21개가 남아.

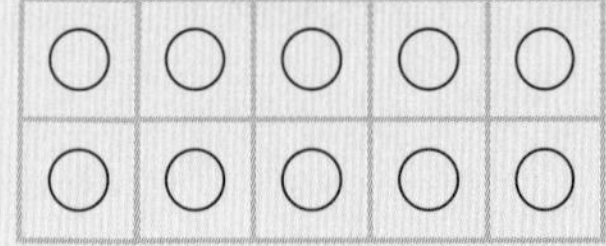

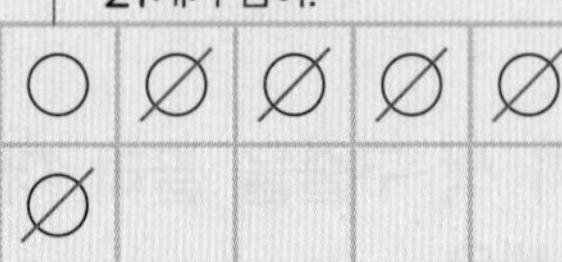

$26-5=21$

방법3 수 모형으로 구하기

일 모형 5개를 지우면 십 모형 2개와 일 모형 1개가 남아.

십 모형	일 모형

낱개끼리 빼면 6−5=1이야.

$26-5=21$

개념 확인 1

27−4를 계산해 보세요.

방법1 그림으로 비교하여 구하기

$27-4=$ □

방법2 수 모형으로 구하기

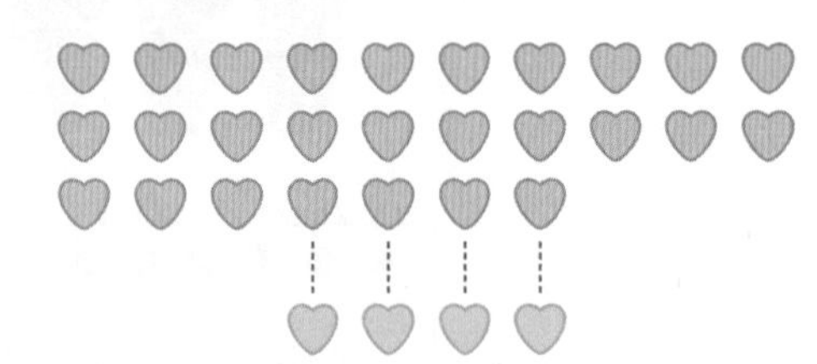

$27-4=$ □

2 그림을 보고 ☐ 안에 알맞은 수를 써넣으세요.

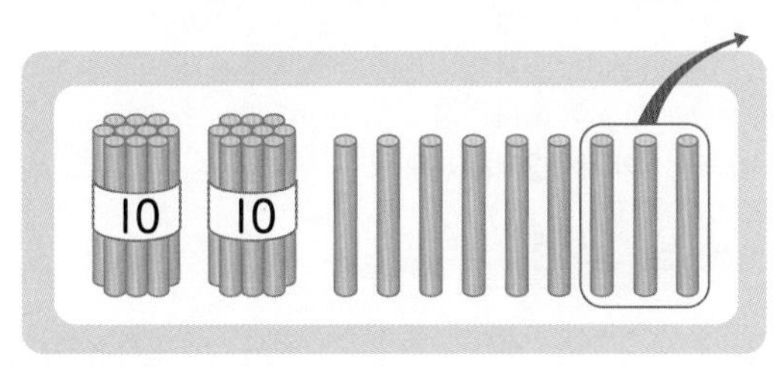

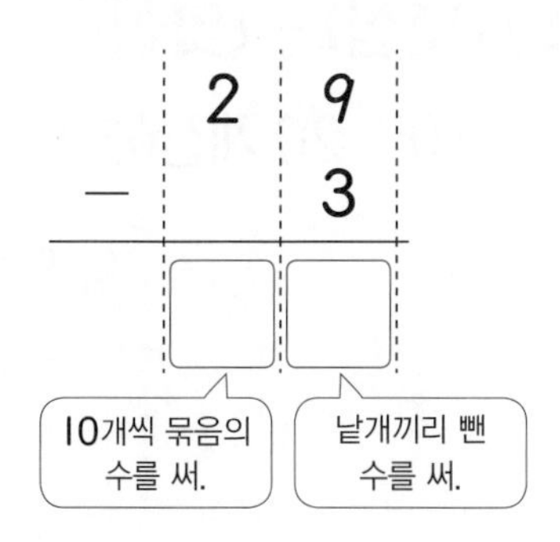

3 45−4는 얼마인지 알아보세요.

(1) 빼는 수 4만큼 /을 그려 보세요.

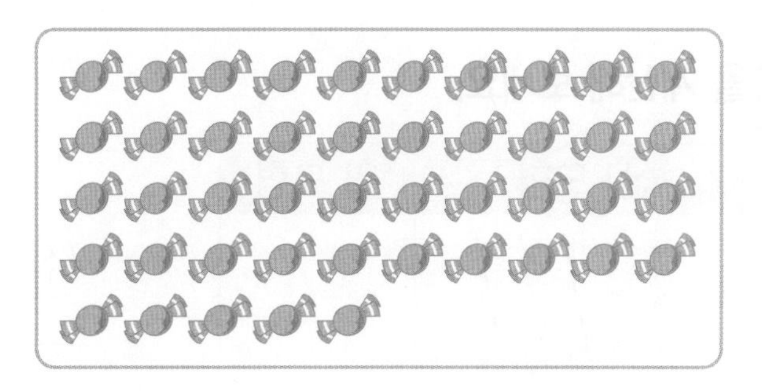

(2) ☐ 안에 알맞은 수를 써넣으세요.

45−4=☐

4 뺄셈을 해 보세요.

(1) 52−1=☐

(2) 97−5=☐

(3)

$$\begin{array}{r} 3\ 9 \\ -\quad 7 \\ \hline \square \end{array}$$

(4)

$$\begin{array}{r} 6\ 8 \\ -\quad 8 \\ \hline \square \end{array}$$

STEP 1 # 교과서 개념 잡기

⑤ (몇십)−(몇십)

70−20 계산하기

십 모형 7개에서 2개를 지워 봐.

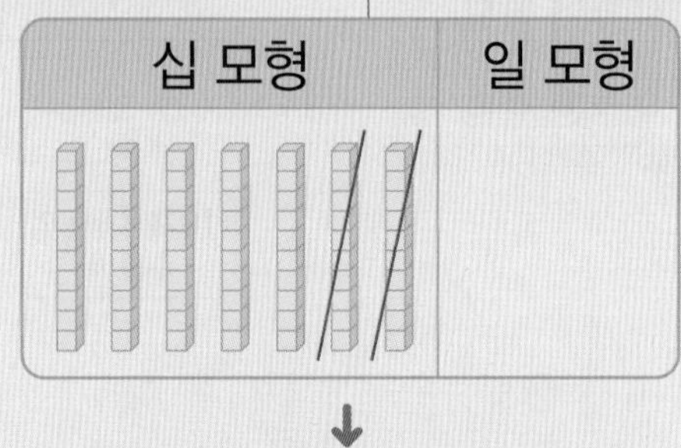

(십 모형의 수)
$=7-2=5$

십 모형	일 모형

$70-20=50$

개념 확인 **1** 50−30을 계산해 보세요.

십 모형	일 모형

(십 모형의 수)
$=5-3=\square$

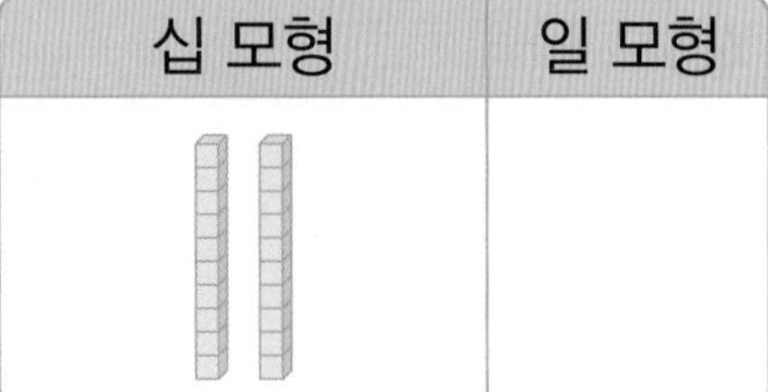

$50-30=\square$

2 □ 안에 알맞은 수를 써넣으세요.

(1) $60-50=\square\square$

(2) $90-40=\square\square$

3 **30－20은 얼마인지 알아보세요.**

(1) 테니스공과 야구공의 수를 비교해 보세요.

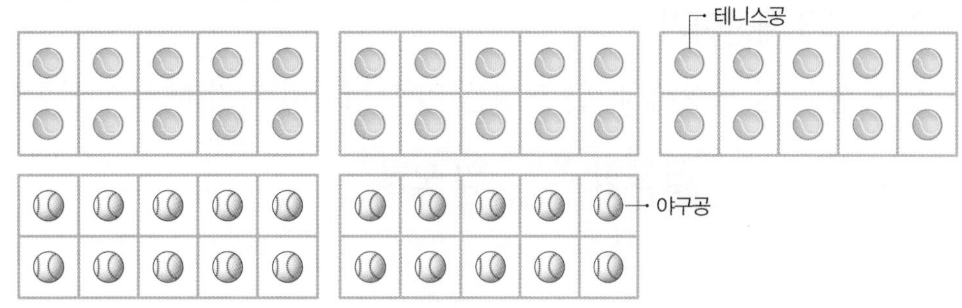

테니스공이 야구공보다 ☐개 더 많습니다.

(2) ☐ 안에 알맞은 수를 써넣으세요.

$30-20=\square$

4 **뺄셈을 해 보세요.**

(1)

	9	0
－	7	0
	☐	☐

(2)

	8	0
－	4	0
	☐	☐

5 **초록색 구슬은 빨간색 구슬보다 몇 개 더 많은지 ☐ 안에 알맞은 수를 써넣으세요.**

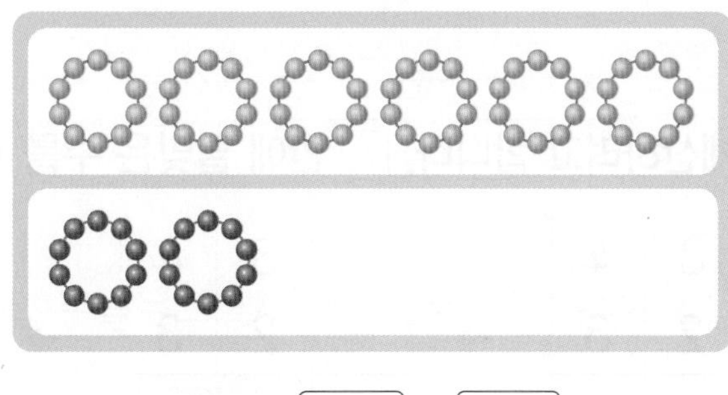

$60-\square=\square$

교과서 개념 잡기

개념 강의

⑥ (몇십몇)－(몇십몇)

25－13 계산하기

십 모형은 십 모형끼리, 일 모형은 일 모형끼리 각각 빼서 계산합니다.

십 모형	일 모형

$$\begin{array}{r} 2\;5 \\ -\;1\;3 \\ \hline 1\;2 \end{array}$$

10개씩 묶음의 수가 2－1＝1이야.

낱개의 수가 5－3＝2야.

개념 확인 **1** 56－32를 계산해 보세요.

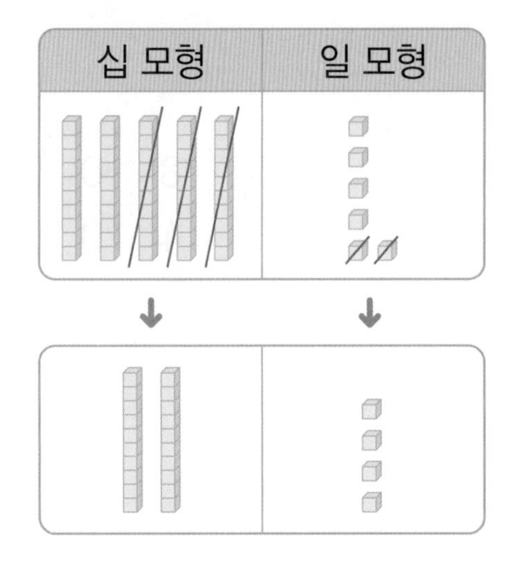

$$\begin{array}{r} 5\;6 \\ -\;3\;2 \\ \hline \square\;\square \end{array}$$

2 34－23을 계산하려고 합니다. □ 안에 알맞은 수를 써넣으세요.

$$\begin{array}{r} 3\;4 \\ -\;2\;3 \\ \hline \end{array} \rightarrow \begin{array}{r} 3\;4 \\ -\;2\;3 \\ \hline \square \end{array} \rightarrow \begin{array}{r} 3\;4 \\ -\;2\;3 \\ \hline \square\;\square \end{array}$$

3 그림을 보고 □ 안에 알맞은 수를 써넣으세요.

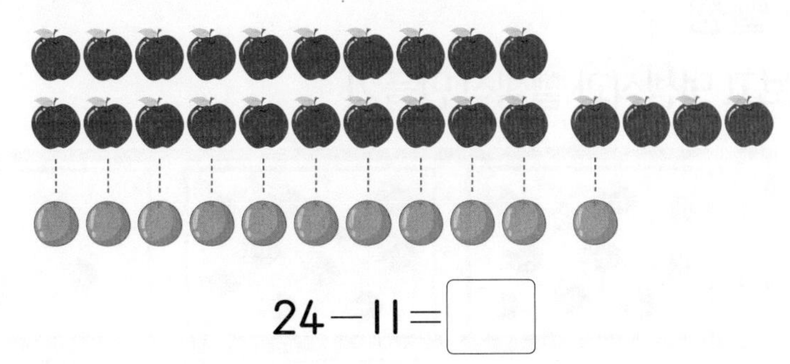

24－11＝□

4 □ 안에 알맞은 수를 써넣으세요.

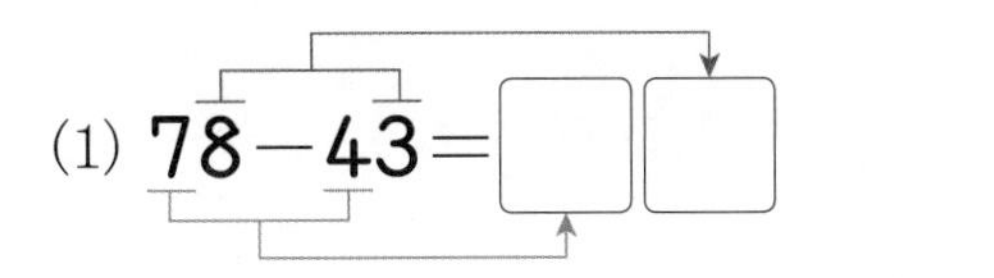

(1) 78－43＝□□

(2) 84－33＝□□

5 뺄셈을 해 보세요.

(1)

	4	9
－	2	7
	□	□

(2)

	9	4
－	3	2
	□	□

6 뺄셈을 해 보세요.

(1) 68－45＝□

(2) 74－61＝□

(3)

	5	5
－	1	4
	□	

(4)

	8	6
－	3	2
	□	

STEP 1 교과서 개념 잡기

7 덧셈과 뺄셈

그림을 보고 덧셈식과 뺄셈식 만들기

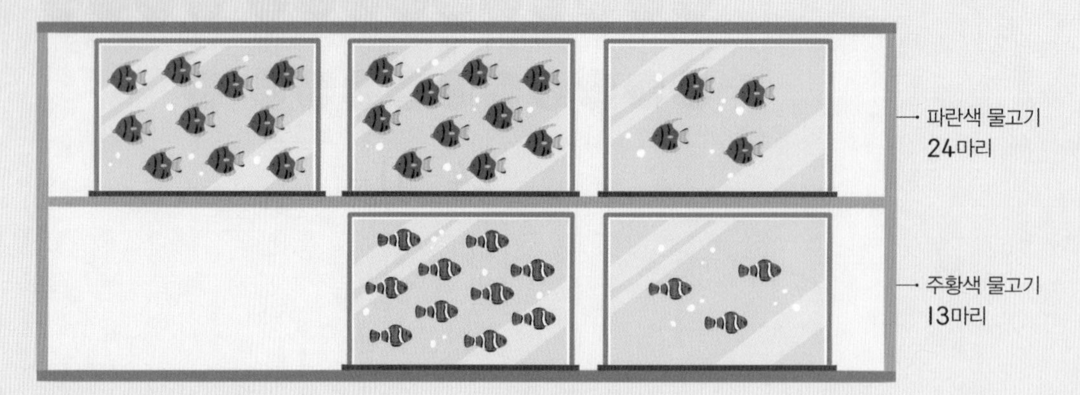

- 파란색 물고기와 주황색 물고기는 모두 37마리입니다.

덧셈식 $24+13=37$

- 파란색 물고기는 주황색 물고기보다 11마리 더 많습니다.

뺄셈식 $24-13=11$

개념 확인 **1** 그림을 보고 덧셈식과 뺄셈식을 만들어 보세요.

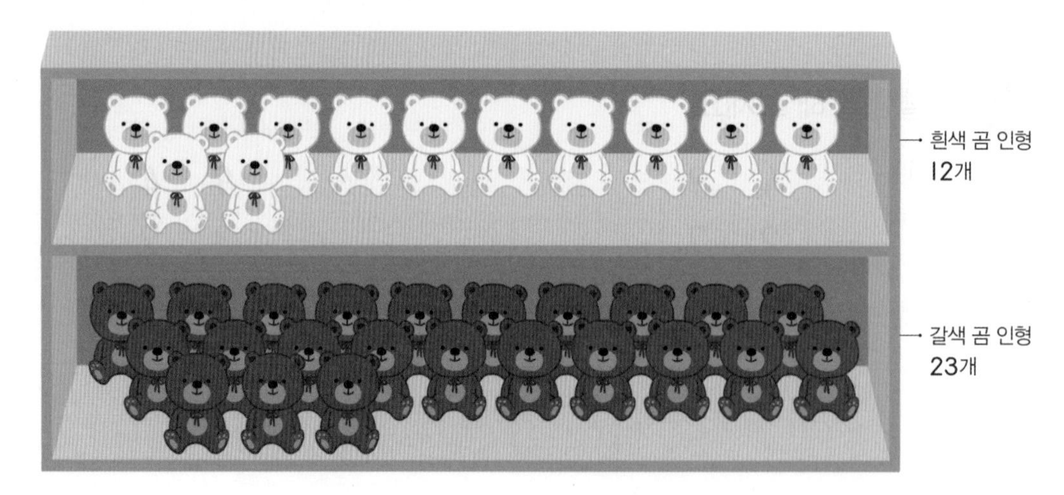

- 흰색 곰 인형과 갈색 곰 인형은 모두 ☐개입니다.

덧셈식 12+☐=☐

- 갈색 곰 인형은 흰색 곰 인형보다 ☐개 더 많습니다.

뺄셈식 23−☐=☐

2 덧셈과 뺄셈을 해 보세요.

(1)

$21+10=\square$

$21+20=\square$

$21+30=\square$

$21+40=\square$

(2)

$64-10=\square$

$64-20=\square$

$64-30=\square$

$64-40=\square$

3 그림을 보고 물음에 답하세요.

(1) 빨간색 책과 초록색 책은 모두 몇 권일까요?

$28+\square=\square$ ➜ $\square$권

(2) 빨간색 책은 노란색 책보다 몇 권 더 많을까요?

$28-\square=\square$ ➜ $\square$권

4 그림을 보고 2개의 덧셈식으로 나타내 보세요.

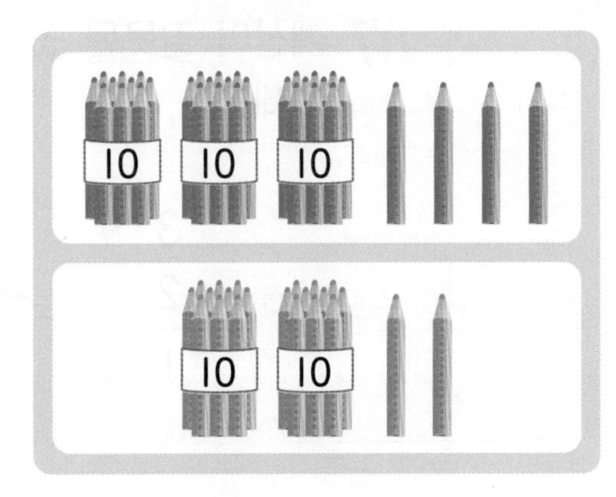

$\square+\square=\square$

$\square+\square=\square$

4 (몇십몇)−(몇)

개념 130쪽

01 39−8은 얼마인지 빼는 수만큼 /을 그리고, □ 안에 알맞은 수를 써넣으세요.

39−8=□

02 그림을 보고 □ 안에 알맞은 수를 써넣으세요.

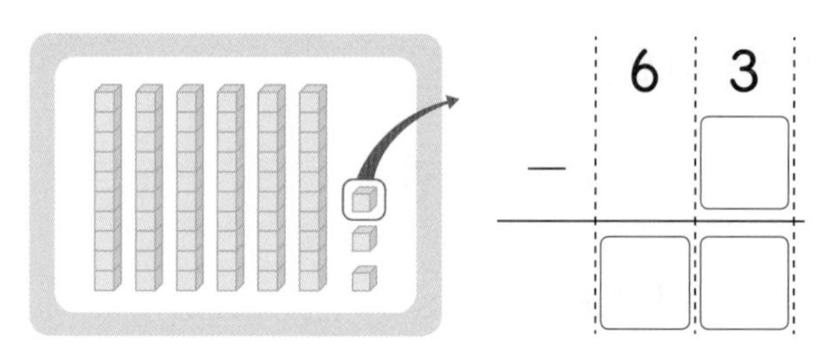

$$\begin{array}{r} 6\ 3 \\ -\ \ \square \\ \hline \square\ \square \end{array}$$

03 뺄셈을 해 보세요.

(1) 28−5

(2) 46−6

(3) $\begin{array}{r} 5\ 7 \\ -\ \ 1 \\ \hline \end{array}$

(4) $\begin{array}{r} 7\ 5 \\ -\ \ 2 \\ \hline \end{array}$

04 빈칸에 알맞은 수를 써넣으세요.

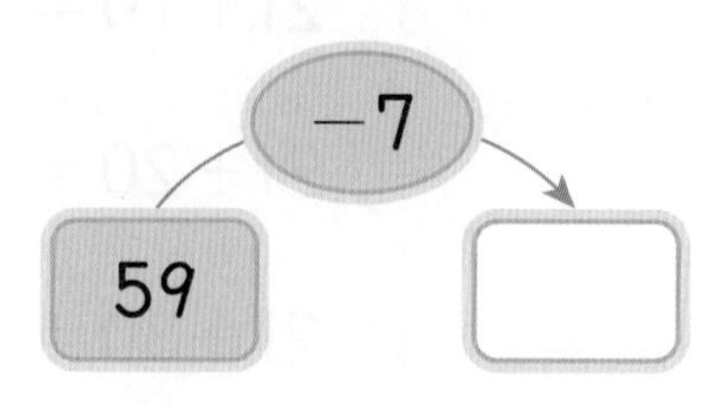

05 두 수의 차를 빈 곳에 써넣으세요.

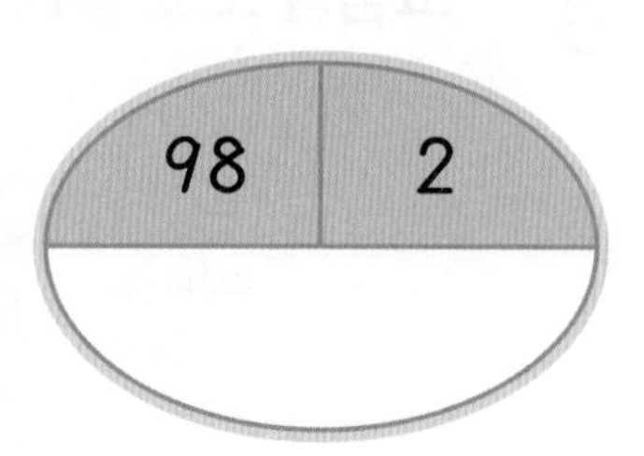

06 차가 같은 두 식을 찾아 ○표 하세요.

48−3	45−1	49−4
( )	( )	( )

07 계산이 잘못된 곳을 찾아 바르게 계산해 보세요.

$$\begin{array}{r} 3\ 9 \\ -\ 2\ \ \\ \hline 1\ 9 \end{array}$$ → □

5 (몇십)−(몇십)

개념 132쪽

08 그림을 보고 □ 안에 알맞은 수를 써넣으세요.

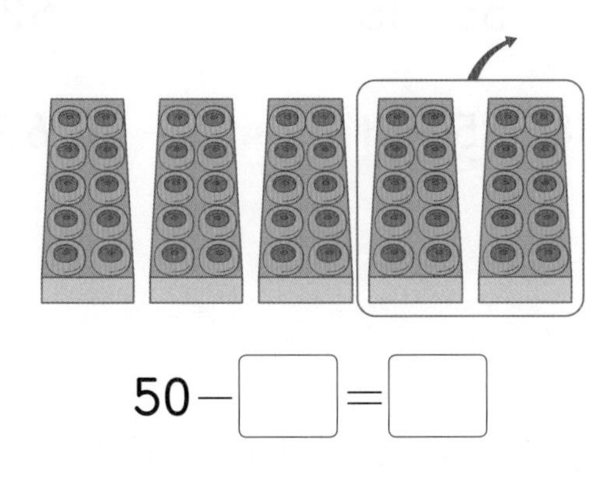

$50-\square=\square$

09 뺄셈을 해 보세요.

(1) $80-60$

(2) $70-60$

(3)
$$\begin{array}{r} 20 \\ -\ 10 \\ \hline \end{array}$$

(4)
$$\begin{array}{r} 60 \\ -\ 40 \\ \hline \end{array}$$

10 그림을 보고 □ 안에 알맞은 수를 써넣으세요.

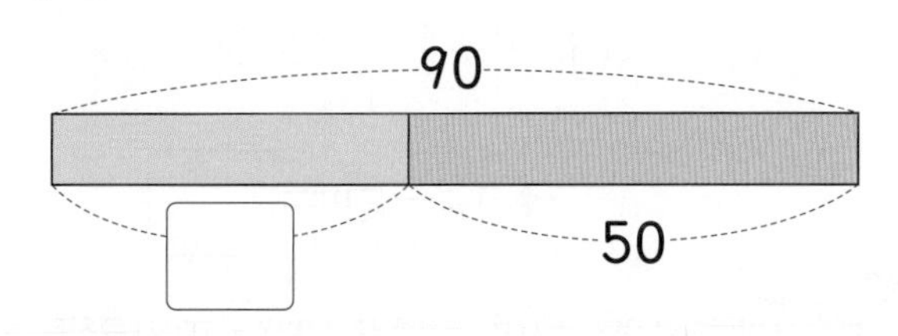

11 떡이 60개 있었는데 30개를 먹었습니다. 남은 떡은 몇 개인가요?

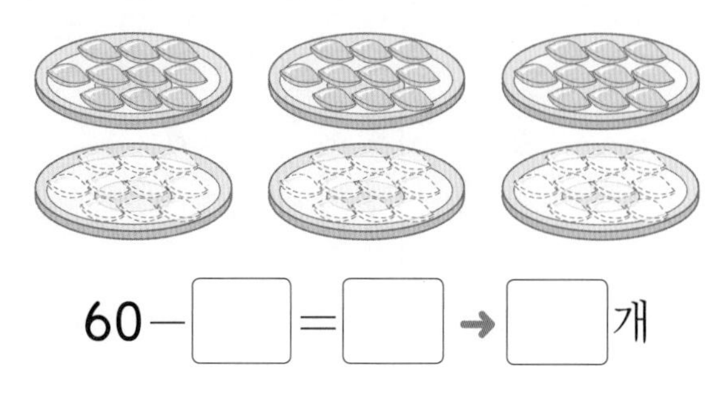

$60-\square=\square$ → □개

교과역량 콕! 문제해결

12 수 카드 3장을 한 번씩만 사용하여 뺄셈식을 만들어 보세요.

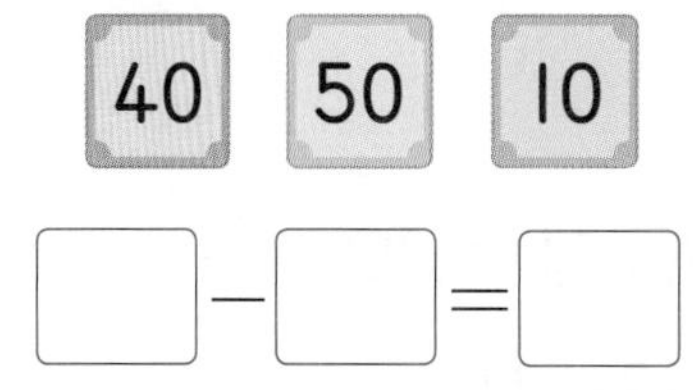

$\square-\square=\square$

6 단원

6 (몇십몇)−(몇십몇)

개념 134쪽

13 그림을 보고 □ 안에 알맞은 수를 써넣으세요.

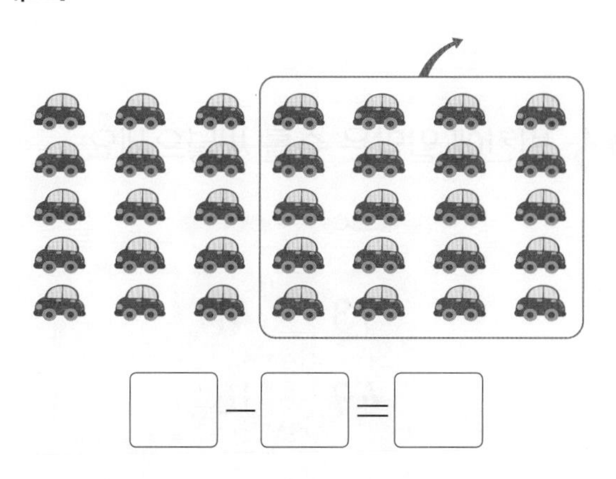

$\square-\square=\square$

14 그림을 보고 □ 안에 알맞은 수를 써넣으세요.

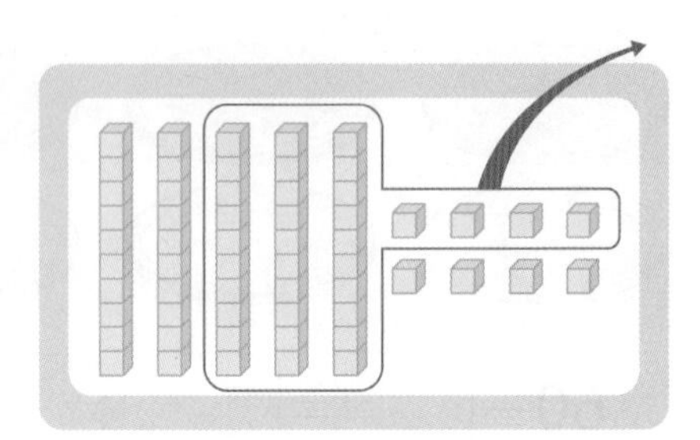

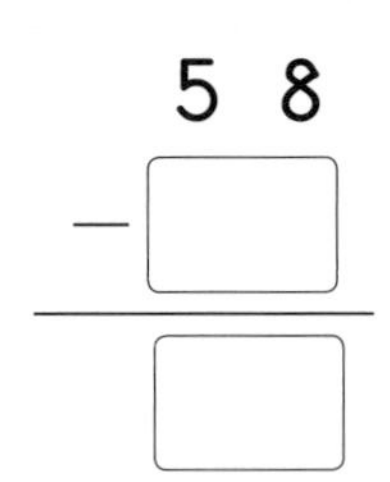

15 뺄셈을 해 보세요.

(1) 63－11

(2) 86－54

(3)
$$\begin{array}{r} 37 \\ -\ 15 \\ \hline \end{array}$$

(4)
$$\begin{array}{r} 79 \\ -\ 22 \\ \hline \end{array}$$

16 빈칸에 알맞은 수를 써넣으세요.

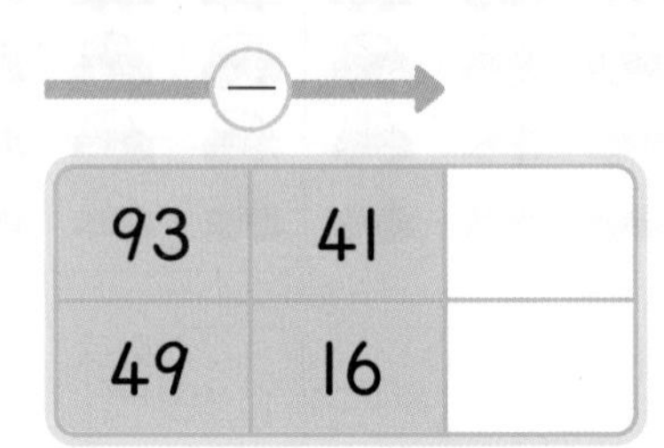

17 차가 같은 것끼리 이어 보세요.

(1) 71－20 • • 44－20

(2) 55－15 • • 82－42

(3) 85－61 • • 65－14

18 윤서는 45쪽짜리 이야기책을 32쪽까지 읽었습니다. 윤서가 읽고 남은 쪽수는 몇 쪽인가요?

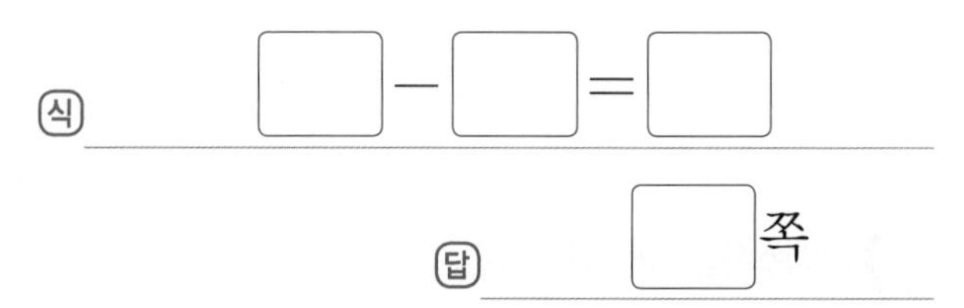

교과역량 콕! 연결

19 규칙에 따라 수를 쓴 것입니다. □ 안에 알맞은 수를 써넣으세요.

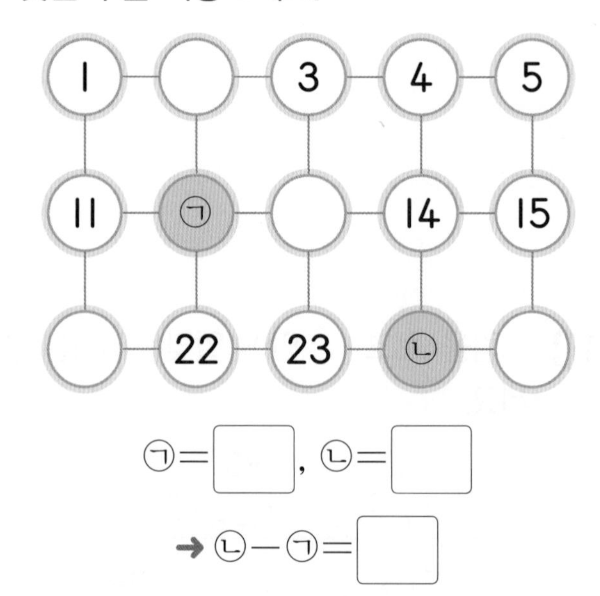

힌트 톡! → 방향으로 몇씩 커지고, ↓ 방향으로 몇씩 커지는지 규칙을 찾아봐.

7 덧셈과 뺄셈

개념 136쪽

20 덧셈과 뺄셈을 해 보세요.

(1)

31+42=□

42+31=□

(2)

99−56=□

97−54=□

95−52=□

21 빈 곳에 알맞은 수를 써넣으세요.

22 → +15 → 37

32 → +15 → ○

42 → +15 → ○

22 수 카드 2장을 골라 덧셈식과 뺄셈식을 만들어 보세요.

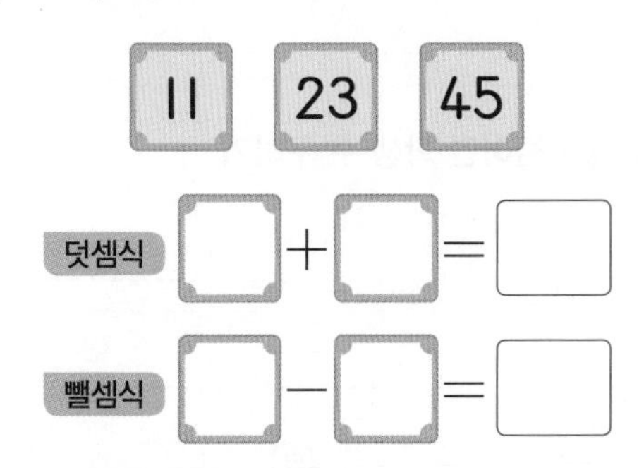

23 친구들이 말하는 수를 구하세요.

교과역량 콕! 문제해결

[24~25] 알뜰 시장에 나온 물건을 보고 물음에 답하세요.

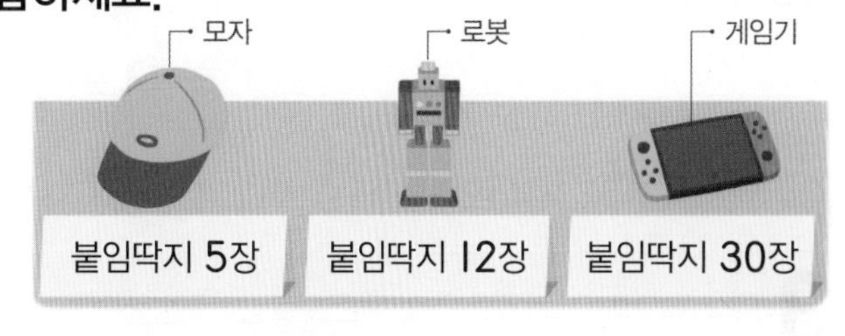

24 로봇과 게임기를 하나씩 사려면 붙임딱지는 모두 몇 장이 필요할까요?

식 ______________________

답 ______________

25 민철이는 붙임딱지 29장을 가지고 있습니다. 민철이가 로봇을 한 개 사면 붙임딱지는 몇 장이 남을까요?

식 ______________________

답 ______________

STEP 3 서술형 문제 잡기

1

덧셈을 하고, 알게 된 점을 쓰세요.

$11+5=\square$

$11+4=\square$

$11+3=\square$

$11+2=\square$

(알게 된 점) 합이 어떻게 변하는지 쓰기

같은 수에 □씩 작아지는 수를 더하면

합도 □.

2

뺄셈을 하고, 알게 된 점을 쓰세요.

$89-8=\square$

$89-7=\square$

$89-6=\square$

$89-5=\square$

(알게 된 점) 차가 어떻게 변하는지 쓰기

3

버스에 **26명**이 타고 있었는데 정류장에서 몇 명이 내리고 **16명**이 남았습니다. 정류장에서 내린 사람은 몇 명인지 풀이 과정을 쓰고, 답을 구하세요.

(1단계) 뺄셈식으로 나타내기

(내린 사람 수)

=(처음의 사람 수)−(남아 있는 사람 수)

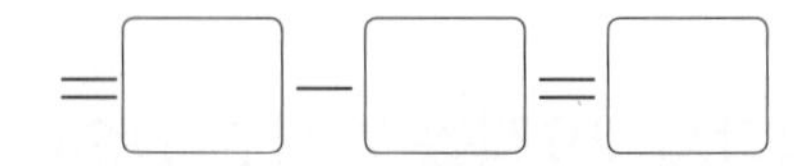

(2단계) 정류장에서 내린 사람 수 구하기

따라서 정류장에서 내린 사람은

□명입니다.

답

4

운동장에 **37명**의 학생이 있었는데 몇 명이 교실로 들어가고 **25명**이 남았습니다. 교실로 들어간 학생은 몇 명인지 풀이 과정을 쓰고, 답을 구하세요.

(1단계) 뺄셈식으로 나타내기

(2단계) 교실로 들어간 학생 수 구하기

답

5

차가 54가 되는 두 수는 어느 것인지 풀이 과정을 쓰고, 답을 구하세요.

32 96 42

(1단계) 두 수의 차를 구하는 뺄셈식 쓰기

$96-32=\square$, $96-42=\square$,

$42-32=\square$입니다.

(2단계) 차가 54가 되는 두 수 찾기

차가 **54**가 되는 두 수는 $\square$, $\square$입니다.

답 ______

6

합이 84가 되는 두 수는 어느 것인지 풀이 과정을 쓰고, 답을 구하세요.

33 43 41

(1단계) 두 수의 합을 구하는 덧셈식 쓰기

______

______

(2단계) 합이 84가 되는 두 수 찾기

______

______

답 ______

7

연서가 두 주머니에서 하나씩 고른 수로 뺄셈을 해 보세요.

나는 노란색 주머니에서 80,
연두색 주머니에서 20을 골랐어.

연서

(1단계) 연서가 고른 수 쓰기

노란색 주머니	연두색 주머니

(2단계) 뺄셈식 만들기

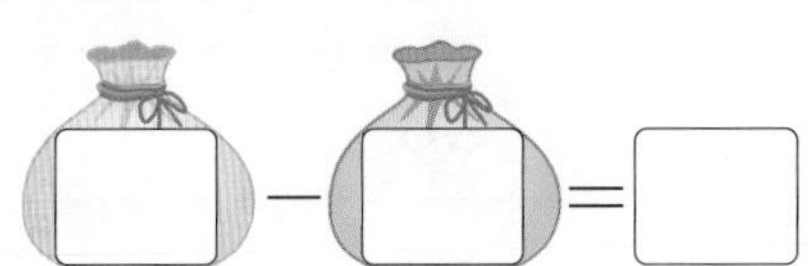

8 창의형

두 주머니에서 **수를 하나씩 골라** 뺄셈을 해 보세요.

각 주머니에서 마음에 드는
수를 골라 봐.

(1단계) 내가 고른 수 쓰기

노란색 주머니	연두색 주머니

(2단계) 뺄셈식 만들기

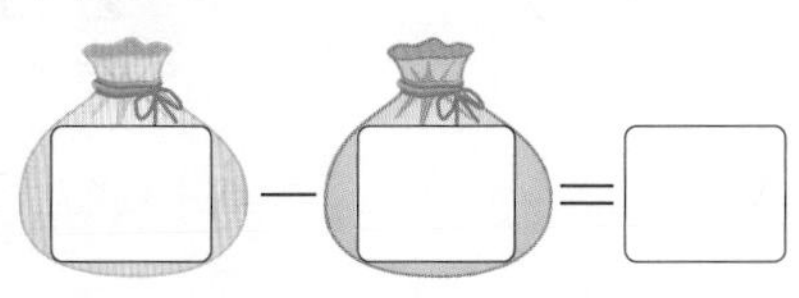

평가 6단원 마무리

맞힌 개수

01 수 모형을 보고 ☐ 안에 알맞은 수를 써넣으세요.

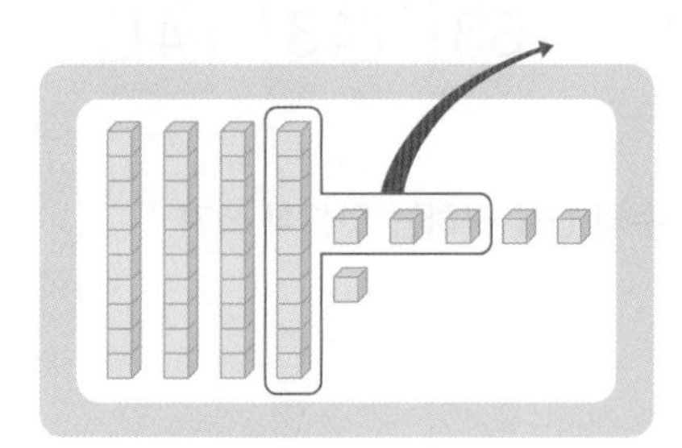

46 − ☐ = ☐

02 ☐ 안에 알맞은 수를 써넣으세요.

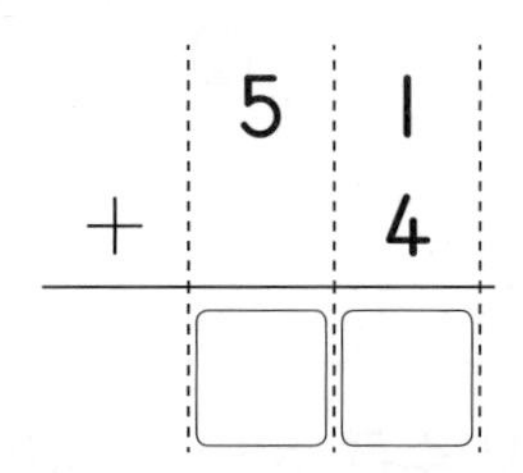

03 뺄셈을 해 보세요.

$$\begin{array}{r} 68 \\ -\ \ 6 \\ \hline \end{array}$$

04 바르게 계산한 것에 ○표 하세요.

$\begin{array}{r} 20 \\ +7\ \ \\ \hline 90 \end{array}$	$\begin{array}{r} 20 \\ +\ \ 7 \\ \hline 27 \end{array}$
(　　)	(　　)

05 두 수의 합을 빈칸에 써넣으세요.

30	40

06 결과가 같은 두 식을 찾아 ○표 하세요.

97−64	20+16	58−22
(　　)	(　　)	(　　)

07 차를 구하여 이어 보세요.

(1) 70−40 •　　• 40

(2) 51−11 •　　• 53

(3) 83−30 •　　• 30

08 빈칸에 알맞은 수를 써넣으세요.

−5

27	
66	
58	

09 □ 안에 알맞은 수를 써넣으세요.

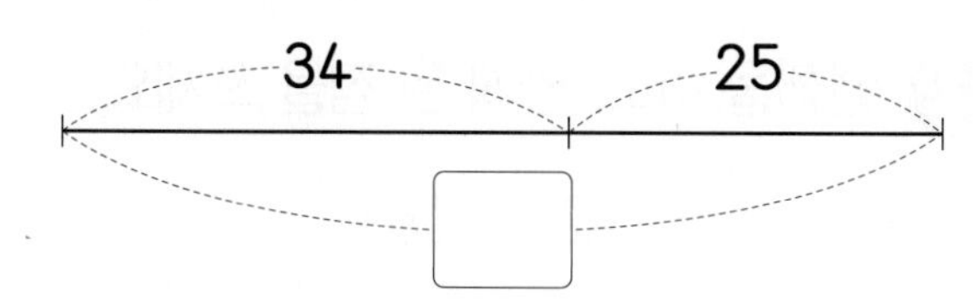

10 그림을 보고 덧셈식을 만들어 계산해 보세요.

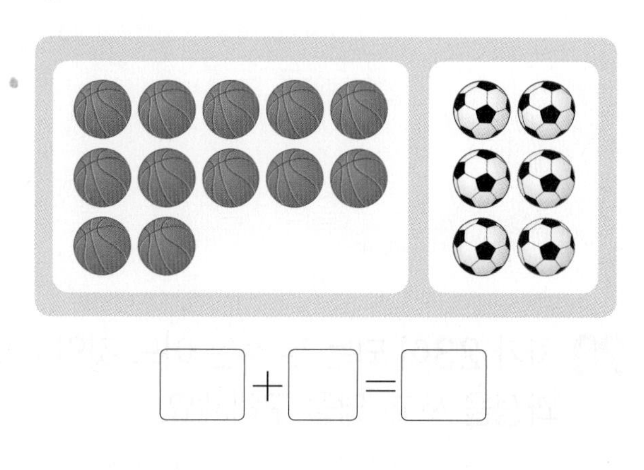

□ + □ = □

11 그림을 보고 뺄셈식을 만들어 계산해 보세요.

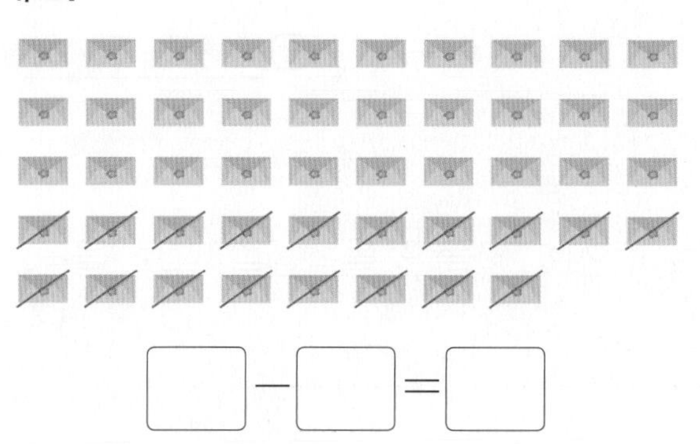

□ − □ = □

12 두 수의 합과 차를 구하세요.

43 54

합 ( )

차 ( )

13 합의 크기를 비교하여 ○ 안에 $>$, $<$를 알맞게 써넣으세요.

$5+72$ ○ $23+52$

14 합이 가장 큰 것에 ○표, 가장 작은 것에 △표 하세요.

$20+20$	$10+70$	$60+30$
( )	( )	( )

15 □ 안에 알맞은 수를 써넣고, 그 수를 아래에서 찾아 색칠해 보세요.

$32+41=$ 73 $99-84=$ □

$17+50=$ □ $65-23=$ □

75	15	46
67	42	73

16 빨간색 딱지 22장과 노란색 딱지 54장이 있습니다. 딱지는 모두 몇 장인가요?

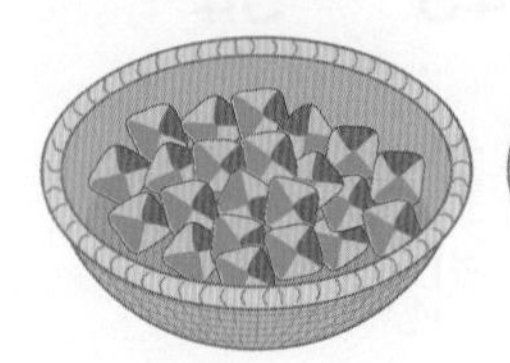
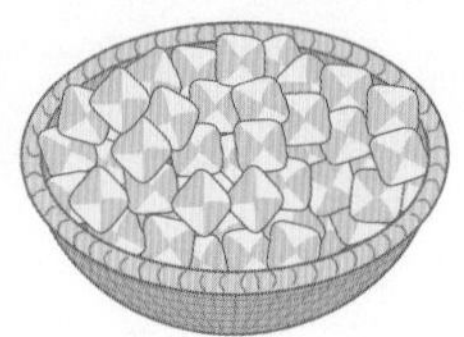

식

답

17 감나무에 감이 38개 열렸었는데 그중에서 10개가 떨어졌습니다. 감나무에 남아 있는 감은 몇 개인가요?

식

답

18 준호네 반 학생들은 모두 29명입니다. 준호네 반 학생 중 현장 학습으로 놀이공원에 가고 싶어 하는 학생은 몇 명인가요?

( )

서술형

19 뺄셈을 하고, 알게 된 점을 쓰세요.

$29-16=\square$

$28-16=\square$

$27-16=\square$

$26-16=\square$

알게 된 점

20 차가 23이 되는 두 수는 어느 것인지 풀이 과정을 쓰고, 답을 구하세요.

69  56

풀이

답

창의력 쑥쑥

성준이는 어제 꿈 속에서 외계인을 만났어요.
그 외계인의 모습을 잊어버릴까 봐 기억을 더듬어 적어두었지요~.
성준이가 만난 외계인이 누구인지 알아맞혀 보세요.

정답은 개념책 152쪽에서 확인하세요.

평가 1~6단원 총정리

맞힌 개수

1단원 | 개념 1

01 ☐ 안에 알맞은 수를 써넣으세요.

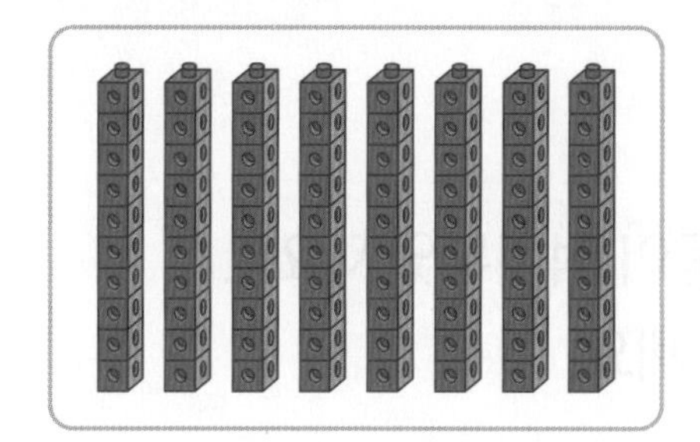

10개씩 묶음 ☐ 개는 ☐ 입니다.

2단원 | 개념 3

02 ☐ 안에 알맞은 수를 써넣으세요.

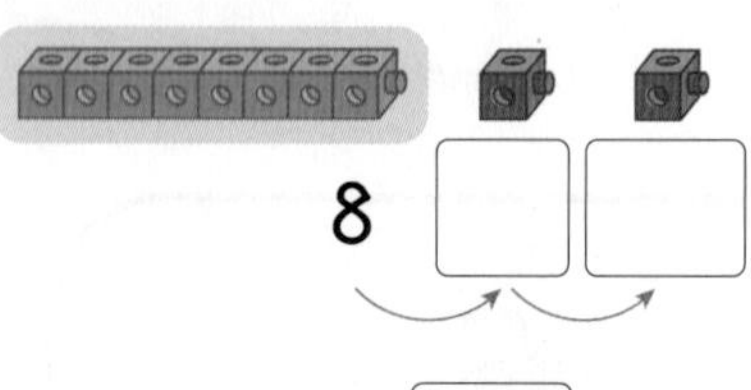

8 ☐ ☐

$8+2=$ ☐

3단원 | 개념 1

03 ■ 모양에 ○표 하세요.

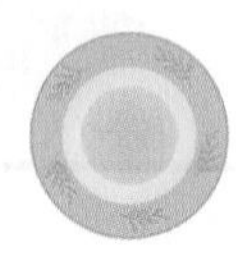

(　　) (　　) (　　)

4단원 | 개념 5

04 ☐ 안에 알맞은 수를 써넣으세요.

$17-9=$ ☐

10 ☐

3단원 | 개념 3

05 시계를 보고 몇 시인지 쓰세요.

☐ 시

5단원 | 개념 1

06 규칙에 따라 빈칸에 알맞은 음식의 이름을 써넣으세요.

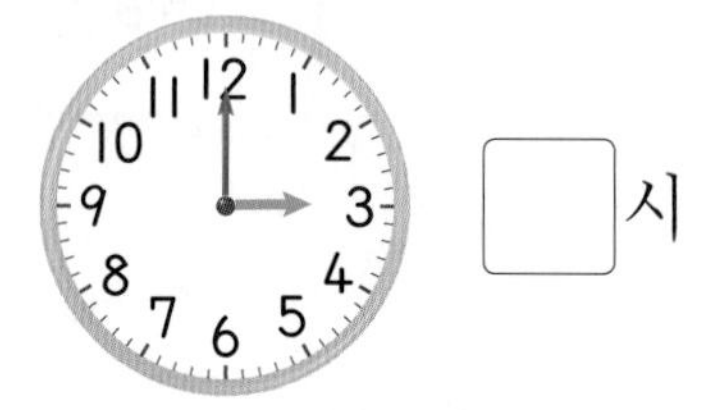

: 귤, : 떡

5단원 | 개념 2

07 ★, ♥ 모양으로 규칙을 만들어 보세요.

6단원 | 개념②

08 두 수의 합을 빈칸에 써넣으세요.

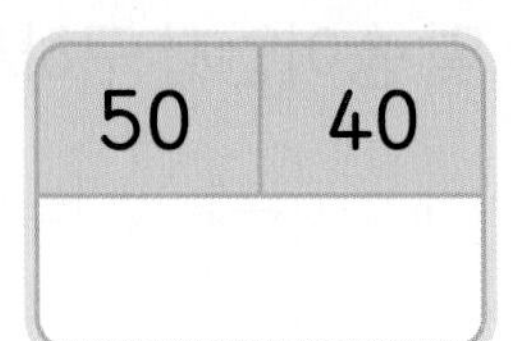

6단원 | 개념⑥

09 □ 안에 알맞은 수를 써넣으세요.

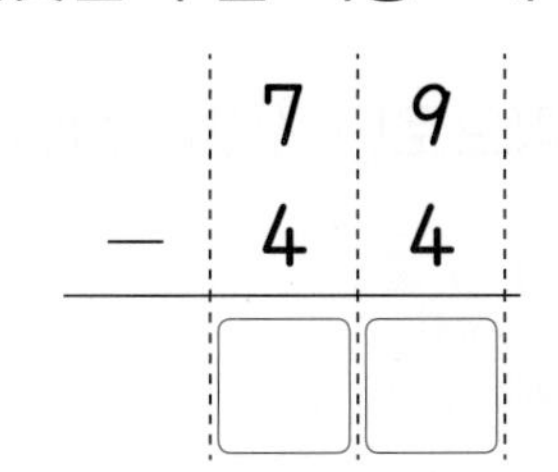

1단원 | 개념②

10 알맞게 이어 보세요.

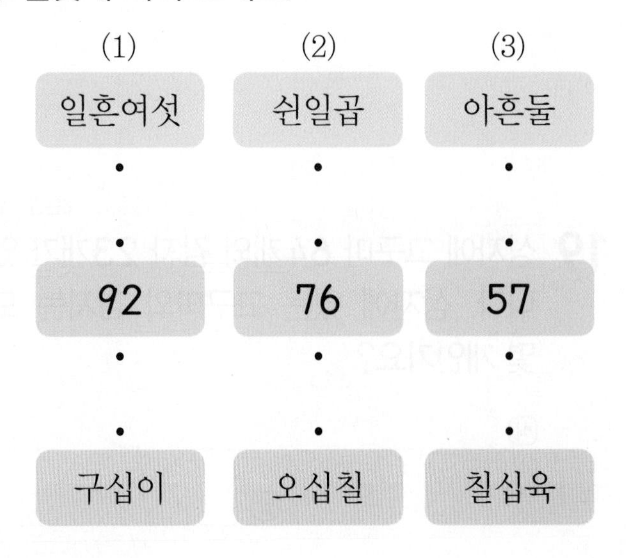

4단원 | 개념③

11 덧셈을 해 보세요.

$7+3=\square$

$7+4=\square$

$7+5=\square$

$7+6=\square$

5단원 | 개념③

12 수 배열에서 규칙을 찾아 쓰세요.

5 − 12 − 19 − 26 − 33 − 40

5부터 시작하여 □씩 커집니다.

1단원 | 개념④

13 짝수는 빨간색으로, 홀수는 파란색으로 색칠해 보세요.

(24) (13) (17) (16) (18)

3단원 | 개념 4

14 시각에 알맞게 짧은바늘을 그려 넣으세요.

2시 30분

2단원 | 개념 4

15 계산 결과의 크기를 비교하여 ○ 안에 >, <를 알맞게 써넣으세요.

10－7 ○ 10－5

1단원 | 개념 4

16 30부터 40까지의 수 중에서 홀수를 모두 쓰세요.

(　　　　　　　　　　)

4단원 | 개념 2

17 장미가 6송이, 국화가 9송이 있습니다. 꽃은 모두 몇 송이인지 구하세요.

□＋□＝□

(　　　　　　　　　　)

3단원 | 개념 2

18 △ 모양으로만 꾸민 것에 ○표 하세요.

(　　)　　(　　)

6단원 | 개념 7

19 상자에 고구마 64개와 감자 23개가 있습니다. 상자에 있는 고구마와 감자는 모두 몇 개인가요?

식 ______________________

답 ______________

6단원 | 개념 7

20 사과나무에 사과가 47개 열렸는데 그중에서 11개가 떨어졌습니다. 사과나무에 남아 있는 사과는 몇 개인가요?

식 ____________________

답 ____________

5단원 | 개념 3

21 색칠한 수의 규칙을 찾아 □ 안에 알맞은 수를 써넣으세요.

61	62	63	64	65	66	67	68	69	70
71	72	73	74	75	76	77	78	79	80
81	82	83	84	85	86	87	88	89	90

• → 방향으로 □씩 커집니다.

• ↓ 방향으로 □씩 커집니다.

2단원 | 개념 1

22 민재, 지호, 진규가 모은 동전의 수입니다. 세 사람이 모은 동전은 모두 몇 개인가요?

민재	지호	진규
2개	1개	4개

(　　　　　　)

2단원 | 개념 2

23 옥수수 8개 중에서 시현이가 1개, 윤지가 3개를 먹었습니다. 남은 옥수수는 몇 개인가요?

(　　　　　　)

1단원 | 개념 3

24 줄넘기를 영미는 47번, 은호는 50번 했습니다. 누가 줄넘기를 더 많이 했는지 구하세요.

(　　　　　　)

4단원 | 개념 5

25 가장 큰 수와 가장 작은 수의 차는 얼마인지 구하세요.

17　9　14

(　　　　　　)

창의력 쑥쑥 정답

027쪽

051쪽

071쪽

095쪽

117쪽

147쪽

큐브 개념

초등 수학

1·2

기본 강화책

기초력 더하기 | 수학익힘 다잡기

동아출판

기본 강화책

차례

초등 수학 **1·2**

1. 60, 70, 80, 90 알아보기

개념책 008쪽 • 정답 34쪽

[1~6] ☐ 안에 알맞은 수를 써넣으세요.

1 10개씩 묶음 7개는 ☐입니다.

2 10개씩 묶음 6개는 ☐입니다.

3 10개씩 묶음 8개는 ☐입니다.

4 10개씩 묶음 9개는 ☐입니다.

5 60은 10개씩 묶음 ☐개입니다.

6 70은 10개씩 묶음 ☐개입니다.

[7~10] 빈칸에 알맞은 수를 써넣으세요.

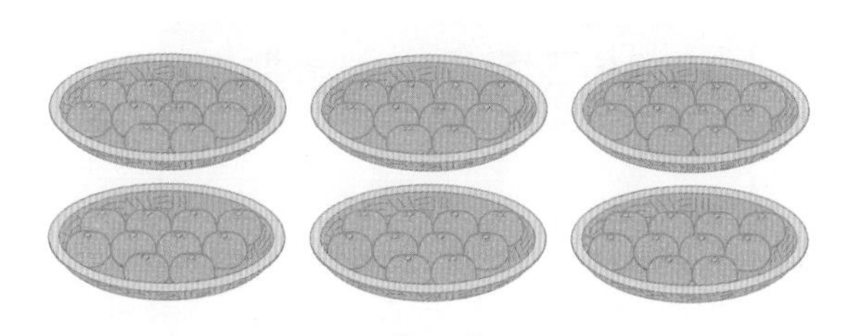

10개씩 묶음	낱개

→ ☐

8

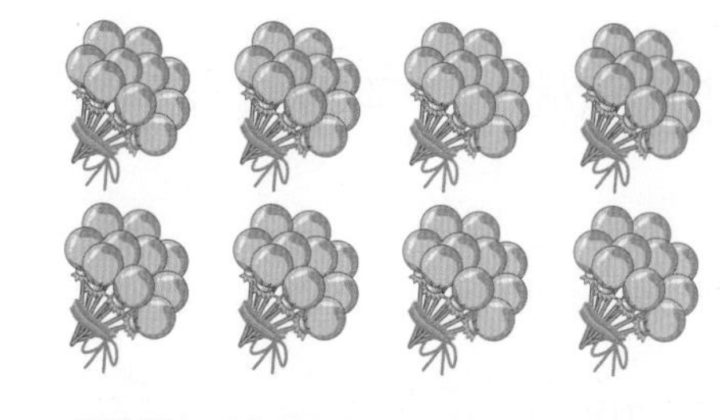

10개씩 묶음	낱개

→ ☐

9

10개씩 묶음	낱개

→ ☐

10

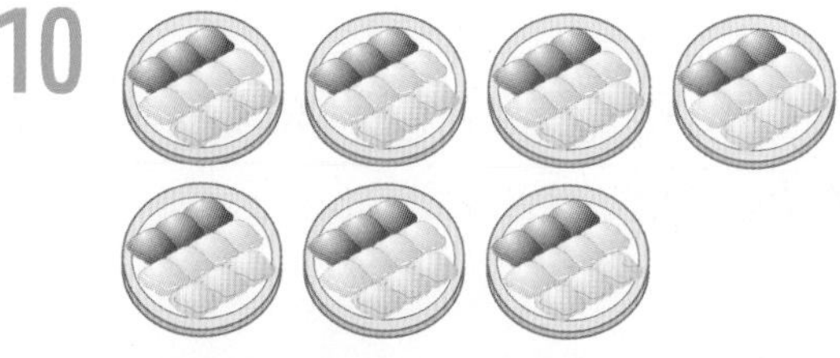

10개씩 묶음	낱개

→ ☐

개념책 010쪽 ● 정답 34쪽

[1~4] 빈칸에 알맞은 수를 써넣으세요.

1

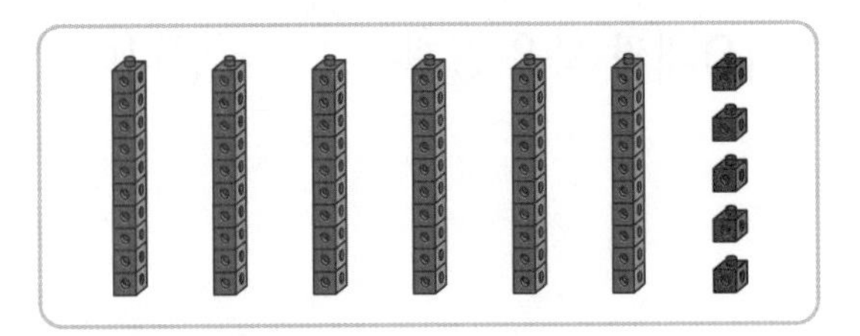

10개씩 묶음	낱개

→ ☐

2

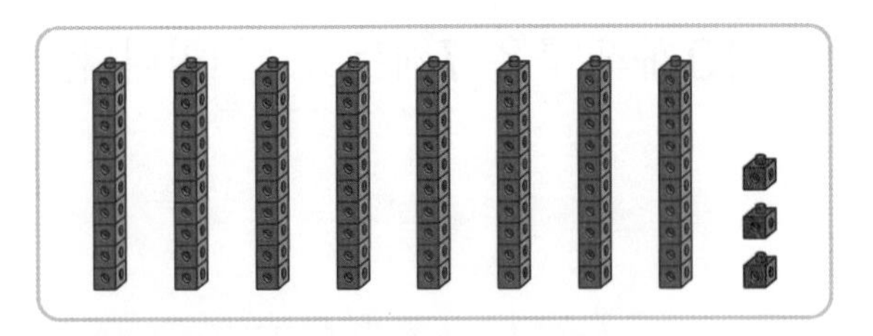

10개씩 묶음	낱개

→ ☐

3

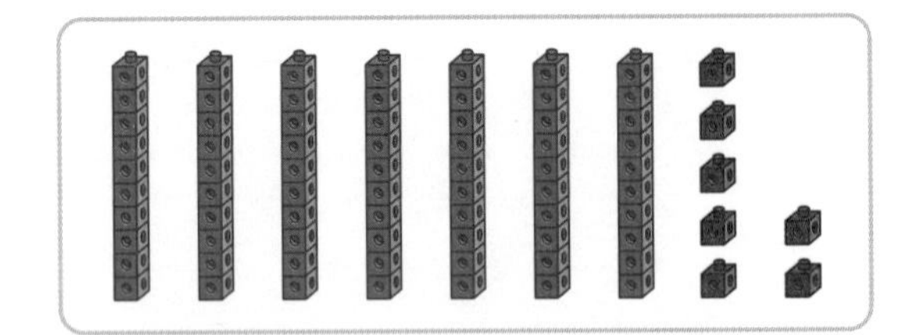

10개씩 묶음	낱개

→ ☐

4

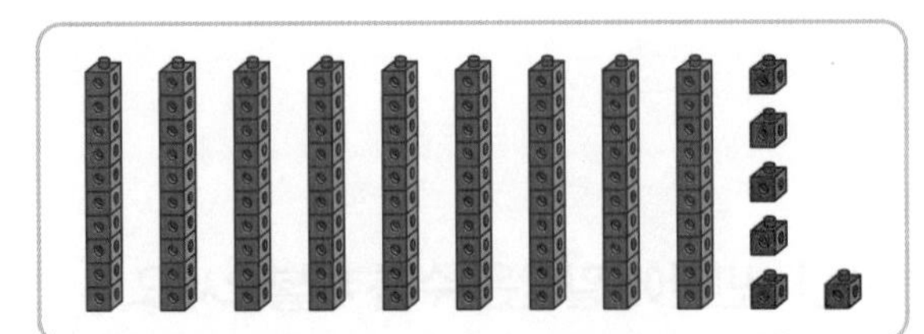

10개씩 묶음	낱개

→ ☐

[5~10] 수를 두 가지 방법으로 읽어 보세요.

5 91 → (,)

6 64 → (,)

7 87 → (,)

8 76 → (,)

9 65 → (,)

10 83 → (,)

개념책 014쪽 ● 정답 34쪽

[1~6] 빈칸에 알맞은 수를 써넣으세요.

1 1만큼 더 작은 수 ( ) — 62 — ( ) 1만큼 더 큰 수

2 1만큼 더 작은 수 ( ) — 59 — ( ) 1만큼 더 큰 수

3 1만큼 더 작은 수 ( ) — 95 — ( ) 1만큼 더 큰 수

4 1만큼 더 작은 수 ( ) — 76 — ( ) 1만큼 더 큰 수

5 1만큼 더 작은 수 ( ) — 80 — ( ) 1만큼 더 큰 수

6 1만큼 더 작은 수 ( ) — 99 — ( ) 1만큼 더 큰 수

[7~14] 수의 순서에 맞게 빈칸에 알맞은 수를 써넣으세요.

7 62 — 63 — ( ) — 65

8 68 — ( ) — 70 — 71

9 90 — 91 — ( ) — 93

10 ( ) — 78 — ( ) — 80

11 ( ) — 88 — 89 — ( )

12 72 — ( ) — ( ) — 75

13 ( ) — ( ) — 82 — 83

14 97 — ( ) — 99 — ( )

개념책 014쪽 ● 정답 34쪽

[1~2] 그림을 보고 두 수의 크기를 비교하여 ◯ 안에 >, <를 알맞게 써넣으세요.

1

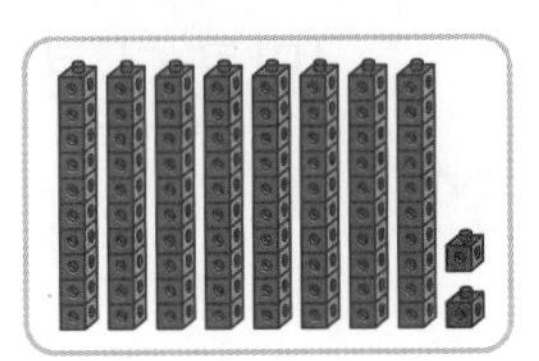

82 ◯ 65

2

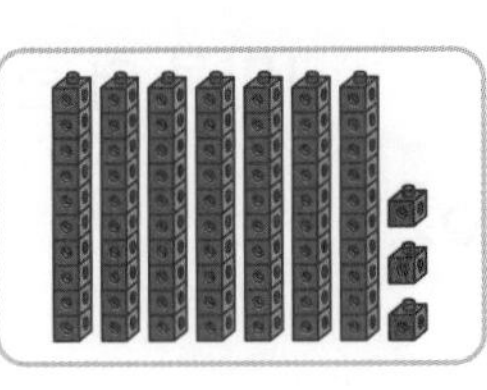

73 ◯ 77

[3~6] ◯ 안에 >, <를 알맞게 써넣으세요.

3 60 ◯ 70

4 84 ◯ 92

5 57 ◯ 53

6 64 ◯ 69

[7~14] 가장 큰 수에 ◯표, 가장 작은 수에 △표 하세요.

7 80 50 60

8 68 90 87

9 47 53 74

10 71 76 81

11 84 74 54

12 93 94 91

13 78 83 80

14 70 49 58

개념책 016쪽 • 정답 34쪽

[1~6] 수를 쓰고 짝수인지 홀수인지 ○표 하세요.

1

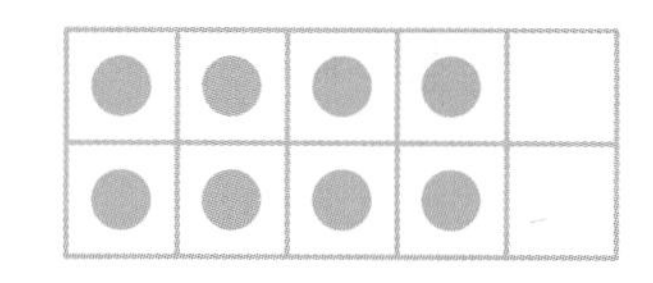

→ □ (짝수 , 홀수)

2

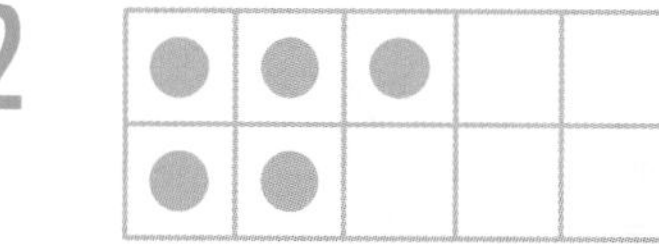

→ □ (짝수 , 홀수)

3

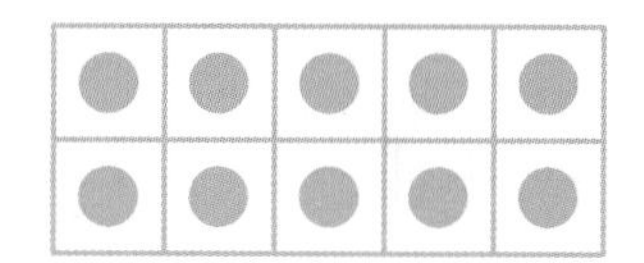

→ □ (짝수 , 홀수)

4

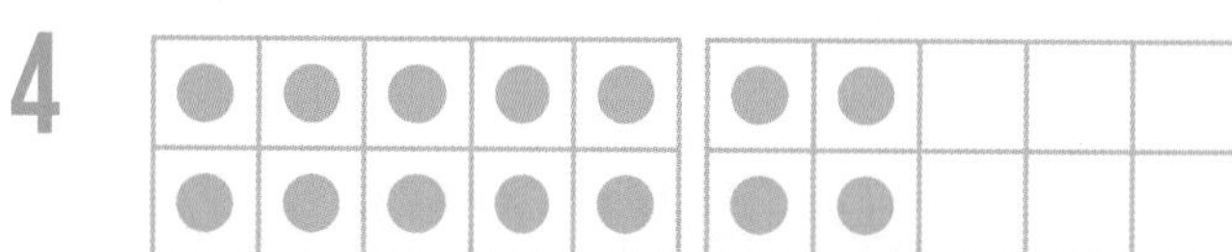

→ □ (짝수 , 홀수)

5

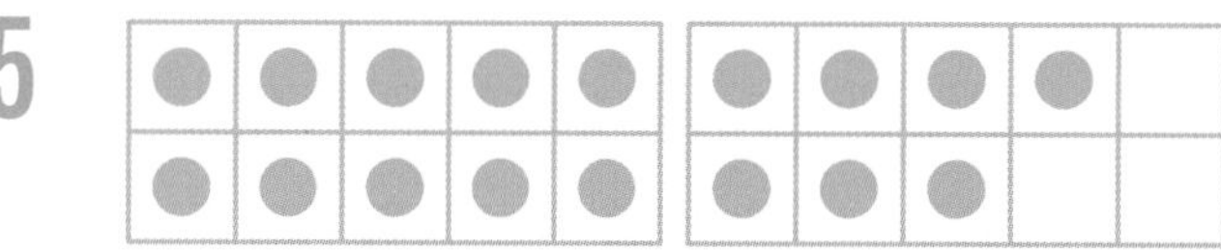

→ □ (짝수 , 홀수)

6

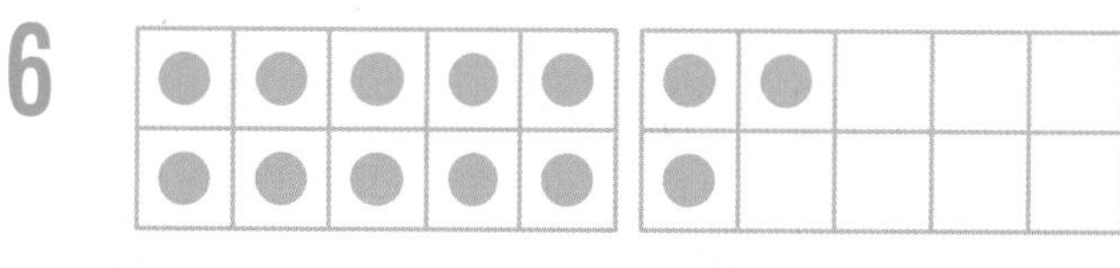

→ □ (짝수 , 홀수)

[7~10] 짝수를 모두 찾아 ○표 하세요.

7

8

7	8	9

9

10

19	20	21

[11~14] 홀수를 모두 찾아 ○표 하세요.

11

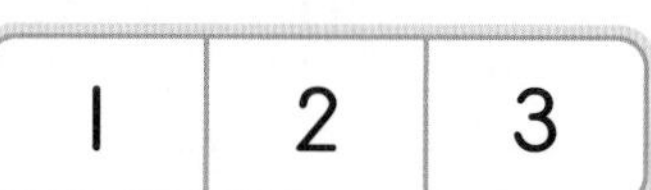

12

13

16	17	18

14

1. 60, 70, 80, 90을 알아볼까요

개념책 012쪽 ● 정답 34쪽

1 10개씩 묶음의 수를 세어 □ 안에 알맞은 수를 써넣으세요.

(1) 

10개씩 묶음 □개 → □

(2) 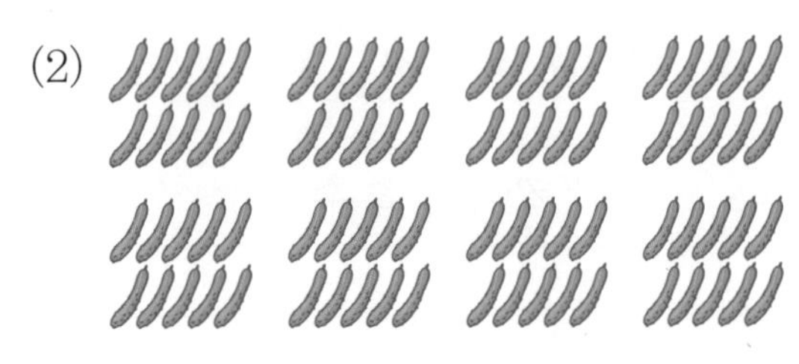

10개씩 묶음 □개 → □

(3) 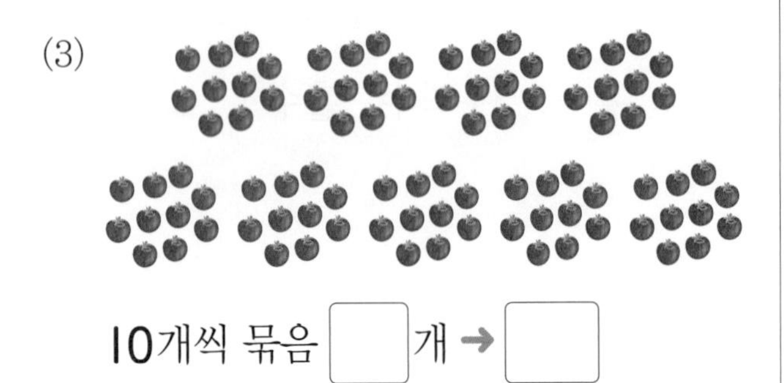

10개씩 묶음 □개 → □

2 수를 세어 쓰고, 읽어 보세요.

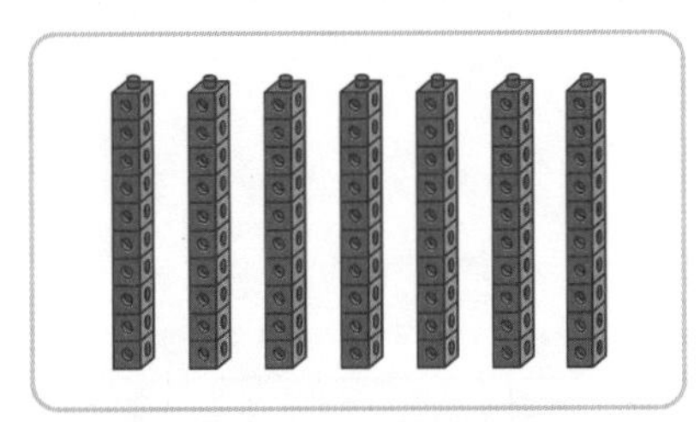

10개씩 묶음	낱개

→ □

(　　　　　　　　)

3 알맞게 이어 보세요.

(1) 60 •　　　• 칠십 •　　　• 일흔

(2) 70 •　　　• 구십 •　　　• 예순

(3) 80 •　　　• 팔십 •　　　• 아흔

(4) 90 •　　　• 육십 •　　　• 여든

교과역량 콕!

4 주어진 수가 되도록 ●를 더 그려 넣으세요.

(1) 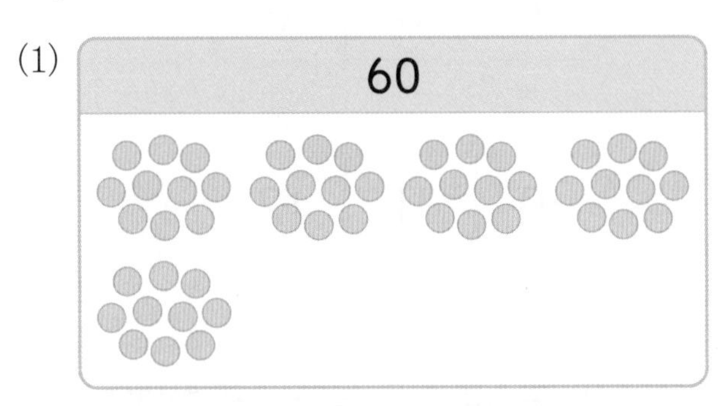

(2) 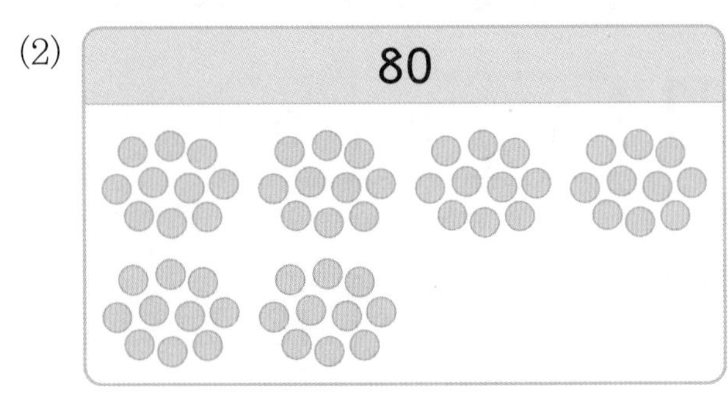

2. 99까지의 수를 알아볼까요

개념책 013쪽 ● 정답 35쪽

1 수를 세어 쓰고, 읽어 보세요.

(1)

10개씩 묶음	낱개

→ ☐

(   )

(2)

10개씩 묶음	낱개

→ ☐

(   )

2 알맞게 이어 보세요.

(1) 칠십일 •　　• 71 •　　• 아흔넷

(2) 팔십오 •　　• 94 •　　• 여든다섯

(3) 구십사 •　　• 85 •　　• 일흔하나

3 수를 쓰고, 읽어 보세요.

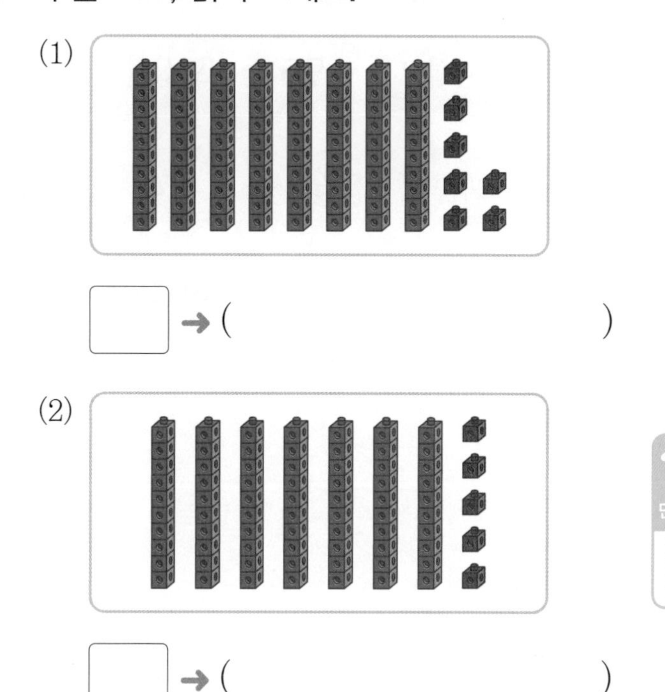

(1) ☐ → (   )

(2) ☐ → (   )

교과역량 콕!

4 〈보기〉와 같이 수 카드 2장을 골라 수를 만들어 보세요.

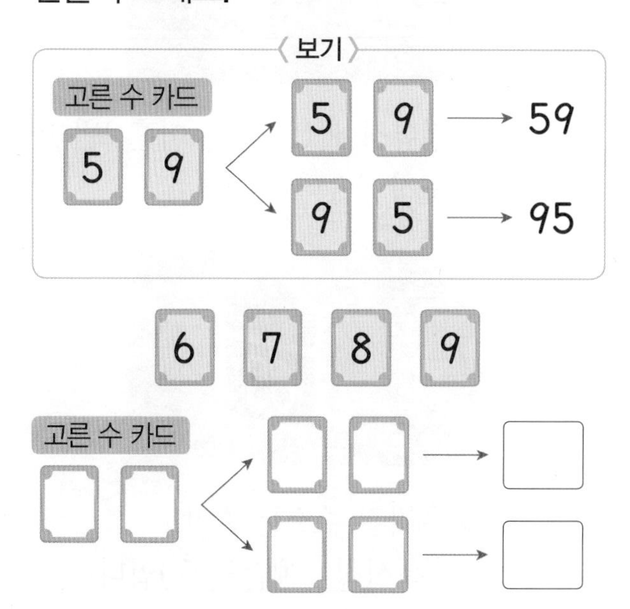

개념책 013쪽 ● 정답 35쪽

1 다른 하나를 골라 ○표 하세요.

(1) 칠십오 | 75 | 오십칠 | 일흔다섯

(2) 마흔아홉 | 구십사 | 94 | 아흔넷

(3) 88 | 팔십팔 | 여든둘 | 여든여덟

2 그림을 보고 알맞은 말에 ○표 하세요.

(1)

→ 정류장에 (구십 , 아흔)번 버스가 도착했습니다.

(2)

→ 우리집 주소는 중앙로 (육십칠 , 예순일곱)입니다.

교과역량 콕!

3 수를 바르게 읽은 것을 따라 길을 찾아보세요.

개념책 018쪽 • 정답 35쪽

1 빈칸에 알맞은 수를 써넣으세요.

1만큼 더 작은 수		1만큼 더 큰 수
( )	73	( )
( )	68	( )
( )	85	( )
( )	91	( )

2 수의 순서대로 빈칸에 알맞은 수를 써넣으세요.

(1) 55 — ( ) — 57 — 58 — ( )

(2) 65 — ( ) — 67 — ( ) — 69

(3) ( ) — 76 — 77 — ( ) — 79

(4) 85 — ( ) — 87 — ( ) — ( )

3 수를 순서대로 이어 보세요.

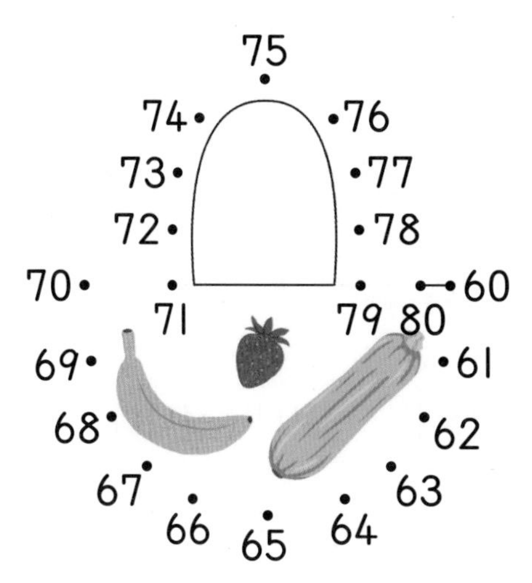

교과역량 콕!

4 시장 안내도에 가게들이 번호 순서대로 있습니다. 안내도에서 아래 가게들의 위치를 찾아 번호를 알맞게 써넣으세요.

73번 86번 95번 100번

			70				
			71	( )			
			72	99			
			( )	98			
77	76	( )	74	( )	96	( )	94
( )	79	80	81	90	91	92	( )
			82	( )			
			( )	88			
			84	87			
			85	( )			

5. 수의 크기를 비교해 볼까요

개념책 018쪽 ● 정답 36쪽

1 수를 세어 □ 안에 알맞은 수를 써넣고 알맞은 말에 ○표 하세요.

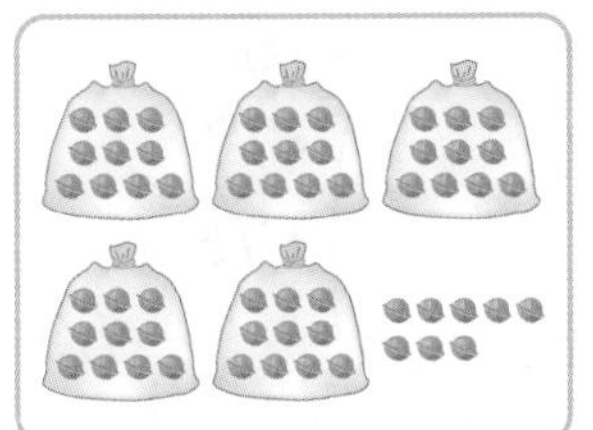
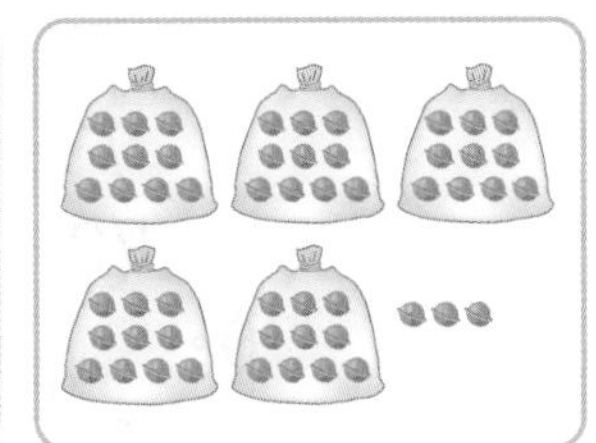

58은 □보다 (큽니다 , 작습니다).

□은 58보다 (큽니다 , 작습니다).

2 두 수의 크기를 비교하여 ○ 안에 >, <를 알맞게 써넣으세요.

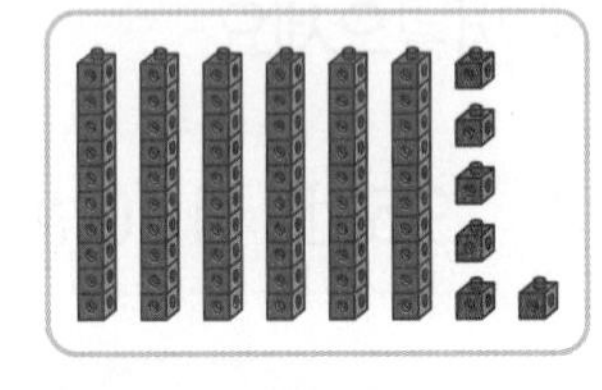
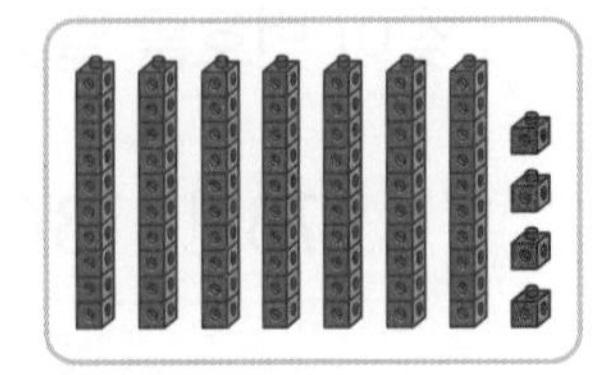

66 ○ 74

3 ○ 안에 >, <를 알맞게 써넣으세요.

(1) 83 ○ 68

(2) 59 ○ 70

(3) 89 ○ 91

4 가장 큰 수에 ○표, 가장 작은 수에 △표 하세요.

(1) 75 80 96

(2) 52 71 45

(3) 99 64 84

5 줄넘기를 가장 많이 넘은 친구의 이름을 쓰세요.

( )

교과역량 콕!

6 작은 수부터 순서대로 수 카드를 놓으려고 합니다. 67은 어디에 놓아야 하는지 □ 안에 알맞은 수를 써넣으세요.

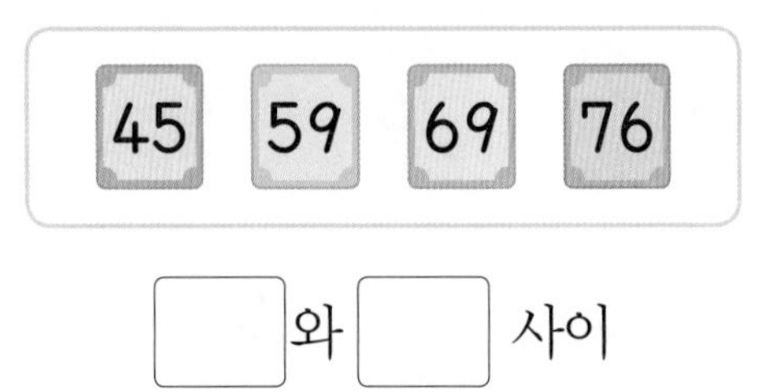

□와 □ 사이

6. 짝수와 홀수를 알아볼까요

개념책 020쪽 ● 정답 36쪽

1 둘씩 짝을 지어 보고, 짝수인지 홀수인지 ○표 하세요.

(1) 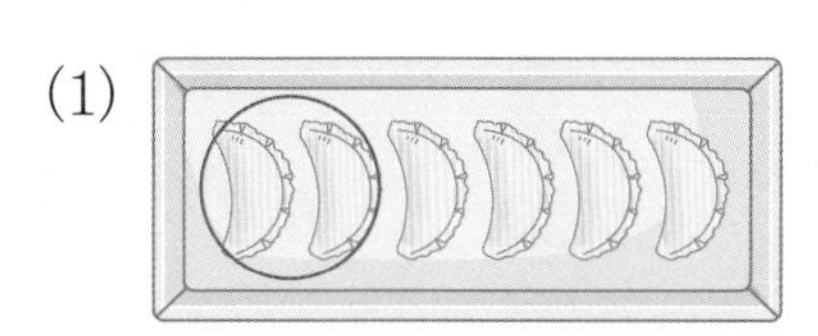

6은 (짝수 , 홀수)입니다.

(2) 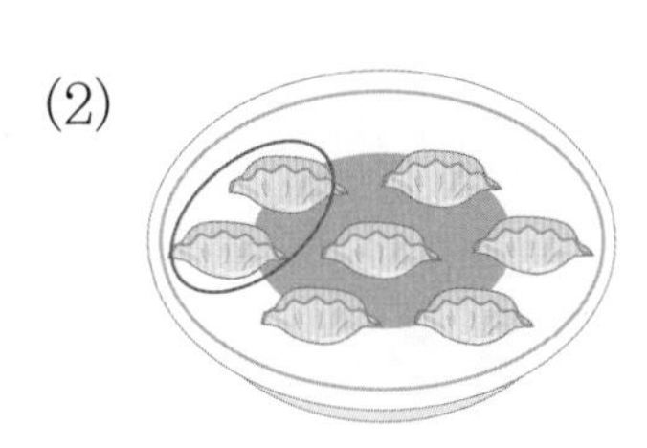

7은 (짝수 , 홀수)입니다.

2 짝수는 빨간색, 홀수는 파란색으로 이어 보세요.

(1) 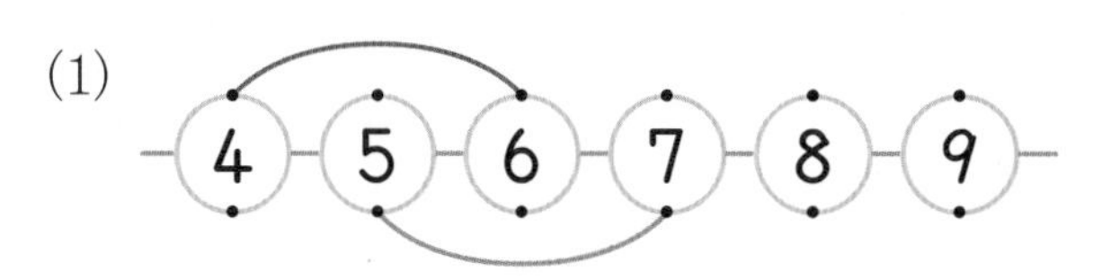

(2) 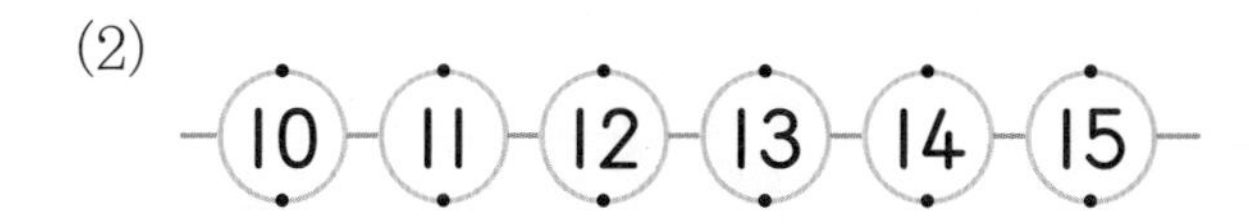

3 짝수는 초록색, 홀수는 파란색으로 칠해 보세요.

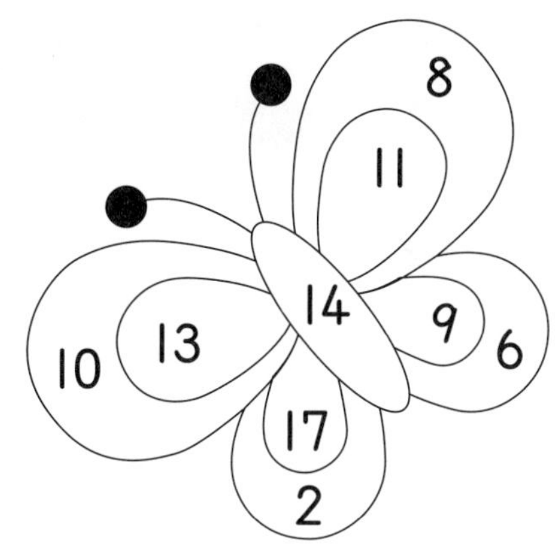

4 짝수만 모여 있는 상자를 찾아 ○표 하세요.

(　　　)　　　(　　　)

교과역량 콕!

5 그림을 보고 짝수인지 홀수인지 ○표 하세요.

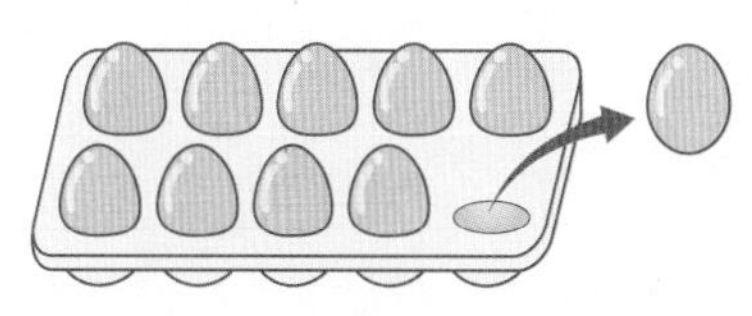

(1) 달걀 하나를 꺼내기 전, 달걀판의 달걀 수는 (짝수 , 홀수)입니다.

(2) 달걀 하나를 꺼낸 후, 달걀판의 달걀 수는 (짝수 , 홀수)입니다.

1 단원 수학익힘

1. 세 수의 덧셈

개념책 030쪽 ● 정답 37쪽

[1~6] 그림에 맞는 식을 만들고 계산해 보세요.

1

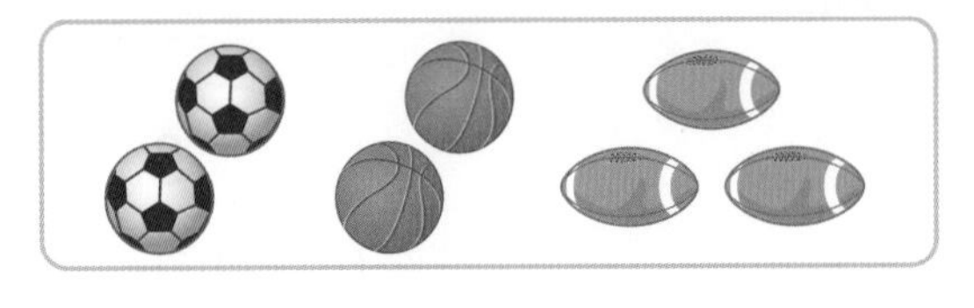

$2+\square+\square=\square$

2

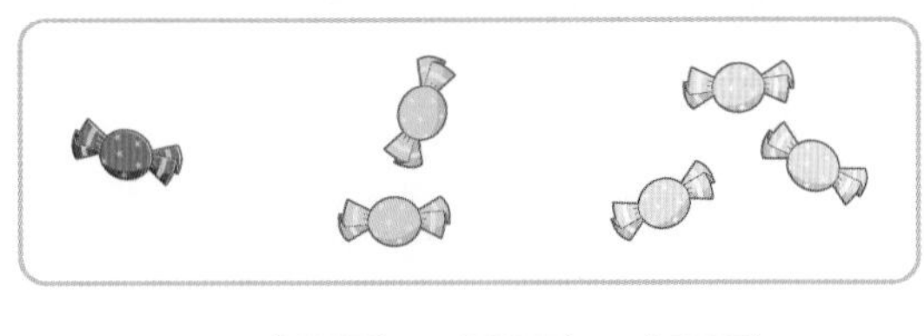

$1+\square+\square=\square$

3

$4+\square+\square=\square$

4

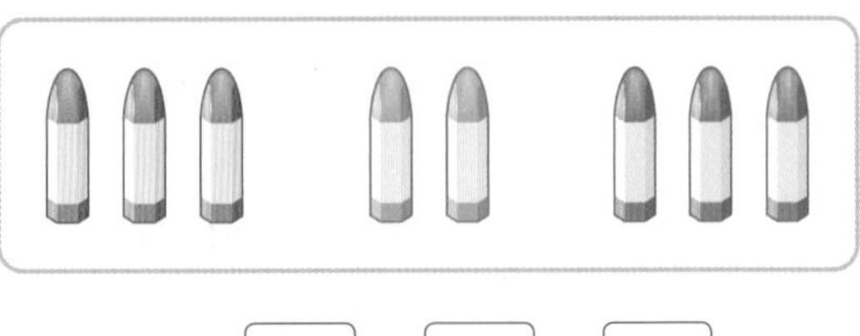

$3+\square+\square=\square$

5

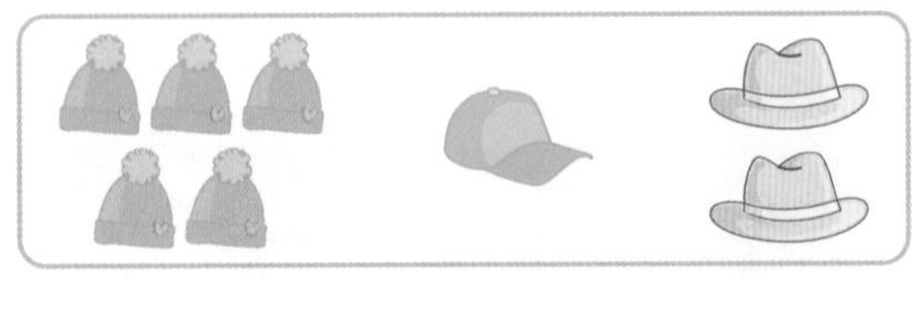

$5+\square+\square=\square$

6

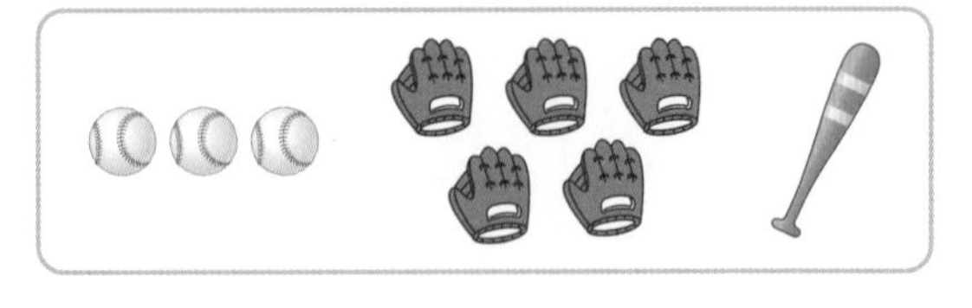

$3+\square+\square=\square$

[7~12] 계산해 보세요.

7 $3+1+2=\square$

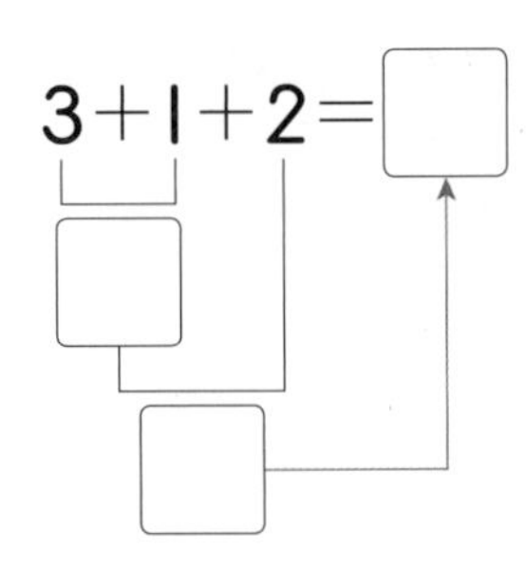

8 $2+4+3=\square$

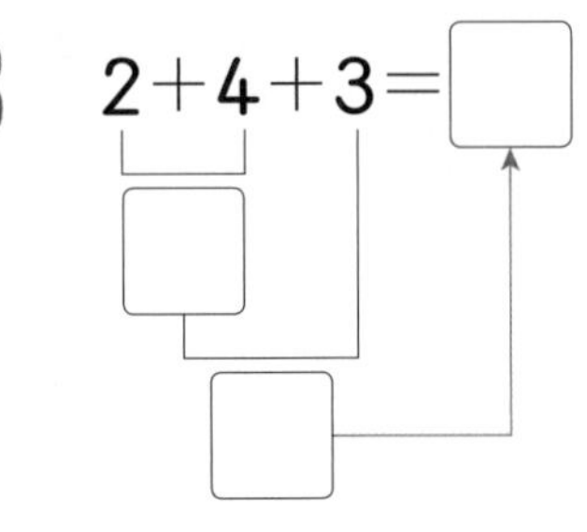

9 $3+3+1=\square$

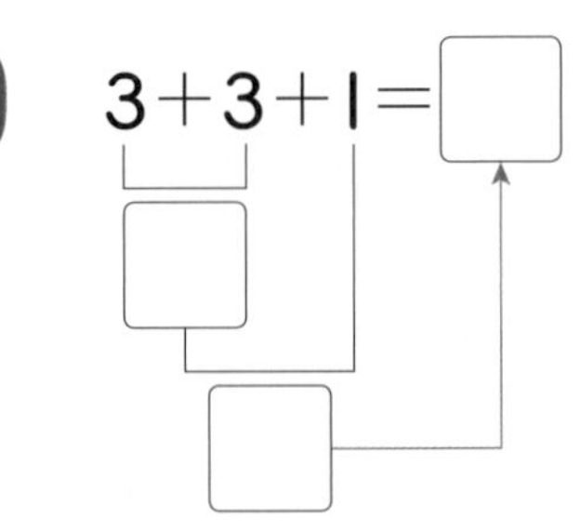

10 $5+1+2=\square$

11 $2+3+4=\square$

12 $4+1+1=\square$

개념책 032쪽 ● 정답 37쪽

[1~6] 그림에 맞는 식을 만들고 계산해 보세요.

1

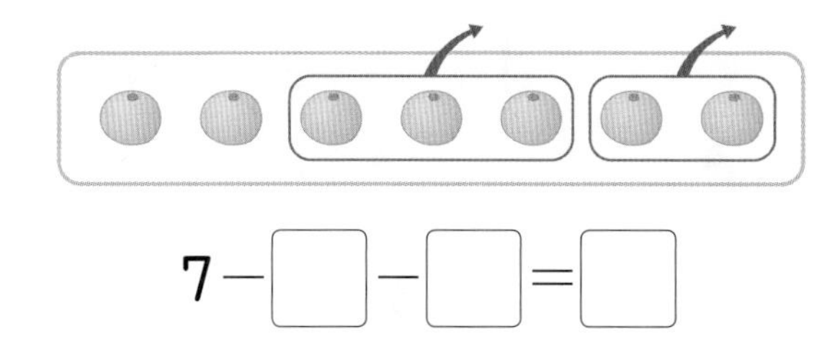

7 − □ − □ = □

2

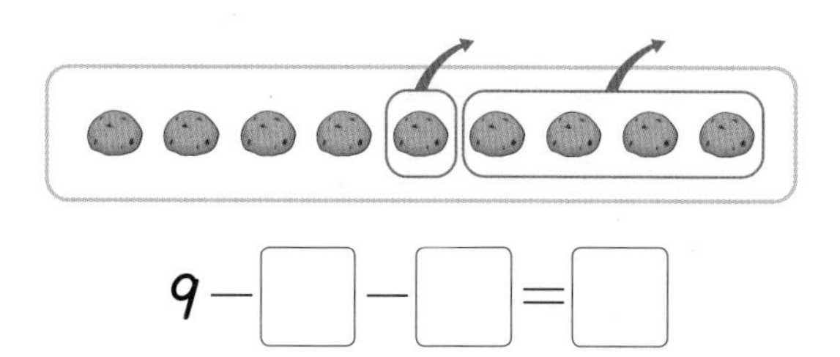

9 − □ − □ = □

3

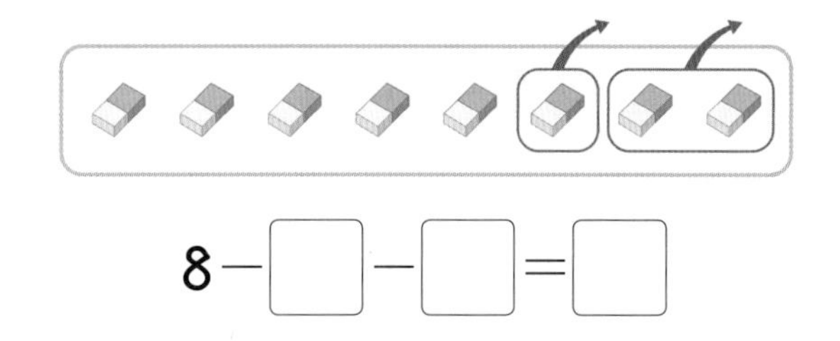

8 − □ − □ = □

4

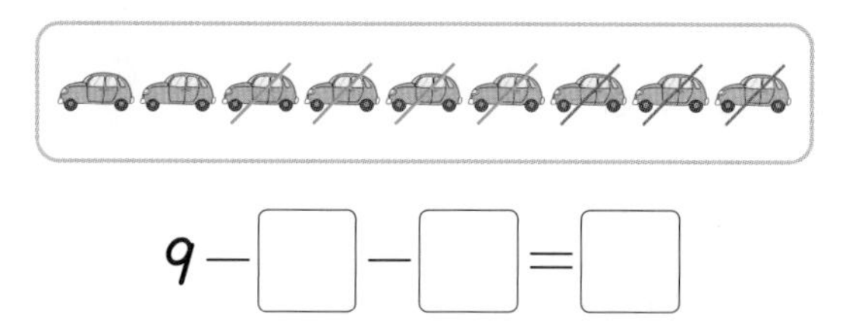

9 − □ − □ = □

5

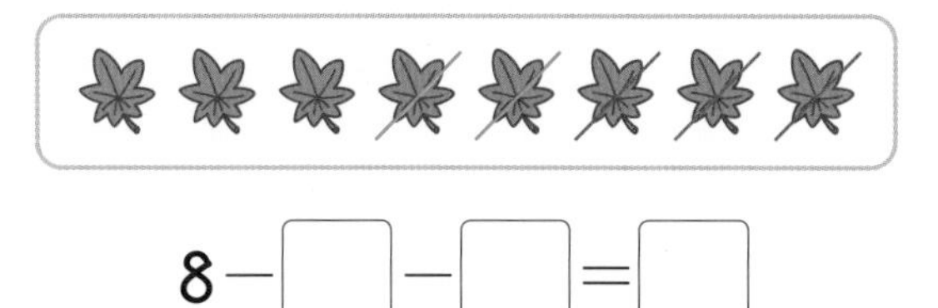

8 − □ − □ = □

6

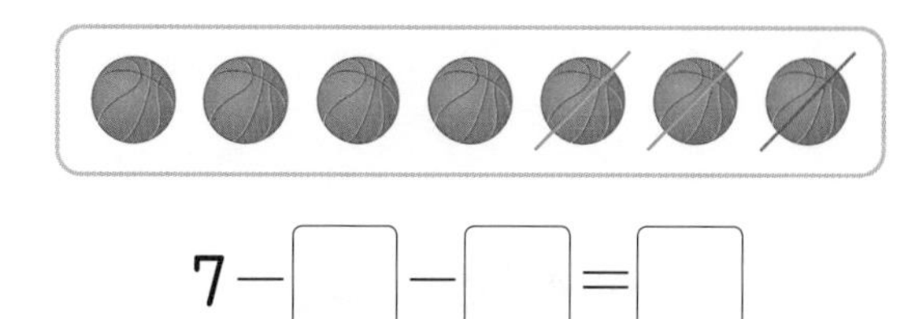

7 − □ − □ = □

[7~12] 계산해 보세요.

7 6 − 1 − 3 = □

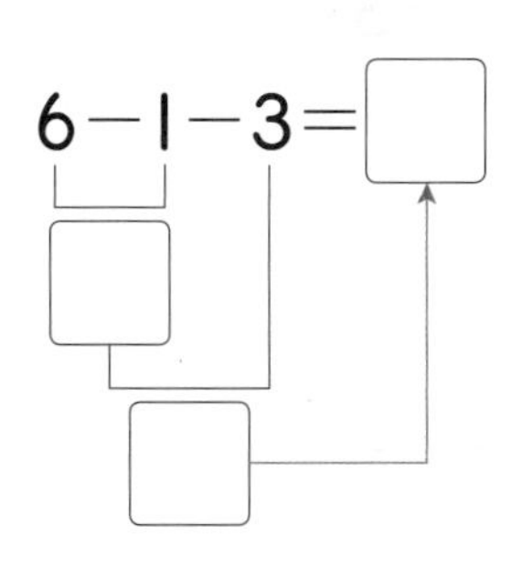

8 8 − 5 − 1 = □

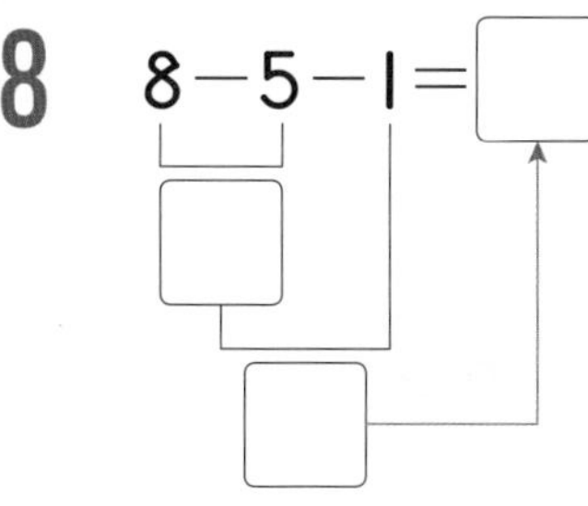

9 7 − 2 − 4 = □

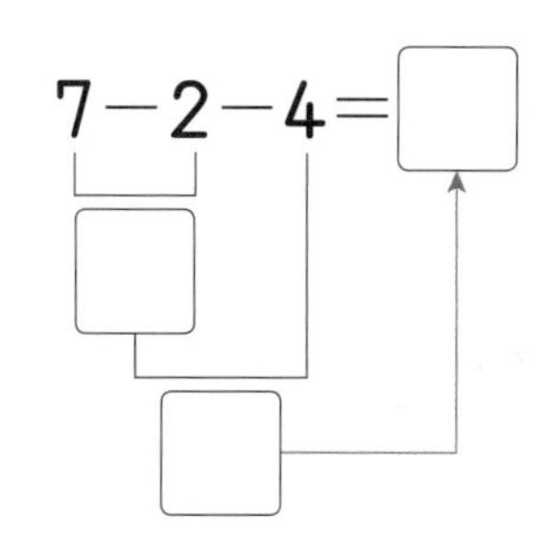

10 9 − 5 − 2 = □

11 8 − 4 − 2 = □

12 5 − 1 − 3 = □

개념책 036쪽 ● 정답 37쪽

[1~9] □ 안에 알맞은 수를 써넣으세요.

1
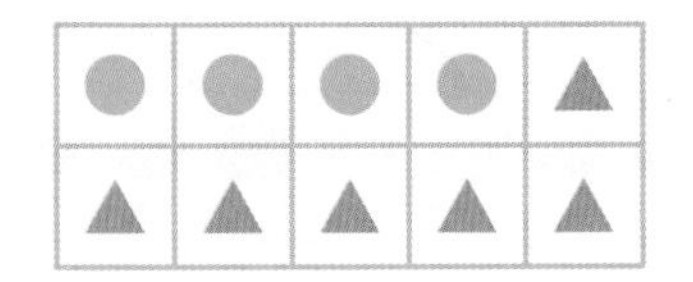
$4+6=$ □

2
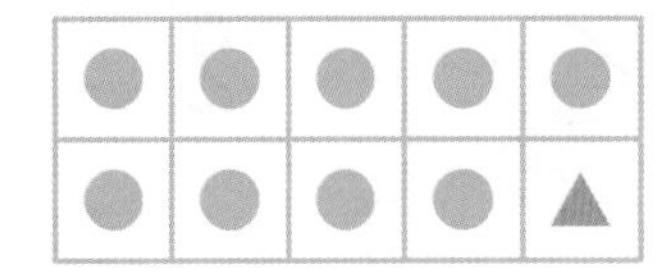
$9+1=$ □

3
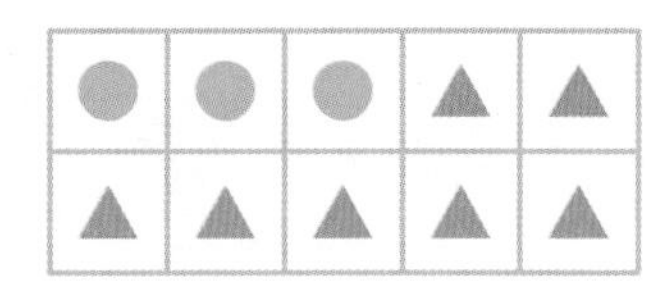
$3+7=$ □

4 $2+8=$ □

5 $7+3=$ □

6 $6+4=$ □

7 $5+5=$ □

8 $1+9=$ □

9 $8+2=$ □

[10~18] □ 안에 알맞은 수를 써넣으세요.

10
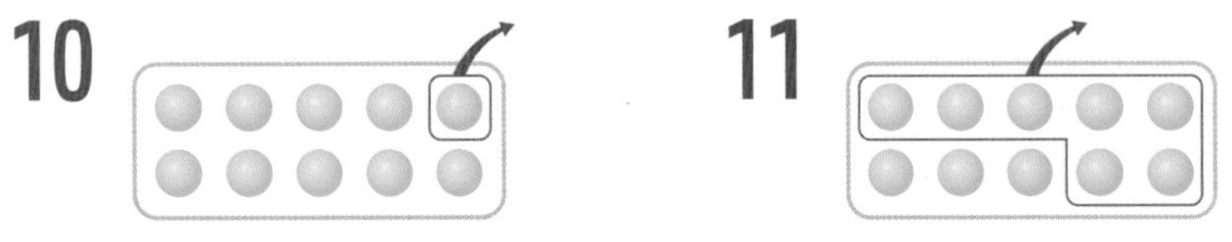
$10-1=$ □

11
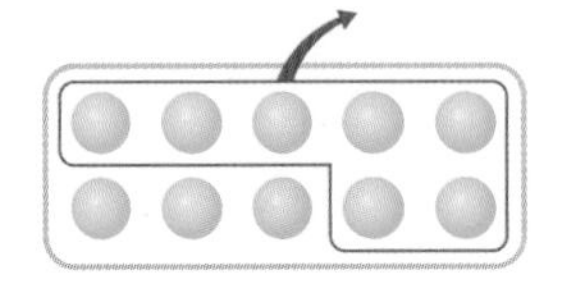
$10-7=$ □

12
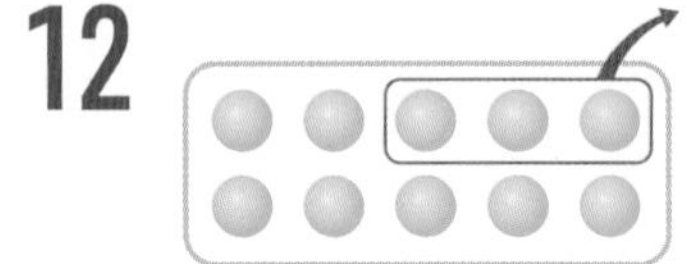
$10-3=$ □

13 $10-5=$ □

14 $10-9=$ □

15 $10-6=$ □

16 $10-2=$ □

17 $10-4=$ □

18 $10-8=$ □

4. 10 만들어 더하기

개념책 040쪽 • 정답 37쪽

[1~9] 10이 되는 두 수를 묶고, 덧셈을 해 보세요.

1 $3+7+2=\square$

2 $8+2+3=\square$

3 $5+4+6=\square$

4 $4+5+5=\square$

5 $1+9+4=\square$

6 $1+7+3=\square$

7 $2+8+9=\square$

8 $5+6+4=\square$

9 $9+1+2=\square$

[10~21] 계산해 보세요.

10 $6+4+5=\square$

11 $7+3+6=\square$

12 $7+2+8=\square$

13 $3+9+1=\square$

14 $5+5+8=\square$

15 $2+3+7=\square$

16 $6+8+2=\square$

17 $4+6+7=\square$

18 $8+1+9=\square$

19 $4+3+7=\square$

20 $1+2+8=\square$

21 $4+6+3=\square$

개념책 034쪽 ● 정답 37쪽

1 그림을 보고 알맞은 덧셈식을 만들어 보세요.

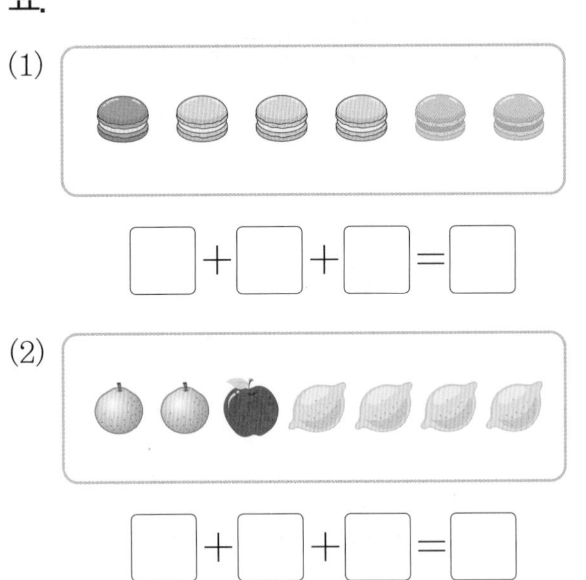

2 알맞은 것을 찾아 이어 보세요.

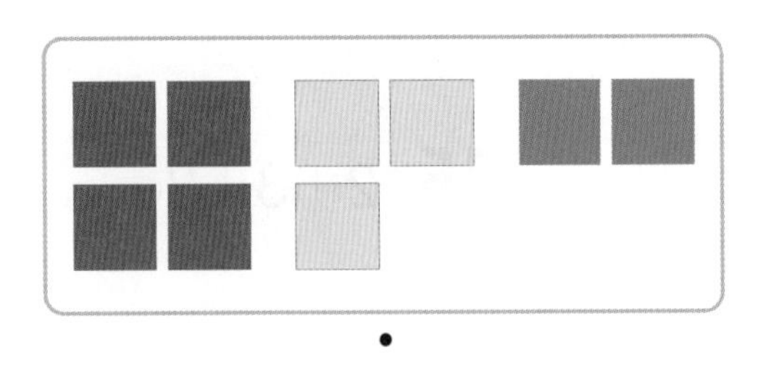

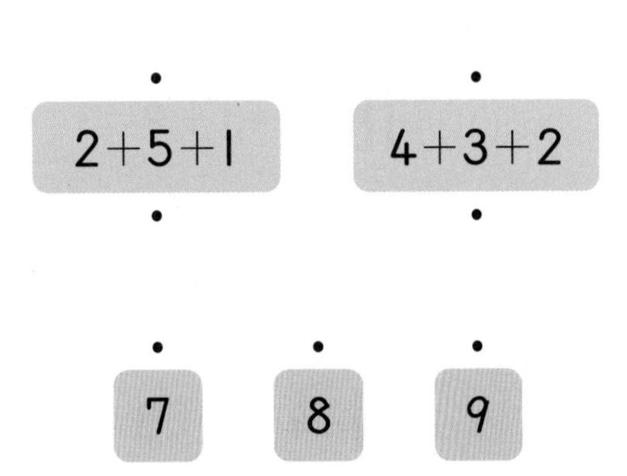

3 □ 안에 알맞은 수를 써넣으세요.

$4+1+2=\square$

$4+1=\square$

$\square+2=\square$

교과역량 콕!

4 세 가지 색으로 팔찌를 색칠하고, 색칠한 수에 알맞은 덧셈식을 만들어 보세요.

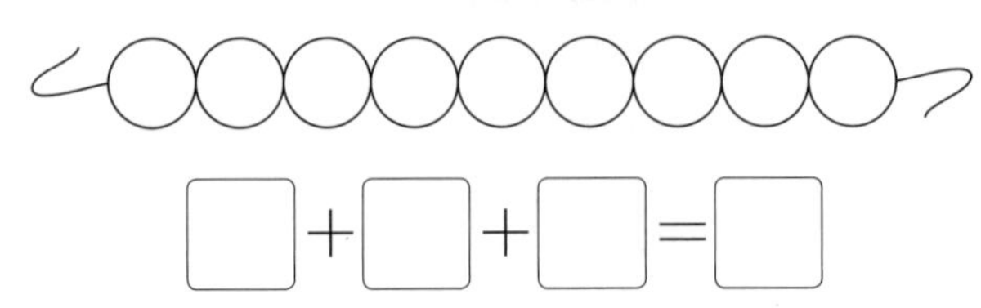

교과역량 콕!

5 수 카드 두 장을 골라 덧셈식을 완성해 보세요.

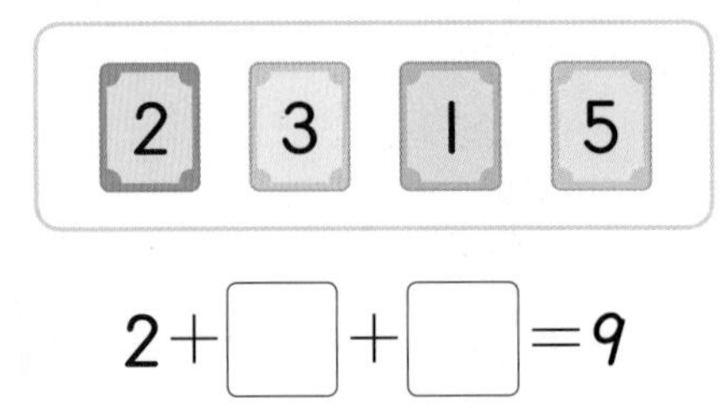

$2+\square+\square=9$

개념책 035쪽 ● 정답 38쪽

1 그림을 보고 알맞은 뺄셈식을 만들어 보세요.

(1) 초콜릿을 윤우에게 3개, 지아에게 2개를 주면 몇 개가 남을까?

9 − □ − □ = □

(2)

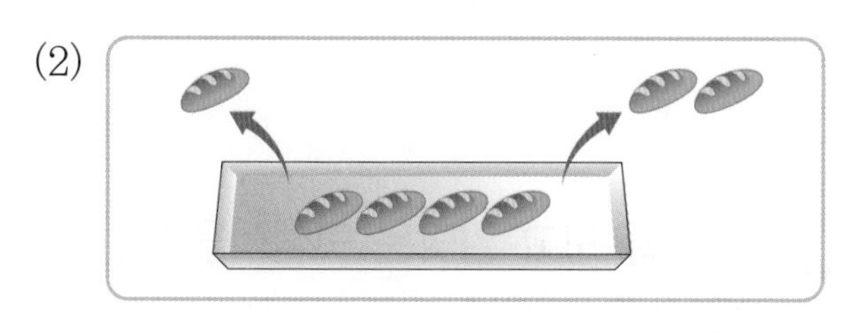

7 − □ − □ = □

2 □ 안에 알맞은 수를 써넣으세요.

8 − 3 − 4 = □

8 − 3 = □

□ − 4 = □

교과역량 콕!

3 □ 안에 수를 정해 써넣고 뺄셈식을 만들어 보세요.

찰흙 □ 덩어리로 자전거를 만들고
□ 덩어리로 자동차를 만들어야지.
그럼 찰흙은 몇 덩어리가 남을까?

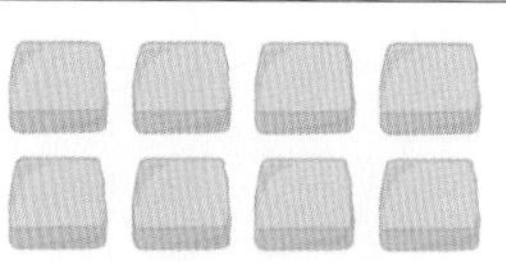

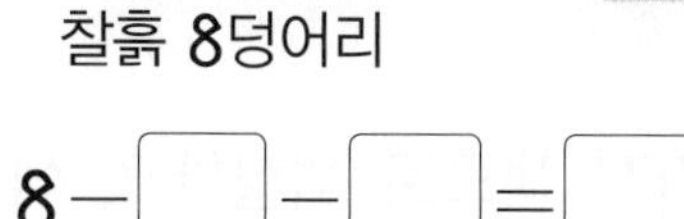

8 − □ − □ = □

교과역량 콕!

4 수 카드 두 장을 골라 뺄셈식을 완성해 보세요.

(1)

7 − □ − □ = 1

(2) 2 3 4 5

9 − □ − □ = 4

개념책 042쪽 ● 정답 38쪽

1 □ 안에 알맞은 수를 써넣으세요.

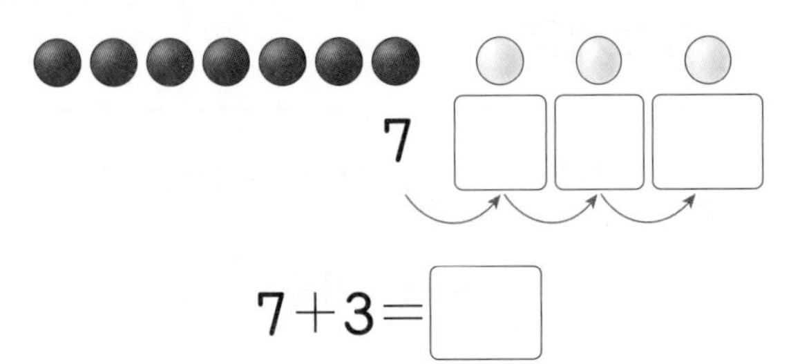

7+3=□

2 두 가지 색으로 색칠하고, 색칠한 수에 알맞은 덧셈식을 만들어 보세요.

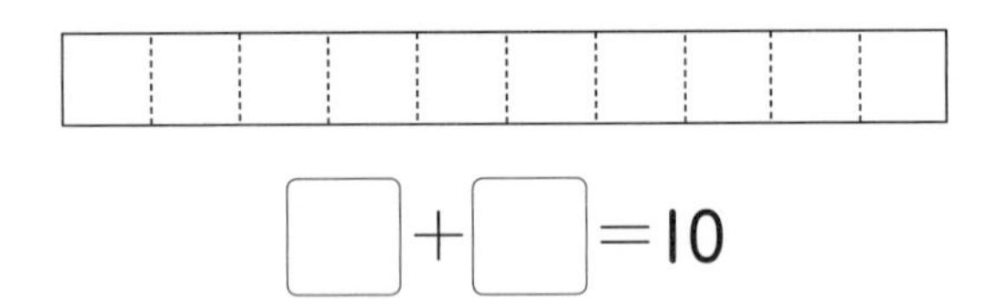

□+□=10

3 빈칸에 알맞은 수를 쓰거나 그림을 그려 보세요.

(1) 7+□=10

(2) □+2=10

(3) 4+□=10

(4) □+8=10

4 두 수를 더해서 10이 되도록 빈 곳에 알맞은 수를 써넣으세요.

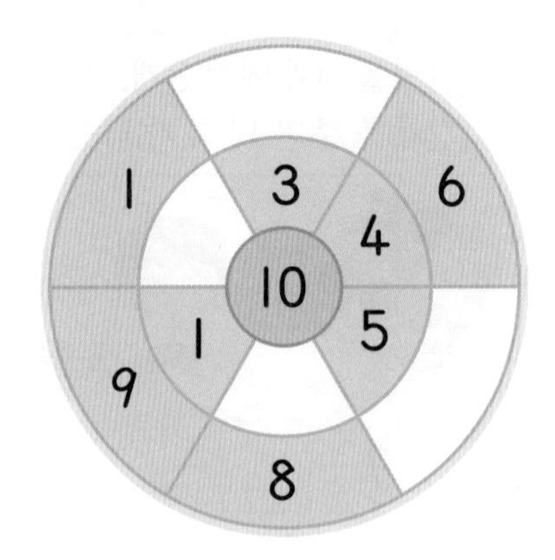

5 그림을 보고 알맞은 덧셈식을 만들어 보세요.

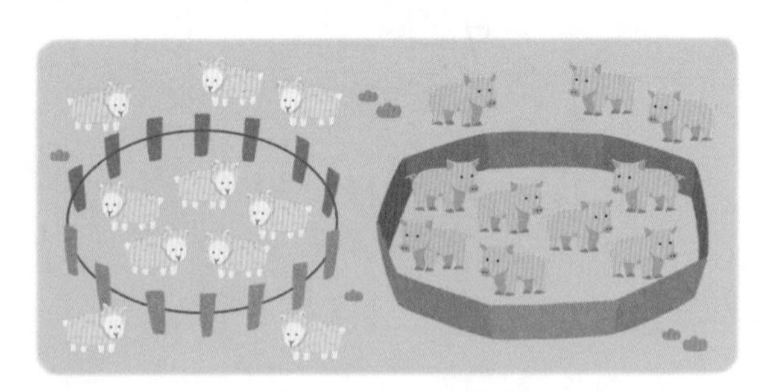

5+□=10 7+□=10

교과역량 콕!

6 더해서 10이 되는 두 수를 찾아 ◯로 묶고, 덧셈식을 쓰세요.

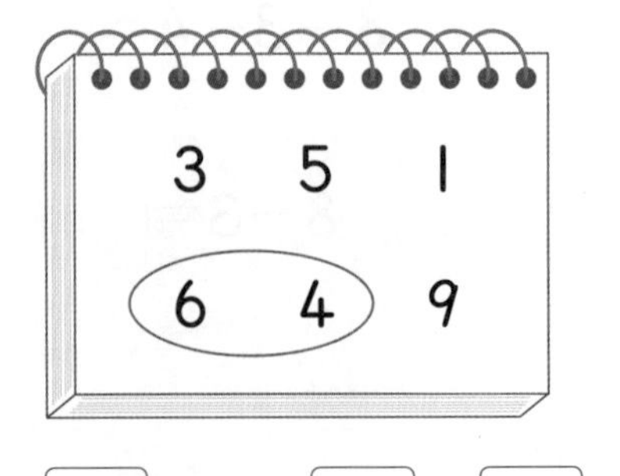

6+4=10, □+□=10

개념책 043쪽 ● 정답 38쪽

1 그림을 보고 알맞은 뺄셈식을 만들어 보세요.

(1)

10 − □ = □

(2)

10 − □ = □

2 〈보기〉와 같이 /을 그려 뺄셈식을 만들고, 설명해 보세요.

〈보기〉

★ 모양 10개에서 3개를 빼면 10 − 3 = 7입니다.

♣	♣	♣	♣	♣
♣	♣	♣	♣	♣

♣ 모양 10개에서 □ 개를 빼면

10 − □ = □ 입니다.

3 콩 주머니 던지기 놀이에서 연아가 10개, 진우가 8개를 넣었습니다. 연아는 진우보다 몇 개 더 넣었을까요?

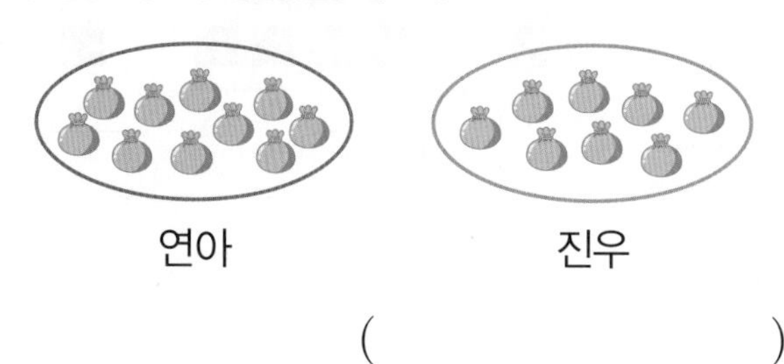

(　　　　　　　)

교과역량 콕!

4 그림에 알맞은 뺄셈식을 만들어 보세요.

(1) 양손에 있는 바둑돌은 모두 10개야.

다른 손에는 바둑돌이 몇 개 있을까?

10 − 5 = □

(2) 쌓아 놓은 컵 10개 중 6개가 넘어졌어.

안 넘어지고 남은 컵은 몇 개일까?

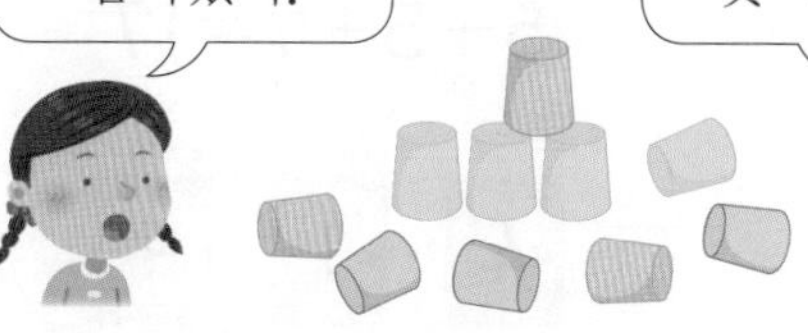
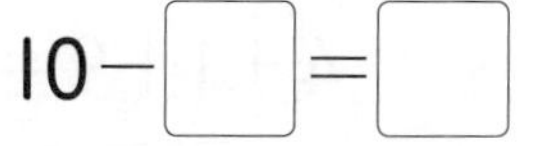

10 − □ = □

개념책 044쪽 ● 정답 38쪽

1 □ 안에 알맞은 수를 써넣으세요.

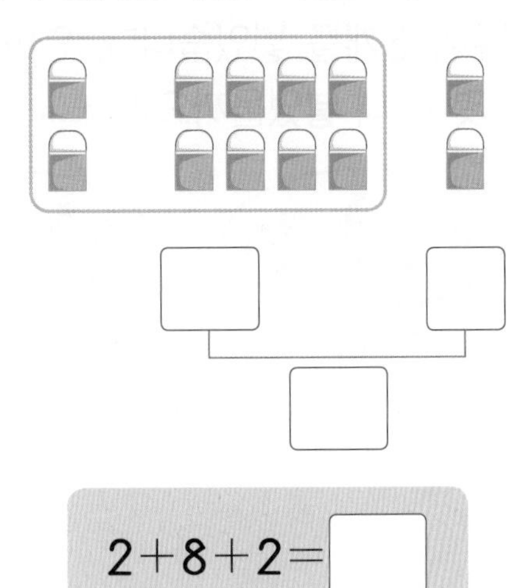

2+8+2=□

2 10을 만들어 더할 수 있는 식에 모두 ○표 하세요.

1+6+5	3+7+5	8+4+6
( )	( )	( )

3 〈보기〉와 같이 합이 10이 되는 두 수를 묶고 덧셈을 해 보세요.

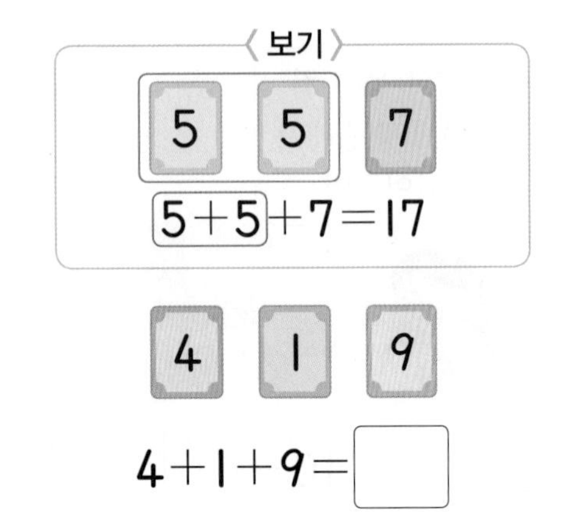

4+1+9=□

4 수 카드 두 장을 골라 덧셈식을 완성해 보세요.

4 7 6 2

5+□+□=15

5 전체 과자 수가 13이 되도록 빈 접시 두 곳에 놓을 과자 수만큼 ○를 그리고, 덧셈식을 쓰세요.

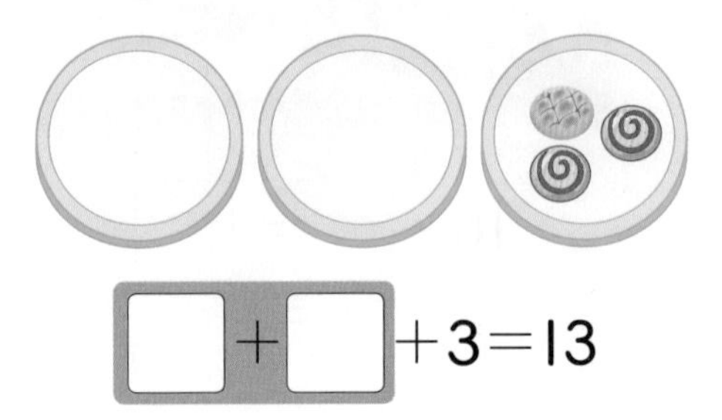

□+□+3=13

교과역량 콕!

6 그림을 보고 □ 안에 알맞은 수를 써넣으세요.

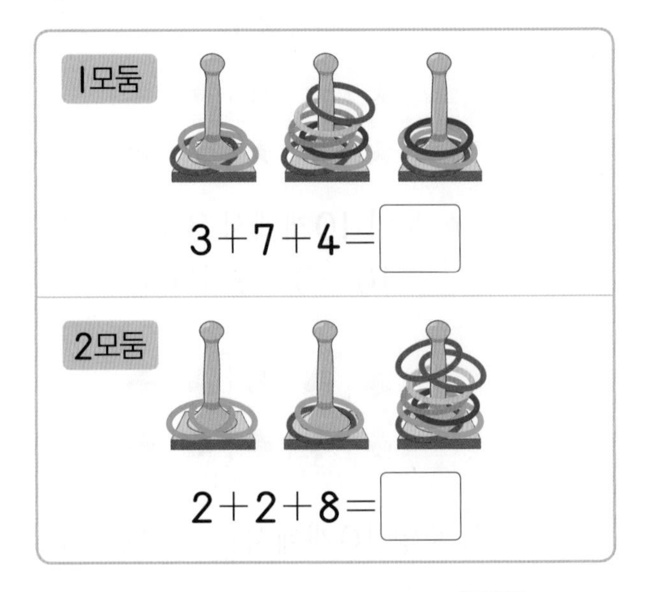

고리를 더 많이 걸은 모둠 → □모둠

1. 여러 가지 모양 찾기 / 여러 가지 모양 알아보기

개념책 054쪽 • 정답 39쪽

[1~6] 그림과 같은 모양을 찾아 ○표 하세요.

1

(■, ▲, ●)

2

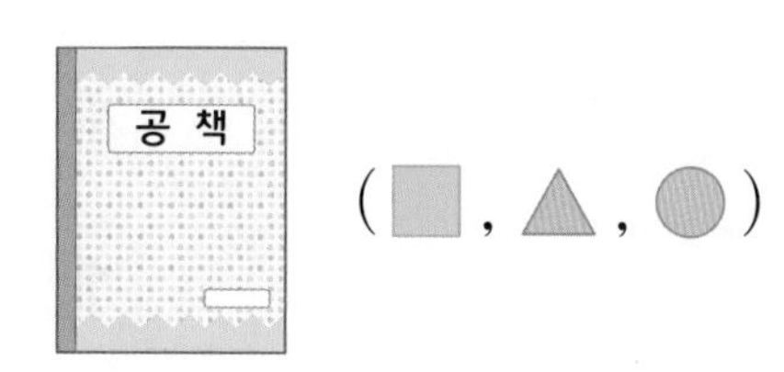

3

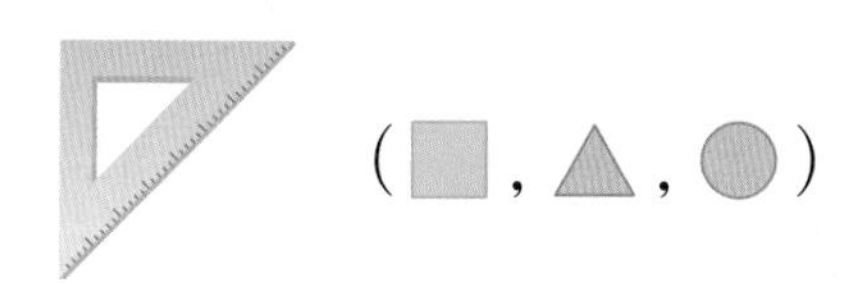

4

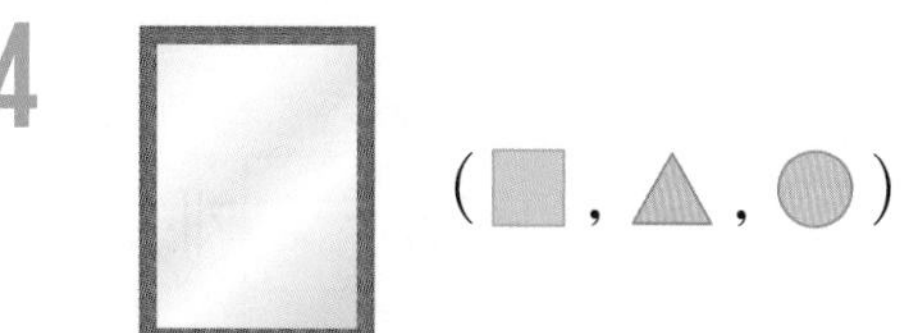

5

6

(■, ▲, ●)

[7~10] 설명에 알맞은 모양을 찾아 ○표 하세요.

7

미나: 둥근 부분이 있습니다.

8

준호: 뾰족한 부분이 네 군데 있습니다.

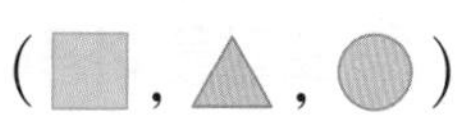

9

주경: 뾰족한 부분이 세 군데 있고, 곧은 선이 있습니다.

10

규민: 뾰족한 부분이 없습니다.

개념책 056쪽 ● 정답 39쪽

[1~6] ■, ▲, ● 모양은 각각 몇 개인지 쓰세요.

1

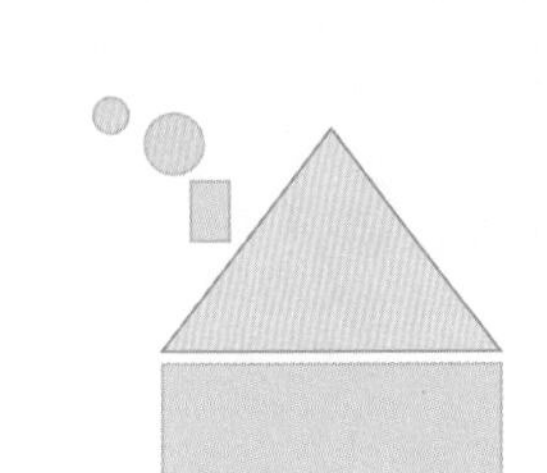

■ 모양: □개

▲ 모양: □개

● 모양: □개

2

■ 모양: □개

▲ 모양: □개

● 모양: □개

3

■ 모양: □개

▲ 모양: □개

● 모양: □개

4

■ 모양: □개

▲ 모양: □개

● 모양: □개

5

■ 모양: □개

▲ 모양: □개

● 모양: □개

6

■ 모양: □개

▲ 모양: □개

● 모양: □개

[7~8] ■, ▲, ● 모양을 이용하여 동물의 얼굴을 꾸며 보세요.

7

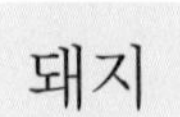

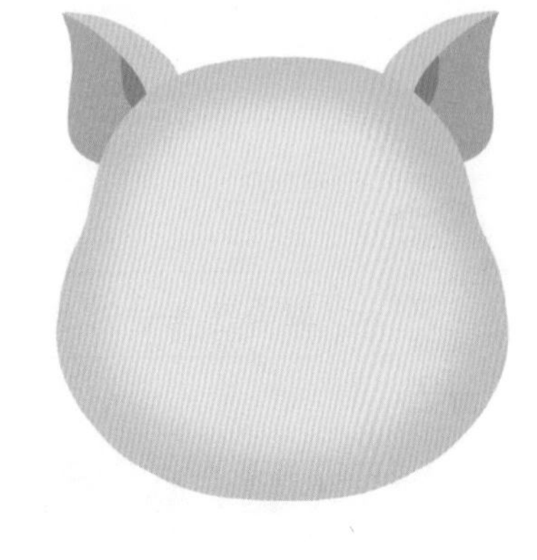

8

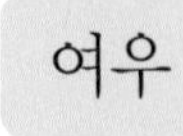

개념책 060쪽 ● 정답 39쪽

[1~6] 몇 시인지 쓰세요.

1

2

3

4

5

6

[7~12] 몇 시를 시계에 나타내세요.

7

8

9

10

11

12

2:00

개념책 062쪽 ● 정답 39쪽

[1~6] 나타내는 시각을 쓰세요.

1

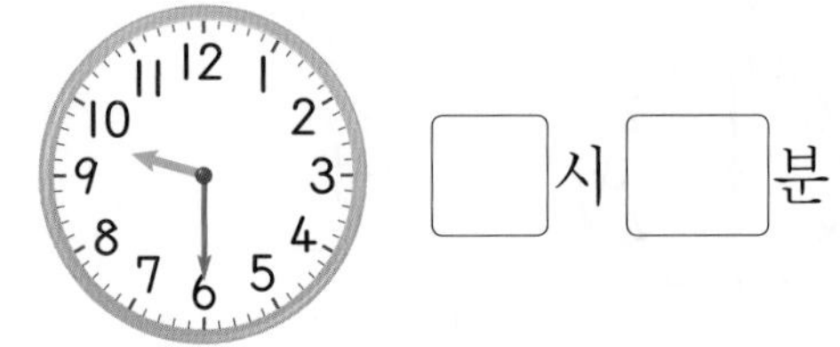

2

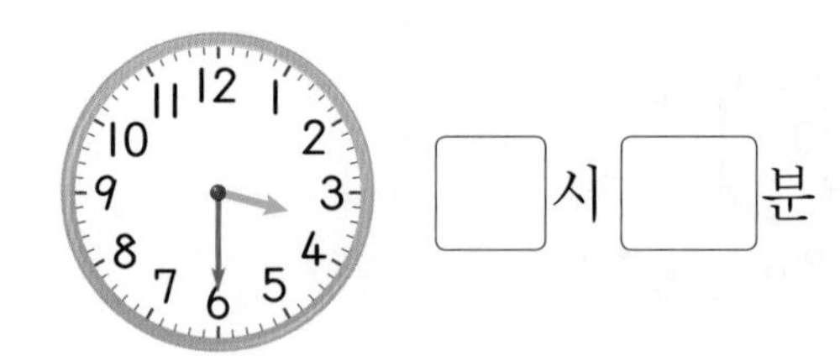

3

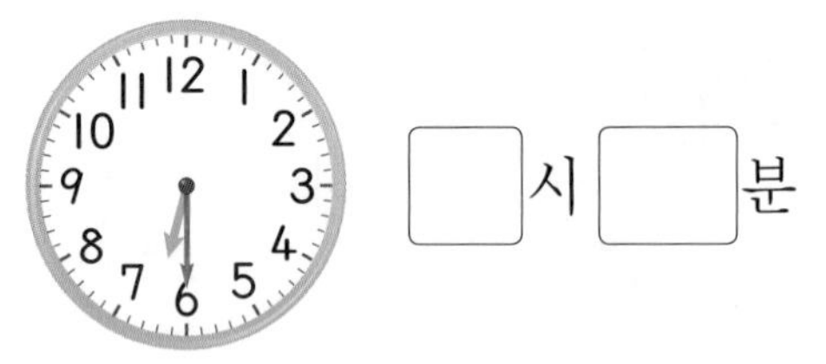

4

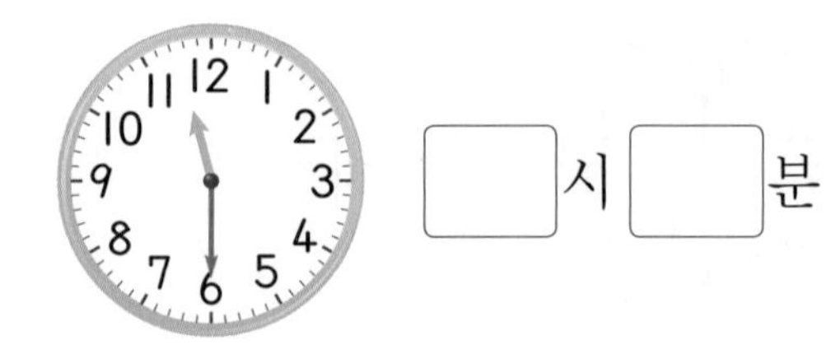

5

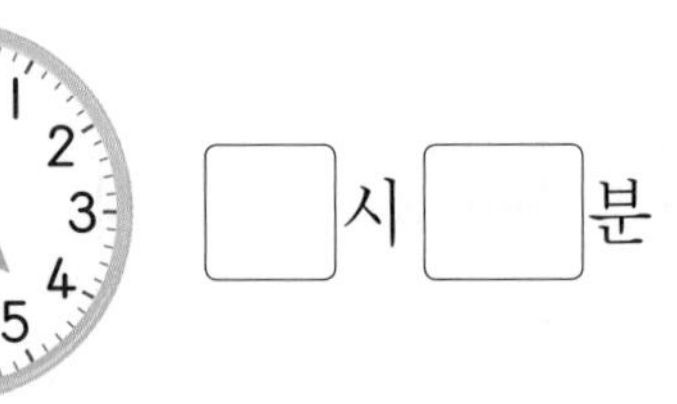

6

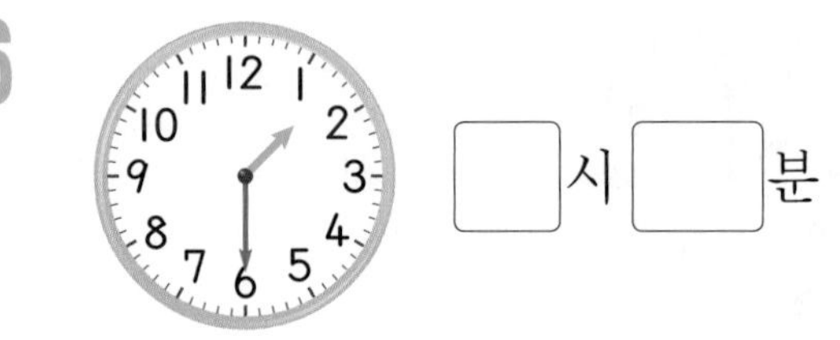

[7~12] 시각에 알맞게 시곗바늘을 그려 넣으세요.

7

2:30

8

10:30

9

10

11

12

7:30

1. 여러 가지 모양을 찾아볼까요

개념책 058쪽 ● 정답 39쪽

1 ▢, △, ○ 모양을 찾아 색연필로 따라 그려 보세요.

(1)

(2)

2 같은 모양끼리 이어 보세요.

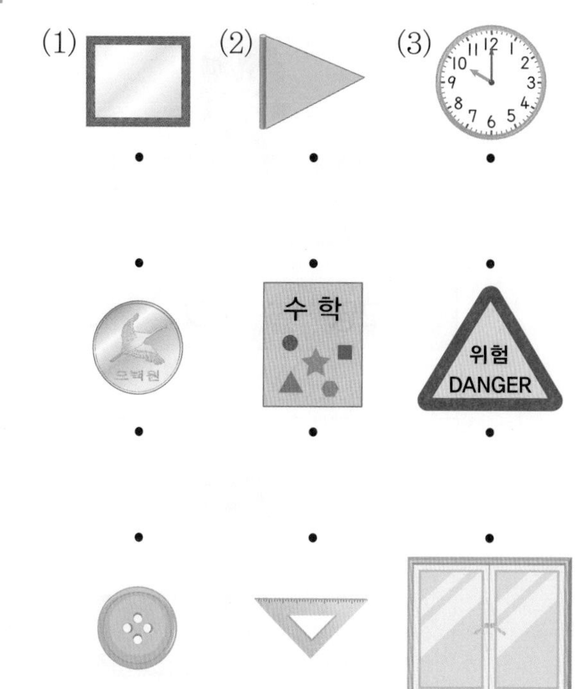

교과역량 콕!

3 그림을 보고 잘못 이야기한 친구에 ○표 하세요.

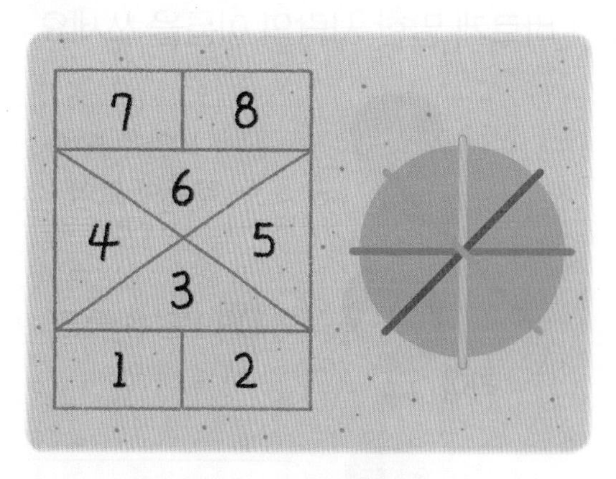

- 진아: ▢ 모양이 있어. (　　　)
- 서연: △ 모양이 있어. (　　　)
- 연준: ○ 모양이 2개야. (　　　)

개념책 059쪽 • 정답 40쪽

1 친구들이 본뜬 모양을 찾아 ○표 하세요.

(1)

□ 모양	△ 모양	○ 모양

(2)

□ 모양	△ 모양	○ 모양

2 바르게 말한 사람의 이름을 쓰세요.

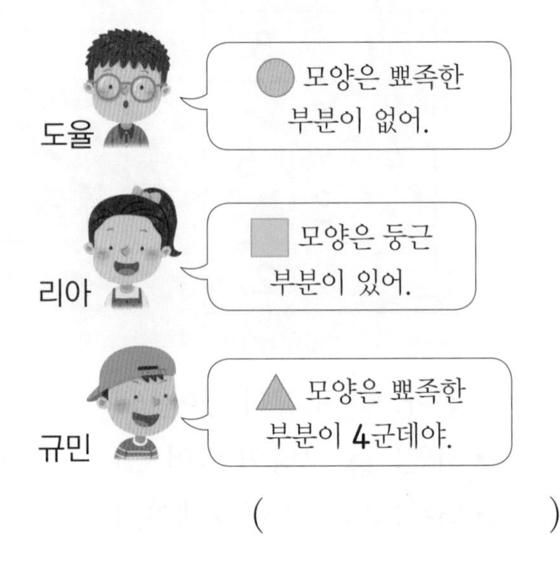

( )

교과역량 콕!

3 둥근 부분이 있는 과자는 몇 개인지 구하세요.

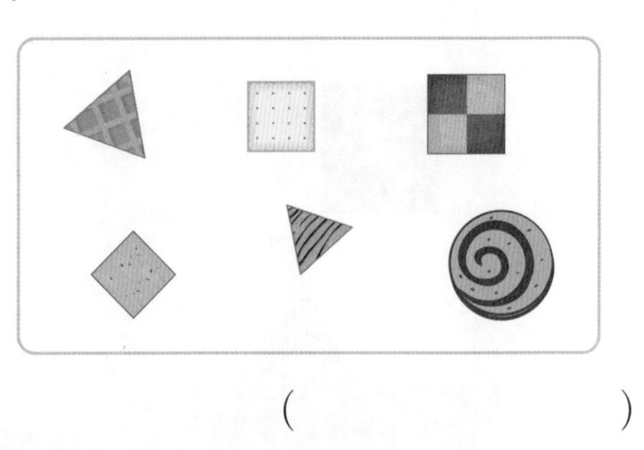

( )

교과역량 콕!

4 어떤 모양을 만든 것인지 알맞게 이어 보세요.

(1) 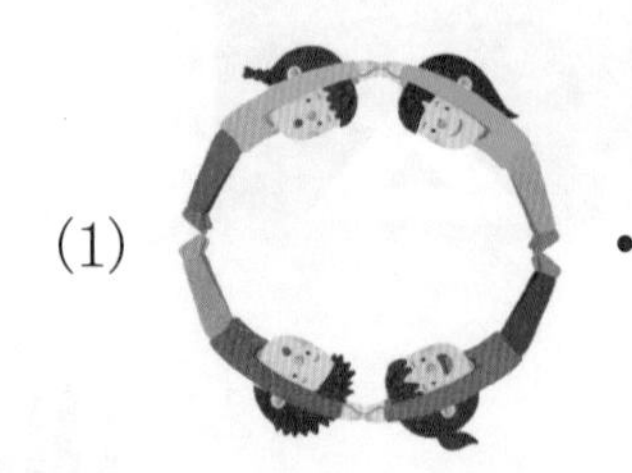 • • 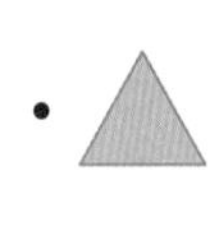

(2)  • • 

(3)  • • 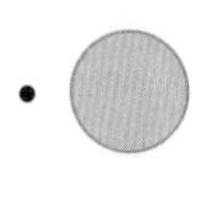

개념책 059쪽 ● 정답 40쪽

1 그림을 보고 ■, ▲, ● 모양은 각각 몇 개인지 쓰세요.

(1)

■ 모양 (　　　　　　)
▲ 모양 (　　　　　　)
● 모양 (　　　　　　)

(2)

■ 모양 (　　　　　　)
▲ 모양 (　　　　　　)
● 모양 (　　　　　　)

교과역량 콕!

2 ■, ▲, ● 모양을 이용하여 물병을 꾸며 보세요.

개념책 064쪽 ● 정답 40쪽

1 시계를 보고 몇 시인지 쓰세요.

(1)  

(2)  

(3)  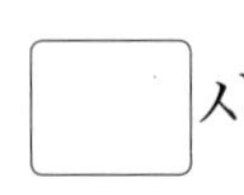

2 시계를 보고 알맞게 이어 보세요.

(1)  • 

(2) 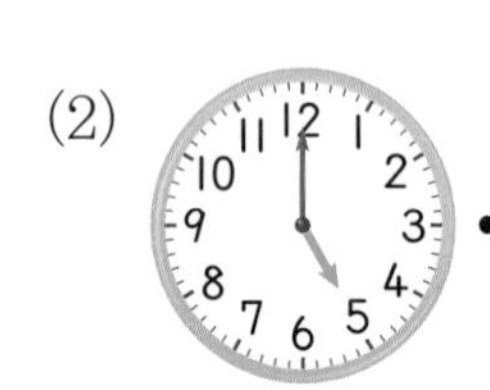 • 

(3)  • 9:00

3 시계에 몇 시를 나타내세요.

(1) 6:00 

(2)  

교과역량 콕!

4 그림을 보고 시계의 짧은바늘을 알맞게 그려 보세요.

나는 오늘
1시에 책을 읽고,
8시에 일기를 쓸 거야.

(1)  

(2)  

5. 몇 시 30분을 알아볼까요

개념책 065쪽 ● 정답 41쪽

1 시계를 보고 몇 시 30분인지 쓰세요.

(1) 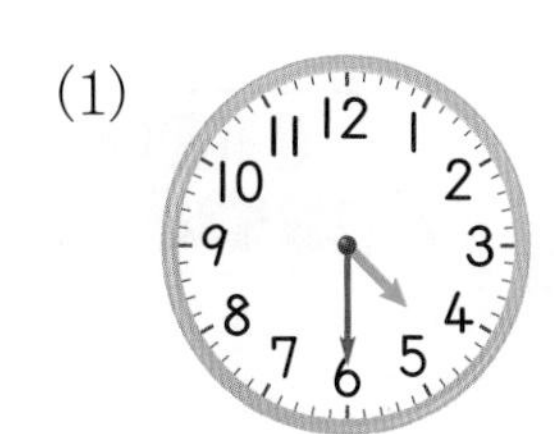 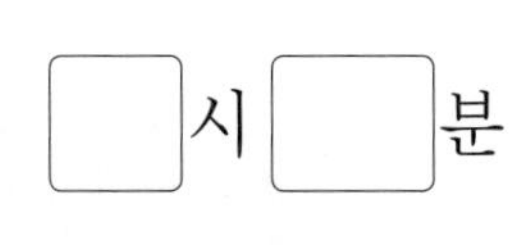

□시 □분

(2) 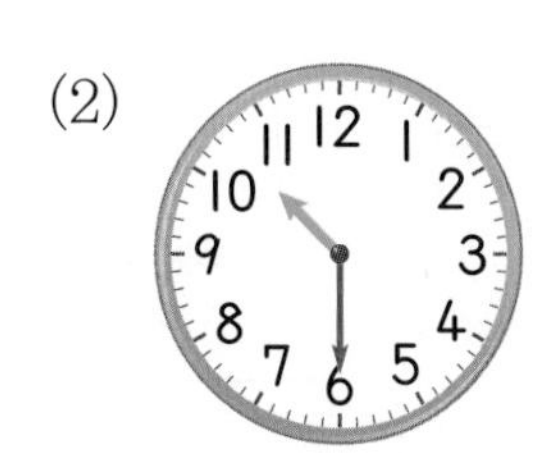 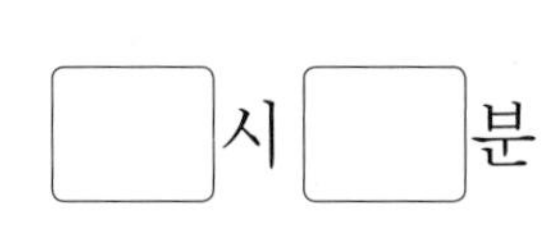

□시 □분

2 계획표를 보고 알맞게 이어 보세요.

	시각
산책하기	3시
청소하기	5시 30분
저녁 식사하기	7시 30분

(1) 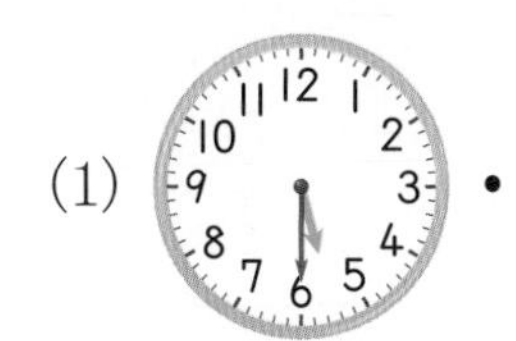 • • 

(2)  • • 

(3)  • • 

3 시계에 시각을 나타내세요.

(1)  

(2) 8:30 

(3) 9:30 

교과역량 콕!

4 점심시간이 시작한 시각과 끝난 시각을 시계에 나타내세요.

점심시간	12시 30분~2시 00분

시작한 시각 

끝난 시각 

개념책 074쪽 • 정답 41쪽

[1~4] 그림을 보고 □ 안에 알맞은 수를 써넣으세요.

1

$7+4=$ □

2

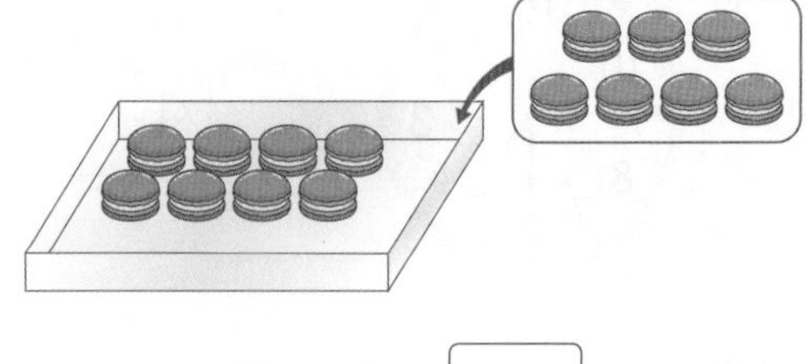

$8+7=$ □

3

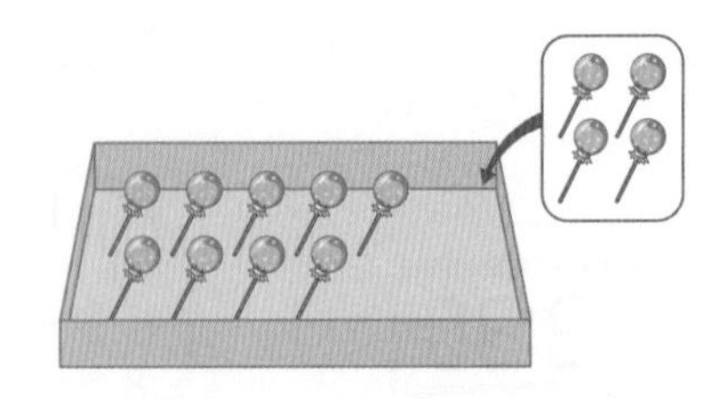

$9+4=$ □

4

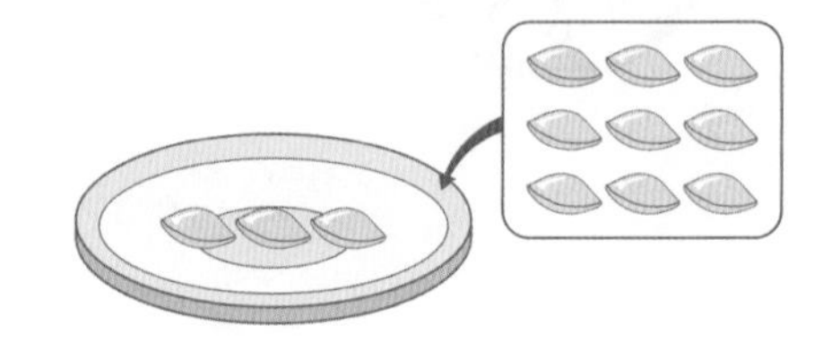

$3+9=$ □

[5~10] 더한 수만큼 △를 그리고, □ 안에 알맞은 수를 써넣으세요.

5

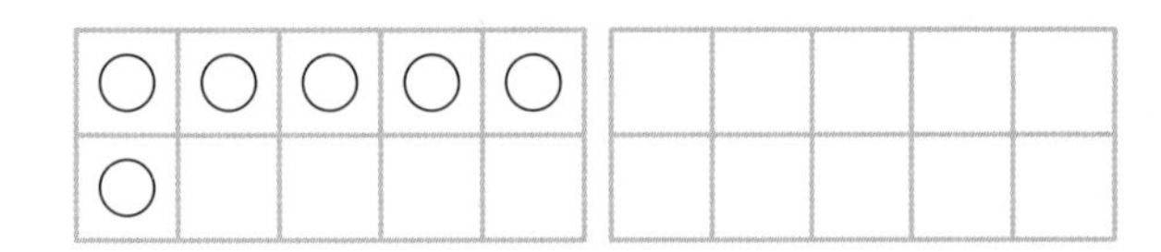

$6+8=$ □

6

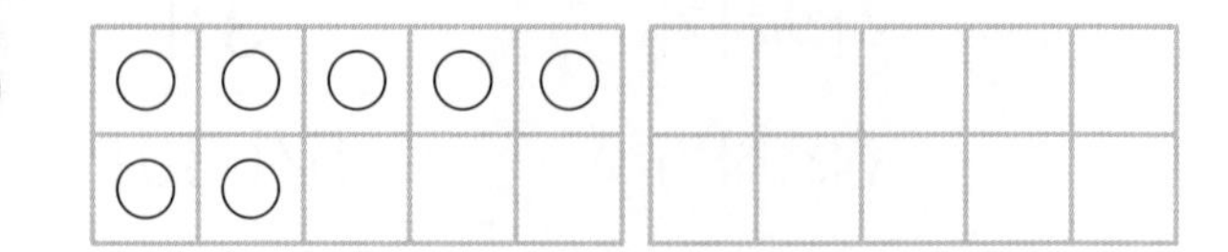

$7+9=$ □

7

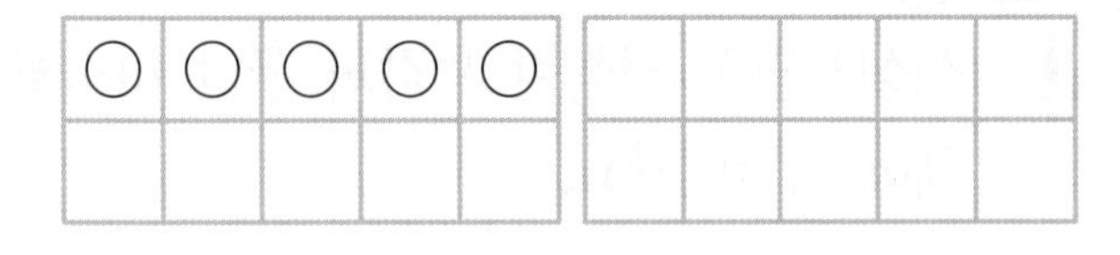

$5+7=$ □

8

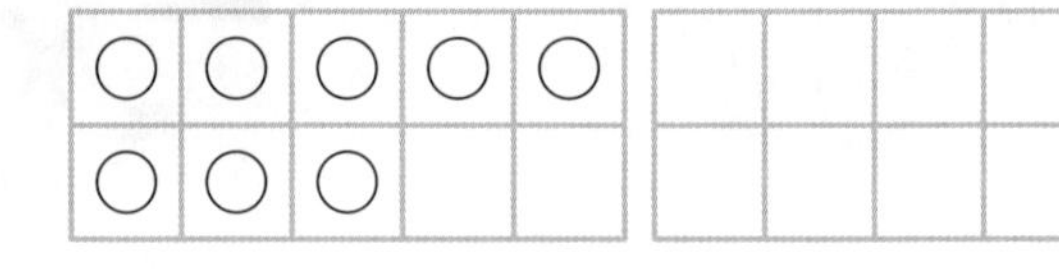

$8+4=$ □

9

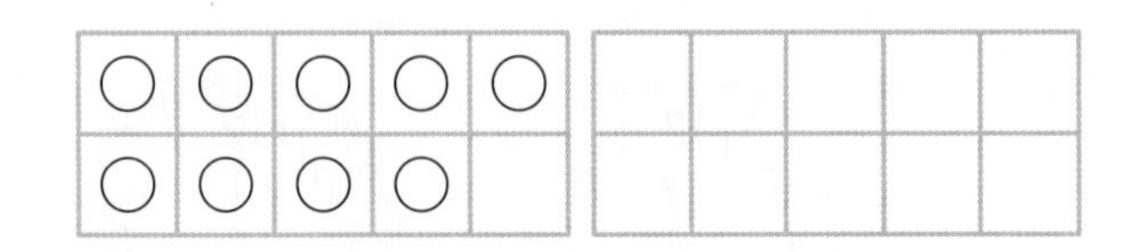

$9+5=$ □

10

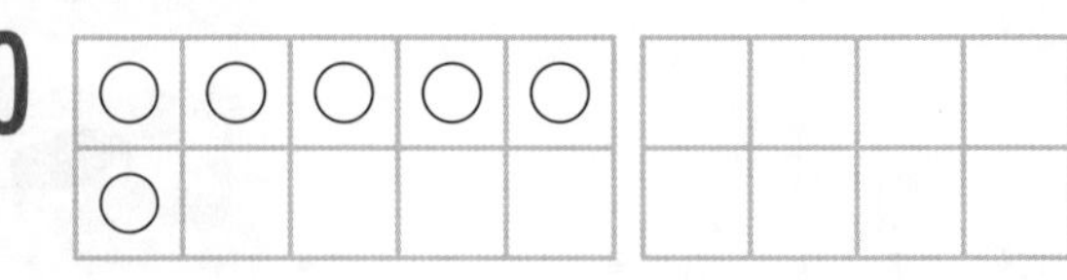

$6+7=$ □

개념책 076쪽 ● 정답 41쪽

[1~6] ☐ 안에 알맞은 수를 써넣으세요.

1 8+5=☐
2 ☐

2 9+3=☐
☐ 2

3 7+5=☐
☐ 2

4 5+6=☐
1 ☐

5 5+9=☐
4 ☐

6 5+8=☐
5 ☐

[7~15] ☐ 안에 알맞은 수를 써넣으세요.

7 8+4=☐

8 9+6=☐

9 8+8=☐

10 9+7=☐

11 6+7=☐

12 8+9=☐

13 2+9=☐

14 4+7=☐

15 8+6=☐

[1~4] 덧셈을 해 보세요.

1

$5+6=\square$

$5+7=\square$

$5+8=\square$

$5+9=\square$

2

$3+9=\square$

$4+9=\square$

$5+9=\square$

$6+9=\square$

3

$6+8=\square$

$6+7=\square$

$6+6=\square$

$6+5=\square$

4

$9+8=\square$

$8+8=\square$

$7+8=\square$

$6+8=\square$

[5~8] 빈칸에 두 수의 합을 써넣으세요.

5

$8+9$	$9+8$

6

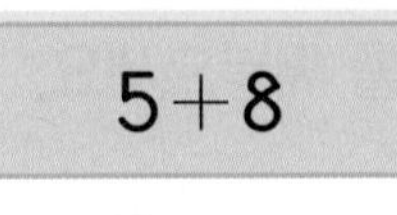

$5+8$	$8+5$

7

$7+6$	$6+7$

8

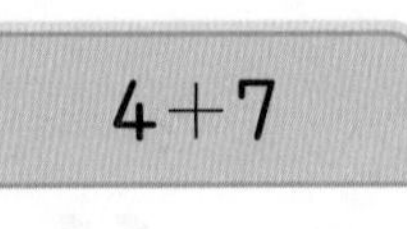

$4+7$	$7+4$

[9~10] 합이 같은 덧셈식을 찾아 같은 색으로 색칠해 보세요.

9

$8+5$	$7+5$	$3+9$

10

$9+5$	$4+8$	$7+7$

개념책 082쪽 ● 정답 42쪽

[1~4] 그림을 보고 ☐ 안에 알맞은 수를 써넣으세요.

1

$14-6=\square$

2

$17-8=\square$

3

$15-7=\square$

4

$13-6=\square$

[5~10] 그림을 보고 ☐ 안에 알맞은 수를 써넣으세요.

5

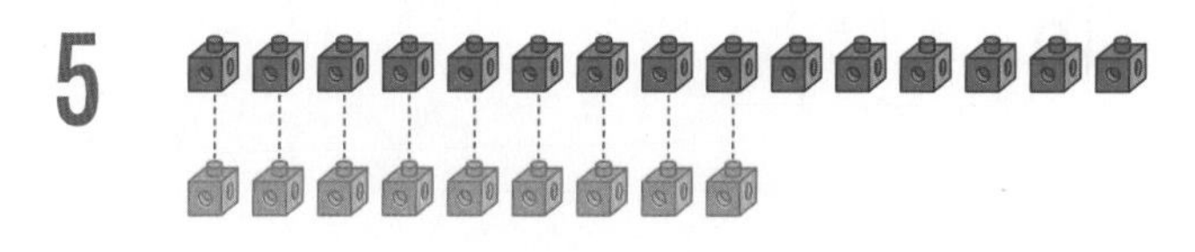

$15-9=\square$

6

$16-8=\square$

7

$14-7=\square$

8

$13-8=\square$

9

$16-7=\square$

10

$13-5=\square$

개념책 084쪽 ● 정답 42쪽

[1~6] □ 안에 알맞은 수를 써넣으세요.

1 $13-9=\square$

3 □

2 $12-5=\square$

2 □

3 $14-7=\square$

4 □

4 $11-7=\square$

10 □

5 $17-9=\square$

10 □

6 $12-8=\square$

10 □

[7~15] 뺄셈을 해 보세요.

7 $13-5=\square$

8 $15-8=\square$

9 $15-6=\square$

10 $11-4=\square$

11 $14-9=\square$

12 $13-7=\square$

13 $12-9=\square$

14 $16-9=\square$

15 $11-5=\square$

개념책 086쪽 ● 정답 42쪽

[1~4] **뺄셈을 해 보세요.**

1

$12-6=\square$

$12-7=\square$

$12-8=\square$

$12-9=\square$

2

$14-8=\square$

$15-8=\square$

$16-8=\square$

$17-8=\square$

3

$12-3=\square$

$13-4=\square$

$14-5=\square$

$15-6=\square$

4

$14-6=\square$

$13-5=\square$

$12-4=\square$

$11-3=\square$

[5~10] **차가 같은 뺄셈식을 찾아 ○표 하세요.**

5

15−9	16−7	14−8

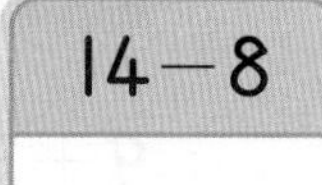

6

11−3	12−5	13−6

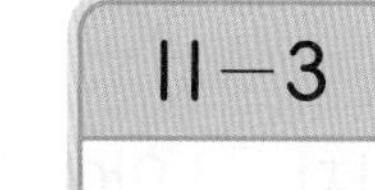
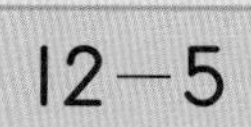
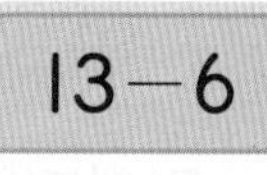

7

12−7	14−9	13−4

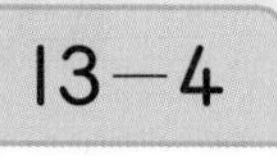

8

12−6	13−9	11−7

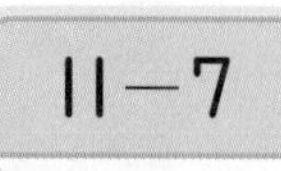

9

13−5	11−4	15−7

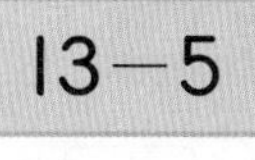
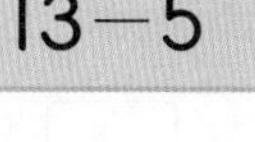
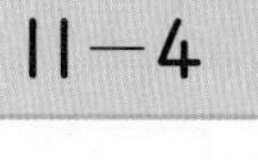

10

14−7	16−9	14−6

개념책 080쪽 ● 정답 42쪽

1 페트병은 모두 몇 개인지 구하세요.

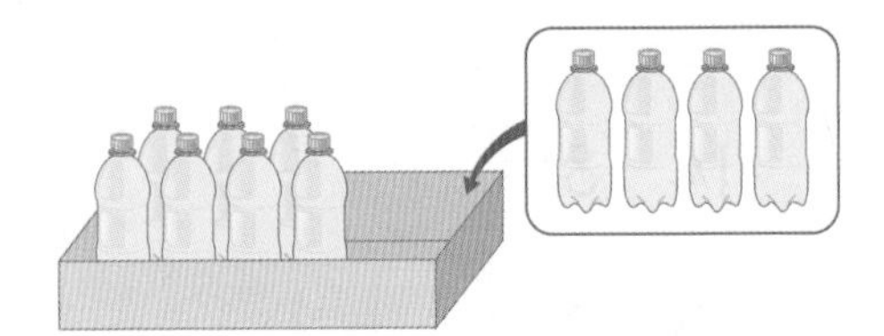

페트병은 모두 □개입니다.

2 캔은 모두 몇 개인지 구하세요.

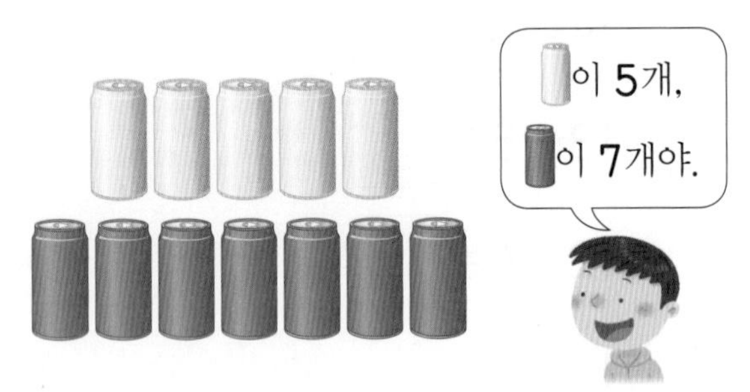

캔은 모두 □개입니다.

3 강아지는 모두 몇 마리인지 □ 안에 알맞은 수를 써넣으세요.

8 + □ = □

→ 강아지는 모두 □마리입니다.

4 현우와 리아가 모은 유리병은 모두 몇 개인지 구하세요.

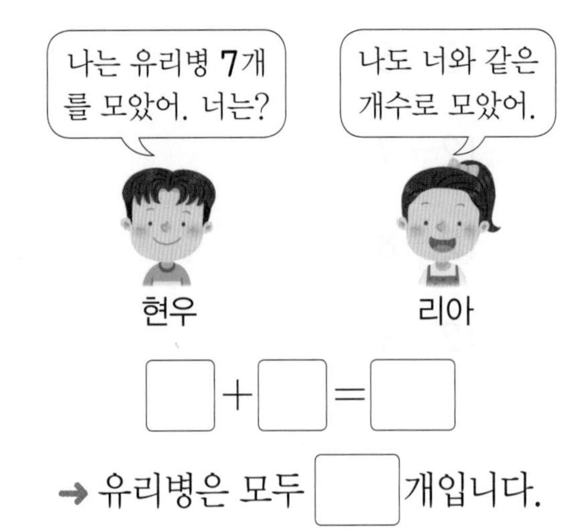

□ + □ = □

→ 유리병은 모두 □개입니다.

교과역량 콕!

5 합이 같도록 점을 그리고, □ 안에 알맞은 수를 써넣으세요.

(1)

 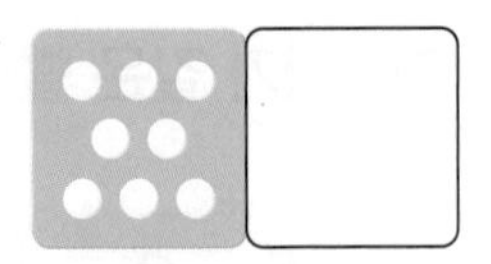

9 + 3 = □ 8 + □ = □

(2)

7 + 4 = □ 5 + □ = □

(3)

5 + 8 = □ 6 + □ = □

개념책 080쪽 ● 정답 42쪽

1 □ 안에 알맞은 수를 써넣으세요.

(1)

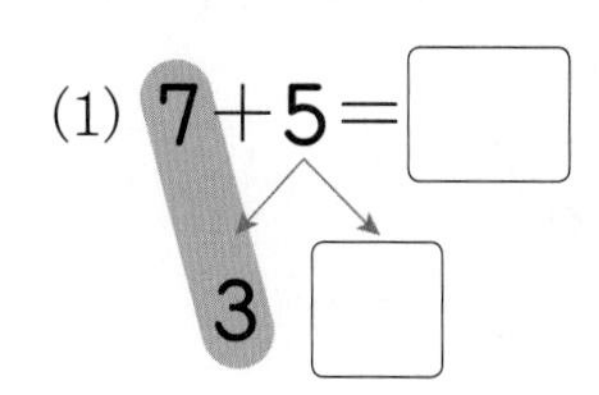

(2)

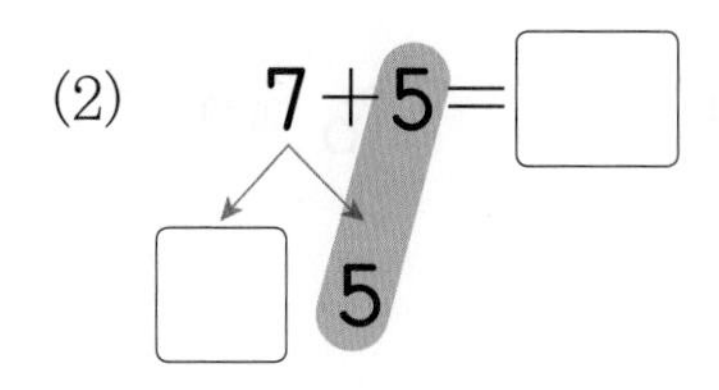

2 덧셈을 해 보세요.

(1) 5+6=□ (2) 8+7=□

3 종이 팽이가 6개 있었는데 9개를 더 만들었습니다. 만든 종이 팽이는 모두 몇 개인지 식을 쓰고, 답을 구하세요.

□+□=□

답 ________

교과역량 콕!

4 같은 색 칸에서 수를 골라 덧셈식을 완성해 보세요.

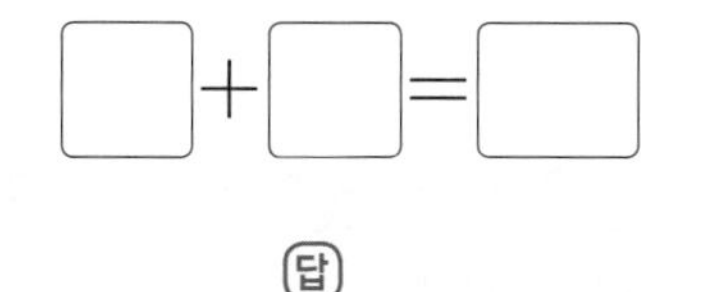

5 + 6 = □

□ + □ = □

교과역량 콕!

5 수 카드 두 장을 골라서 나온 두 수의 합을 구하려고 합니다. 합이 가장 작은 덧셈식과 가장 큰 덧셈식을 쓰세요.

합이 가장 작은 덧셈식 □+□=□

합이 가장 큰 덧셈식 □+□=□

교과역량 콕!

6 만들 수 있는 것을 고르고, 덧셈식을 완성해 보세요.

기차	휴지심 4개
성	휴지심 6개
나무	휴지심 8개

나는 휴지심을 12개 사용할 거야.
(기차 , 성 , 나무)와/과
(기차 , 성 , 나무)을/를 만들 수 있어.

□+□=□

개념책 081쪽 • 정답 43쪽

1 □ 안에 알맞은 수를 써넣으세요.

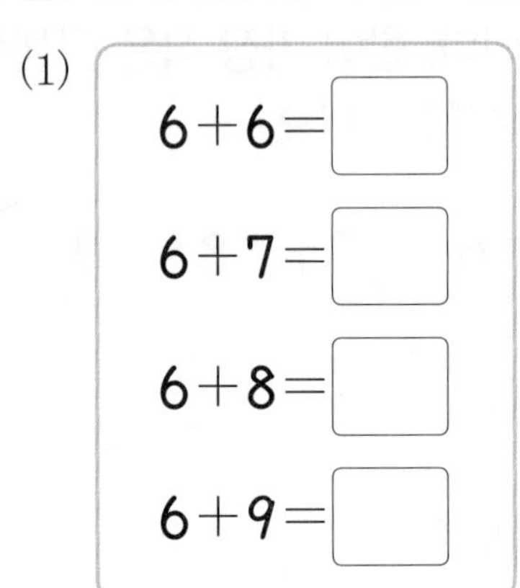

(1)

6+6=□

6+7=□

6+8=□

6+9=□

(2)

9+4=□

4+9=□

(3)

8+3=□

3+□=11

2 □ 안에 알맞은 수를 써넣어 덧셈식을 완성해 보세요.

(1)

7+7=14

□+7=15

(2)

9+8=17

9+□=18

3 덧셈을 하고, 두 수의 합이 작은 식부터 순서대로 이어 보세요.

4+9=□

시작 2+9=11

6+9=□

9+5=□

9+3=□

교과역량 콕!

4 합이 같은 식을 찾아 〈보기〉와 같이 ○, △, □표 해 보세요.

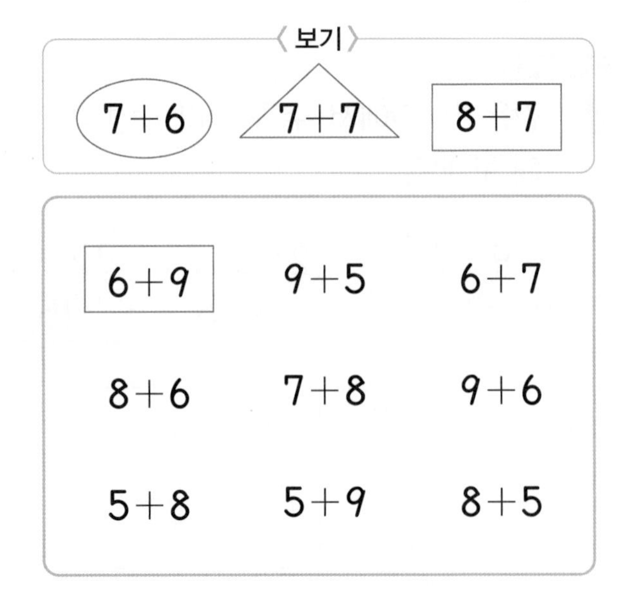

〈보기〉

7+6 (○) 7+7 (△) 8+7 (□)

6+9	9+5	6+7
8+6	7+8	9+6
5+8	5+9	8+5

개념책 088쪽 ● 정답 43쪽

1 분리배출 후 남는 병의 수를 구하세요.

병 13개 중 7개는 분리배출해야지.

남는 병의 수는 □개입니다.

2 어느 것이 몇 개 더 많은지 구하세요.

선인장 

꽃 

(선인장 , 꽃)이 □개 더 많습니다.

3 딸기주스가 오렌지주스보다 몇 잔 더 많은지 구하세요.

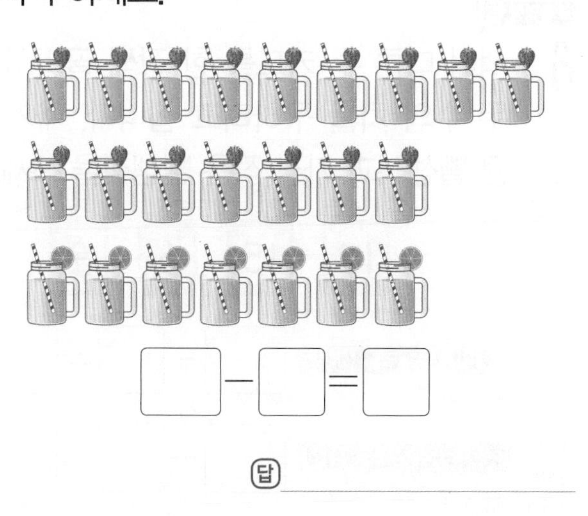

□ − □ = □

답 ______

4 남는 깡통의 수를 구하세요.

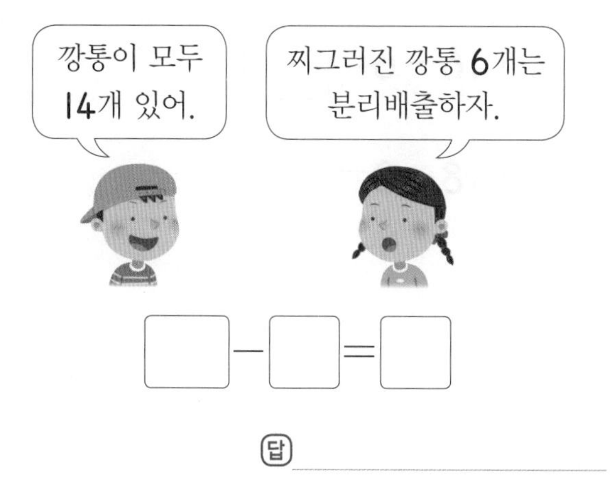

□ − □ = □

답 ______

교과역량 콕!

5 대화를 보고 현우가 사용한 구슬의 수를 구하세요.

연서: 구슬 17개 중에 9개를 팔찌 만드는 데 사용했어.

현우: 나는 15개를 가지고 있었는데 사용하고 남은 구슬의 수가 너와 같아.

(　　　　　　)

개념책 088쪽 ● 정답 43쪽

1 뺄셈을 해 보세요.

(1) 16－6=□

(2) 18－8=□

2 □ 안에 알맞은 수를 써넣으세요.

(1) 17－8=□

7 □

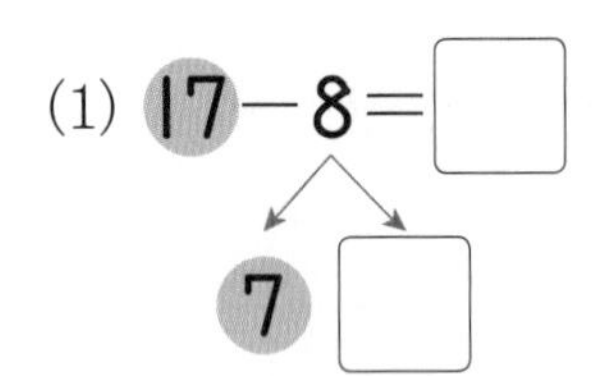

(2) 13－6=□

10 □

3 차를 구하여 이어 보세요.

(1)	12－7 •	•	8
(2)	17－8 •	•	9
(3)	15－7 •	•	5
(4)	16－9 •	•	7

4 지민이는 가지고 있는 책 14권 중 8권을 알뜰 시장에 팔았습니다. 지민이에게 남은 책은 몇 권인지 구하세요.

□－□=□

답 ____________

교과역량 콕!

5 같은 색 칸에서 수를 골라 뺄셈식을 완성해 보세요.

11 14 13	5 9 8	6 9 5

11 － 5 = □

□－□=□

교과역량 콕!

6 색이 다른 수 카드를 한 장씩 골라서 나온 두 수의 차를 구하려고 합니다. 차가 가장 큰 뺄셈식과 가장 작은 뺄셈식을 쓰세요.

12 15 6 9

차가 가장 큰 뺄셈식 □－□=□

차가 가장 작은 뺄셈식 □－□=□

개념책 089쪽 • 정답 43쪽

1 뺄셈을 해 보세요.

(1)

15−6=9	
14−6=□	15−7=□
13−6=□	15−8=□
12−6=□	15−9=□

(2)

14−5=9	
13−5=□	14−6=□
12−5=□	14−7=□
11−5=□	14−8=□

2 차가 8이 되도록 □ 안에 알맞은 수를 써넣으세요.

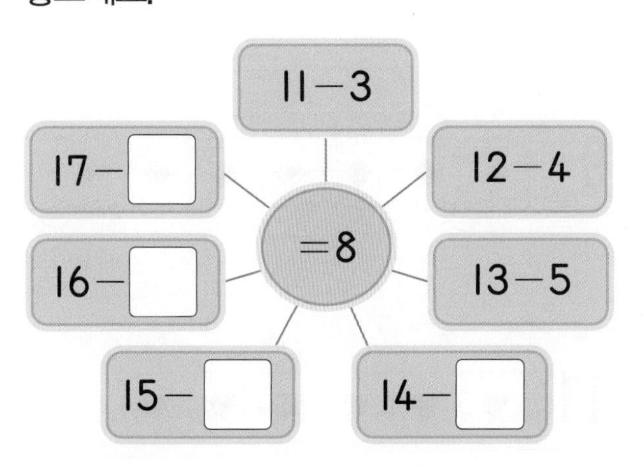

3 수 카드 3장으로 서로 다른 뺄셈식을 만들어 보세요.

(1)

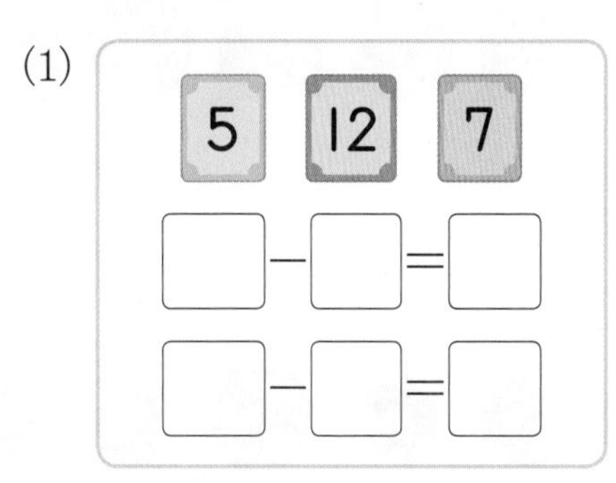

(2)

교과역량 콕!

4 차가 같은 식을 찾아 〈보기〉와 같이 ○, △, □표 해 보세요.

〈보기〉

12−5	11−3	13−7
13−5	11−5	14−7
12−6	14−6	16−9

개념책 098쪽 ● 정답 44쪽

[1~3] 규칙을 찾아 반복되는 부분에 ○표 하세요.

1 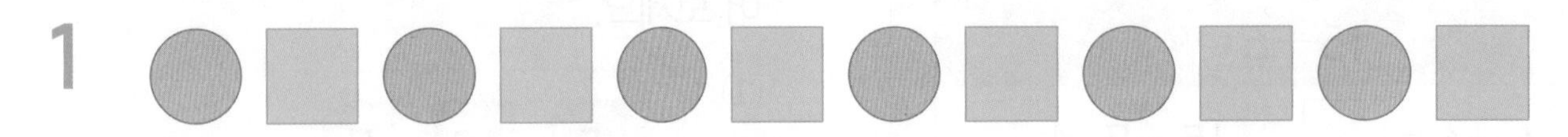

2 

3 

[4~11] 규칙에 따라 빈칸에 알맞은 그림을 그려 보세요.

4 

5 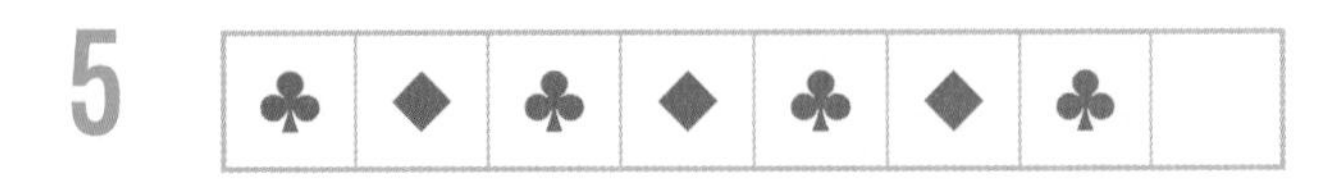

6 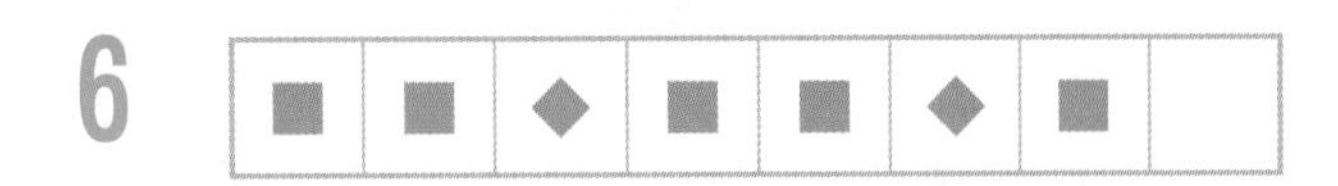

7 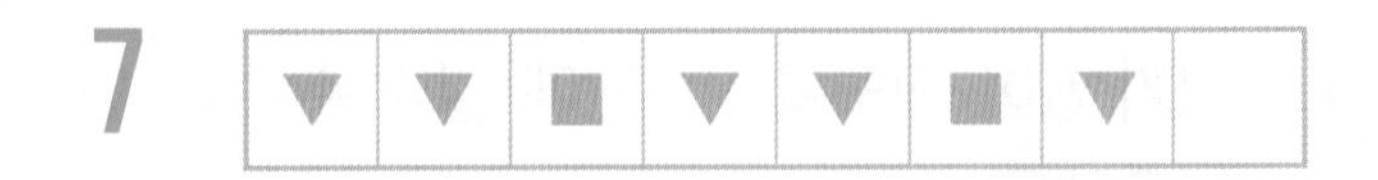

8 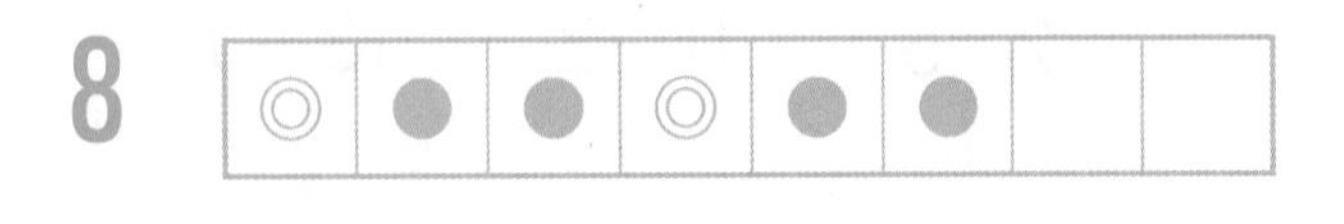

9 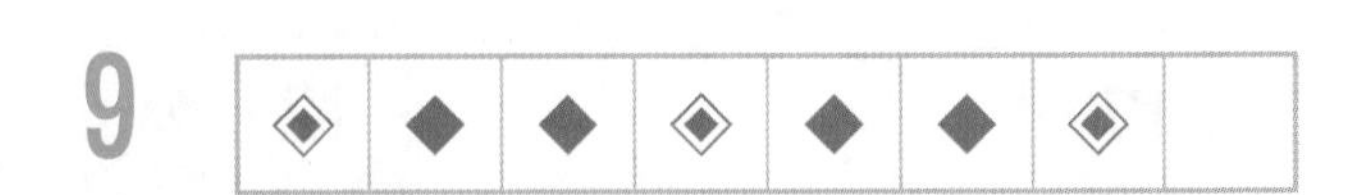

10 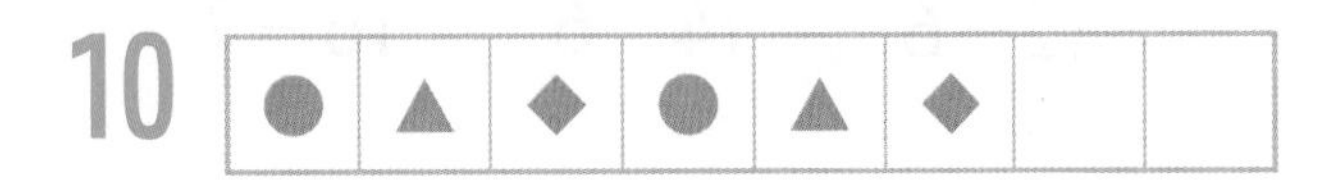

11 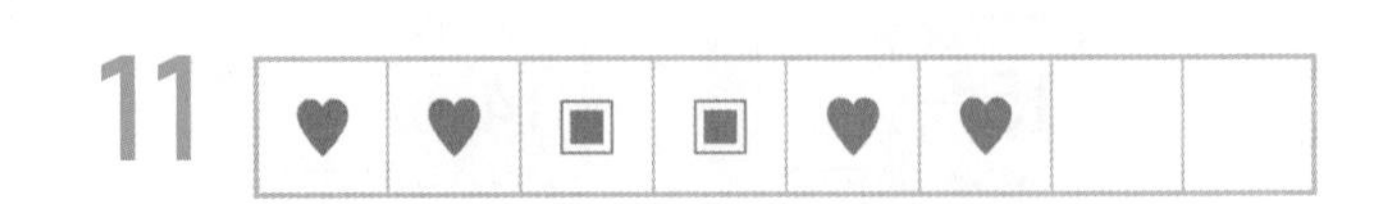

개념책 100쪽 ● 정답 44쪽

[1~4] 규칙에 맞게 그림을 그려 보세요.

1

▲	△	▲	△				

2

▲	△	△	▲	△			

3

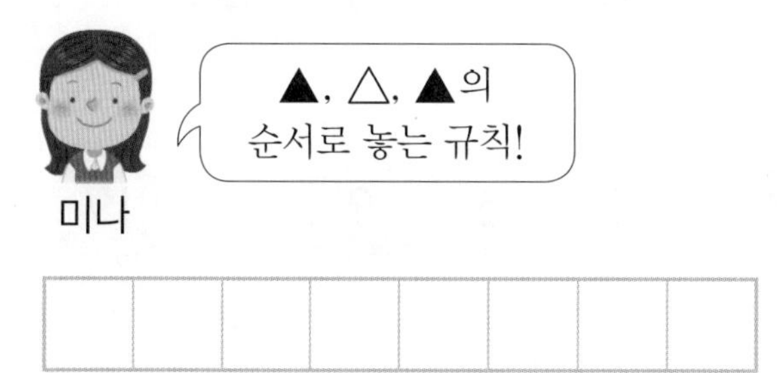

4

[5~10] 규칙에 따라 알맞은 색으로 빈칸을 색칠해 보세요.

5

6

7

8

9

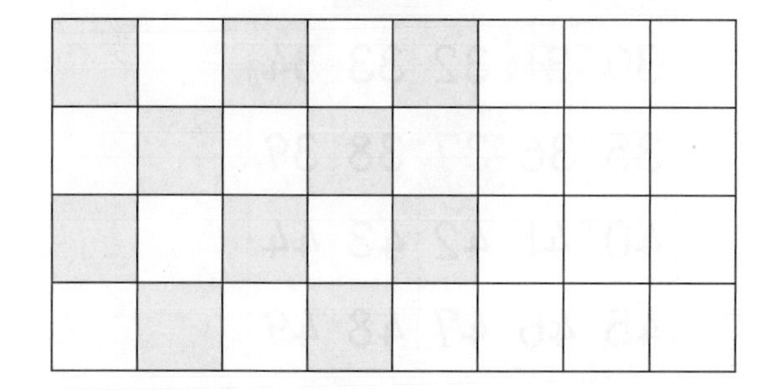

10

개념책 104쪽 ● 정답 44쪽

[1~8] 규칙에 따라 빈칸에 알맞은 수를 써넣으세요.

1 8 - 2 - 8 - 2 - ☐ - 2

2 3 - 3 - 9 - 3 - 3 - ☐

3 2 - 4 - 6 - ☐ - ☐ - 12

4 60 - ☐ - 40 - 30 - 20 - ☐

5 25 - 30 - ☐ - ☐ - 45 - 50

6 8 - ☐ - 6 - 5 - ☐ - 3

7 11 - 22 - 33 - 44 - ☐ - ☐

8 1 - 5 - 9 - ☐ - 17 - ☐

[9~14] 규칙에 따라 색칠해 보세요.

9

1	2	3	4	5	6	7	8
9	10	11	12	13	14	15	16
17	18	19	20	21	22	23	24

10

11	12	13	14	15	16	17	18
19	20	21	22	23	24	25	26
27	28	29	30	31	32	33	34

11

21	22	23	24	25	26	27	28
29	30	31	32	33	34	35	36
37	38	39	40	41	42	43	44

12

15	16	17	18	19	20	21	22
23	24	25	26	27	28	29	30
31	32	33	34	35	36	37	38

13

21	22	23	24	25
26	27	28	29	30
31	32	33	34	35
36	37	38	39	40
41	42	43	44	45

14

25	26	27	28	29
30	31	32	33	34
35	36	37	38	39
40	41	42	43	44
45	46	47	48	49

5단원 기초력 더하기 4. 규칙을 여러 가지 방법으로 나타내기

개념책 106쪽 ● 정답 44쪽

[1~6] 규칙에 따라 ○, □, △를 이용하여 나타내 보세요.

1

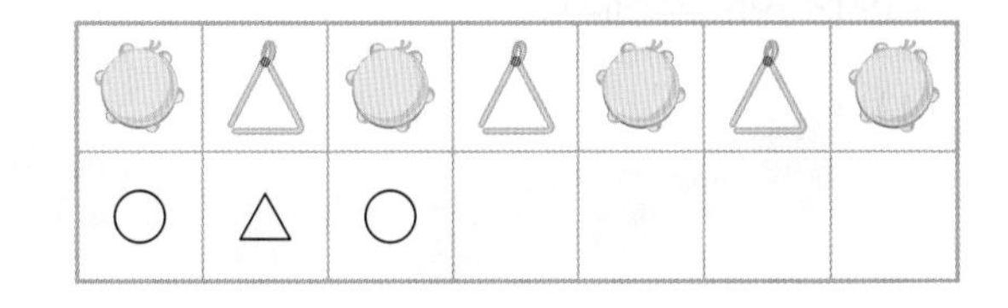

○	△	○				

2

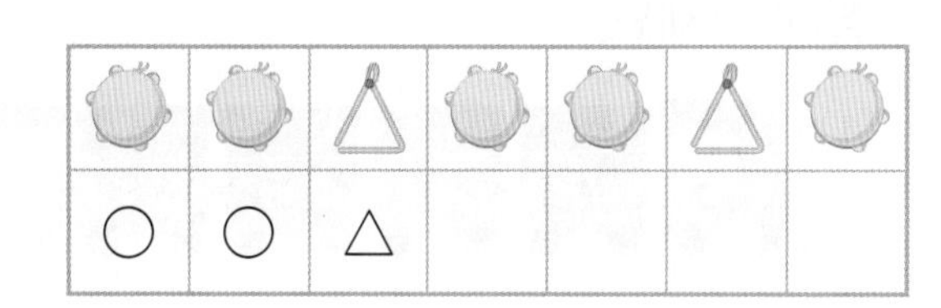

○	○	△				

3

○	△	△				

4

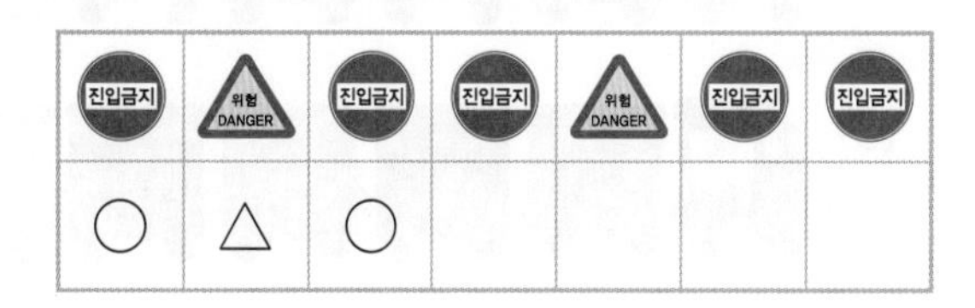

○	△	○				

5

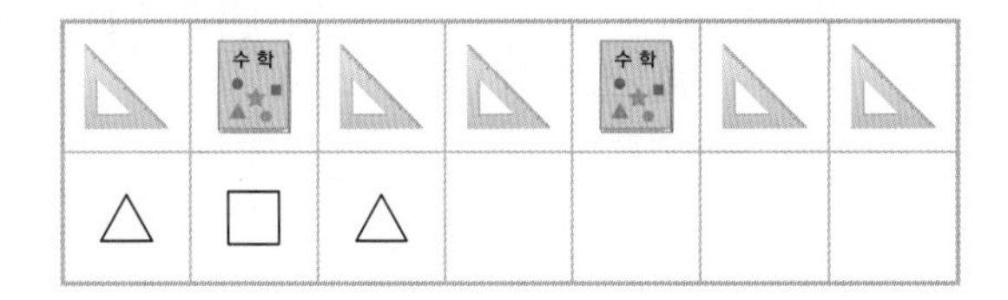

△	□	△				

6

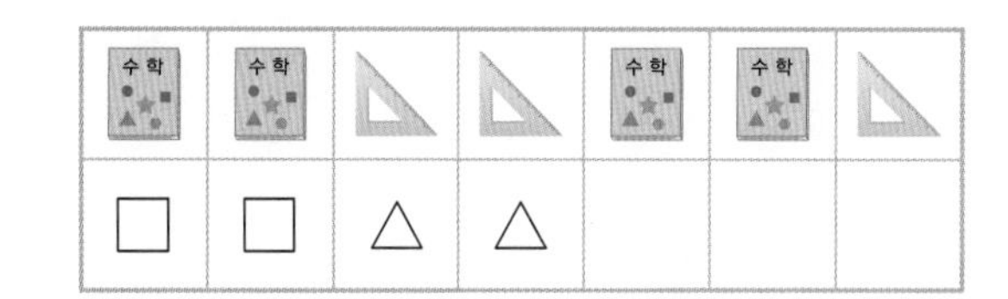

□	□	△	△			

[7~12] 규칙에 따라 빈칸에 알맞은 수를 써넣으세요.

7

1	6	6	1	6		

8

5	5	4	5	5		

9

4	1	4	1			

10

2	3	2	3			

11

3	1	2	3			

12

2	3	1	2			

개념책 102쪽 ● 정답 45쪽

1 규칙을 찾아 기차의 빈칸에 알맞은 색을 칠해 보세요.

(1) 

(2) 

(3)

2 규칙을 찾아 빈칸에 알맞은 그림을 그리고, 색칠해 보세요.

(1)

(2)

(3)

3 반복되는 부분에 ○표 하고, 규칙을 찾아 이야기해 보세요.

(1) 

깃발은 [ ], [ ]이 반복됩니다.

(2) 

깃발은 [ ], [ ]이 반복됩니다.

교과역량 콕!

4 규칙을 바르게 말한 사람을 찾아 이름을 쓰세요.

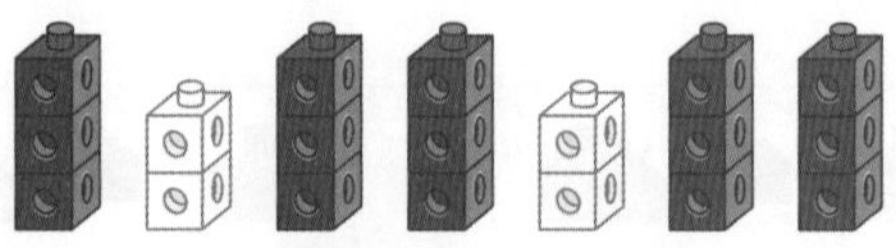

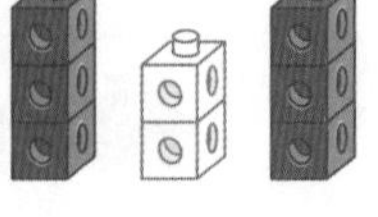

준호 
색이 흰색, 보라색, 흰색으로 반복돼.

주경 
개수가 3개, 2개, 3개씩 반복돼.

(　　　　　　　　)

2. 규칙을 만들어 볼까요(1)

개념책 103쪽 ● 정답 45쪽

1 바둑돌(● ○)로 서로 다른 규칙을 만들어 보세요.

(1) 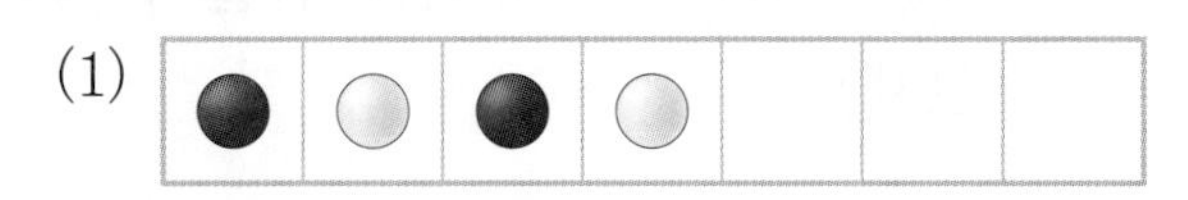

(2) 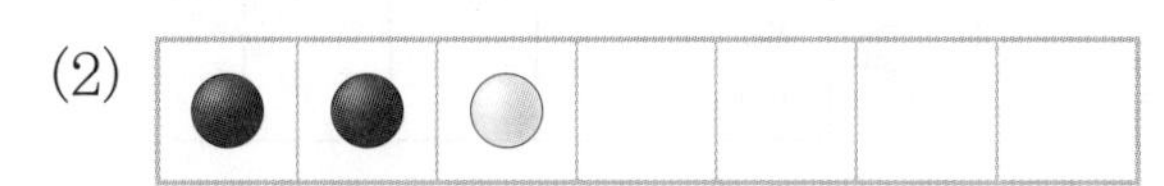

(3)

(4)

2 규칙을 만들어 색칠해 보세요.

(1) 

(2) 

(3) 

(4) 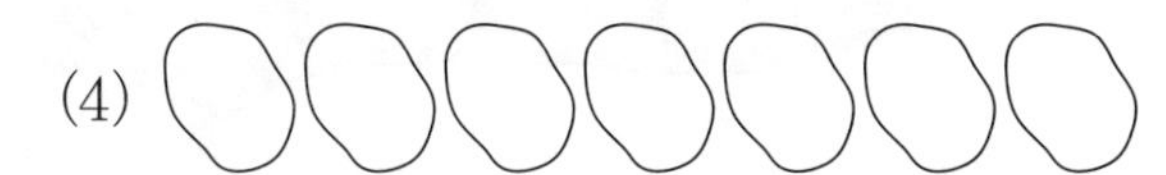

교과역량 콕!

3 규칙에 맞게 그림을 그리고, 새로운 규칙을 만들어 그림을 그려 보세요.

(1) 

(2) 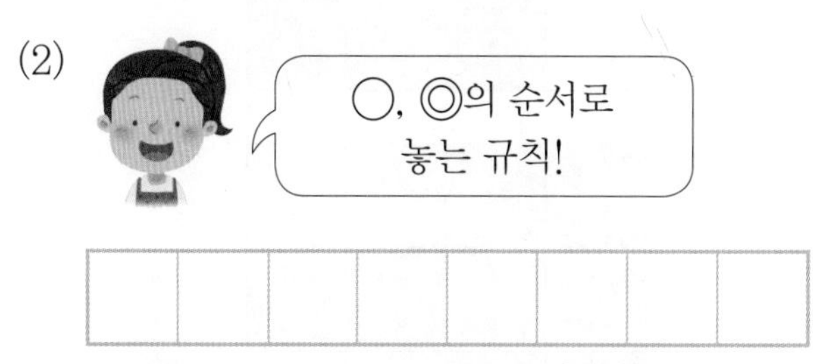

(3) 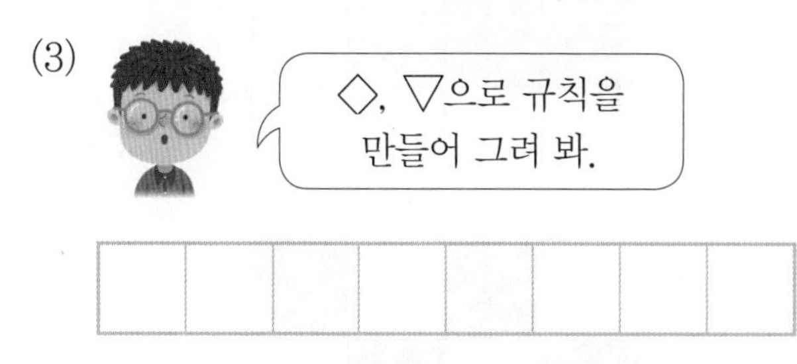

4 🥄, 🍴, 🔪로 규칙을 만들어 3개의 쟁반에 똑같이 반복되도록 그려 보세요.

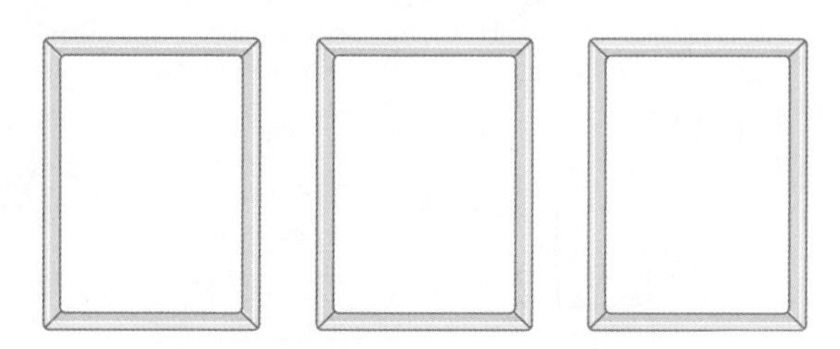

개념책 103쪽 ● 정답 45쪽

1 규칙에 따라 빈칸에 알맞은 색을 칠해 보세요.

(1)

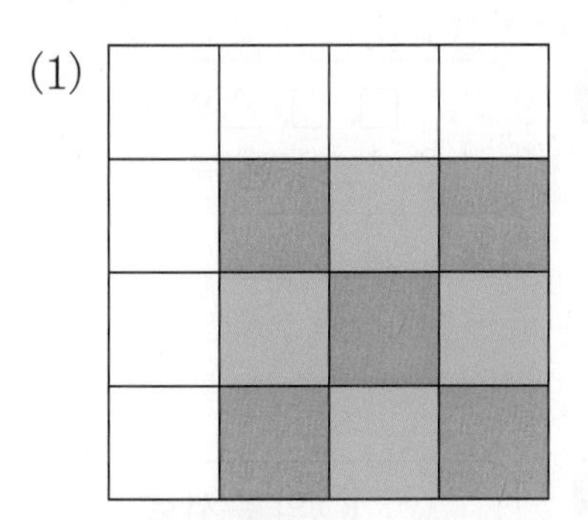

(2)

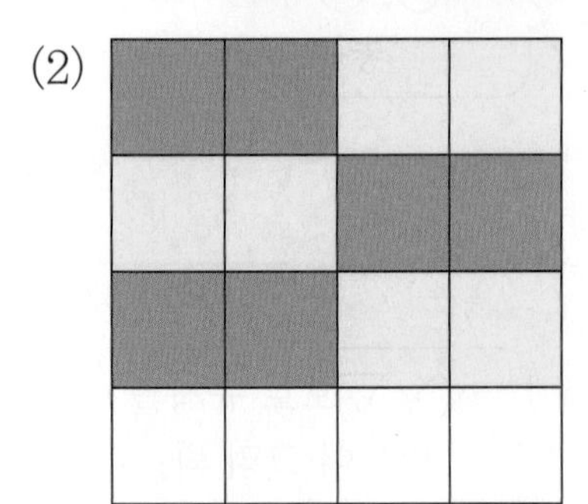

(3)

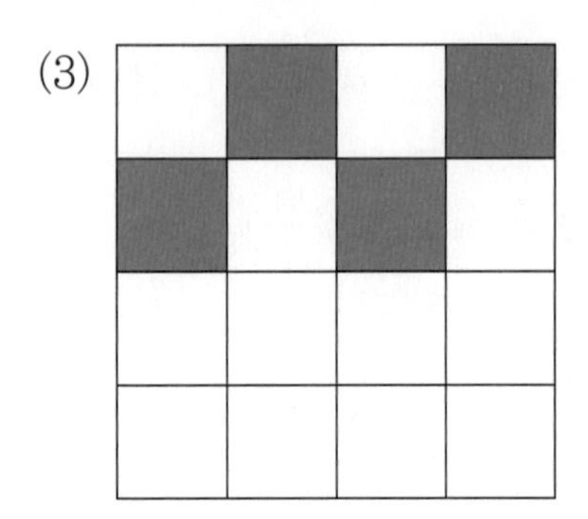

2 □, ▷ 모양으로 서로 다른 규칙을 만들어 구슬 팔찌를 꾸며 보세요.

(1)

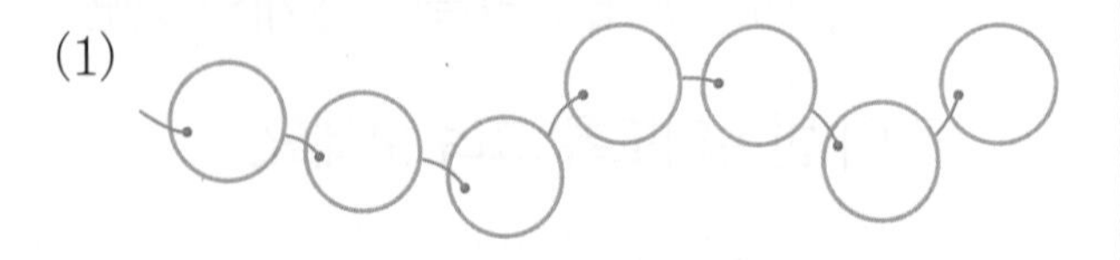

(2)

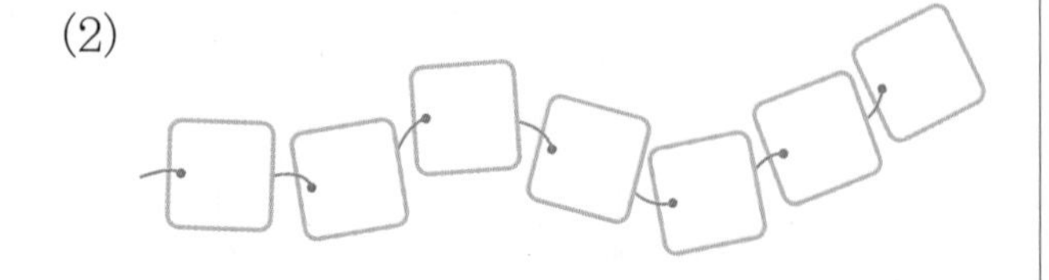

3 나만의 규칙을 만들어 색칠해 보세요.

(1) 과 으로 규칙을 만들어 색칠해 보세요.

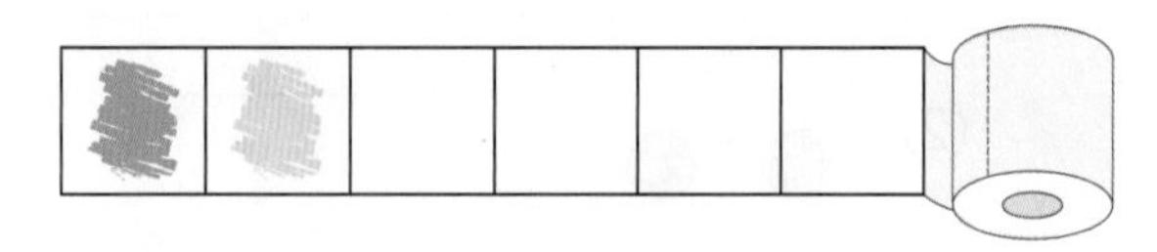

(2) 과 으로 규칙을 만들어 색칠해 보세요.

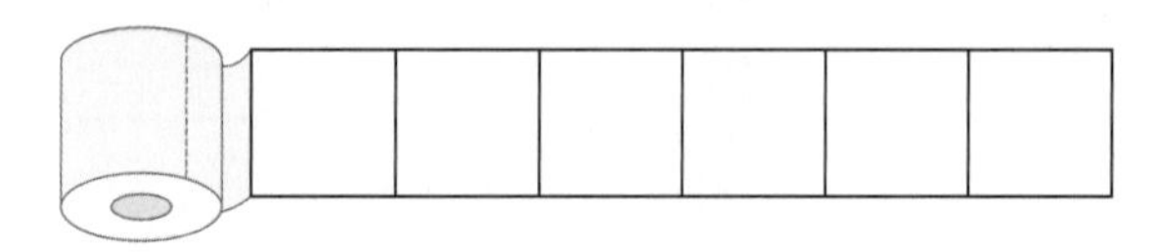

교과역량 콕!

4 ⊙, ◈ 모양으로 규칙을 만들고 무늬를 꾸며 보세요.

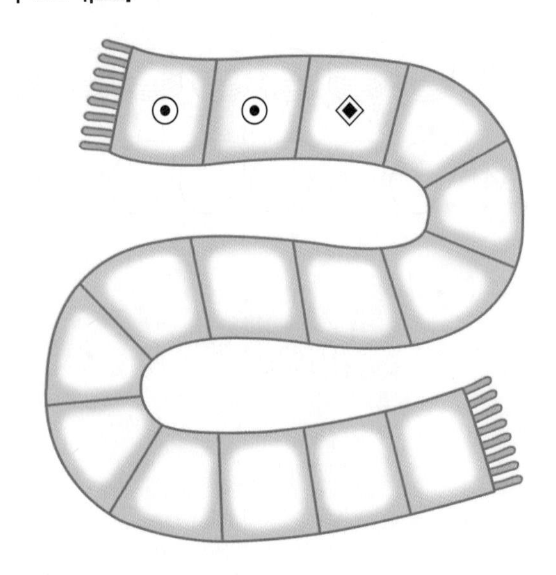

4. 수 배열에서 규칙을 찾아볼까요

개념책 108쪽 ● 정답 46쪽

1 수 배열에서 규칙을 찾아 ☐ 안에 알맞은 수를 써넣으세요.

(1) 오른쪽으로 갈수록 ☐씩 커집니다.

(2) 왼쪽으로 갈수록 ☐씩 작아집니다.

2 규칙에 따라 빈칸에 알맞은 수를 써넣으세요.

(1)

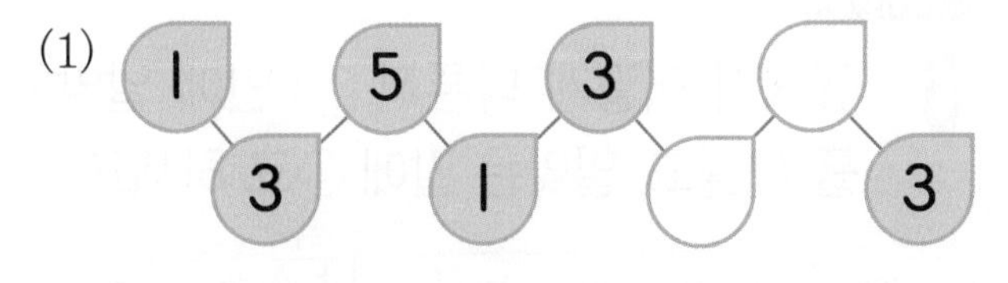

(2)

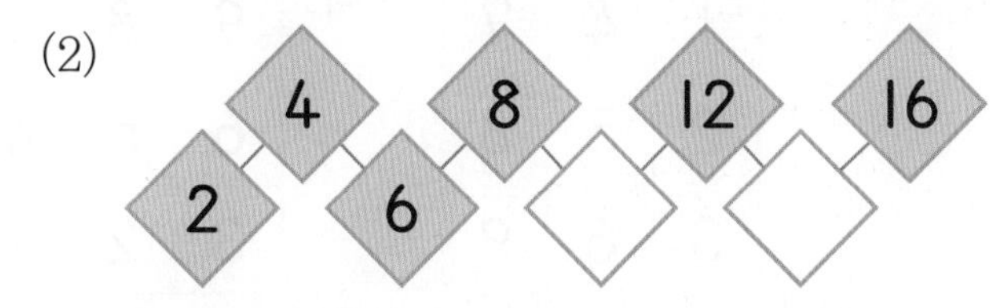

(3)

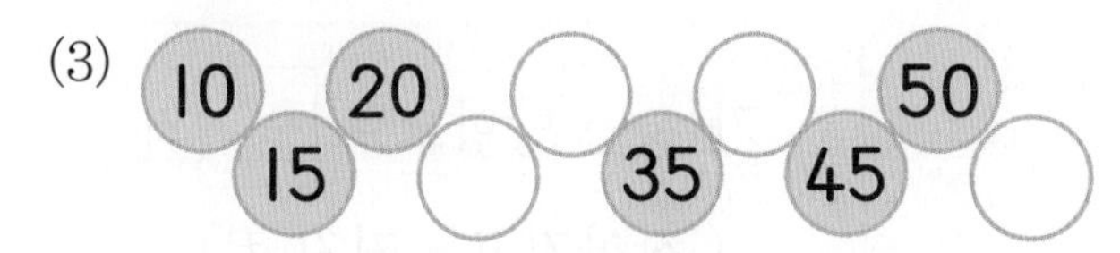

(4)

3 규칙을 만들어 빈칸에 알맞은 수를 써넣으세요.

(1)

(2) ○-○-○-○-12-8-4

교과역량 콕!

4 수 배열에서 여러 가지 규칙을 찾아 ☐ 안에 알맞은 수를 써넣으세요.

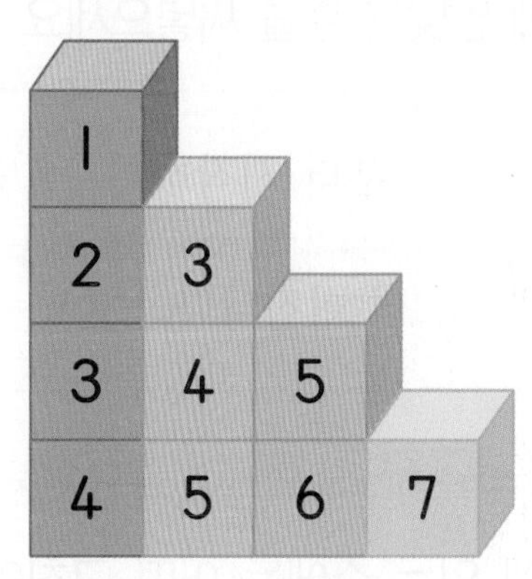

(1) 1부터 시작하여 ↓ 방향으로 ☐씩 커집니다.

(2) 1부터 시작하여 ↘ 방향으로 ☐씩 커집니다.

(3) → 방향으로 ☐씩 커집니다.

(4) ← 방향으로 ☐씩 작아집니다.

개념책 108쪽 ● 정답 46쪽

[1~3] 수 배열표를 보고 물음에 답하세요.

1	2	3	4	5	6	7	8	9	10
11	12	13	14	15	16	17	18	19	20
21	22	23	24	25	26	27	28	29	30
31	32	33	34	35	36		38	39	40
41	42	43	44	45	46		48	49	50
51	52	53	54	55	56		58	59	60
61	62	63	64	65	66	67	68	69	70
71				75	76	77	78	79	80
81	82	83	84	85	86	87	88	89	90
91	92	93	94	95	96	97	98	99	100

1 ▒에 있는 수에는 어떤 규칙이 있는지 □ 안에 알맞은 수를 써넣으세요.

□부터 시작하여 → 방향으로 □씩 커집니다.

2 ▒에 있는 수에는 어떤 규칙이 있는지 □ 안에 알맞은 수를 써넣으세요.

□부터 시작하여 ↓ 방향으로 □씩 커집니다.

3 규칙에 따라 ▒에 알맞은 수를 써넣으세요.

4 규칙을 찾아 ★과 ♥에 알맞은 수를 각각 구하세요.

16	17	18	19	20
21			24	
	27		29	
	★			♥

★ (　　　　　)

♥ (　　　　　)

5 규칙을 정해 색칠해 보세요.

90	89	88	87	86	85	84	83	82	81
80	79	78	77	76	75	74	73	72	71
70	69	68	67	66	65	64	63	62	61

교과역량 콕!

6 규칙이 어떻게 다른지 □ 안에 알맞은 수를 써넣고, 알맞은 말에 ○표 하세요.

가

1	4	7
2	5	8
3	6	9

나

9	8	7
6	5	4
3	2	1

가는 → 방향으로 □씩 (작아지고 , 커지고),

나는 → 방향으로 □씩 (작아집니다 , 커집니다).

6. 규칙을 여러 가지 방법으로 나타내 볼까요

개념책 110쪽 ● 정답 46쪽

1 규칙에 따라 빈칸에 알맞은 수를 써넣으세요.

(1)

1	3	1			

(2)

2	1	2			

2 규칙에 따라 ○, ×로 나타내 보세요.

(1)

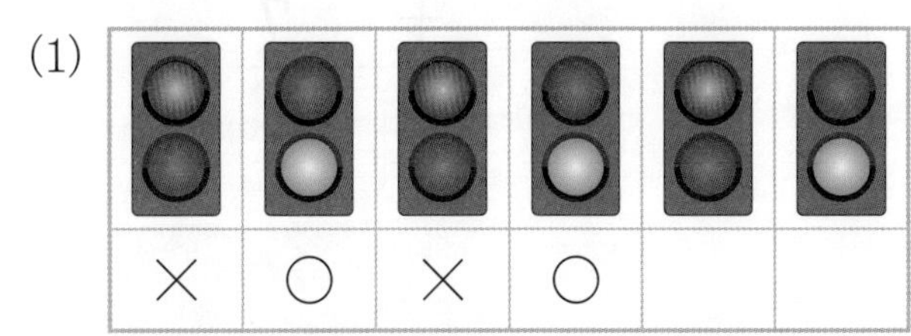

×	○	×	○		

(2)

○	×	×			

교과역량 콕!

3 규칙을 찾아 빈칸을 완성해 보세요.

(1)

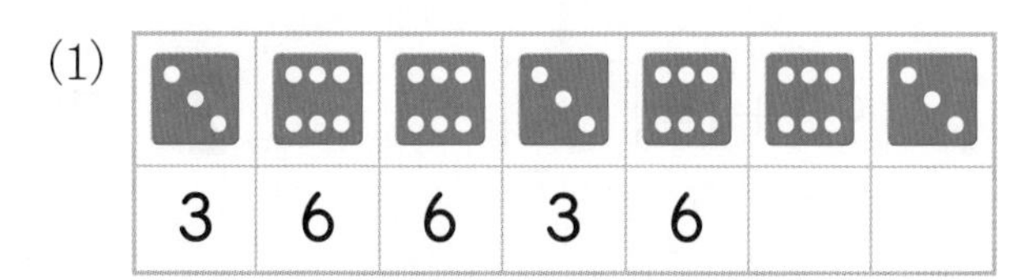

3	6	6	3	6		

(2)

4	4	1	4			

교과역량 콕!

4 규칙에 따라 빈 곳에 알맞은 그림을 그려 넣으세요.

(1)

○	□	○	□			

(2)

▽	△	○				

개념책 120쪽 ● 정답 47쪽

[1~9] 덧셈을 해 보세요.

1 $90+1=\square$

2 $70+8=\square$

3 $40+5=\square$

4 $16+3=\square$

5 $61+4=\square$

6 $25+4=\square$

7 $53+2=\square$

8 $41+6=\square$

9 $33+6=\square$

[10~18] 덧셈을 해 보세요.

10 $\begin{array}{r} 20 \\ +\ \ 3 \\ \hline \square \end{array}$

11 $\begin{array}{r} 70 \\ +\ \ 2 \\ \hline \square \end{array}$

12 $\begin{array}{r} 50 \\ +\ \ 7 \\ \hline \square \end{array}$

13 $\begin{array}{r} 22 \\ +\ \ 7 \\ \hline \square \end{array}$

14 $\begin{array}{r} 85 \\ +\ \ 4 \\ \hline \square \end{array}$

15 $\begin{array}{r} 97 \\ +\ \ 1 \\ \hline \square \end{array}$

16 $\begin{array}{r} 5 \\ +\ 42 \\ \hline \square \end{array}$

17 $\begin{array}{r} 6 \\ +\ 51 \\ \hline \square \end{array}$

18 $\begin{array}{r} 4 \\ +\ 72 \\ \hline \square \end{array}$

개념책 122쪽 ● 정답 47쪽

[1~9] 덧셈을 해 보세요.

1 $20+10=\square$

2 $30+20=\square$

3 $40+30=\square$

4 $10+50=\square$

5 $40+40=\square$

6 $20+20=\square$

7 $30+30=\square$

8 $40+20=\square$

9 $50+40=\square$

[10~18] 덧셈을 해 보세요.

10 $\begin{array}{r} 20 \\ +\ 50 \\ \hline \square \end{array}$

11 $\begin{array}{r} 10 \\ +\ 30 \\ \hline \square \end{array}$

12 $\begin{array}{r} 70 \\ +\ 10 \\ \hline \square \end{array}$

13 $\begin{array}{r} 60 \\ +\ 10 \\ \hline \square \end{array}$

14 $\begin{array}{r} 40 \\ +\ 10 \\ \hline \square \end{array}$

15 $\begin{array}{r} 60 \\ +\ 30 \\ \hline \square \end{array}$

16 $\begin{array}{r} 20 \\ +\ 60 \\ \hline \square \end{array}$

17 $\begin{array}{r} 80 \\ +\ 10 \\ \hline \square \end{array}$

18 $\begin{array}{r} 30 \\ +\ 50 \\ \hline \square \end{array}$

개념책 124쪽 • 정답 47쪽

[1~9] 덧셈을 해 보세요.

1
$$\begin{array}{r} 42 \\ +\ 36 \\ \hline \square \end{array}$$

2
$$\begin{array}{r} 31 \\ +\ 25 \\ \hline \square \end{array}$$

3
$$\begin{array}{r} 26 \\ +\ 41 \\ \hline \square \end{array}$$

4
$$\begin{array}{r} 32 \\ +\ 25 \\ \hline \square \end{array}$$

5
$$\begin{array}{r} 12 \\ +\ 21 \\ \hline \square \end{array}$$

6
$$\begin{array}{r} 46 \\ +\ 33 \\ \hline \square \end{array}$$

7
$$\begin{array}{r} 53 \\ +\ 15 \\ \hline \square \end{array}$$

8
$$\begin{array}{r} 22 \\ +\ 42 \\ \hline \square \end{array}$$

9
$$\begin{array}{r} 31 \\ +\ 58 \\ \hline \square \end{array}$$

[10~18] 덧셈을 해 보세요.

10 $15+64=\square$

11 $34+23=\square$

12 $41+52=\square$

13 $13+25=\square$

14 $24+41=\square$

15 $52+37=\square$

16 $72+12=\square$

17 $57+21=\square$

18 $62+31=\square$

개념책 130쪽 ● 정답 47쪽

[1~9] 빼셈을 해 보세요.

1 $58-6=\square$

2 $19-5=\square$

3 $73-1=\square$

4 $35-3=\square$

5 $24-1=\square$

6 $67-5=\square$

7 $95-4=\square$

8 $49-2=\square$

9 $89-6=\square$

[10~18] 뺄셈을 해 보세요.

10 $\begin{array}{r} 18 \\ -\ \ 6 \\ \hline \square \end{array}$

11 $\begin{array}{r} 57 \\ -\ \ 3 \\ \hline \square \end{array}$

12 $\begin{array}{r} 67 \\ -\ \ 6 \\ \hline \square \end{array}$

13 $\begin{array}{r} 39 \\ -\ \ 5 \\ \hline \square \end{array}$

14 $\begin{array}{r} 47 \\ -\ \ 2 \\ \hline \square \end{array}$

15 $\begin{array}{r} 26 \\ -\ \ 3 \\ \hline \square \end{array}$

16 $\begin{array}{r} 49 \\ -\ \ 7 \\ \hline \square \end{array}$

17 $\begin{array}{r} 77 \\ -\ \ 4 \\ \hline \square \end{array}$

18 $\begin{array}{r} 85 \\ -\ \ 4 \\ \hline \square \end{array}$

개념책 132쪽 ● 정답 47쪽

[1~9] 빨셈을 해 보세요.

1 $80-30=\square$

2 $90-20=\square$

3 $50-10=\square$

4 $60-30=\square$

5 $70-20=\square$

6 $20-10=\square$

7 $40-30=\square$

8 $30-20=\square$

9 $90-40=\square$

[10~18] 빨셈을 해 보세요.

10 $\begin{array}{r} 7\ 0 \\ -\ 1\ 0 \\ \hline \square \end{array}$

11 $\begin{array}{r} 6\ 0 \\ -\ 4\ 0 \\ \hline \square \end{array}$

12 $\begin{array}{r} 8\ 0 \\ -\ 2\ 0 \\ \hline \square \end{array}$

13 $\begin{array}{r} 9\ 0 \\ -\ 1\ 0 \\ \hline \square \end{array}$

14 $\begin{array}{r} 5\ 0 \\ -\ 3\ 0 \\ \hline \square \end{array}$

15 $\begin{array}{r} 8\ 0 \\ -\ 4\ 0 \\ \hline \square \end{array}$

16 $\begin{array}{r} 4\ 0 \\ -\ 2\ 0 \\ \hline \square \end{array}$

17 $\begin{array}{r} 7\ 0 \\ -\ 4\ 0 \\ \hline \square \end{array}$

18 $\begin{array}{r} 6\ 0 \\ -\ 5\ 0 \\ \hline \square \end{array}$

6. (몇십몇)−(몇십몇)

개념책 134쪽 • 정답 47쪽

[1~9] 빼기셈을 해 보세요.

1 $\begin{array}{r} 47 \\ -\ 13 \\ \hline \square \end{array}$

2 $\begin{array}{r} 86 \\ -\ 24 \\ \hline \square \end{array}$

3 $\begin{array}{r} 77 \\ -\ 42 \\ \hline \square \end{array}$

4 $\begin{array}{r} 87 \\ -\ 51 \\ \hline \square \end{array}$

5 $\begin{array}{r} 99 \\ -\ 25 \\ \hline \square \end{array}$

6 $\begin{array}{r} 75 \\ -\ 24 \\ \hline \square \end{array}$

7 $\begin{array}{r} 57 \\ -\ 32 \\ \hline \square \end{array}$

8 $\begin{array}{r} 68 \\ -\ 25 \\ \hline \square \end{array}$

9 $\begin{array}{r} 94 \\ -\ 41 \\ \hline \square \end{array}$

[10~18] 뺄셈을 해 보세요.

10 $88-56=\square$

11 $65-50=\square$

12 $79-38=\square$

13 $97-61=\square$

14 $69-45=\square$

15 $53-11=\square$

16 $87-42=\square$

17 $76-54=\square$

18 $93-62=\square$

개념책 136쪽 ● 정답 47쪽

[1~4] 덧셈과 뺄셈을 해 보세요.

1

$24+10=\square$

$24+20=\square$

$24+30=\square$

$24+40=\square$

2

$32+41=\square$

$41+32=\square$

$54+22=\square$

$22+54=\square$

3

$65-10=\square$

$65-20=\square$

$65-30=\square$

$65-40=\square$

4

$78-11=\square$

$78-12=\square$

$78-13=\square$

$78-14=\square$

[5~8] 바르게 계산한 식을 찾아 색칠해 보세요.

5

$30+17=47$	$90-20=80$
$54+13=31$	$36-12=24$

6

$20+50=60$	$48+21=69$
$39-15=24$	$70-40=40$

7

$80-30=50$	$14+50=64$
$67-20=37$	$40+59=89$

8

$27+61=98$	$40+30=70$
$83-12=70$	$97-47=50$

개념책 126쪽 ● 정답 48쪽

1 그림을 보고 □ 안에 알맞은 수를 써넣으세요.

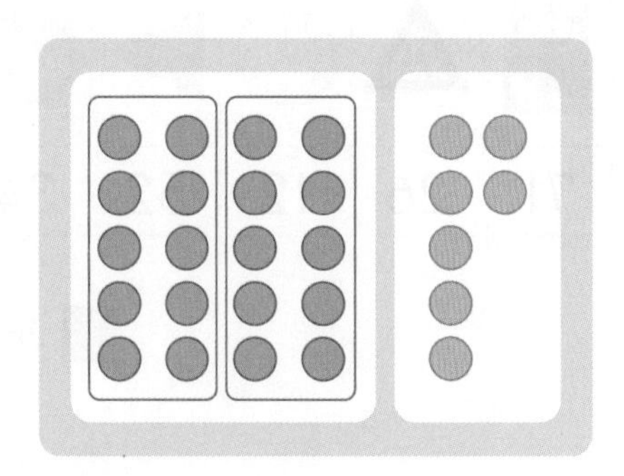

$20+7=$ □

2 달걀이 모두 몇 개인지 구하려고 합니다. □ 안에 알맞은 수를 써넣으세요.

(1)

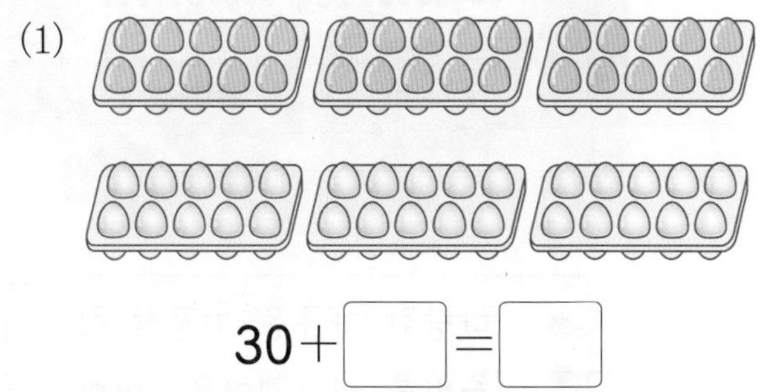

$30+$ □ $=$ □

(2)

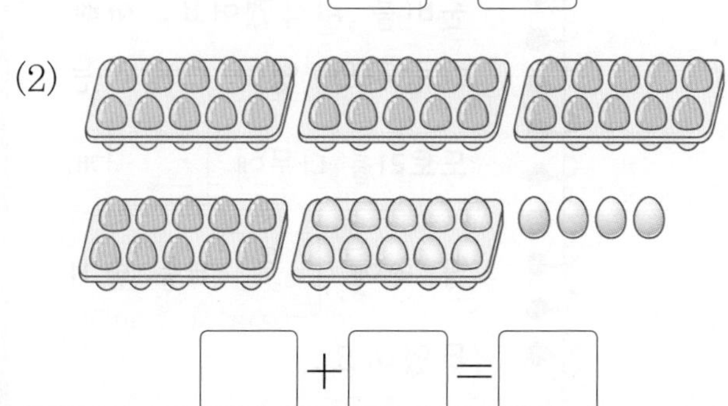

□ $+$ □ $=$ □

3 큰 수조에 물고기 30마리, 새우 16마리가 있습니다. 수조에 있는 물고기와 새우는 모두 몇 마리인가요?

$30+$ □ $=$ □

답 ______

4 돌 14개로 비사치기를 하고 있습니다. 서준이가 돌 11개를 더 가지고 오면 돌은 모두 몇 개가 되나요?

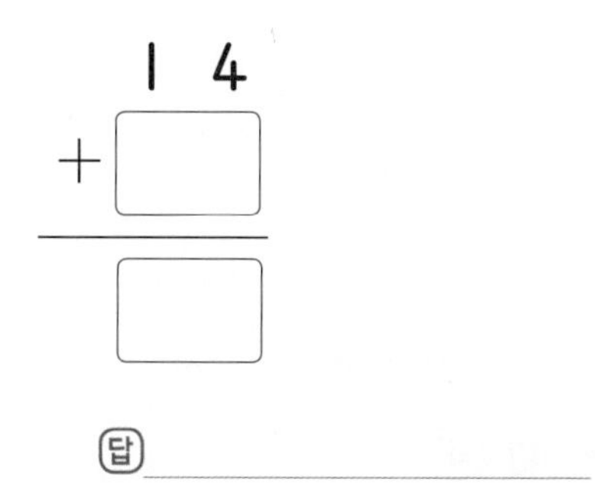

답 ______

5 합이 같은 것끼리 이어 보세요.

(1) $34+15$ • • $10+52$

(2) $12+26$ • • $8+41$

(3) $52+10$ • • $17+21$

개념책 126쪽 ● 정답 48쪽

1 파란색 제기와 보라색 제기는 모두 몇 개인가요?

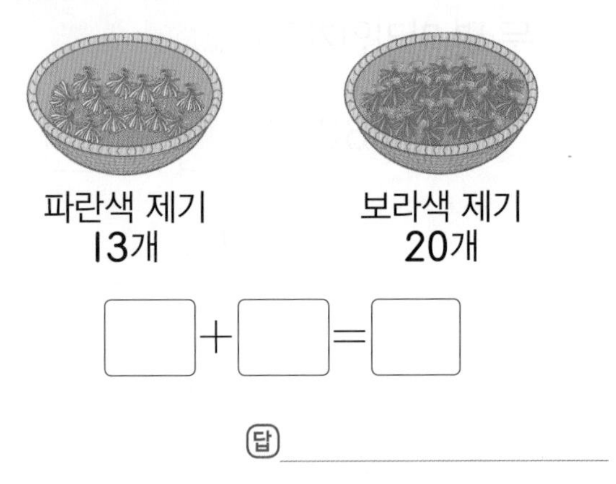

□+□=□

답 ____________

교과역량 콕!

2 바르게 계산한 친구의 이름을 쓰세요.

(   )

교과역량 콕!

3 같은 모양에 적힌 수의 합을 구하세요.

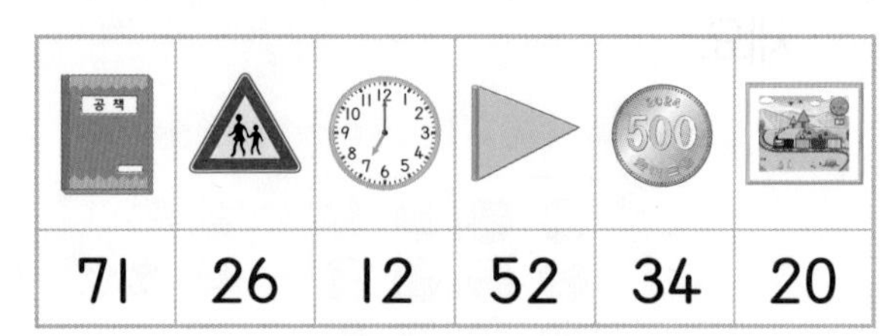

71	26	12	52	34	20

■ 모양: □

▲ 모양: □

● 모양: □

교과역량 콕!

4 그림을 보고 □ 안에 알맞은 수를 써넣어 이야기를 완성하세요.

다람쥐 가족은 겨울잠 잘 준비를 시작했어요. 아빠 다람쥐와 엄마 다람쥐는 도토리를 나무에 □개, 땅 속에 □개를 숨겨 두었어요.

개념책 138쪽 ● 정답 48쪽

1 그림을 보고 □ 안에 알맞은 수를 써넣으세요.

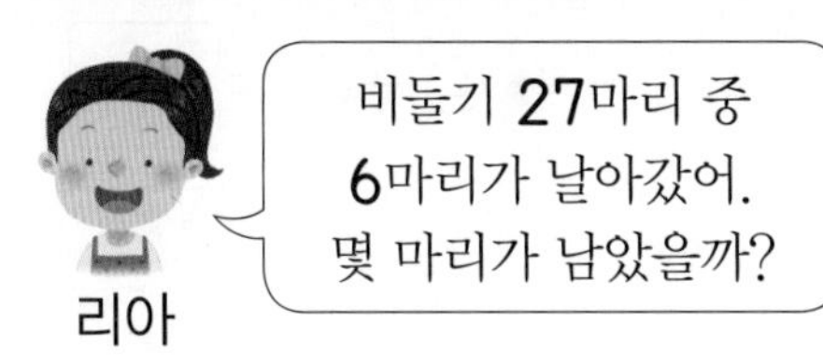

27－6＝□

2 남은 달걀이 몇 개인지 구하려고 합니다. □ 안에 알맞은 수를 써넣으세요.

(1)

50－□＝□

(2)

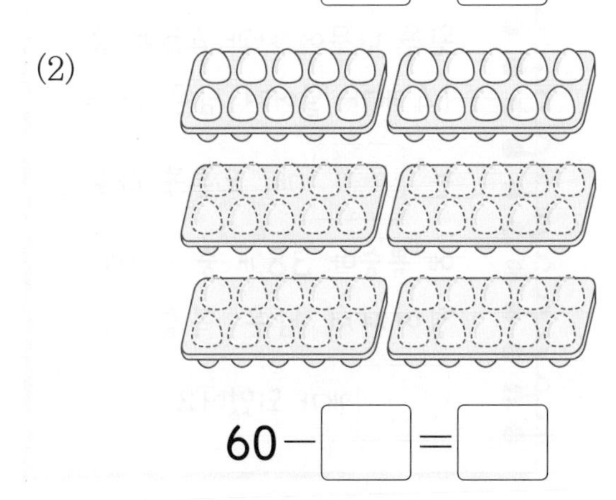

60－□＝□

3 색종이를 아인이는 45장, 진서는 23장 가지고 있습니다. 아인이는 진서보다 색종이를 몇 장 더 가지고 있나요?

45－□＝□

답 ____________

4 팽이가 38개 있습니다. 옆 반에 25개를 빌려주면 남는 팽이는 몇 개인가요?

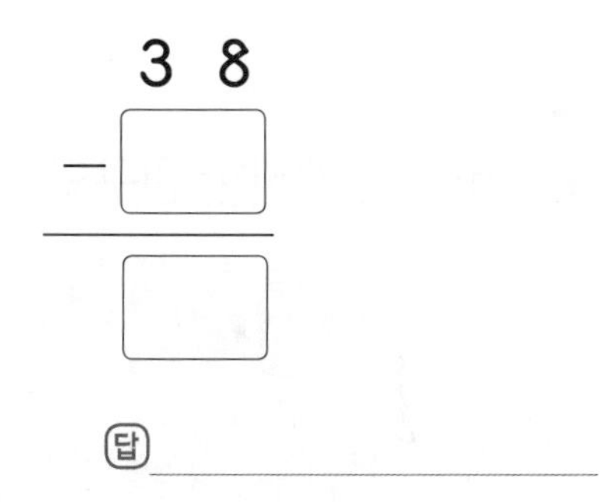

답 ____________

5 차가 같은 것끼리 이어 보세요.

(1) 53－12 • • 37－7

(2) 90－60 • • 66－25

(3) 28－4 • • 44－20

개념책 138쪽 ● 정답 48쪽

1 알맞은 연과 얼레를 이어 보세요.

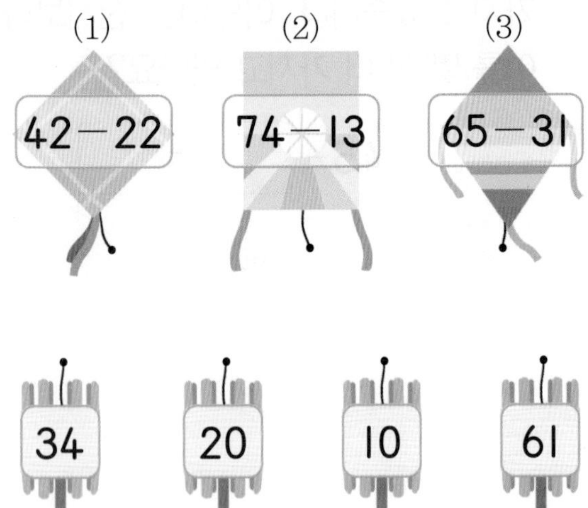

교과역량 콕!

2 바르게 계산한 친구의 이름을 쓰세요.

미나

오렌지주스는 포도주스보다 23개 더 많이 있네.

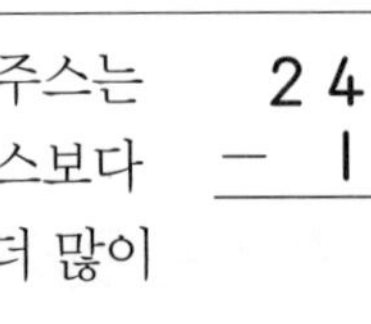

현우

23개가 아니고 14개야.

$\begin{array}{r} 24 \\ -1 \\ \hline \end{array}$

(　　　　　　　　)

교과역량 콕!

3 규칙에 따라 수를 썼을 때 ㉠과 ㉡에 알맞은 두 수의 차를 구하세요.

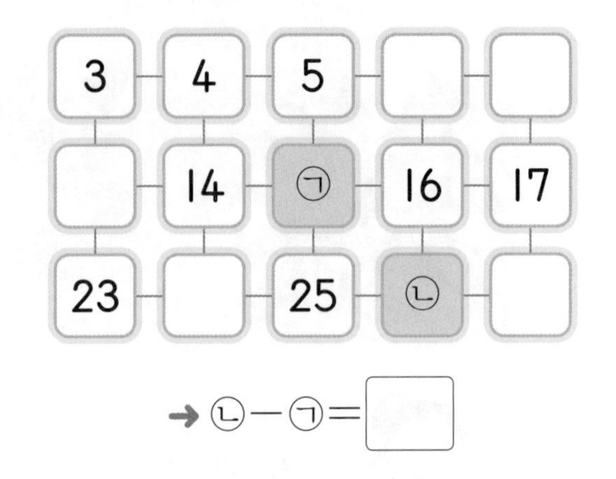

→ ㉡−㉠=□

교과역량 콕!

4 그림을 보고 □ 안에 알맞은 수를 써넣어 이야기를 완성하세요.

왼쪽 나무에 사과 45개 중 14개가 떨어져 남은 사과는 □개, 오른쪽 나무에 복숭아 38개 중 11개가 떨어져서 남은 복숭아는 □개가 되었어요.

개념책 141쪽 ● 정답 48쪽

1 덧셈과 뺄셈을 해 보세요.

(1)

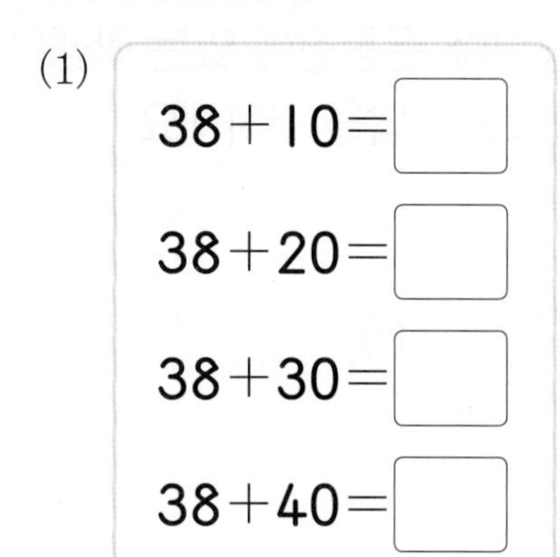

$38+10=$

$38+20=$

$38+30=$

$38+40=$

(2)

$47+22=$

$22+47=$

$36+31=$

$31+36=$

(3)

$65-10=$

$65-20=$

$65-30=$

$65-40=$

(4)

$59-11=$

$59-12=$

$59-13=$

$59-14=$

2 그림을 보고 빈칸에 알맞은 수를 써넣으세요.

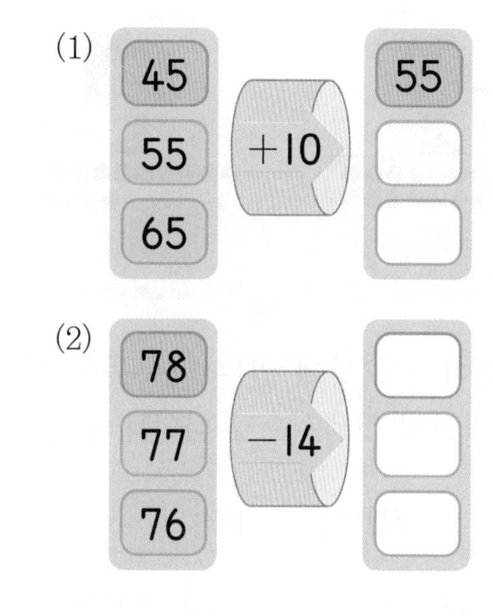

3 두 주머니에서 수를 하나씩 골라 덧셈식과 뺄셈식을 만들어 보세요.

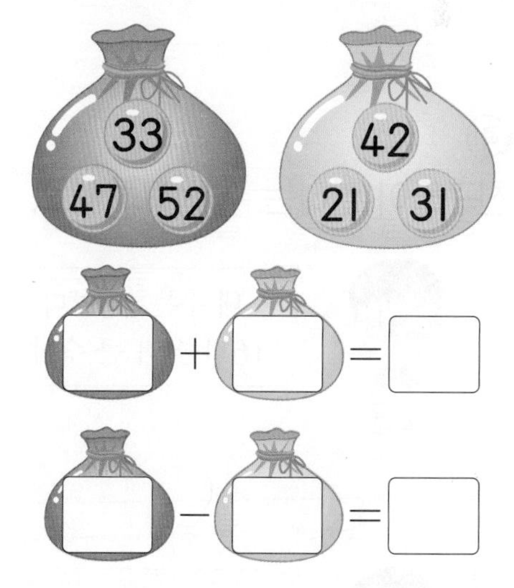

$\square+\square=\square$

$\square-\square=\square$

개념책 141쪽 ● 정답 48쪽

1 그림을 보고 덧셈식과 뺄셈식으로 나타내 보세요.

(1) 규민이의 책상에 있는 바둑돌은 모두 몇 개인지 덧셈식으로 나타내세요.

20 + □ = □

(2) 리아의 책상에 있는 흰색 바둑돌은 검은색 바둑돌보다 몇 개 더 많은지 뺄셈식으로 나타내세요.

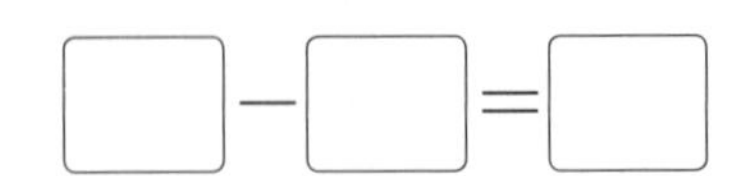

교과역량 콕!

2 친구들이 말하는 수를 구하세요.

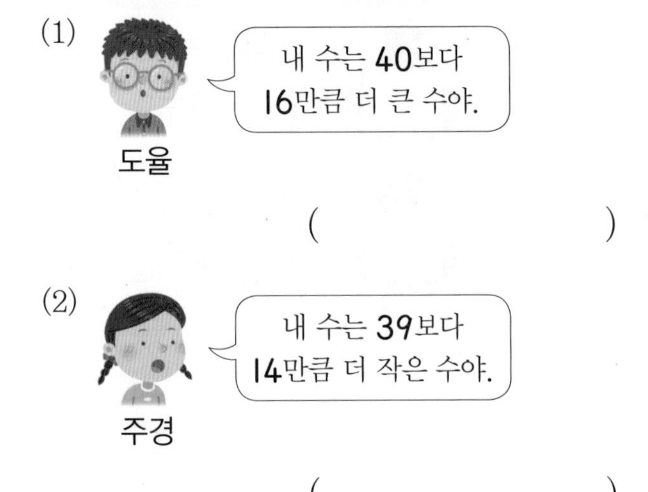

교과역량 콕!

3 운동장에 학생 28명이 있었는데 11명이 더 들어왔습니다. 운동장에 있는 학생은 몇 명인지 식을 쓰고, 답을 구하세요.

식 ____________________

답 ____________________

교과역량 콕!

4 제기를 서아는 36번 찼고, 시헌이는 14번 찼습니다. 서아가 시헌이보다 몇 번 더 찼는지 식을 쓰고, 답을 구하세요.

식 ____________________

답 ____________________

교과역량 콕!

5 하연이는 친구들과 투호 놀이를 하고 있습니다. 화살을 하연이는 13개 넣었고, 운찬이는 24개 넣었습니다. 물음에 답하세요.

(1) 하연이와 운찬이가 넣은 화살은 모두 몇 개인가요?

( )

(2) 운찬이는 하연이보다 화살을 몇 개 더 넣었나요?

( )

큐브 개념

기본 강화책 | 초등 수학 1·2

엄마표 학습 **큐브**

큡챌린지란?

큐브로 6주간 매주 자녀와
학습한 내용을 기록하고,
같은 목표를 가진 엄마들과 소통하며
함께 성장할 수 있는
엄마표 학습단입니다.

엄마표 학습, 큐브로 시작!

큡챌린지

수학은 큡

학습 태도 변화

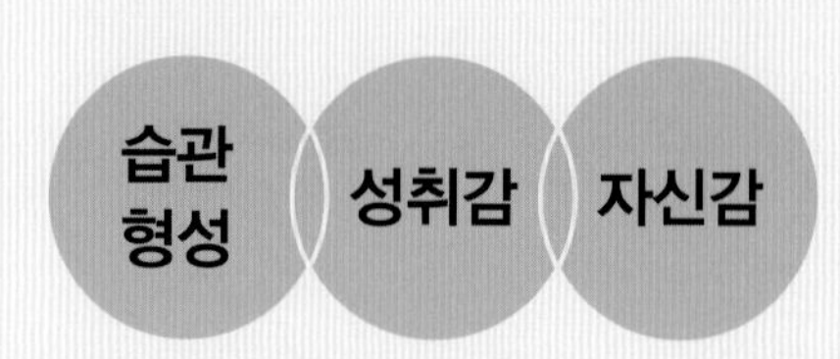

학습단 참여 후 우리 아이는
"꾸준히 학습하는 습관이 잡혔어요."
"성취감이 높아졌어요."
"수학에 자신감이 생겼어요."

큡챌린지 이런 점이 좋아요

학습 지속률

10명 중 8.3명

학습 스케줄

매일 4쪽씩 학습!

구분	비율
주 5회 매일 4쪽	39%
주 5회 매일 2쪽	15%
1주에 한 단원 끝내기	17%
기타(개별 진도 등)	29%

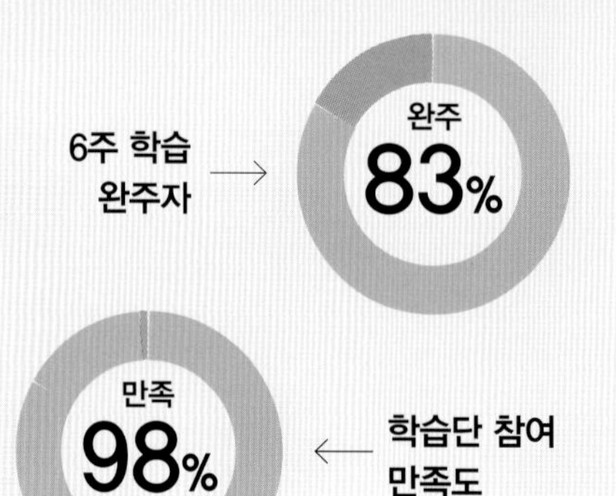

학습 참여자 2명 중 1명은

6주 간 1권 끝!

큐브 개념

초등 수학

1·2

모바일 쉽고 편리한 빠른 정답

정답 및 풀이

동아출판

정답 및 풀이

차례

초등 수학 1·2

모바일 빠른 정답

QR코드를 찍으면 **정답 및 풀이**를 쉽고 빠르게 확인할 수 있습니다.

개념책 정답 및 풀이

모바일 빠른 정답
QR코드를 찍으면 정답 및 풀이를 쉽고 빠르게 확인할 수 있습니다.

1 100까지의 수

008쪽 1STEP 교과서 개념 잡기

1 70 / 90 / 구십, 아흔
2 6, 60　　3 80
4 (1) 7, 0 / 70 (2) 6, 0 / 60
5 (1), (2), (3) (선 잇기)

1 • 10개씩 묶음 7개 → 70(칠십, 일흔)
• 10개씩 묶음 9개 → 90(구십, 아흔)

2 10개씩 묶음 ■개를 ■0이라고 합니다.

3 10개씩 묶음 8개는 80입니다.

4 참고 낱개는 없으므로 0을 써넣습니다.

5 (1) 60 → 육십 → 예순
(2) 80 → 팔십 → 여든
(3) 90 → 구십 → 아흔

010쪽 1STEP 교과서 개념 잡기

1 8, 6 / 86, 팔십육 / 86
2 63, 예순셋　　3 (1) 79 (2) 91
4 (1) 예 (그림)
(2) 5, 7 / 57
5 (1), (2), (3) (선 잇기)
6 '팔십팔'에 ○표

1 10개씩 묶음 ■개와 낱개 ▲개를 ■▲라고 씁니다.

2 10개씩 묶음 6개와 낱개 3개
→ 63(육십삼, 예순셋)

3 (1) 칠십구 → 79　　(2) 아흔하나 → 91

4 (2) 10개씩 묶음 5개와 낱개 7개 → 57

5 (1) 10개씩 묶음 6개와 낱개 1개
→ 61(육십일, 예순하나)
(2) 10개씩 묶음 7개와 낱개 7개
→ 77(칠십칠, 일흔일곱)
(3) 10개씩 묶음 8개와 낱개 3개
→ 83(팔십삼, 여든셋)

6 번호를 읽을 때에는 '팔십팔 번'으로 읽습니다.
참고 횟수를 나타내는 말을 읽을 때에는 '여든여덟 번'으로 읽습니다.
예 난 이 책을 여든여덟 번이나 읽었어.

012쪽 2STEP 수학익힘 문제 잡기

01 9
02 예 (그림) / 8, 80
03 (1) 60 (2) 70
04 70 / 칠십, 일흔
05 (1), (2), (3), (4) (선 잇기)

개념책 1 단원

06 예 60

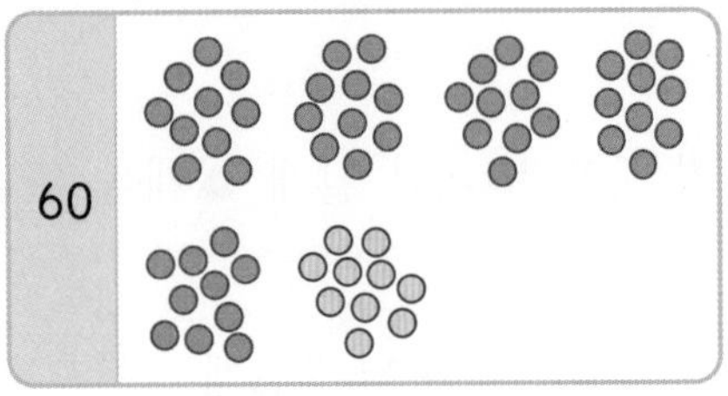

07 54 / 오십사, 쉰넷
08 (위에서부터) 5, 6, 58
09 (1) 55
(2) 61
10 아흔일곱 97 구십칠 여든일곱 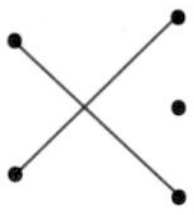
11 성준
12 (위에서부터) 8, 9, 89 / 9, 8, 98

03 (1) 10개씩 묶음 6개 → 60
(2) 10개씩 묶음 7개 → 70

04 10개씩 묶음 7개 → 70(칠십, 일흔)

05 (1) 일흔 → 70 → 칠십
(2) 여든 → 80 → 팔십
(3) 예순 → 60 → 육십
(4) 아흔 → 90 → 구십

06 10개씩 묶음이 1개 더 필요합니다.

07 10개씩 묶음 5개와 낱개 4개
→ 54(오십사, 쉰넷)

08 • 75는 10개씩 묶음 7개와 낱개 5개입니다.
• 63은 10개씩 묶음 6개와 낱개 3개입니다.
• 10개씩 묶음 5개와 낱개 8개는 58입니다.

09 (1) 55(오십오, 쉰다섯)
(2) 61(육십일, 예순하나)

10 • 아흔일곱, 구십칠: 97
• 여든일곱: 87 → '여든일곱'에 색칠합니다.

11 82개는 '여든두 개' 또는 '팔십이 개'로 읽습니다.

12 8과 9의 순서를 바꿔 가며 89와 98을 만들 수 있습니다.

014쪽 1STEP 교과서 개념 잡기

1 62, 68
2 >, <
3 57, 59
4 100, 백
5 (1) <
(2) '작습니다'에 ○표 / '큽니다'에 ○표

1 • 63보다 1만큼 더 작은 수는 63 바로 앞의 수인 62입니다.
• 수를 순서대로 썼을 때 67, 68, 69이므로 67과 69 사이의 수는 68입니다.

2 • 62 > 55 (6>5)
• 55 < 62 (5<6)

3 • 58보다 1만큼 더 작은 수: 57
• 58보다 1만큼 더 큰 수: 59

4 99보다 1만큼 더 큰 수 → 100(백)
참고 100을 읽는 방법은 '백'으로 한 가지뿐입니다.

5 (1) 10개씩 묶음의 수가 7로 같으므로 낱개의 수를 비교합니다.
74는 낱개가 4개이고, 78은 낱개가 8개이므로 74는 78보다 작습니다. → 74<78
(2) 74는 78보다 작습니다.
→ 78은 74보다 큽니다.

016쪽 1STEP 교과서 개념 잡기

1 예 9, 10, 11, 12 / 짝수, 홀수
2 '있습니다'에 ○표 / '홀수'에 ○표
3 ( )(○)
4 (1) 4 / '짝수'에 ○표 (2) 9 / '홀수'에 ○표
5 13 - 14 - 15 - 16 - 17 - 18 - 19 - 20 - 21

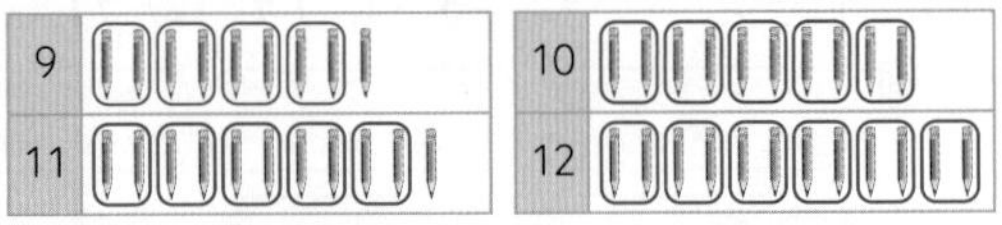

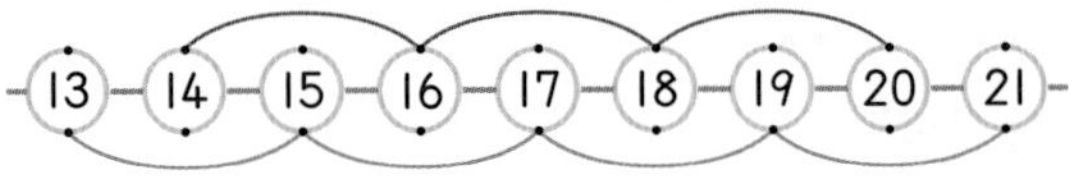

1 • 둘씩 짝을 지을 때 남는 것이 없는 수: 짝수
• 둘씩 짝을 지을 때 하나가 남는 수: 홀수

2 바나나 7개는 둘씩 짝을 지을 때 하나가 남습니다. 따라서 7은 홀수입니다.

3 왼쪽 공깃돌은 5개, 오른쪽 공깃돌은 6개입니다.

4 (1) 고추의 수: 4 → 둘씩 짝을 지을 때 남는 것이 없으므로 짝수입니다.
(2) 고추의 수: 9 → 둘씩 짝을 지을 때 하나가 남으므로 홀수입니다.

5 • 짝수: 14, 16, 18, 20
• 홀수: 13, 15, 17, 19, 21
참고 수를 순서대로 썼을 때 홀수와 짝수가 번갈아 나옵니다.

018쪽 2STEP 수학익힘 문제 잡기

01 71, 73
02 '작습니다'에 ○표 / '큽니다'에 ○표
03 68, 70
04 (1) 85, 87 (2) 57, 60
05

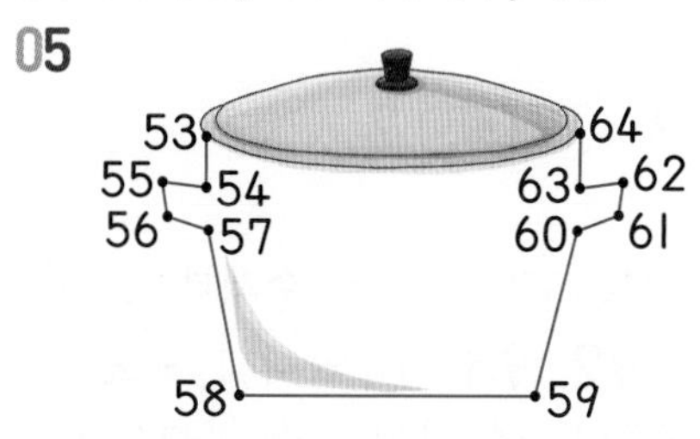

06 (위에서부터) 81, 84, 85 / 86 / 91, 92, 93 / 100
07 <
08

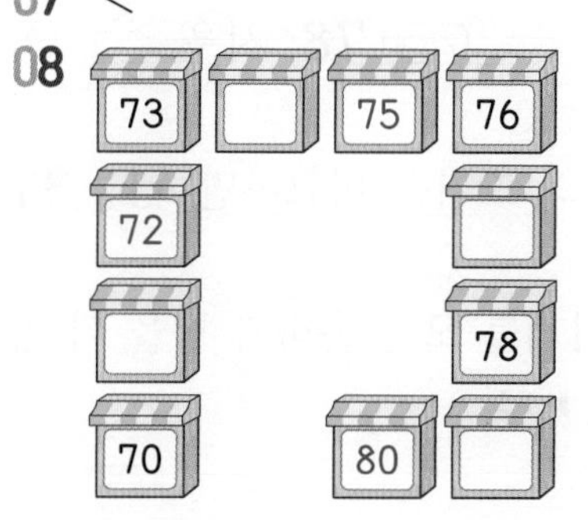

09

65	63 (△)

10 52, <, 56
11 (1) 65, '작습니다'에 ○표
(2) 65, '큽니다'에 ○표
12 (1) < (2) > (3) < (4) >
13 (○) (   )
14 91
15 61에 △표, 89에 ○표
16 유나
17 64, 74
18 예

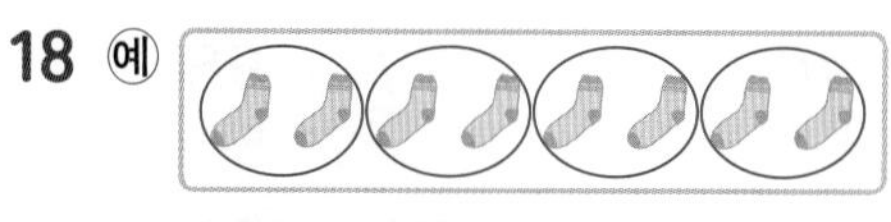

/ '짝수'에 ○표
19 13 / 홀수
20 10, 11(△), 12, 13(△), 14, 15(△)
21

22 (1) '짝수'에 ○표 (2) '홀수'에 ○표
23

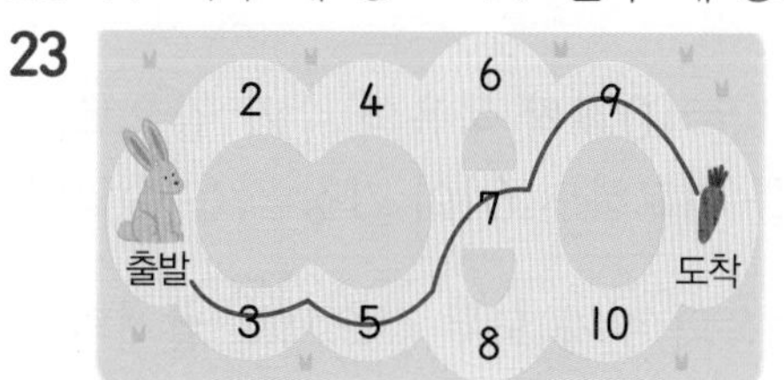

24 짝수, 홀수 **25** (   ) (○)
26 (1) 홀수 (2) 짝수

04 (1) 84 바로 뒤의 수는 85이고, 86 바로 뒤의 수는 87입니다.
(2) 58 바로 앞의 수는 57이고, 59 바로 뒤의 수는 60입니다.

05 수를 53부터 64까지 순서대로 이어 그림을 완성합니다.

06 수를 76부터 100까지 순서대로 씁니다.

07 수를 순서대로 썼을 때 뒤에 있는 수가 앞에 있는 수보다 더 큰 수입니다.

08 수의 순서대로 알맞은 위치를 찾아 번호를 써넣습니다.

09 10개씩 묶음의 수가 6으로 같으므로 낱개의 수를 비교합니다.
65는 낱개가 5개이고, 63은 낱개가 3개이므로 더 작은 수는 63입니다.

10 • 왼쪽 방울토마토의 수: 52
• 오른쪽 방울토마토의 수: 56
$52 < 56$ ($2 < 6$)

12 (1) $53 < 70$ ($5 < 7$)　(2) $97 > 95$ ($7 > 5$)
(3) $62 < 85$ ($6 < 8$)　(4) $76 > 71$ ($6 > 1$)

13 • $74 > 71$ ($4 > 1$)　• $80 < 88$ ($0 < 8$)

14 10개씩 묶음의 수가 클수록 더 큰 수입니다.
➔ 가장 큰 수: 91

15 • 가장 큰 수는 10개씩 묶음의 수가 가장 큰 89입니다.
• 65와 61은 10개씩 묶음의 수가 같으므로 낱개의 수를 비교하면 61이 가장 작은 수입니다.

16 10개씩 묶음의 수가 모두 같으므로 낱개의 수를 비교합니다.
57, 53, 59 중 낱개의 수가 가장 작은 것은 53이므로 고구마를 가장 적게 캔 사람은 유나입니다.

17 72는 64보다 크고 74보다 작으므로 64와 74 사이에 놓아야 합니다.

18 둘씩 짝을 지을 때 남는 것이 없는 수를 짝수라고 합니다.

19 물고기 13마리는 둘씩 짝을 지을 때 하나가 남으므로 홀수입니다.

20 • 짝수: 10, 12, 14 ➔ ○표
• 홀수: 11, 13, 15 ➔ △표
참고 짝수는 수가 2, 4, 6, 8, 0으로 끝납니다.
홀수는 수가 1, 3, 5, 7, 9로 끝납니다.

21 • 짝수: 12, 4, 16 ➔ 빨간색
• 홀수: 19, 11, 15, 7, 3 ➔ 노란색

22 (1) 학생 수: 14 ➔ 짝수
(2) 꽃의 수: 17 ➔ 홀수

23 홀수인 3, 5, 7, 9를 따라 선을 긋습니다.

24 • 지우개는 12개입니다. ➔ 짝수
• 가위는 1개입니다. ➔ 홀수

25 • 10, 12는 짝수, 15는 홀수입니다.
• 14, 20, 6은 모두 짝수입니다.

26 (1) 자동차가 들어오기 전 주차장에 있는 자동차 한 대만 짝이 없으므로 홀수입니다.
(2) 자동차가 들어온 후 주차장에 있는 모든 자동차가 짝이 있으므로 짝수입니다.

022쪽 3STEP 서술형 문제 잡기

※서술형 문제의 예시 답안입니다.

1 1단계 68, 69　2단계 2
답 2개

2 1단계 89부터 94까지의 수를 순서대로 쓰면 89, 90, 91, 92, 93, 94입니다. ▶ 3점
2단계 따라서 89와 94 사이의 수는 모두 4개입니다. ▶ 2점
답 4개

3 1단계 $<$　2단계 78, 시우
답 시우

4 1단계 41과 37의 크기를 비교하면 $41 > 37$입니다. ▶ 3점
2단계 따라서 41개를 모은 은하가 병을 더 많이 모았습니다. ▶ 2점
답 은하

5 (1단계) 77, 78, 79 (2단계) 78
ⓐ 78

6 (1단계) 85보다 크고 89보다 작은 수를 모두 구하면 86, 87, 88입니다. ▶ 3점
(2단계) 85보다 크고 89보다 작은 수 중에서 홀수는 87입니다. ▶ 2점
ⓐ 87

7 (1단계) 6, 4 (2단계) 64, 46
ⓐ 64, 46

8 예 (1단계) 8, 5 (2단계) 85, 58
ⓐ 85, 58

8 (채점 가이드) 고른 두 수의 순서를 바꿔 가며 몇십몇을 ■▲, ▲■로 썼는지 확인합니다.

024쪽 1단원 마무리

01 7, 70

02 8, 5, 85

03 예

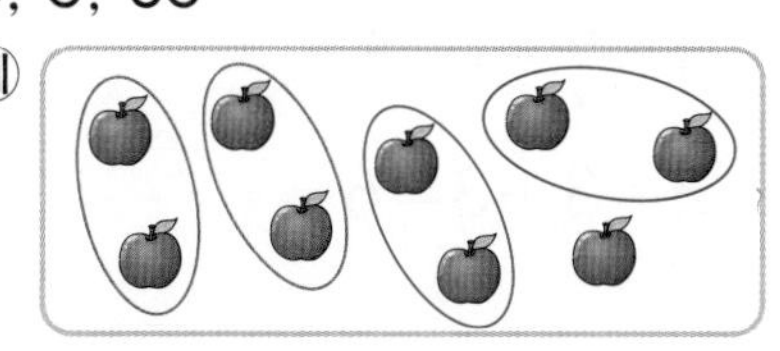

/ '홀수'에 ○표

04 8

05 구십사, 아흔넷

06 62, 64

07

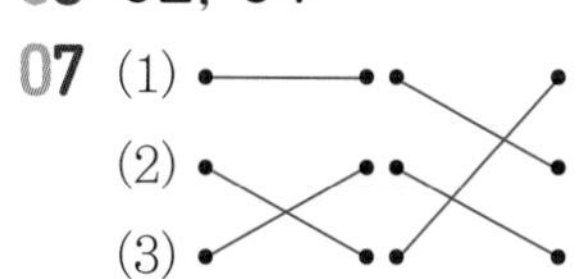

08 58개

09

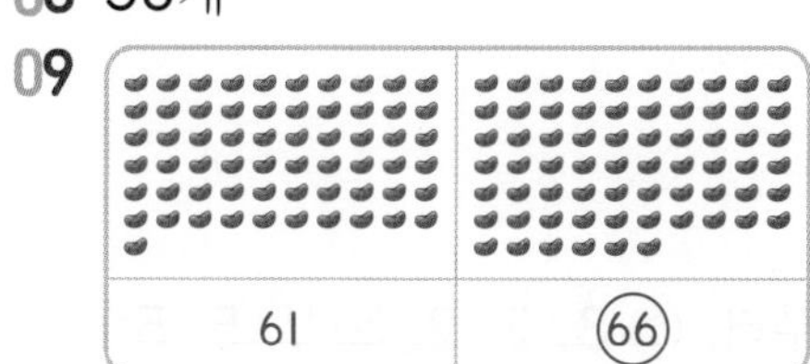

10 <

11 14 13 17 6 7

12

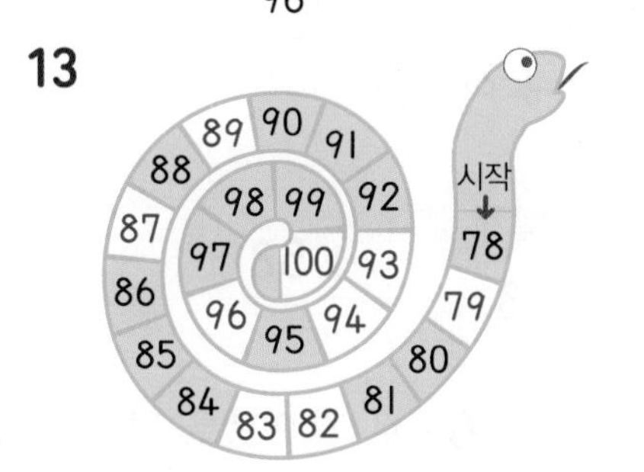

13

14 10, 12, 14, 16, 18, 20

15 69에 △표

16 6개

17 9봉지, 5개

18 ㉡

서술형 ※서술형 문제의 예시 답안입니다.

19 ❶ 58부터 62까지의 수를 순서대로 쓰기 ▶ 3점
❷ 58과 62 사이의 수는 모두 몇 개인지 구하기 ▶ 2점

❶ 58부터 62까지의 수를 순서대로 쓰면 58, 59, 60, 61, 62입니다.
❷ 따라서 58과 62 사이의 수는 모두 3개입니다.
ⓐ 3개

20 ❶ 74와 70의 크기 비교하기 ▶ 3점
❷ 누가 제기를 더 많이 찼는지 구하기 ▶ 2점

❶ 74와 70의 크기를 비교하면 74>70입니다.
❷ 따라서 74번을 찬 진호가 제기를 더 많이 찼습니다.
ⓐ 진호

01 10개씩 묶음 ■개 → ■0

02 10개씩 묶음 ■개와 낱개 ▲개 → ■▲

03 사과 9개를 둘씩 짝을 지어 보면 하나가 남습니다.
→ 9는 홀수입니다.

개념책 1 단원

04 80 → 10개씩 묶음 8개

05 94는 구십사 또는 아흔넷이라고 읽습니다.

06 63보다 1만큼 더 작은 수는 63 바로 앞의 수인 62이고, 1만큼 더 큰 수는 63 바로 뒤의 수인 64입니다.

07 (1) 오십육 → 56 → 쉰여섯
(2) 칠십팔 → 78 → 일흔여덟
(3) 구십이 → 92 → 아흔둘

08

10개씩 묶음	낱개
5	8

→ 58개

09 10개씩 묶음의 수가 6으로 같으므로 낱개의 수를 비교합니다.
61은 낱개가 1개이고 66은 낱개가 6개이므로 더 큰 수는 66입니다.

10 87 < 91
└8<9┘

11 • 짝수: 14, 6 → 빨간색
• 홀수: 13, 17, 7 → 파란색

12 93 - 94 - 95 - 96 - 97 - 98 - 99 - 100으로 순서대로 이어 봅니다.

13 수를 78부터 100까지 순서대로 씁니다.

14 짝수는 수가 2, 4, 6, 8, 0으로 끝납니다.

15 77과 92 중에서 77이 더 작고, 77과 69 중에서 69가 더 작으므로 69가 가장 작습니다.

16 블록은 10개씩 묶음 6개입니다.
→ 한 상자에 10개씩 모두 담으려면 상자는 6개가 필요합니다.

17 95 →

10개씩 묶음	낱개
9	5

따라서 10개씩 9봉지가 되고 5개가 남습니다.

18 ㉠ 86, ㉡ 79
86 > 79 → 더 작은 수는 ㉡ 79입니다.

2 덧셈과 뺄셈(1)

030쪽 1STEP 교과서 개념 잡기

1 7 / 7, 8 / 8
2 (1) 4, 3, 2 (2) 3, 2, 9
3 (1) 예

○	○	○	○	

, 4 /

예

○	○	○	○	○
○	○	○		

, 8

(2) 4, 8
4 1, 2, 7
5 (왼쪽에서부터) (1) 7, 8, 8 (2) 3, 6, 6

1 4와 3을 더하고, 그 수에 1을 더하면 8입니다.

2 (2) 4와 3을 더하고, 그 수에 2를 더하면 9입니다.

3 (2) $3+1+4=4+4=8$

4 $4+1+2=5+2=7$
참고 더하는 수의 순서를 바꾸어 $4+2+1=7$로 덧셈식을 써도 됩니다.

5 (1) $3+4+1=7+1=8$
(2) $2+1+3=3+3=6$

032쪽 1STEP 교과서 개념 잡기

1 6 / 6, 4 / 4
2 (1) 2, 3 (2) 2, 3, 4
3 (1) 예

○	○	○	⊘	
○	○	○	⊘	

, 6 /

예

○	○	⊘		
○	○	○		

, 5

(2) 2, 1, 5
4 2, 4
5 (왼쪽에서부터) (1) 3, 2, 2 (2) 7, 5, 5

1 9에서 3을 빼고, 그 수에서 2를 더 빼면 4입니다.

2 (2) $9-2-3=4$이므로 먹지 않은 사과는 4개입니다.

3 (2) 8에서 2를 빼고, 그 수에서 1을 더 뺐습니다.
→ $8-2-1=6-1=5$

4 $9-3-2=6-2=4$

5 (1) $7-4-1=3-1=2$
(2) $8-1-2=7-2=5$

034쪽 2STEP 수학익힘 문제 잡기

01 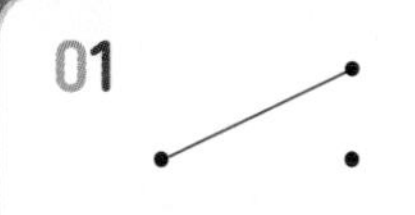

02 예 2, 2, 3, 7

03 8 / 6, 6, 8

04 5

05 예  / 6, 1, 2

06 $3+3+3=9$ / 9마리

07 예

○	○	⌀	⌀	⌀
⌀	⌀	⌀	⌀	

/ 2

08 2, 2, 4

09 ( )
(×)
( )

10 (1)-(3) 위치 점, (2)-(1) 위치 점, (3)-(2) 위치 점

11 3, 2, 1

12 1, 2 또는 2, 1

01 우유 4개, 과자 1개, 컵케이크 3개를 모두 더하면 $4+1+3=8$입니다.

02 (노란색 리본의 수)+(빨간색 리본의 수)+(분홍색 리본의 수)
$=2+2+3=4+3=7$

03 $2+4+2=6+2=8$

04 $2+1+2=3+2=5$

05 세 가지 색으로 꽃을 색칠하고 색깔별로 세어서 덧셈식으로 나타냅니다.

06 (세 사람이 채집한 잠자리의 수)
$=3+3+3=6+3=9$(마리)

07 십 배열판에 그려진 ○ 9개에서 4개를 지우고 3개를 더 지우면 2개가 남습니다.
→ $9-4-3=2$

08 (처음에 있던 풍선의 수)−(터진 풍선의 수)−(날아간 풍선의 수)
$=8-2-2=6-2=4$

09 • $8-5-1=3-1=2$
• $9-6-2=3-2=1$ (×)
• $6-2-1=4-1=3$

10 (1) $6-1-3=5-3=2$
(2) $7-3-3=4-3=1$
(3) $9-2-4=7-4=3$

11 달걀 6개 중에서 아침에 먹을 달걀 수와 점심에 먹을 달걀 수를 차례로 뺍니다.
→ $6-3-2=3-2=1$

12 7에서 두 수를 빼었을 때 4가 되려면 1, 2를 빼야 합니다.

036쪽 1STEP 교과서 개념 잡기

1 방법1 9, 10 / 10 / 8, 9, 10 / 10
방법2

○	○	○	○	○
○	○	○	○	○

/ 10 / 10

2 6 / 6

3 9, 8, 7, 6, 5, 4, 3, 2, 1

4 (1)-1, (2)-2, (3)-5

개념책 2단원

1 4에 6을 더하면 10이고 6에 4를 더해도 10입니다.

2 빨간색 공깃돌 4개에 파란색 공깃돌 6개를 더하면 공깃돌 10개가 됩니다.
→ $4+6=10$

3 '+' 앞의 수가 1씩 커지면 '+' 뒤의 수는 1씩 작아집니다.

4 (1) 점 1개와 점 9개를 더하면 점이 10개입니다. → $10=1+9$
(2) 점 2개와 점 8개를 더하면 점이 10개입니다. → $10=2+8$
(3) 점 5개와 점 5개를 더하면 점이 10개입니다. → $10=5+5$

038쪽 1STEP 교과서 개념 잡기

1 방법1 8, 9 / 8 / 2, 3 / 2
방법2 예

○	Ø	Ø	Ø	Ø
○	Ø	Ø	Ø	Ø

/ 8 / 2

2 6 / 6
3 5
4 9, 8, 7, 6, 5, 4, 3, 2, 1

1 10에서 빼는 수가 2이면 뺄셈 결과가 8이고, 빼는 수가 8이면 뺄셈 결과가 2입니다.

2 바나나 10개에서 4개를 먹으면 6개가 남습니다. → $10-4=6$

3 야구공과 야구 글러브를 하나씩 짝 지으면 야구공 5개는 짝이 없습니다. → $10-5=5$

4 10에서 빼는 수가 1씩 커지면 뺄셈 결과는 1씩 작아집니다.

040쪽 1STEP 교과서 개념 잡기

1 방법1 11, 12 / 12
방법2 (왼쪽에서부터) 12, 10 / 12

2 (1) 예

○	○	○	○	○
○	○	○	○	○

○	○	○	○	○

(2) 7, 15
3 10, 13
4 (위에서부터) 15, 10, 15

1 방법1 2와 7을 더한 수 9에서 3만큼 이어 세면 12입니다.
→ $\underline{2+7}+3=\underline{9}+3=12$
방법2 뒤의 두 수인 7과 3을 더해 10을 만들고 2를 더하면 12입니다.
→ $2+\underline{7+3}=2+\underline{10}=12$

2 (1) 연필이 3자루, 7자루, 5자루 있으므로 ○를 7개 그린 뒤 5개를 더 그립니다.
(2) ○ 3개와 7개를 더하면 10개가 되고 10개에 5개를 더하면 15개가 됩니다.
→ $3+7+5=15$

3 $6+4+3$에서 6과 4를 더하면 10이므로 10에 3을 더하면 13입니다.

4 뒤의 두 수를 더해 10을 만든 후에 5와 10을 더해 계산합니다.

042쪽 2STEP 수학익힘 문제 잡기

01 9, 10 / 9, 10
02 7, 3, 10
03 예 ♡♡♡♡♡♡♥♥♥♥ / 6, 4
04 6 / / 5, 5
05 3, 7, 3, 7
06 (1) 8 (2) 3
07 =
08 $1+9=10$ / 10번
09 예

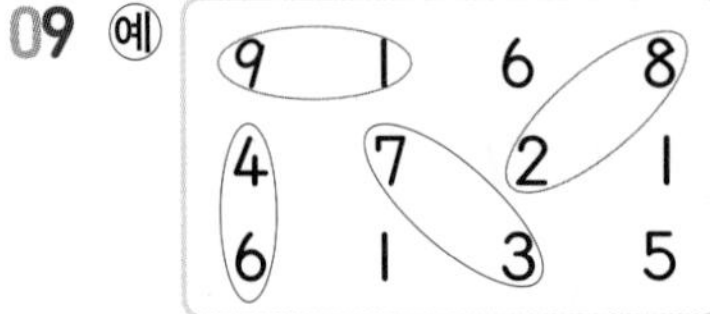

/ 4, 6 / 7, 3

10 4, 4

11 (1) 1 (2) 8

12

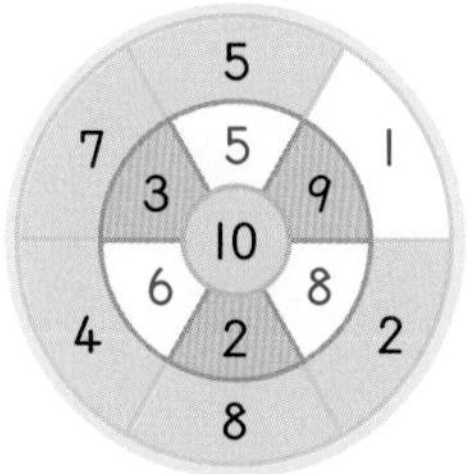

5		
7	5	1
3	10	9
6		8
4	2	2
	8	

13 ㉥ ★★★★★ / ★★★★★ (5개에 / 표시) / 5, 5, 5

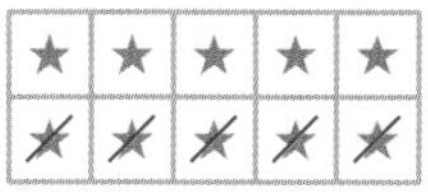

14 2개

15 $10-3=7$ / 7개

16 3, 13

17 (위에서부터) 10, 2, 12 / 12

18 (위에서부터) (1) 14, 10, 14 (2) 16, 10, 16

19 (○)
( )
(○)

20 3, 7, 16

21 [7] [3] [8] / $\boxed{7+3}+8=\boxed{18}$

22 (1) — (2) 선 잇기

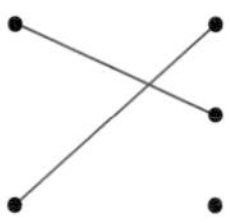

23 2, 8 또는 8, 2

24 1, 11 / 8, 2, 13 / 2

03 두 가지 색으로 색칠하고, 색칠한 수를 세어 10이 되는 덧셈식을 만듭니다.

04 • 4와 더해서 10이 되는 수는 6입니다.
• 5와 더해서 10이 되는 수는 5입니다.

05 ● 모양과 ▲ 모양의 수를 세어 10이 되는 덧셈식을 만듭니다.

06 (1) 2와 더해서 10이 되는 수는 8입니다.
(2) 7과 더해서 10이 되는 수는 3입니다.

07 $8+2=10$, $5+5=10$으로 계산 결과가 같습니다.

08 (어제 한 줄넘기 횟수)+(오늘 한 줄넘기 횟수)
$=1+9=10$(번)

09 여러 가지 방향으로 두 수를 더해서 10이 되는 경우를 찾습니다.
참고 10이 되는 덧셈식: $1+9=10$, $2+8=10$, $3+7=10$, $4+6=10$, $5+5=10$, $6+4=10$, $7+3=10$, $8+2=10$, $9+1=10$

10 10에서 빼는 수가 6이면 뺄셈 결과는 4이고, 빼는 수가 4이면 뺄셈 결과는 6입니다.

11 (1) ○ ∅ ∅ ∅ ∅ / ∅ ∅ ∅ ∅ ∅ → $10-9=1$
(2) ○ ○ ○ ○ ○ / ○ ○ ○ ∅ ∅ → $10-2=8$

12 • $10-\underline{5}=5$ • $10-9=\underline{1}$
• $10-\underline{6}=4$ • $10-\underline{8}=2$

13 /으로 지운 수만큼 10에서 빼는 뺄셈식을 만들어 봅니다.

14 $10-8=2$이므로 우영이는 진규보다 고리를 2개 더 많이 걸었습니다.

15 왼손에 구슬이 3개 있으므로 오른손에 있는 구슬은 $10-3=7$(개)입니다.

16 연결 모형 10개에 3개를 더하면 13개가 되므로 $10+3=13$입니다.

17 컵 3개와 7개로 10을 만들고 2개를 더하면 12가 됩니다.

18 (1) 앞의 두 수를 더해 10을 만들고 10과 4를 더합니다.
(2) 뒤의 두 수를 더해 10을 만들고 6과 10을 더합니다.

19 • $1+9+4$에서 $1+9$를 10으로 만들 수 있습니다.
• $3+5+5$에서 $5+5$를 10으로 만들 수 있습니다.

20 파란색 모자와 연두색 모자의 수를 더하면 10이 됩니다.
→ $6+\underline{3+7}=6+\underline{10}=16$

21 $\underline{7+3}+8=\underline{10}+8=18$

개념책
2 단원

22 (1) $4+\underline{5+5}=4+\underline{10}=14$

(2) $\underline{8+2}+3=\underline{10}+3=13$

23 합이 10이 되는 두 수를 골라야 하므로 수 카드 2와 8을 골라 덧셈식을 완성합니다.

24 • 1모둠: 초록색 송편 3개, 흰색 송편 7개, 노란색 송편 1개 → $\underline{3+7}+1=\underline{10}+1=11$
• 2모둠: 초록색 송편 3개, 흰색 송편 8개, 노란색 송편 2개 → $3+\underline{8+2}=3+\underline{10}=13$

046쪽 3STEP 서술형 문제 잡기

※서술형 문제의 예시 답안입니다.

1 (1단계) 3, 2, 1, 6 (2단계) 6
(답) 6개

2 (1단계) 버스, 트럭, 택시의 수를 모두 더하면 2+2+4=8입니다. ▶ 4점
(2단계) 따라서 주차장에 있는 버스, 트럭, 택시는 모두 8대입니다. ▶ 1점
(답) 8대

3 (1단계) 10, 3 (2단계) 10, 3, 7, 7
(답) 7개

4 (1단계) 닭은 10마리, 병아리는 8마리입니다. ▶ 2점
(2단계) 뺄셈식을 쓰면 10−8=2이므로 닭은 병아리보다 2마리 더 많습니다. ▶ 3점
(답) 2마리

5 (1단계) 4, 3 (2단계) ㉠
(답) ㉠

6 (1단계) ㉠ 9−3−3=3, ㉡ 7−1−1=5입니다. ▶ 3점
(2단계) 따라서 계산 결과가 더 큰 것의 기호는 ㉡입니다. ▶ 2점
(답) ㉡

7 (1단계) 6, 4
(2단계) 6, 4, 13

8 예 (1단계) 7, 3 (2단계) 7, 3, 15

8 (채점 가이드) 합이 10이 되는 두 수는 (7, 3), (4, 6), (2, 8)로 고를 수 있습니다. 5와 고른 두 수를 더하면 세 수의 합은 15입니다.

048쪽 2단원 마무리

01 8
02 9, 10 / 10
03 6
04 9, 1
05 5 / 4, 4, 5
06 2 / 6, 6, 2
07 19
08 3
09 5, 10 / 10
10 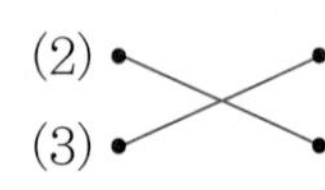
11 <
12 (위에서부터) 4, 6, 5
13 예 8, 2, 6, 16 / 16
14 5, 19
15 16개
16

2+8	9+1	0+8	8+2
1+7	6+4	9+0	7+3
5+4	3+7	7+2	1+9

/ 기

17 6−1−2=3 / 3개
18 15개, 14개

서술형 ※서술형 문제의 예시 답안입니다.

19 ❶ 구하려는 것을 덧셈식으로 나타내기 ▶ 4점
❷ 바구니에 들어 있는 채소는 모두 몇 개인지 쓰기 ▶ 1점

❶ 가지, 호박, 고추의 수를 모두 더하면 2+2+2=6입니다.
❷ 따라서 바구니에 들어 있는 채소는 모두 6개입니다.
(답) 6개

20 ❶ 테니스 채와 테니스공의 수 각각 세어 보기 ▶ 2점
❷ 두 수의 차 구하기 ▶ 3점

❶ 테니스 채는 10개, 테니스공은 5개입니다.
❷ 뺄셈식을 쓰면 10−5=5이므로 테니스 채는 테니스공보다 5개 더 많습니다.
(답) 5개

01 $\underline{2+5}+1=\underline{7}+1=8$

02 7개하고 3개가 더 있으므로 7하고, 8, 9, 10 입니다. ➔ $7+3=10$

03 핫도그 10개 중에서 4개를 먹으면 핫도그 6개가 남습니다. ➔ $10-4=6$

04 ▲ 9개에 1개를 더하면 10개입니다.
➔ $9+1=10$

05 $\underline{1+3}+1=\underline{4}+1=5$

06 $\underline{7-1}-4=\underline{6}-4=2$

07 $9+\underline{7+3}=9+\underline{10}=19$

08 $\underline{8-3}-2=\underline{5}-2=3$

09 $5+5=10$ ➔ 10번째 돌다리

10 (1) $\underline{3+7}+4=\underline{10}+4=14$
(2) $\underline{1+9}+8=\underline{10}+8=18$
(3) $\underline{5+5}+6=\underline{10}+6=16$

11 $10-8=2$, $10-7=3$
➔ $2<3$이므로 $10-8$ ⓒ $10-7$입니다.
다른 풀이 10에서 빼는 수가 클수록 계산 결과가 작습니다. ➔ $10-8$ ⓒ $10-7$

12 • $6+\boxed{4}=10$
• $4+\boxed{6}=10$
• $\boxed{5}+5=10$

13 (파란색 사탕의 수)+(빨간색 사탕의 수)
+(초록색 사탕의 수)
$=\underline{8+2}+6=\underline{10}+6=16$ ➔ 16개

14 5와 더해서 10이 되는 수는 5이므로
$\underline{5+5}+9=\underline{10}+9=19$입니다.

15 $6+\underline{9+1}=6+\underline{10}=16$ ➔ 16개

16 각 칸의 덧셈식을 계산하여 10이 되는 칸에 색칠하면 '기'가 나타납니다.

17 $\underline{6-1}-2=\underline{5}-2=3$ ➔ 3개

18 • 모양: $5+\underline{4+6}=5+\underline{10}=15$(개)
• ● 모양: $4+\underline{9+1}=4+\underline{10}=14$(개)

3 모양과 시각

054쪽 1STEP 교과서 개념 잡기

1
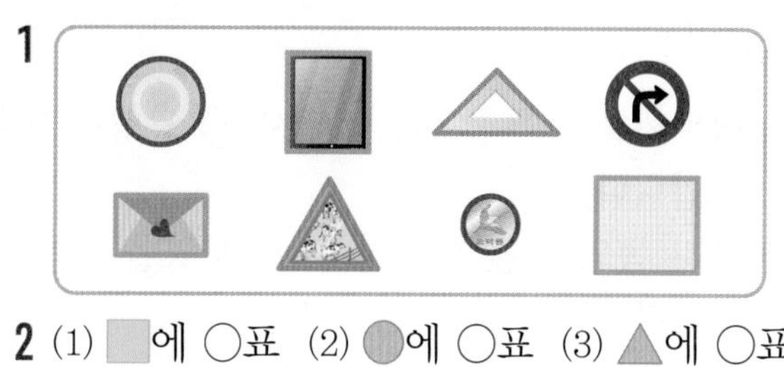

2 (1) ■에 ○표 (2) ●에 ○표 (3) ▲에 ○표
3 ( ) (○)
4 (1) ( ) (○) ( )
(2) ( ) ( ) (○)
5 (1), (2), (3) 선 잇기

3 액자, 공책은 ■ 모양, 교통 표지판은 ▲ 모양이므로 같은 모양끼리 모은 것이 아닙니다.

4 (1) 과자: ● 모양 ➔ 동전: ● 모양
(2) 깃발: ▲ 모양 ➔ 옷걸이: ▲ 모양

5 (1) 체중계: ● 모양 ➔ 타이어
(2) 공책: ■ 모양 ➔ 창문
(3) 교통 표지판: ▲ 모양 ➔ 과자

056쪽 1STEP 교과서 개념 잡기

1 4 / 3 / '없습니다'에 ○표, '있습니다'에 ○표
2 2, 3, 1
3 (1) (○) ( ) ( )
(2) ( ) ( ) (○)
(3) ( ) (○) ( )
4 (1) ●에 ○표 (2) ▲에 ○표
5 4, 3, 6

1 • □ 모양: 뾰족한 부분이 4군데 있고, 둥근 부분은 없습니다.
• △ 모양: 뾰족한 부분이 3군데 있고, 둥근 부분은 없습니다.
• ○ 모양: 뾰족한 부분은 없고, 둥근 부분이 있습니다.

4 (1) 병뚜껑을 고무찰흙에 찍어서 ○ 모양을 만든 것입니다.
(2) 우리 몸의 팔을 이용하여 △ 모양을 만든 것입니다.

5 • □ 모양: 물고기의 몸통과 꼬리에 4개
• △ 모양: 물고기의 몸통에 3개
• ○ 모양: 물고기의 몸통과 꼬리에 6개

058쪽 2STEP 수학익힘 문제 잡기

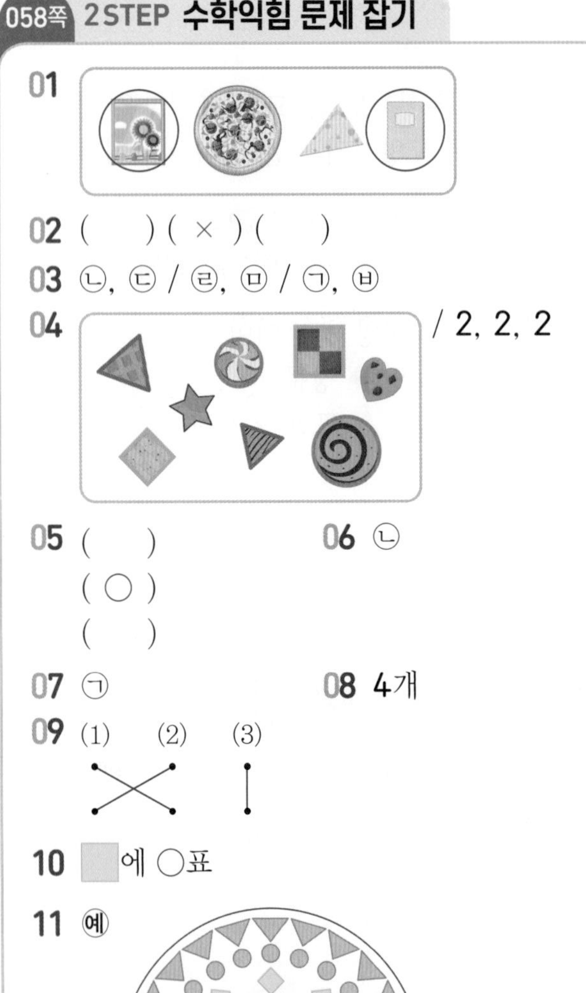

03 같은 모양인 표지판을 찾아 알맞은 기호를 써넣습니다.

04 • □ 모양: ▦, ◇ → 2개
• △ 모양: △, ▽ → 2개
• ○ 모양: ○, ◎ → 2개

05 • □ 모양은 문, 액자, 탁자에 모두 3개입니다.
• 벽에 걸린 깃발 장식이 △ 모양입니다. (○)
• 탁자 위의 스탠드가 ○ 모양입니다.

06 • ㉠과 ㉢을 본뜬 모양: □ 모양
• ㉡을 본뜬 모양: ○ 모양

07 ㉡ ○ 모양은 둥근 부분이 있습니다.
㉢ □ 모양은 뾰족한 부분이 4군데입니다.

08 ▭, △, □, ◢ → 4개

09 (1) 뾰족한 곳이 3군데입니다. → △ 모양
(2) 뾰족한 곳이 4군데입니다. → □ 모양
(3) 뾰족한 곳이 없습니다. → ○ 모양

10 • □ 모양: 로켓의 몸통 → 4개
• △ 모양: 로켓의 앞부분 → 1개
• ○ 모양: 로켓의 뒷부분 → 2개
가장 많이 사용한 모양은 □ 모양입니다.

060쪽 1STEP 교과서 개념 잡기

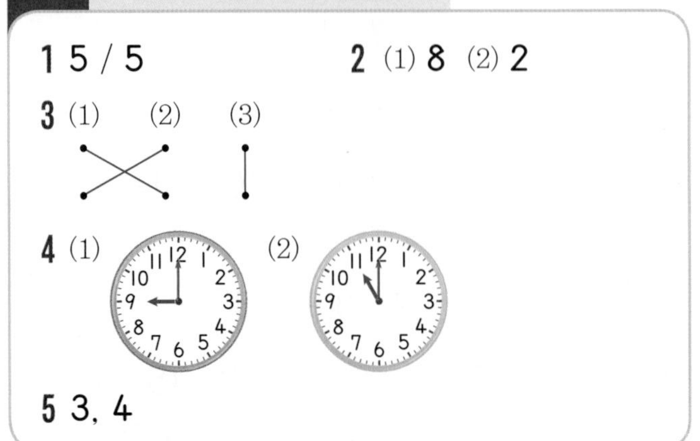

1 짧은바늘: 5, 긴바늘: 12 → 5시

2 (1) 짧은바늘: 8, 긴바늘: 12 → 8시
(2) 짧은바늘: 2, 긴바늘: 12 → 2시

3 (1) 2시: 짧은바늘이 2, 긴바늘이 12
(2) 12시: 짧은바늘과 긴바늘이 모두 12
(3) 6시: 짧은바늘이 6, 긴바늘이 12

4 (1) 짧은바늘이 9를 가리키도록 그립니다.
(2) 짧은바늘이 11을 가리키도록 그립니다.

5 • 버스를 탄 시각: 짧은바늘이 3, 긴바늘이 12를 가리키므로 3시입니다.
• 동물원에 도착한 시각: 짧은바늘이 4, 긴바늘이 12를 가리키므로 4시입니다.

062쪽 1STEP 교과서 개념 잡기

1 8, 30 / 8, 30
2 (1) 9, 30 (2) 3, 30
3 (○) (○) (   )
4 (1) 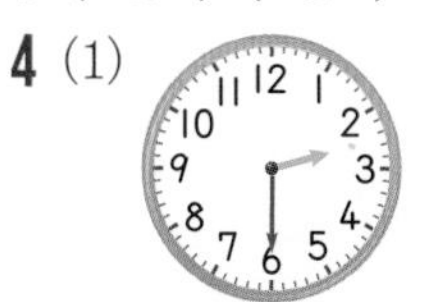 (2) 

1 짧은바늘: 8과 9 사이, 긴바늘: 6 → 8시 30분

2 (1) 짧은바늘: 9와 10 사이, 긴바늘: 6
→ 9시 30분
(2) 짧은바늘: 3과 4 사이, 긴바늘: 6
→ 3시 30분

3 몇 시 30분을 나타낼 때 짧은바늘은 두 수 사이를 가리켜야 합니다.
→ 세 번째 시계: 짧은바늘이 정확히 7을 가리키고 있으므로 잘못 그려졌습니다.

4 긴바늘이 6을 가리키도록 그립니다.

064쪽 2STEP 수학익힘 문제 잡기

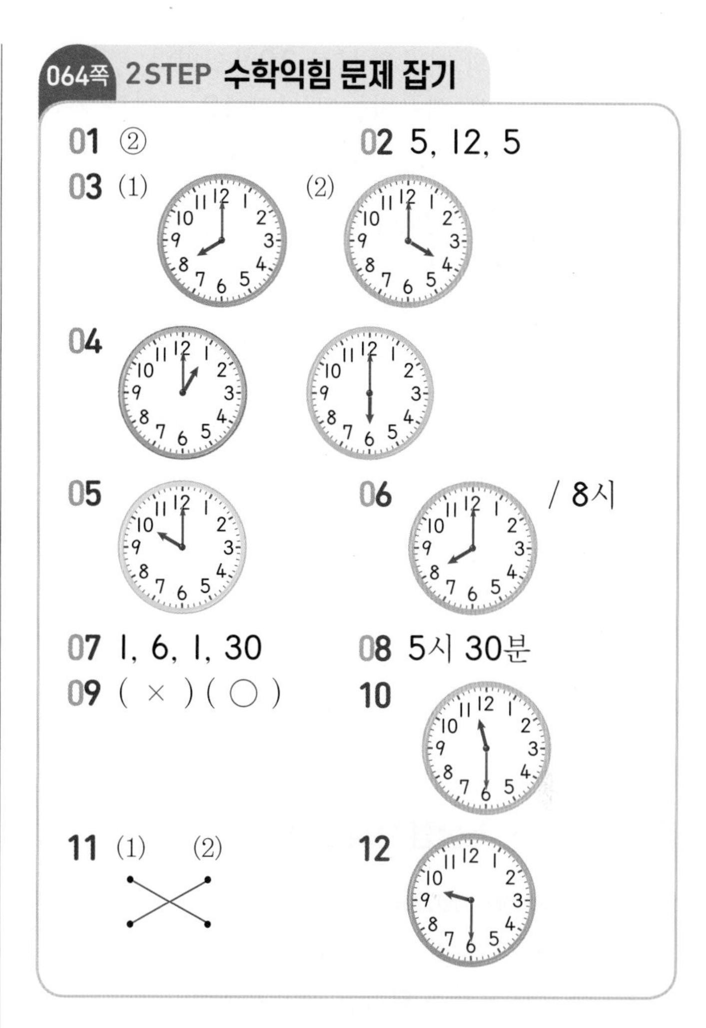

03 (1) 8시는 짧은바늘이 8을 가리키도록 그립니다.
(2) 4시는 짧은바늘이 4를 가리키도록 그립니다.

04 • 밥 먹는 시각은 1시이므로 짧은바늘이 1을 가리키도록 그립니다.
• 피아노를 치는 시각은 6시이므로 짧은바늘이 6을 가리키도록 그립니다.

05 10시: 짧은바늘이 10, 긴바늘이 12

06 긴바늘이 12를 가리키면 '몇 시'를 나타냅니다. 짧은바늘이 8을 가리키므로 8시입니다.

08 긴바늘이 6을 가리키면 '몇 시 30분'을 나타냅니다. 짧은바늘이 5와 6 사이를 가리키므로 5시 30분입니다.

09 • 7시 30분은 짧은바늘이 7과 8 사이, 긴바늘이 6을 가리키도록 그립니다. (×)
• 4시 30분은 짧은바늘이 4와 5 사이, 긴바늘이 6을 가리키도록 그립니다. (○)

개념책 3단원

10 디지털시계의 시각은 11시 30분입니다.
11시 30분은 짧은바늘이 11과 12 사이를 가리키도록 그립니다.

11 (1) 짧은바늘: 12와 1 사이, 긴바늘: 6
→ 12시 30분 → 청소하기
(2) 짧은바늘: 2, 긴바늘: 12
→ 2시 → 수영하기

12 9시 30분은 짧은바늘이 9와 10 사이, 긴바늘이 6을 가리키도록 그립니다.

066쪽 3STEP 서술형 문제 잡기

※서술형 문제의 예시 답안입니다.

1 (설명) 뾰족한 곳 / 뾰족한 곳
2 (설명) ■ 모양은 뾰족한 곳이 4군데이고, ▲ 모양은 뾰족한 곳이 3군데입니다. ▶ 5점
3 (1단계) 10, '잘못'에 ○표
(2단계) 10, 11, 6
4 (1단계) 시각을 시계에 잘못 나타냈습니다. ▶ 2점
(2단계) 4시 30분은 짧은바늘이 4와 5 사이, 긴바늘이 6을 가리켜야 하기 때문입니다. ▶ 3점
5 (1단계) 2, 4 (2단계) 6
(답) 6개
6 (1단계) ㉠에 사용된 ■ 모양은 5개이고, ㉡에 사용된 ■ 모양은 3개입니다. ▶ 3점
(2단계) 따라서 ㉠과 ㉡에 사용된 ■ 모양은 모두 8개입니다. ▶ 2점
(답) 8개
7 (1단계) 1 (2단계) 1, 책을 읽을
8 (1단계) 3, 30
(2단계) 3, 30, 예 축구를 할

8 (채점 가이드) 시각을 '3시 30분'으로 쓰고, 하고 싶은 일을 썼으면 정답으로 합니다.

068쪽 3단원 마무리

01 ( )(○)( )
02 ㉡, ㉣
03 ㉢, ㉤
04 (1) (2) (3)
05 6
06 (1) (2) (3)
07 7, 30
08 (○)( )( )
09 ( )( )(○)
10
11 (1) (2) (3)
12
13
14 ( )(○)(○)
15 ( )(○)
16 ㉠ / ㉢, ㉣ / ㉡, ㉤, ㉥
17 ( )( )(○)
18 예

서술형 ※서술형 문제의 예시 답안입니다.

19 잘못된 이유 쓰기 ▶ 5점
5시 30분은 짧은바늘이 5와 6 사이, 긴바늘이 6을 가리켜야 하기 때문입니다.

20 ❶ ㉠과 ㉡에 사용된 ▲ 모양이 각각 몇 개인지 구하기 ▶ 3점
❷ ㉠과 ㉡에 사용된 ▲ 모양은 모두 몇 개인지 구하기 ▶ 2점

❶ ㉠에 사용된 ▲ 모양은 6개이고, ㉡에 사용된 ▲ 모양은 3개입니다.
❷ 따라서 ㉠과 ㉡에 사용된 ▲ 모양은 모두 9개입니다.
㉰ 9개

04 (1) 공책: ■ 모양 ➔ 달력
(2) 교통 표지판: ▲ 모양 ➔ 삼각자
(3) 시계: ● 모양 ➔ 피자

05 짧은바늘: 6, 긴바늘: 12 ➔ 6시

06 (1) 짧은바늘: 5, 긴바늘: 12 ➔ 5시
(2) 짧은바늘: 11, 긴바늘: 12 ➔ 11시
(3) 짧은바늘: 2, 긴바늘: 12 ➔ 2시

10 뾰족한 곳이 4군데인 모양을 찾아 ○표 합니다.

11 (1) 뾰족한 곳이 3군데입니다. ➔ ▲ 모양
(2) 뾰족한 곳이 없습니다. ➔ ● 모양
(3) 뾰족한 곳이 4군데입니다. ➔ ■ 모양

12 짧은바늘이 12와 1 사이를 가리키도록 그립니다.

13 3시: 짧은바늘이 3, 긴바늘이 12

14 • 해의 가운데 부분: ● 모양
• 빛 부분: ▲ 모양

15 • 왼쪽 모양: ■, ▲, ● 모양을 모두 이용하여 꾸몄습니다.
• 오른쪽 모양: ■ 모양으로만 꾸몄습니다.

16 • ■ 모양: 뾰족한 곳이 4군데입니다. ➔ ㉠
• ▲ 모양: 뾰족한 곳이 3군데입니다. ➔ ㉢, ㉣
• ● 모양: 뾰족한 곳이 없습니다. ➔ ㉡, ㉤, ㉥

17 뾰족한 곳이 없는 것은 ● 모양입니다.

18 ■, ▲, ● 모양의 특징을 생각하여 눈, 코, 입 등을 그려 넣습니다.

4 덧셈과 뺄셈(2)

074쪽 1STEP 교과서 개념 잡기

1 방법1 14, 15, 16
방법2 예

○	○	○	○	○
○	○	△	△	△

△	△	△	△	△
△				

/ 16, 16

2 (1) 13 (2) 13 **3** 16
4 3, 12

1 방법1 7에서 9만큼 이어 세면 7, 8, 9, 10, 11, 12, 13, 14, 15, 16입니다.
방법2 초록색 자동차 수 7만큼 ○를 그린 그림에 빨간색 자동차 수 9만큼 △를 그리면 모두 16개입니다.

2 (1) 6개를 옮긴 후 7개를 더 옮기면 왼쪽으로 옮긴 구슬은 모두 13개입니다.
(2) 사과는 모두 몇 개인지 식으로 나타내면 $6+7=13$입니다.

3 8에서 8만큼 이어 세면 8, 9, 10, 11, 12, 13, 14, 15, 16이므로 당근은 모두 16개입니다.

4 흰 강아지가 9마리, 검은 강아지가 3마리이므로 강아지는 모두 $9+3=12$(마리)입니다.

076쪽 1STEP 교과서 개념 잡기

1 방법1 4, 14 방법2 4, 14
2 (1) 5, 15 (2) 5, 15 (3) 3, 2, 15
3 방법1 4, 14 방법2 2, 2, 14 / 14

1 방법1 6과 더하여 10을 만들 수 있도록 8을 가르기하여 계산합니다.
방법2 8과 더하여 10을 만들 수 있도록 6을 가르기하여 계산합니다.

개념책
4 단원

2 (1) 7을 2와 5로 가르기한 후 8과 2를 더하여 10을 만듭니다.
(2) 8을 5와 3으로 가르기한 후 7과 3을 더하여 10을 만듭니다.
(3) 5와 5를 더하여 10을 만든 후 남은 수 3과 2를 더합니다.

3 방법 1 $7+3=10$, $10+4=14$
→ $7+7=14$
방법 2 $5+5=10$, $2+2=4$
→ $7+7=10+4=14$

078쪽 1STEP 교과서 개념 잡기

1 12, 13, 14 / 1
2 14, 15, 16
3 (1) 13, 12, 11, 10 (2) 13, 14, 15, 16
4 (1) 11, 11 / 13, 13 (2) '같습니다'에 ○표
5 $7+9$, $8+8$, $9+7$에 색칠

1 $8+4=12$ ⟩ +1
$8+5=13$ ⟩ +1
$8+6=14$

2 • 빨간색: $8+6=14$, $7+7=14$
• 파란색: $9+6=15$, $8+7=15$, $7+8=15$
• 초록색: $9+7=16$, $8+8=16$

3 (1) $5+8=13$ ⟩ −1
$5+7=12$ ⟩ −1
$5+6=11$ ⟩ −1
$5+5=10$
(2) $6+7=13$ ⟩ +1
$7+7=14$ ⟩ +1
$8+7=15$ ⟩ +1
$9+7=16$

4 $4+7$과 $7+4$는 11로 같고, $8+5$와 $5+8$은 13으로 같습니다.
→ 더하는 두 수를 서로 바꾸어 더해도 합은 같습니다.

5

$6+9=15$			
$7+9=16$	$7+8=15$		
$8+9=17$	$8+8=16$	$8+7=15$	
$9+9=18$	$9+8=17$	$9+7=16$	$9+6=15$

참고 ↘ 방향으로 합이 같은 덧셈식이 적혀 있습니다.

080쪽 2STEP 수학익힘 문제 잡기

01 7, 8, 15 / 15
02 9, 9, 18 / 18
03 (주사위 6, 5) / 12 / 5, 12
04 (위에서부터) (1) 11, 1 (2) 11, 1
05 15
06 4, 9, 13 / 13
07 6, 8, 14 / 14
08 12 / 예 9, 14 / 예 6, 7, 13
09 9, 8, 17 또는 8, 9, 17
10 11, 13, 15, 17
11 7
12 15 — 16, 15 — 14, 14 — 13, 13 — (점)
13 $9+5$, $6+9$(△), $7+7$, $7+8$(△), $6+8$, $9+7$(○), $8+8$(○), $9+9$, $8+7$(△)

01 과자가 7개, 8개 있으므로 과자는 모두 $7+8=15$(개)입니다.

02 (빨간색 훌라후프 수)+(파란색 훌라후프 수) $=9+9=18$(개)

03 $9+3=12$이므로 7과 더해 12가 되려면 점을 5개 그려야 합니다. → $7+5=12$

04 (1) $5+5=10$, $10+1=11$ → $5+6=11$
(2) $6+4=10$, $10+1=11$ → $5+6=11$

05 $9+6=15$ (9를 1과 5로 가르기)
다른 풀이 $9+6=15$ (6을 5와 4로 가르기)

06 (목각 인형 수)$=4+9=13$(개)

07 (바구니에 담은 과일 수)$=6+8=14$(개)

08 주황색, 초록색 풍선에서 고른 두 수의 합을 보라색 풍선에서 찾아 씁니다.

09 가장 큰 수: 9, 둘째로 큰 수: 8
➔ 합이 가장 큰 덧셈식: $9+8=17$

10 8에 더하는 수가 3, 5, 7, 9로 2씩 커지면 합도 2씩 커집니다.

11 더한 결과가 1만큼 작아졌으므로 더한 수도 1만큼 작아져야 합니다.

12 $6+6=12$ ➔ $6+7=13$ ➔ $8+6=14$ ➔ $9+6=15$ ➔ $9+7=16$

13 • □표: $5+9=14$
➔ $9+5=14$, $7+7=14$, $6+8=14$
• △표: $9+6=15$
➔ $6+9=15$, $7+8=15$, $8+7=15$
• ○표: $7+9=16$
➔ $9+7=16$, $8+8=16$

082쪽 1STEP 교과서 개념 잡기

1 방법1 9, 10, 11 방법2 9, 9
2 (1) 예

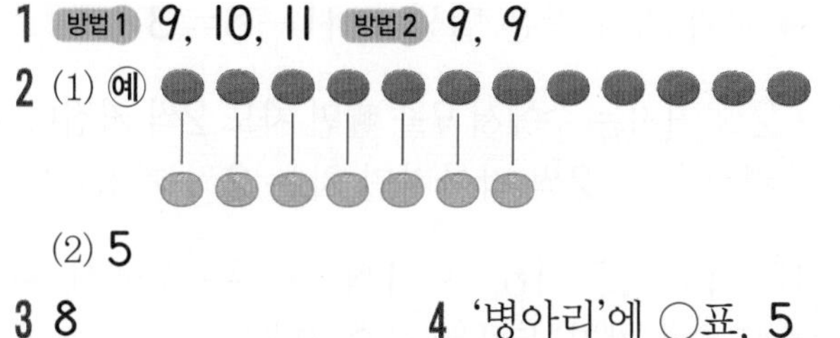

(2) 5
3 8
4 '병아리'에 ○표, 5
5 예 / 8, 8

1 방법1 13에서 4만큼 거꾸로 세면 13, 12, 11, 10, 9입니다.
방법2 왼쪽으로 옮긴 구슬 13개에서 4개를 다시 오른쪽으로 옮기면 왼쪽에 남는 구슬은 9개입니다.

2 (1) 키위와 귤을 하나씩 짝 지어 보면 키위가 5개 더 많습니다.
(2) 키위는 귤보다 몇 개 더 많은지 식으로 나타내면 $12-7=5$입니다.

3 촛불 11개에서 3개를 지우면 남는 촛불은 8개입니다.

4 병아리와 강아지를 하나씩 짝 지어 보면 병아리가 5마리 더 많습니다.

5 햄버거 16개 중에서 8개를 지우면 남은 햄버거는 $16-8=8$(개)입니다.

084쪽 1STEP 교과서 개념 잡기

1 방법1 1, 9 방법2 4, 9
2 (1) 1, 9 (2) 3, 9
3 방법1 1, 9 방법2 8, 9
4 3, 3, 5 / 5

1 방법1 날개의 수 4를 먼저 빼고 1을 더 빼면 9입니다.
방법2 5를 한 번에 빼기 위해 10에서 5를 빼고 남은 5와 날개의 수 4를 더하면 9입니다.

2 (1) 4를 3과 1로 가르기하여 13에서 3을 먼저 빼고, 1을 더 뺍니다.
➔ $13-3=10$, $10-1=9$ ➔ $13-4=9$
(2) 13을 10과 3으로 가르기하여 10에서 4를 빼고 남은 수와 3을 더합니다.
➔ $10-4=6$, $6+3=9$ ➔ $13-4=9$

3 방법1 $18-8=10$, $10-1=9$ ➔ $18-9=9$
방법2 $10-9=1$, $1+8=9$ ➔ $18-9=9$

4 12를 10과 2로 가르기하여 10에서 7을 빼고 남은 수와 2를 더합니다.

086쪽 1STEP 교과서 개념 잡기

1 9, 8, 7 / 1　　2 3, 4, 5
3 (1) 5, 6, 7, 8 / 6, 7, 8, 9
(2) '커집니다'에 ○표
4 11−4, 12−5에 색칠
5 (1) 2 (2) 4

1 12−3=9
12−4=8 (−1)
12−5=7 (−1)

2 • 빨간색: 11−8=3, 12−9=3
• 파란색: 11−7=4, 12−8=4, 13−9=4
• 초록색: 12−7=5, 13−8=5

3 11−6=5
12−6=6 (+1)
13−6=7 (+1)
14−6=8 (+1)

13−7=6
14−7=7 (+1)
15−7=8 (+1)
16−7=9 (+1)

4

11−2=9	11−3=8	11−4=7	11−5=6
	12−3=9	12−4=8	12−5=7
		13−4=9	13−5=8
			14−5=9

5 (1) 11−8=3
11−9=2 (−1)
(2) 12−8=4
12−9=3 (+1)

088쪽 2STEP 수학익힘 문제 잡기

01 12, 6, 6 / 6　　02 13, 5, 8 / 8
03 7
04 (위에서부터) (1) 4, 6 (2) 4, 1
05 (1)—(2), (3)—(4) 서로 엇갈려 연결
06 15, 8, 7 / 7
07 11−5=6 / 6권
08 11, 8, 3
09 5, 7, 9 / 5, 7, 9
10 (위에서부터) 6, 7, 8, 9
11 16, 7, 9 / 16, 9, 7
12

11−4 (△)	14−7 (△)	15−9 (□)
12−6 (□)	15−7 (○)	12−4 (○)
13−7 (□)	16−9 (△)	16−8 (○)

01 우유병은 12개 있고 컵은 6개 있으므로 우유병은 컵보다 12−6=6(개) 더 많습니다.

02 (지금 빵의 수)−(먹으려는 빵의 수)
=13−5=8(개)

03 14−9=5이므로 ♥=5입니다.
→ 12−♥=12−5=7

04 (1) 11−1=10, 10−6=4 → 11−7=4
(2) 10−7=3, 3+1=4 → 11−7=4

05 (1) 13−7=6　　(2) 11−6=5
(3) 12−4=8　　(4) 14−7=7

06 (처음 만두 수)−(먹은 만두 수)
=15−8=7(개)

07 (처음에 가지고 있던 공책 수)
=11−(더 산 공책 수)=11−5=6(권)

08 빨간색 공에 적힌 수 중 더 작은 수: 11
파란색 공에 적힌 수 중 더 큰 수: 8
→ 차가 가장 작은 뺄셈식: 11−8=3

09 • 2씩 커지는 수에서 9를 빼면 차도 2씩 커집니다.
• 빼는 수가 2씩 작아지면 차는 2씩 커집니다.

10 13, 14, 15, 16으로 1씩 커지는 수에서 빼는 수도 1씩 커지면 차는 같습니다.

11 16−7=9
16−9=7

12 • □표: 14−8=6
→ 15−9=6, 12−6=6, 13−7=6
• △표: 12−5=7
→ 11−4=7, 14−7=7, 16−9=7
• ○표: 13−5=8
→ 15−7=8, 12−4=8, 16−8=8

090쪽 3STEP 서술형 문제 잡기

※서술형 문제의 예시 답안입니다.

1 (1단계) 7, 5, 12 (2단계) 12
(답) 12개

2 (1단계) (아침에 먹은 딸기 수)+(저녁에 먹은 딸기 수)=6+9=15 ▶ 4점
(2단계) 미경이가 오늘 먹은 딸기는 모두 15개입니다. ▶ 1점
(답) 15개

3 (1단계) 14, 8
(2단계) 14, 8, 6
(답) 6

4 (1단계) 가장 큰 수는 11, 가장 작은 수는 4입니다. ▶ 2점
(2단계) 따라서 가장 큰 수와 가장 작은 수의 차는 11−4=7입니다. ▶ 3점
(답) 7

5 (1단계) 3, 9, 12 / 4, 7, 11
(2단계) 12, 11, 지호
(답) 지호

6 (1단계) 유라가 고른 두 수의 합은 5+8=13이고, 현규가 고른 두 수의 합은 2+9=11입니다. ▶ 3점
(2단계) 13>11이므로 이긴 사람은 유라입니다. ▶ 2점
(답) 유라

7 (왼쪽에서부터) 15, 6, 14

8 (예) (위에서부터) 8, 9 / 6, 7 / 7, 8

7 12에서 1씩 커지는 수에서 6을 빼어 차가 1씩 커지는 뺄셈식을 만듭니다.
12−6=6 → 13−6=7 → 14−6=8 → 15−6=9

8 '+' 왼쪽과 오른쪽의 수가 각각 1씩 커지도록 하여 합이 2씩 커지는 덧셈식을 만듭니다.
5+6=11 → 6+7=13 → 7+8=15 → 8+9=17
(채점 가이드) 화살표를 따라 덧셈 결과가 11 → 13 → 15 → 17이 되도록 덧셈식을 만들었으면 정답으로 합니다.

092쪽 4단원 마무리

01 (위에서부터) 6, 1
02 13
03 8
04 (위에서부터) 13, 3
05 (위에서부터) 8, 5
06 10, 11, 12, 13
07 3, 4, 5, 6
08 12, 2 / 12, 7
09 8
10 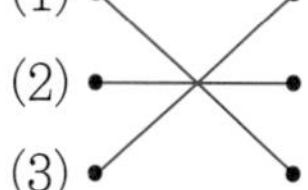

11 16−7, 14−5에 ○표
12 =
13 13−7, 14−8에 색칠
14 5, 9, 14 / 14
15 11−6=5 / 5개
16 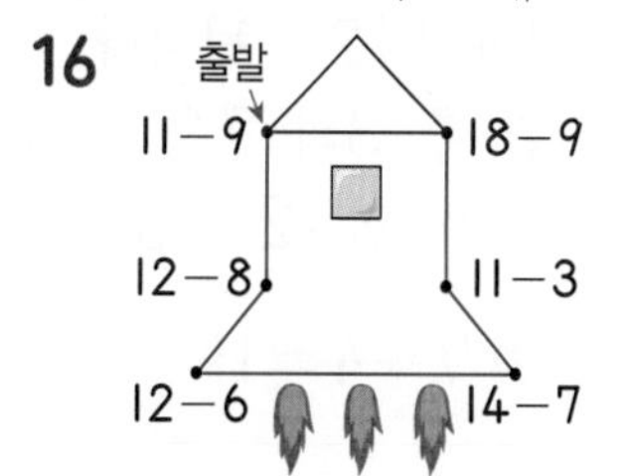

17 8, 9, 17 / 9, 8, 17
18 남학생, 8명

서술형 ※서술형 문제의 예시 답안입니다.

19
❶ 필통에 있는 연필 수를 덧셈식으로 나타내기 ▶ 4점
❷ 필통에 있는 연필은 모두 몇 자루인지 쓰기 ▶ 1점

❶ (필통에 있던 연필 수)+(더 넣은 연필 수)=7+7=14
❷ 필통에 있는 연필은 모두 14자루입니다.
(답) 14자루

20
❶ 가장 큰 수와 가장 작은 수 찾기 ▶ 2점
❷ 가장 큰 수와 가장 작은 수의 합 구하기 ▶ 3점

❶ 가장 큰 수는 9이고, 가장 작은 수는 6입니다.
❷ 따라서 가장 큰 수와 가장 작은 수의 합은 9+6=15입니다.
(답) 15

개념책
4 단원

02 8을 5와 3으로 가르기하면
$5+5=10$, $10+3=13$이므로 $5+8=13$입니다.

03 왼쪽 십 배열판에 있는 10개에서 먼저 4개를 빼고 남은 6개와 2개를 더하면 8개가 됩니다.
→ $12-4=8$

06 $8+2=10$
$8+3=11$
$8+4=12$
$8+5=13$
(+1, +1, +1)

07 $12-9=3$
$13-9=4$
$14-9=5$
$15-9=6$
(+1, +1, +1)

08 • 3을 2와 1로 가르기한 후 9와 1을 더해서 10을 만들고, 남은 2를 더하면 12가 됩니다.
• 9를 7과 2로 가르기한 후 3과 7을 더해서 10을 만들고, 남은 2를 더하면 12가 됩니다.

10 (1) $6+9=15$ (2) $7+4=11$
(3) $5+7=12$

11 $12-7=5$, $16-7=9$, $17-9=8$,
$14-5=9$

12 더하는 두 수를 서로 바꾸어 더해도 합은 같으므로 $6+8$과 $8+6$은 크기가 같습니다.

13 $12-6=6$에서 '−' 왼쪽과 오른쪽의 수가 1씩 커지면 차는 6으로 같습니다.
→ $13-7=6$, $14-8=6$

15 (처음 밤의 수)−(먹은 밤의 수)
$=11-6=5$(개)

16 $11-9=2$ → $12-8=4$ → $12-6=6$ →
$14-7=7$ → $11-3=8$ → $18-9=9$

17 8과 9를 더해 17이 되는 덧셈식을 씁니다.
더하는 두 수를 서로 바꾸어 더해도 합은 같습니다.

18 여학생이 5명, 남학생이 13명이므로
남학생이 $13-5=8$(명) 더 많습니다.

5 규칙 찾기

098쪽 1STEP 교과서 개념 잡기

5 (1) 파란색 (2) 큰 것

1 (1) ●, ♥ 모양이 반복됩니다.
(2) ◆, ✚, ✚ 모양이 반복됩니다.

2 (1) 모자의 색깔이 노란색, 빨간색으로 반복됩니다.
→ 빈칸에 알맞은 것: 노란색 다음이므로 빨간색입니다.
(2) 나비의 색깔이 연두색, 연두색, 파란색으로 반복됩니다.
→ 빈칸에 알맞은 것: 연두색, 연두색, 파란색 다음이므로 다시 연두색입니다.

참고 반복되는 부분을 찾으면 규칙을 쉽게 알 수 있습니다.

3 (1) 연두색, 보라색이 반복됩니다.
(2) 분홍색, 검은색, 분홍색이 반복됩니다.

4 (1) ○, ○, ○이 반복됩니다.
(2) ◺, ◸이 반복됩니다.
(3) ☺, ☺, ☹, ☹이 반복됩니다.

5 (1) 색깔이 어떻게 반복되는지 살펴봅니다.
→ , , 으로 반복됩니다.
(2) 크기가 어떻게 반복되는지 살펴봅니다.
→ , , 으로 반복됩니다.

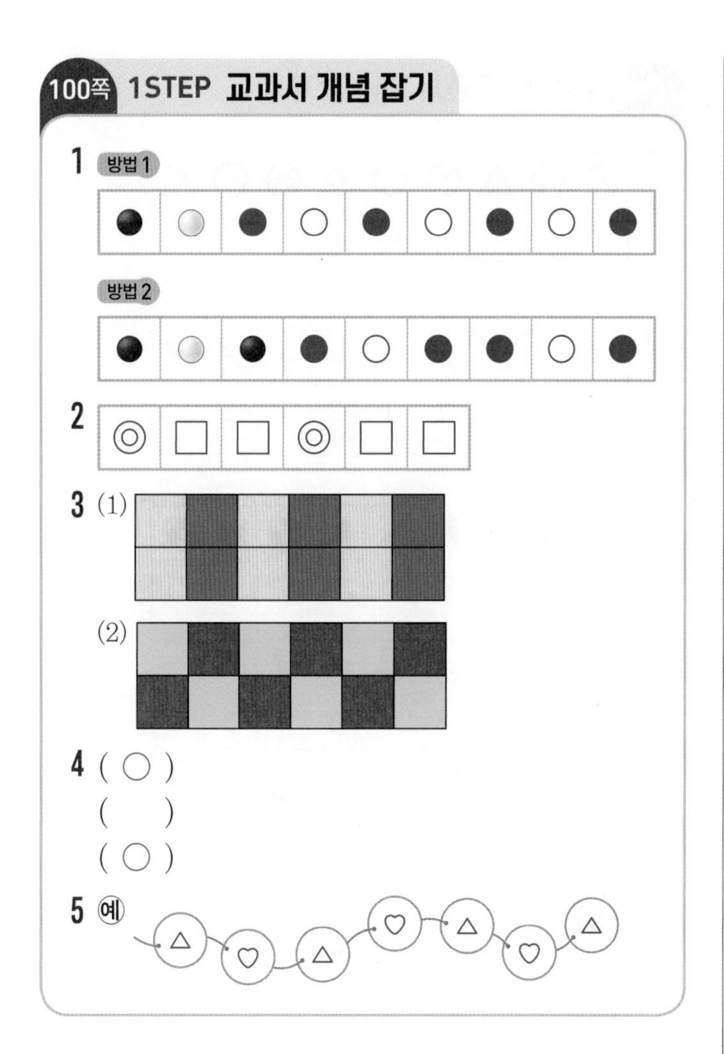

1 놓인 바둑돌을 보고 똑같이 반복되는 규칙을 만듭니다.

2 ◎, □, □를 두 번 반복하여 그립니다.

3 (1) 노란색, 보라색이 반복됩니다.
(2) • 첫째 줄: 연두색, 빨간색이 반복됩니다.
• 둘째 줄: 빨간색, 연두색이 반복됩니다.

4 야구공, 테니스공이 반복되는 규칙과 양말, 장갑이 반복되는 규칙은 2개가 반복되는 규칙으로 같습니다.
요구르트, 초콜릿, 요구르트가 반복되는 규칙은 3개가 반복되는 규칙입니다.

5 △, ♡가 반복되는 규칙을 만들어 팔찌를 꾸몄습니다.
참고 △, ♡ 모양으로 규칙을 만드는 방법은 여러 가지입니다.
예 △, ♡가 반복되는 규칙
예 △, ♡, ♡가 반복되는 규칙
예 △, △, ♡가 반복되는 규칙

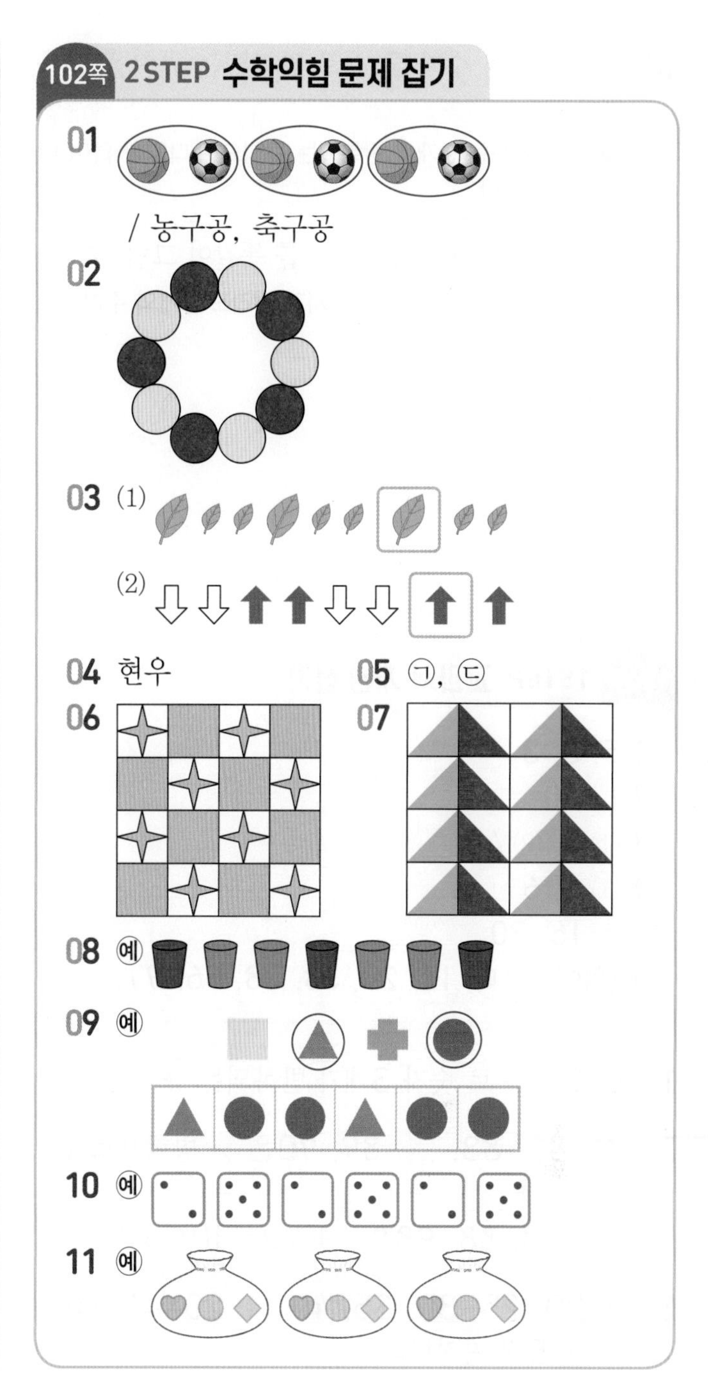

04 색은 주황색, 초록색, 주황색으로 반복되고, 개수는 1개짜리, 2개짜리, 1개짜리로 반복됩니다.

05 ㉡ 세모, 동그라미 모양이 반복됩니다.

07 ◩ 무늬가 반복되도록 무늬를 완성합니다.

08 빨간색, 파란색, 파란색이 반복되는 규칙으로 색칠합니다.
참고 빨간색과 파란색으로 반복되는 규칙을 만듭니다.

09 ▲ 모양과 ● 모양을 골라 ▲, ●, ●가 반복되는 규칙을 만듭니다.

10 주사위 점의 수가 2, 5로 반복되는 규칙을 만듭니다.

참고 2개 또는 3개씩 반복되는 규칙으로 다양한 답이 나올 수 있습니다.

11 3개의 주머니에 ♥, ●, ◆를 똑같이 그립니다.

참고 주어진 답과 모양의 순서가 달라도 3개의 주머니에 똑같이 그렸으면 정답입니다.

104쪽 1STEP 교과서 개념 잡기

1 5, 3, 3
2 1 / 10
3 (1) 5 (2) 45
4 (1) 3, 6
(2) 16, 20
5 (위에서부터) 12, 23, 38, 48, 96, 97

1 5, 3, 3으로 숫자 3개가 반복되는 규칙입니다.

2 81, 82, 83, ..., 89, 90은 → 방향으로 1씩 커집니다.
68, 78, 88, 98은 ↓ 방향으로 10씩 커집니다.

3 (1) 20, 25, 30, 35, 40으로 20부터 시작하여 5씩 커집니다.
(2) 5씩 커지는 규칙이므로 40 다음에는 45가 들어갑니다.

4 (1) 3, 6, 9가 반복되는 규칙입니다.
(2) 10부터 시작하여 2씩 커지는 규칙입니다.

5 주변의 수를 보고 방향에 따라 몇씩 커지는지 생각하여 빈칸에 알맞은 수를 써넣습니다.
- ↘ 방향으로 11씩 커지므로 1, 12, 23
- ↓ 방향으로 10씩 커지므로 28, 38, 48
- → 방향으로 1씩 커지므로 95, 96, 97

참고 11씩 커지는 수를 알기 어려우면 12, 23은 왼쪽 수보다 1씩 큰 수로 구할 수도 있습니다.

106쪽 1STEP 교과서 개념 잡기

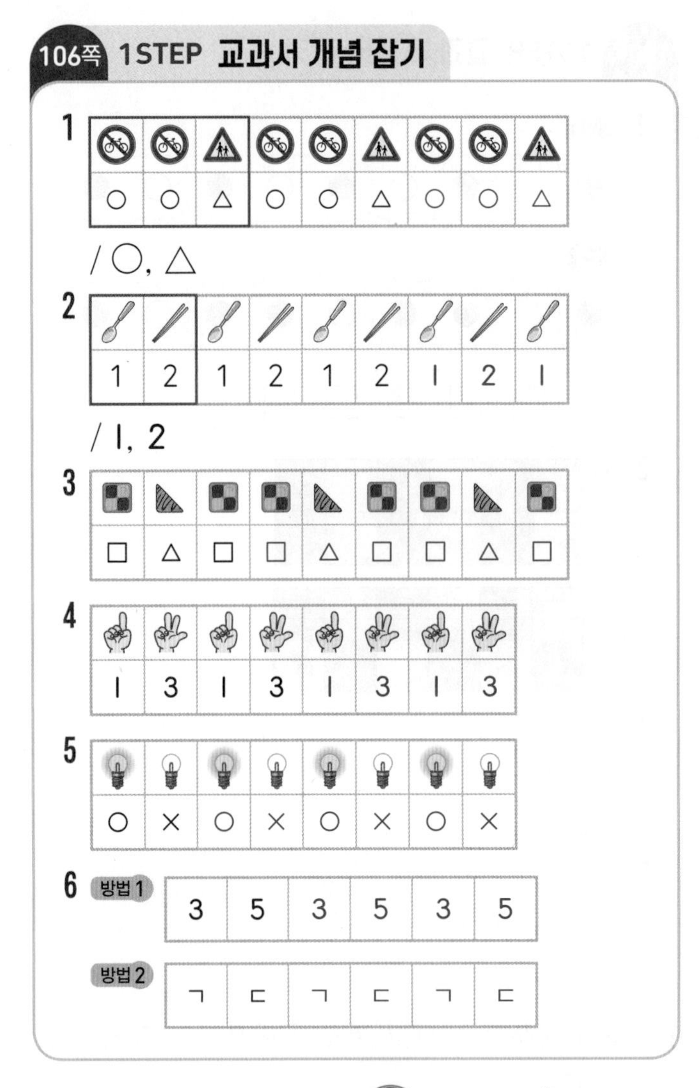

1 표지판의 모양에 따라 (자전거 금지 표지판)은 ○, (보행자 표지판)은 △로 나타냈습니다.

2 숟가락은 1개로 이루어져 있으므로 1, 젓가락은 2개가 한 쌍이므로 2로 나타냈습니다.

3 네모 모양 과자는 □로, 세모 모양 과자는 △로 나타냅니다.

4 펼친 손가락이 1개, 3개가 반복되므로 손가락 1개는 1, 손가락 3개는 3으로 나타냅니다.

5 불이 켜진 전구는 ○, 불이 꺼진 전구는 ×로 나타냅니다.

6 방법1 연결 모형 3개짜리, 5개짜리가 반복되므로 3, 5가 반복되도록 규칙을 나타냅니다.
방법2 연결 모형이 나타내는 모양으로 ㄱ, ㄷ이 반복되도록 규칙을 나타냅니다.

108쪽 2STEP 수학익힘 문제 잡기

01 11, 2

02 (1) (왼쪽에서부터) 9, 5, 9
(2) (왼쪽에서부터) 2, 1

03 (1) 4, 12
(2) 20, 10

04 (1) 예 22, 26, 30
(2) 예 35, 30, 25

05

21	25	29	33	37
22	26	30	34	38
23	27	31	35	39
24	28	32	36	40

06 10, 2

07 (○)
(○)
(   )

08 연서

09 8, 10

10 94, 95, 96　　**11** 4

12

31	32	33	34	35	36	37	38	39	40
41	42	43	44	45	46	47	48	49	50
51	52	53	54	55	56	57	58	59	60

/ 3

13 62, 64

14 예

100	99	98	97	96
95	94	93	92	91
90	89	88	87	86
85	84	83	82	81

15 ↓에 ○표 / →에 ○표

16

△	○	△	○	△	○

17

2	2	1	1	2	2	1

18

4	3	4	3	4	3

/ 4, 3

19

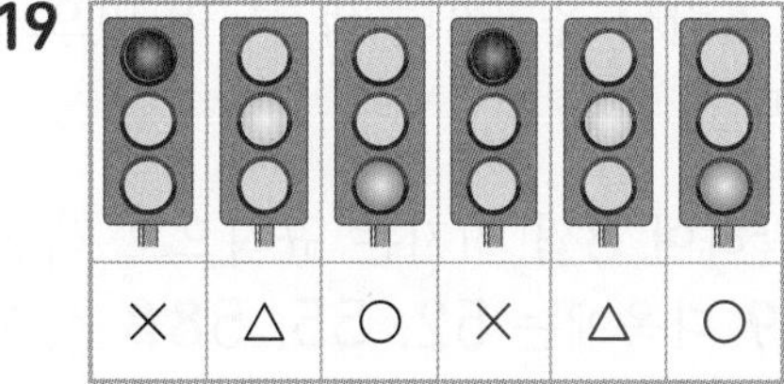

×	△	○	×	△	○

20

2	4	2	2	4	2	2	4

21

4	1	1	4	1	1	4	1

22 주경

23 1, 2, 0, 1, 2

02 (1) 선을 따라 5, 9가 반복되는 규칙입니다.
(2) 선을 따라 1, 2, 2가 반복되는 규칙입니다.

03 (1) 2부터 시작하여 2씩 커집니다.
(2) 30부터 시작하여 5씩 작아집니다.

04 (1) 10부터 시작하여 오른쪽으로 4씩 커지는 규칙을 만들 수 있습니다.
(2) 10부터 시작하여 왼쪽으로 5씩 커지는 규칙을 만들 수 있습니다.

05 → 방향으로 4씩 커지고, ↓ 방향으로 1씩 커집니다.

06 색칠한 수는 10, 12, 14, 16, 18, 20, 22이므로 10부터 시작하여 2씩 커집니다.

07 ↙ 방향으로는 2씩 작아집니다.

08 • 규민: ↘ 방향으로는 67, 57, 47과 같이 10씩 작아집니다.
• 연서: → 방향으로는 67, 66, 65, ...와 같이 1씩 작아집니다.

09 수 배열표에서 규칙을 찾을 때에는 시작하는 수, 방향에 따라 몇씩 커지는지(작아지는지) 살펴봅니다.

개념책 5 단원

10 → 방향으로 1씩 커지는 규칙이 있습니다.
빈칸에는 93 다음이므로 94, 95, 96을 써넣습니다.

11 → 방향으로 4칸씩 옮겨가며 색칠되어 있으므로 4씩 커집니다.

12 31부터 시작하여 3씩 커지는 규칙으로 색칠하였으므로 49 다음에는 52, 55, 58을 색칠합니다.

13

46	47	48	49	50
51	52	53	54	55
56	57	58	59	60
61	★	63	♥	65

→ 방향으로 1씩 커지고 ↓ 방향으로 5씩 커지는 규칙입니다.

14 98부터 시작하여 5씩 작아지는 규칙으로 색칠합니다.

15 두 우편함에 적힌 수의 배열에서 3씩 커지는 방향이 어느 방향인지 알아봅니다.

16 삼각김밥은 △ 모양으로, 주먹밥은 ○ 모양으로 나타냅니다.

17 두 발, 두 발, 한 발, 한 발이 반복됩니다.
두 발은 2, 한 발은 1로 나타냅니다.

18 의자의 다리 수에 따라 4, 3으로 규칙을 나타냅니다.

19 빨간색은 ×, 노란색은 △, 초록색은 ○로 바꾸어 규칙을 나타냅니다.

20 🌿은 2, 🌿🌿은 4로 나타냅니다.
🌿, 🌿🌿, 🌿이 반복되는 규칙입니다.
(2) (4) (2)

21 점의 수는 4, 1, 1이 반복됩니다.

22 차렷, 한 팔 들기, 양팔 들기 동작이 반복되므로 빈칸에는 한 팔 들기 동작이 들어갑니다.
한 팔을 들고 있는 사람은 주경입니다.

23 위로 올린 팔의 수에 따라 차렷은 0, 한 팔 들기는 1, 양팔 들기는 2로 바꾸어 나타내면 0, 1, 2가 반복되는 규칙입니다.

112쪽 3STEP 서술형 문제 잡기

※서술형 문제의 예시 답안입니다.

1 규칙 과자, 우유

2 규칙 지우개, 연필, 연필이 반복됩니다. ▶ 5점

3 1단계 1, 5
2단계 47, 47, 48
답 48

4 1단계 → 방향으로 1씩 커지고 ↓ 방향으로 5씩 커지는 규칙입니다. ▶ 2점
2단계 61에서 한 칸 아래인 수는 66이므로 ★에 들어갈 수는 66보다 2만큼 더 큰 수인 68입니다. ▶ 3점
답 68

5 1단계 2
2단계 5, 5
답 5개

6 1단계 펼친 손가락의 규칙을 찾아 수로 나타내면 3, 1, 3이 반복됩니다. ▶ 3점
2단계 규칙에 따라 빈칸에 알맞은 수는 1이므로 펼친 손가락은 1개입니다. ▶ 2점
답 1개

7 1단계 ●●●●●●●
2단계 빨간색, 파란색

8 예 1단계 ●●●●●●●
2단계 초록색, 노란색

8 채점 가이드 2개씩 또는 3개씩 반복되는 규칙을 만들 수 있습니다. 두 가지 색으로 알맞은 규칙을 만들어 색칠했으면 정답으로 인정합니다.

114쪽 5단원 마무리

01 (원기둥 그림)에 ○표
02 사과, 귤
03 11, 3
04 비행기, 비행기
05
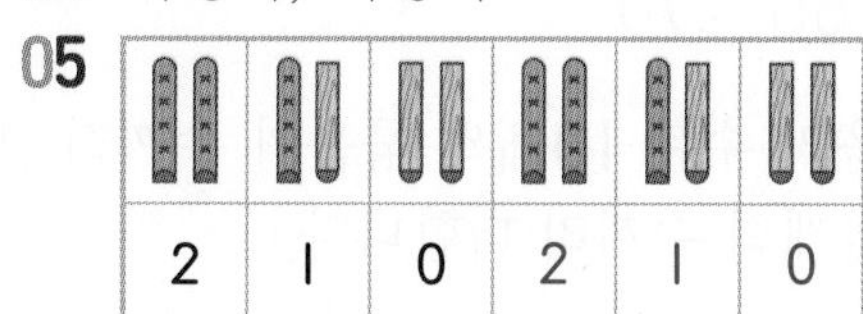

06

07 예
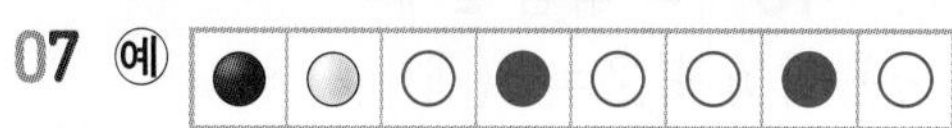

08 1
09 10
10 오리, 돼지, 오리
11 2, 4, 2, 2, 4
12 □, □, ♡, ♡, □ / □, □, ♡, ♡, □ / ♡, □, □, ♡, ♡
13
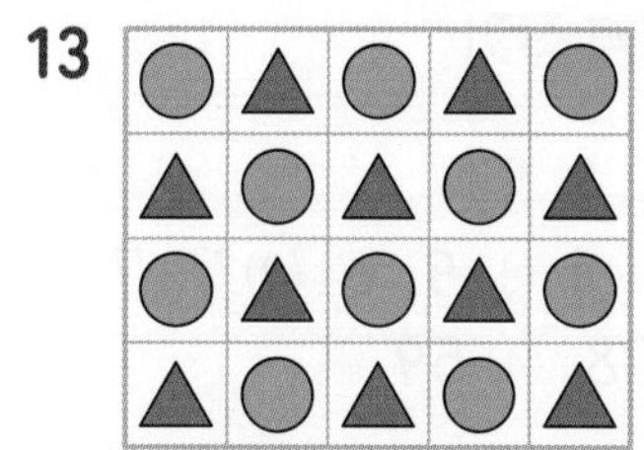

14

31	34	37	40
32	35	38	41
33	36	39	42

15 2, 10
16

⁙	∷	⁙	⁙	∷	⁙	⁙	∷
6	4	6	6	4	6	6	4

17 예

21	22	23	24	25	26	27	28	29	30
31	32	33	34	35	36	37	38	39	40
41	42	43	44	45	46	47	48	49	50

18 ㉠, ㉢

서술형 ※서술형 문제의 예시 답안입니다.

19
❶ 수 배열표에서 규칙 찾기 ▶ 2점
❷ ★에 들어갈 수 구하기 ▶ 3점

❶ → 방향으로 1씩 커지고 ↓ 방향으로 5씩 커지는 규칙입니다.
❷ 43에서 한 칸 아래인 수는 48이므로 ★에 들어갈 수는 48보다 1만큼 더 큰 수인 49입니다.
㊐ 49

20
❶ 규칙을 찾아 수로 나타내기 ▶ 3점
❷ 빈칸에 들어갈 그림에서 자전거 바퀴의 수 구하기 ▶ 2점

❶ 자전거 바퀴의 규칙을 찾아 수로 나타내면 2, 3, 3이 반복됩니다.
❷ 규칙에 따라 빈칸에 알맞은 수는 3이므로 자전거의 바퀴는 3개입니다.
㊐ 3개

07 검은색, 흰색, 흰색이 반복되는 규칙을 만듭니다.

08 책에 적힌 수가 1, 2, 3, ...으로 1씩 커집니다.

09 4 → 14 → 24 → 34 → 44 → 54 (10씩)

10 반복되는 동물의 이름을 써넣습니다.

11 오리는 2, 돼지는 4로 나타냅니다.

12 왼쪽 위에서부터 팔찌에 □, □, ♡, ♡가 반복되도록 무늬를 그립니다.

13 동그라미: 초록색, 세모: 보라색

14 → 방향으로 3씩 커지고 ↓ 방향으로 1씩 커집니다.

15 배열의 방향에 따라 여러 가지 방법으로 규칙을 말할 수 있습니다.

16 점의 수에 따라 6, 4, 6이 반복되는 규칙입니다.

17 21부터 시작하여 4씩 커지는 규칙으로 색칠합니다.

18 ㉡ ↘ 방향으로 10씩 작아집니다.

6 덧셈과 뺄셈(3)

120쪽 1STEP 교과서 개념 잡기

1 방법1 예

○	○	○	○	○	○	○	○	○	○	○	△	△	△	△
○	○	○	○	○	○	○	○	○	○	△				

/ 26

방법2 26

2 39 3 4, 4

4 (1) 69 (2) 85 (3) 37 (4) 77

1 방법1 21만큼 ○를 그린 그림에 5만큼 △를 그리면 모두 26개입니다.
방법2 십 모형은 2개이고, 일 모형끼리 더하면 $1+5=6$(개)이므로 $21+5=26$입니다.

2 십 모형은 십 모형끼리, 일 모형은 일 모형끼리 더하면 십 모형 3개와 일 모형 9개입니다.
→ $32+7=39$

3

	10개씩 묶음의 수	낱개의 수
41	4	1
3		3
41+3	4	1+3=4

→ $41+3=44$

4 (1) $60+9=69$ (2) $82+3=85$
(3) $35+2=37$ (4) $73+4=77$

122쪽 1STEP 교과서 개념 잡기

1 7, 70 2 30
3 (1) 7 (2) 9 4 (1) 8, 0 (2) 9, 0
5 20, 60
6 (1) 40 (2) 80 (3) 70 (4) 90

2 보라색 팽이가 20개, 노란색 팽이가 10개이므로 팽이는 모두 30개입니다. → $20+10=30$

3 (1) 낱개의 수: 0, 10개씩 묶음의 수: $5+2=7$
→ $50+20=70$
(2) 낱개의 수: 0, 10개씩 묶음의 수: $3+6=9$
→ $30+60=90$

4 10개씩 묶음의 수는 10개씩 묶음의 수끼리, 낱개의 수는 낱개의 수끼리 더합니다.

5 • 갈색 달걀: 10개씩 묶음 4개
• 흰색 달걀: 10개씩 묶음 2개
10개씩 묶음이 $4+2=6$(개)
→ (전체 달걀의 수)$=40+20=60$

6 (1) $3+1=4$ → $30+10=40$
(2) $5+3=8$ → $50+30=80$
(3) $1+6=7$ → $10+60=70$
(4) $7+2=9$ → $70+20=90$

124쪽 1STEP 교과서 개념 잡기

1 4, 7 2 59
3 (1) 6, 3 (2) 7, 9 4 (1) 9, 6 (2) 7, 7
5 (1) 48 (2) 74 (3) 78 (4) 59

1 십 모형은 십 모형끼리, 일 모형은 일 모형끼리 더하면 $24+23=47$입니다.

2 초록색 공깃돌이 36개, 주황색 공깃돌이 23개이므로 공깃돌은 모두 $36+23=59$(개)입니다.

3 (1) • 낱개의 수: $0+3=3$
• 10개씩 묶음의 수: $2+4=6$
→ $20+43=63$
(2) • 낱개의 수: $5+4=9$
• 10개씩 묶음의 수: $3+4=7$
→ $35+44=79$

4 10개씩 묶음의 수는 10개씩 묶음의 수끼리, 낱개의 수는 낱개의 수끼리 더합니다.

5 (1) 16+32=48 (2) 33+41=74

(3) 27+51=78 (4) 41+18=59

주의 세로 셈을 쓸 때에는 10개씩 묶음의 수끼리, 낱개의 수끼리 자리를 잘 맞추어 써야 합니다.

126쪽 2STEP 수학익힘 문제 잡기

01 3, 33
02 5, 27
03 (1) 42 (2) 65 (3) 97 (4) 88
04 35, 4, 39
05 36+1, 34+3, 34+5, 36+2, 32+5, 30+7
06 (1) (2) (3)
07

+	4	7	2
22	26	29	24
51	55	58	53

08 ( )
(○)
09 17, 2, 19 / 19
10 30, 30, 60
11 (1) 90 (2) 50
12 40, 50 또는 50, 40
13 2, 1, 3
14 33, 43, 76
15 (1) 77 (2) 96 (3) 69 (4) 66
16 ( ) (○) ( )
17 56, 98
18 <
19 ㉡, ㉣
20 22, 45 / 45
21 35, 46 / 46
22 11, 24, 35 / 35
23 78, 86, 79
24 57, 38

01 30에서 3만큼 이어 세면 30, 31, 32, 33이므로 30+3=33입니다.

02 (10개씩 묶음 2개와 낱개 2개)+(낱개 5개)
=(10개씩 묶음 2개와 낱개 7개)
➔ 22+5=27

03 (1) $\begin{array}{r} 40 \\ +\ 2 \\ \hline 42 \end{array}$ (2) $\begin{array}{r} 61 \\ +\ 4 \\ \hline 65 \end{array}$

04 빨간색 구슬이 35개, 초록색 구슬이 4개 있으므로 구슬은 모두 35+4=39(개)입니다.

05 • 36+1=37 • 34+3=37
• 34+5=39 • 36+2=38
• 32+5=37 • 30+7=37

06 (1) 70+3=73 ➔ 72+1=73
(2) 6+61=67 ➔ 64+3=67
(3) 24+4=28 ➔ 8+20=28

07 $\begin{array}{r} 22 \\ +\ 4 \\ \hline 26 \end{array}$ $\begin{array}{r} 22 \\ +\ 2 \\ \hline 24 \end{array}$ $\begin{array}{r} 51 \\ +\ 4 \\ \hline 55 \end{array}$ $\begin{array}{r} 51 \\ +\ 7 \\ \hline 58 \end{array}$

08 초록색 리본 13개와 보라색 리본 6개를 더하면 모두 13+6=19(개)입니다.
세로 셈을 쓸 때에는 자리를 잘 맞추어 써야 합니다.

09 (전체 오리 수)
=(지금 있는 오리 수)+(더 오는 오리 수)
=17+2=19(마리)

10 10개씩 묶음이 3개씩 두 번 있으므로
30+30=60입니다.

11 (1) 70+20=90
(2) 10+40=50

12 ■0+▲0=90이 되려면 ■+▲=9가 되어야 합니다.
4와 5를 더하면 9이므로
40+50=90 또는 50+40=90입니다.

13 $50+20=70$,
$40+40=80$, $30+10=40$
$80>70>40$이므로 위에서부터 2, 1, 3을 써넣습니다.

14 십 모형 3개와 일 모형 3개: 33
십 모형 4개와 일 모형 3개: 43
→ $33+43=76$
참고 $43+33=76$으로 덧셈식을 써도 정답입니다.

15 (1) $\begin{array}{r} 27 \\ +\ 50 \\ \hline 77 \end{array}$ (2) $\begin{array}{r} 32 \\ +\ 64 \\ \hline 96 \end{array}$

16 $21+17=\underline{38}$, $20+28=\underline{48}$,
$15+23=\underline{38}$
→ $20+28$만 합이 48로 다릅니다.

17 $21+35=56$ → $56+42=98$

18 $61+25=86$, $34+53=87$
→ $86<87$
→ $61+25$ (<) $34+53$

19 ㉡ $\begin{array}{r} 73 \\ +\ 11 \\ \hline 84 \end{array}$ ㉣ $\begin{array}{r} 26 \\ +\ 72 \\ \hline 98 \end{array}$
참고 10개씩 묶음의 수는 10개씩 묶음의 수끼리, 낱개의 수는 낱개의 수끼리 더합니다.

20 (여자의 수)+(남자의 수)
$=23+22=45$(명)

21 빨간색 구슬: 11개, 파란색 구슬: 35개
→ $11+35=46$

22 • 쟁반 위의 빨간색 구슬: 11개
• 쟁반 위의 노란색 구슬: 24개
→ $11+24=35$ (또는 $24+11=35$)

23 : $42+36=78$
: $14+72=86$
: $21+58=79$

24 • (튤립의 수)+(장미의 수)
$=23+34=57$(송이)
• 선반 위에 올려져 있는 꽃: 튤립, 국화
→ (튤립의 수)+(국화의 수)
$=23+15=38$(송이)

130쪽 1STEP 교과서 개념 잡기

1 방법1 23 방법2 23
2 2, 6
3 (1) 예
(2) 41
4 (1) 51 (2) 92 (3) 32 (4) 60

1 방법1 분홍색 하트와 초록색 하트 4개를 하나씩 짝 지으면 분홍색 하트 23개가 남습니다.
방법2 십 모형 2개와 일 모형 7개에서 일 모형 4개를 지우면 십 모형 2개와 일 모형 3개가 남으므로 23입니다.

2

	10개씩 묶음의 수	낱개의 수
29	2	9
3		3
29−3	2	9−3=6

→ $29-3=26$

3 사탕 45개에서 4개를 지우면 남는 사탕은 41개입니다.
→ $45-4=41$

4 (1) $52-1=51$ (2) $97-5=92$
(3) $39-7=32$ (4) $68-8=60$

132쪽 1STEP 교과서 개념 잡기

1 2, 20
2 (1) 1, 0 (2) 5, 0
3 (1) 10 (2) 10
4 (1) 2, 0 (2) 4, 0
5 20, 40

2 (1) 낱개의 수: 0, 10개씩 묶음의 수: $6-5=1$
→ $60-50=10$
(2) 낱개의 수: 0, 10개씩 묶음의 수: $9-4=5$
→ $90-40=50$

3 (1) • 테니스공: 10개씩 묶음 3개
• 야구공: 10개씩 묶음 2개
→ 테니스공이 야구공보다 10개씩 묶음 1개 만큼 더 많습니다.
(2) 30은 20보다 10만큼 더 큽니다.
→ $30-20=10$

4 10개씩 묶음의 수는 10개씩 묶음의 수끼리, 낱개의 수는 낱개의 수끼리 뺍니다.

5 • 초록색 구슬: 10개씩 묶음 6개
• 빨간색 구슬: 10개씩 묶음 2개
→ $60-20=40$

134쪽 1STEP 교과서 개념 잡기

1 2, 4
2 1 / 1, 1
3 13
4 (1) 3, 5 (2) 5, 1
5 (1) 2, 2 (2) 6, 2
6 (1) 23 (2) 13 (3) 41 (4) 54

1 십 모형은 십 모형끼리, 일 모형은 일 모형끼리 빼면 $56-32=24$입니다.

2 • 낱개의 수: $4-3=1$
• 10개씩 묶음의 수: $3-2=1$
→ $34-23=11$

3 사과 24개와 오렌지 11개를 하나씩 짝 지으면 사과 13개가 남습니다.
→ $24-11=13$

4 (1) • 낱개의 수: $8-3=5$
• 10개씩 묶음의 수: $7-4=3$
→ $78-43=35$
(2) • 낱개의 수: $4-3=1$
• 10개씩 묶음의 수: $8-3=5$
→ $84-33=51$

5 10개씩 묶음의 수는 10개씩 묶음의 수끼리, 낱개의 수는 낱개의 수끼리 뺍니다.

6 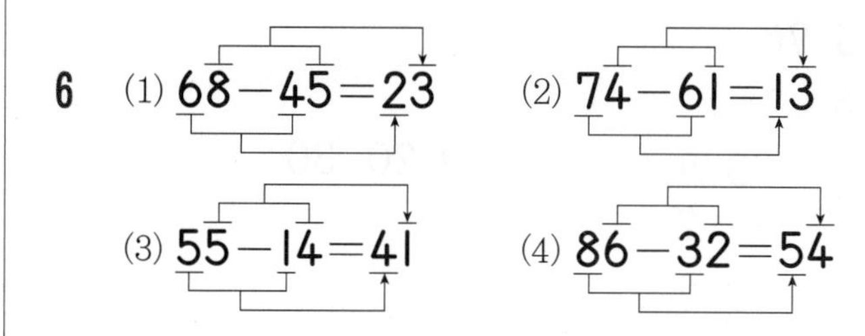

136쪽 1STEP 교과서 개념 잡기

1 35 / 23, 35 / 11 / 12, 11
2 (1) 31, 41, 51, 61 (2) 54, 44, 34, 24
3 (1) 11, 39 / 39 (2) 17, 11 / 11
4 (위에서부터) 34, 22, 56 / 22, 34, 56

1 흰색 곰 인형: 12개, 갈색 곰 인형: 23개
→ 덧셈식: $12+23=35$
→ 뺄셈식: $23-12=11$

2 (1) 더하는 수가 10씩 커지면 결과도 10씩 커집니다.
(2) 빼는 수가 10씩 커지면 결과는 10씩 작아집니다.

3 (1) 빨간색 책은 28권, 초록색 책은 11권이므로 책은 모두 $28+11=39$(권)입니다.
(2) 빨간색 책은 노란색 책보다 $28-17=11$(권) 더 많습니다.

4 (파란색 색연필 수)+(보라색 색연필 수)
$=34+22=56$
(보라색 색연필 수)+(파란색 색연필 수)
$=22+34=56$
참고 더하는 두 수의 위치가 바뀌어도 합은 같습니다.

개념책 6단원

138쪽 2STEP 수학익힘 문제 잡기

01 예  / 31

02 (위에서부터) 1 / 6, 2

03 (1) 23 (2) 40 (3) 56 (4) 73

04 52

05 96

06 (○) (   ) (○)

07 $\begin{array}{r} 39 \\ -\ \ 2 \\ \hline 37 \end{array}$

08 20, 30

09 (1) 20 (2) 10 (3) 10 (4) 20

10 40

11 30, 30 / 30

12 50, 40, 10 또는 50, 10, 40

13 35, 20, 15

14 34 / 24

15 (1) 52 (2) 32 (3) 22 (4) 57

16 52, 33

17 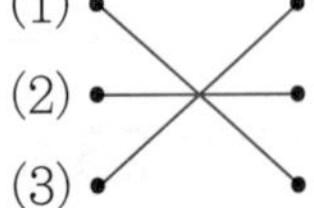

18 45, 32, 13 / 13

19 12, 24 / 12

20 (1) 73, 73 (2) 43, 43, 43

21 47, 57

22 예 23, 45, 68 / 23, 11, 12

23 44, 31

24 12+30=42 / 42장

25 29−12=17 / 17장

01 초콜릿 39개에서 8개를 지우면 남는 초콜릿은 31개입니다.
→ 39−8=31

02 (십 모형 6개와 일 모형 3개)−(일 모형 1개)
=(십 모형 6개와 일 모형 2개)
→ 63−1=62

03 (1) $\begin{array}{r} 28 \\ -\ \ 5 \\ \hline 23 \end{array}$ (2) $\begin{array}{r} 46 \\ -\ \ 6 \\ \hline 40 \end{array}$

04 $\begin{array}{r} 59 \\ -\ \ 7 \\ \hline 52 \end{array}$

참고 화살표 방향대로 두 수의 뺄셈을 합니다.

05 $\begin{array}{r} 98 \\ -\ \ 2 \\ \hline 96 \end{array}$

참고 두 수의 차를 구할 때에는 큰 수에서 작은 수를 뺍니다.

06 48−3=**45**, 45−1=44, 49−4=**45**

07 2는 낱개 2개인 수이므로 39의 9와 줄을 맞춰 쓴 다음 계산해야 합니다.

08 곶감 50개에서 20개를 빼면 남는 곶감은 30개입니다. → 50−20=30

09 (1) 8−6=2 → 80−60=20
(2) 7−6=1 → 70−60=10
(3) 2−1=1 → 20−10=10
(4) 6−4=2 → 60−40=20

10 $\begin{array}{r} 90 \\ -50 \\ \hline 40 \end{array}$

11 떡 60개에서 30개를 빼면 남은 떡은 60−30=30(개)입니다.

12 가장 큰 수 50에서 40 또는 10을 빼는 뺄셈식을 만듭니다.
→ 50−40=10 또는 50−10=40

13 자동차 35대에서 20대를 빼면 남는 자동차는 15대입니다.
→ 35−20=15

14 (십 모형 5개와 일 모형 8개)
−(십 모형 3개와 일 모형 4개)
=(십 모형 2개와 일 모형 4개)
→ 58−34=24

15 (1)
$$\begin{array}{r} 63 \\ -\ 11 \\ \hline 52 \end{array}$$
(2)
$$\begin{array}{r} 86 \\ -\ 54 \\ \hline 32 \end{array}$$

16
$$\begin{array}{r} 93 \\ -\ 41 \\ \hline 52 \end{array} \qquad \begin{array}{r} 49 \\ -\ 16 \\ \hline 33 \end{array}$$

17 (1) $71-20=51$ → $65-14=51$
(2) $55-15=40$ → $82-42=40$
(3) $85-61=24$ → $44-20=24$

18 (남은 쪽수)=(전체 쪽수)−(읽은 쪽수)
=45−32=13(쪽)

19

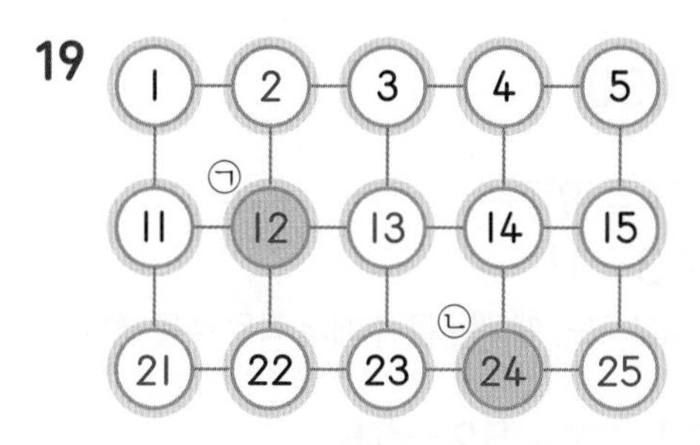

→ 방향으로 1씩 커지고, ↓ 방향으로 10씩 커지는 규칙입니다.
→ ㉡−㉠=24−12=12

20 (1) 더하는 두 수의 위치가 바뀌어도 합은 같습니다.
(2) 2씩 작아지는 수에서 2씩 작아지는 수를 빼면 차는 같습니다.

21 왼쪽의 수에 15를 더한 값을 오른쪽에 써넣습니다.
22+15=37
32+15=47) 10씩 커짐.
42+15=57) 10씩 커짐.

22 수 카드 2장을 골라 두 수를 더하거나 뺀 식을 만듭니다.
참고 뺄셈식을 만들 때에는 큰 수에서 작은 수를 뺍니다.

23 • 미나: 30+14=44
• 준호: 48−17=31

24 로봇의 가격은 붙임딱지 12장이고, 게임기의 가격은 붙임딱지 30장이므로 붙임딱지는 모두 12+30=42(장) 필요합니다.

25 로봇의 가격은 붙임딱지 12장이므로 민철이의 붙임딱지는 29−12=17(장) 남습니다.

142쪽 3STEP 서술형 문제 잡기

※서술형 문제의 예시 답안입니다.

1 16, 15, 14, 13
알게 된 점 1, 1씩 작아집니다

2 81, 82, 83, 84 ▶ 2점
알게 된 점 같은 수에서 1씩 작아지는 수를 빼면 차는 1씩 커집니다. ▶ 3점

3 1단계 26, 16, 10 2단계 10
답 10명

4 1단계 (교실로 들어간 학생 수)
=(처음의 학생 수)−(남아 있는 학생 수)
=37−25=12 ▶ 3점
2단계 따라서 교실로 들어간 학생은 12명입니다. ▶ 2점
답 12명

5 1단계 64, 54, 10 2단계 96, 42
답 96, 42

6 1단계 33+43=76, 33+41=74, 43+41=84입니다. ▶ 3점
2단계 합이 84가 되는 두 수는 43, 41입니다. ▶ 2점
답 43, 41

7 1단계 80, 20
2단계 80, 20, 60

8 예 1단계 90, 40
2단계 90, 40, 50

8 채점 가이드 한 주머니에서 두 수를 고르지 않도록 주의하고, 고른 수와 뺄셈의 결과를 맞게 썼는지 확인합니다.
90−40=50, 90−50=40, 90−60=30,
80−40=40, 80−50=30, 80−60=20,
70−40=30, 70−50=20, 70−60=10

개념책 6단원

144쪽 6단원 마무리

01 13, 33
02 5, 5
03 62
04 ( ) (○)
05 70
06 ( ) (○) (○)
07 (1) (2) (3)
08 22, 61, 53
09 59
10 12, 6, 18
11 48, 18, 30
12 97, 11
13 >
14 (△) ( ) (○)
15 (위에서부터) 15, 67, 42 /

75	15	46
67	42	73

16 $22+54=76$ / 76장
17 $38-10=28$ / 28개
18 21명

서술형 ※서술형 문제의 예시 답안입니다.

19 ❶ 뺄셈하기 ▶ 2점
❷ 차가 어떻게 변하는지 쓰기 ▶ 3점

❶ 13, 12, 11, 10
❷ 1씩 작아지는 수에서 같은 수를 빼면 차도 1씩 작아집니다.

20 ❶ 두 수의 차를 구하는 뺄셈식 쓰기 ▶ 3점
❷ 차가 23이 되는 두 수 찾기 ▶ 2점

❶ $69-46=23$, $69-56=13$
$56-46=10$입니다.
❷ 차가 23이 되는 두 수는 69, 46입니다.
답 69, 46

04 7은 20의 0과 줄을 맞춰 쓴 다음 계산해야 합니다.

06 $97-64=33$, $20+16=\underline{36}$,
$58-22=\underline{36}$

07 (1) $\begin{array}{r} 70 \\ -\,40 \\ \hline 30 \end{array}$ (2) $\begin{array}{r} 51 \\ -\,11 \\ \hline 40 \end{array}$ (3) $\begin{array}{r} 83 \\ -\,30 \\ \hline 53 \end{array}$

08 $\begin{array}{r} 27 \\ -\,\;5 \\ \hline 22 \end{array}$ $\begin{array}{r} 66 \\ -\,\;5 \\ \hline 61 \end{array}$ $\begin{array}{r} 58 \\ -\,\;5 \\ \hline 53 \end{array}$

09 $34+25=59$

10 농구공: 12개, 축구공: 6개
→ $12+6=18$

11 편지봉투 48개에서 18개를 지우면 30개가 남습니다.
→ $48-18=30$

12 • 합: $43+54=97$
• 차: $54-43=11$
참고 두 수의 차를 구할 때에는 큰 수에서 작은 수를 뺍니다.

13 $5+72=77$, $23+52=75$
→ $77>75$
→ $5+72$ ⓥ $23+52$ 에서 ○ 안에 $>$

14 $20+20=40$, $10+70=80$,
$60+30=90$
→ $90>80>40$
따라서 합이 가장 큰 $60+30$에 ○표,
합이 가장 작은 $20+20$에 △표 합니다.

15 $\begin{array}{r} 99 \\ -\,84 \\ \hline 15 \end{array}$ $\begin{array}{r} 17 \\ +\,50 \\ \hline 67 \end{array}$ $\begin{array}{r} 65 \\ -\,23 \\ \hline 42 \end{array}$
→ 15, 67, 42가 적힌 칸을 찾아 색칠합니다.

16 (빨간색 딱지 수)+(노란색 딱지 수)
$=22+54=76$(장)

17 (열린 감의 수)−(떨어진 감의 수)
$=38-10=28$(개)

18 (놀이공원에 가고 싶어 하는 학생 수)
$=29-8=21$(명)

148쪽 1~6단원 총정리

01 8, 80
02 9, 10 / 10
03 ( ) (○) ( )
04 (위에서부터) 8 / 7
05 3
06 | | | | | | | 귤 | 떡 |
07 예 | ★ | ♥ | ♥ | ★ | ♥ | ♥ | ★ | ♥ |
08 90
09 3, 5
10 (1) (2) (3)

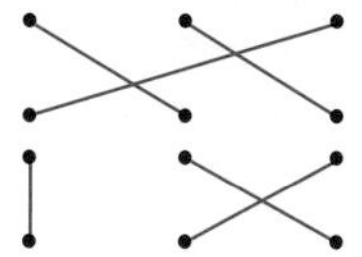

11 10, 11, 12, 13
12 7
13 24 13 17 16 18
14

15 <
16 31, 33, 35, 37, 39
17 6, 9, 15 / 15송이
18 (○) ( )
19 $64+23=87$ / 87개
20 $47-11=36$ / 36개
21 2, 10
22 7개
23 4개
24 은호
25 8

05 짧은바늘: 3, 긴바늘: 12 → 3시

06 귤, 떡이 반복되는 규칙이므로 떡 다음에는 귤, 귤 다음에는 떡을 써넣습니다.

07 ★, ♥, ♥가 반복되는 규칙을 만듭니다.
이 외에도 다양한 방법으로 반복되는 규칙을 만들 수 있습니다.

08 $50+40=90$

09 10개씩 묶음의 수는 10개씩 묶음의 수끼리, 낱개의 수는 낱개의 수끼리 계산합니다.

10 (1) 일흔여섯 → 76 → 칠십육
(2) 쉰일곱 → 57 → 오십칠
(3) 아흔둘 → 92 → 구십이

11 같은 수에 1씩 커지는 수를 더하면 합도 1씩 커집니다.

12 5 ⌒ 12 ⌒ 19 ⌒ 26 ⌒ 33 ⌒ 40
(각각 7씩 커집니다: 7, 7, 7, 7, 7)

13 24, 16, 18: 짝수 → 빨간색
13, 17: 홀수 → 파란색

14 2시 30분이므로 짧은바늘이 2와 3 사이를 가리키도록 그립니다.

15 $10-7=3$, $10-5=5$
→ $3<5$이므로 $10-7$ (<) $10-5$입니다.

16 30부터 40까지의 수 중에서 둘씩 짝을 지을 때 하나가 남는 수를 찾습니다.
→ 31, 33, 35, 37, 39

17 $6+9=15$이므로 꽃은 모두 15송이입니다.

18 • 오른쪽 모양: ■, ▲, ● 모양을 모두 이용하여 꾸몄습니다.
• 왼쪽 모양: ▲ 모양으로만 꾸몄습니다.

19 (고구마 수)+(감자 수)
$=64+23=87$(개)

20 (열린 사과 수)−(떨어진 사과 수)
$=47-11=36$(개)

21 배열의 방향에 따라 여러 가지 규칙을 찾을 수 있습니다.

22 (세 사람이 모은 동전 수)
$=2+1+4=3+4=7$(개)

23 (남은 옥수수 수)$=8-1-3=7-3=4$(개)

24 47과 50의 크기를 비교하면 $47<50$이므로 50번을 한 은호가 줄넘기를 더 많이 했습니다.

25 가장 큰 수는 17, 가장 작은 수는 9입니다.
따라서 가장 큰 수와 가장 작은 수의 차는 $17-9=8$입니다.

기본 강화책 정답 및 풀이

1 100까지의 수

기초력 더하기

01쪽 1. 60, 70, 80, 90 알아보기

1 70
2 60
3 80
4 90
5 6
6 7
7 6, 0 / 60
8 8, 0 / 80
9 9, 0 / 90
10 7, 0 / 70

02쪽 2. 99까지의 수 알아보기

1 6, 5 / 65
2 8, 3 / 83
3 7, 7 / 77
4 9, 6 / 96
5 구십일, 아흔하나
6 육십사, 예순넷
7 팔십칠, 여든일곱
8 칠십육, 일흔여섯
9 육십오, 예순다섯
10 팔십삼, 여든셋

03쪽 3. 수의 순서

1 61, 63
2 58, 60
3 94, 96
4 75, 77
5 79, 81
6 98, 100
7 64
8 69
9 92
10 77, 79
11 87, 90
12 73, 74
13 80, 81
14 98, 100

04쪽 4. 수의 크기 비교

1 >
2 <
3 <
4 <
5 >
6 <
7 80에 ○표, 50에 △표
8 68에 △표, 90에 ○표
9 47에 △표, 74에 ○표
10 71에 △표, 81에 ○표
11 84에 ○표, 54에 △표
12 94에 ○표, 91에 △표
13 78에 △표, 83에 ○표
14 70에 ○표, 49에 △표

05쪽 5. 짝수와 홀수

1 8 / '짝수'에 ○표
2 5 / '홀수'에 ○표
3 10 / '짝수'에 ○표
4 14 / '짝수'에 ○표
5 17 / '홀수'에 ○표
6 13 / '홀수'에 ○표
7 4, 6에 ○표
8 8에 ○표
9 10, 12에 ○표
10 20에 ○표
11 1, 3에 ○표
12 13, 15에 ○표
13 17에 ○표
14 25에 ○표

수학익힘 다잡기

06쪽 1. 60, 70, 80, 90을 알아볼까요

1 (1) 6, 60 (2) 8, 80 (3) 9, 90
2 7, 0 / 70 / 칠십(또는 일흔)
3 (1) (2) (3) (4)

4 (1) 예

60
(그림)

(2) 예

80
(그림)

3 (1) 60은 육십 또는 예순으로 읽습니다.
(2) 70은 칠십 또는 일흔으로 읽습니다.
(3) 80은 팔십 또는 여든으로 읽습니다.
(4) 90은 구십 또는 아흔으로 읽습니다.

4 (1) 60이 되려면 ●를 10개 더 그려 넣습니다.
(2) 80이 되려면 ●를 20개 더 그려 넣습니다.

07쪽 2. 99까지의 수를 알아볼까요

1 (1) 5, 4 / 54 / 오십사(또는 쉰넷)
(2) 6, 3 / 63 / 육십삼(또는 예순셋)

2 (1)
(2)
(3)

3 (1) 87, 팔십칠(또는 여든일곱)
(2) 75, 칠십오(또는 일흔다섯)

4 예 고른 수 카드 7 8
7 8 → 78
8 7 → 87

4 수 카드 2장을 골라 두 가지 수를 만들 수 있습니다.
채점 가이드 주어진 카드 중에서 2장을 골라 수를 바르게 썼는지 확인합니다.

08쪽 3. 수를 넣어 이야기를 해 볼까요

1 (1) '오십칠'에 ○표
(2) '마흔아홉'에 ○표
(3) '여든둘'에 ○표

2 (1) '구십'에 ○표 (2) '육십칠'에 ○표

3

1 (1) 75는 칠십오 또는 일흔다섯으로 읽습니다.
(2) 94는 구십사 또는 아흔넷으로 읽습니다.
(3) 88은 팔십팔 또는 여든여덟로 읽습니다.

2 (1) 버스 번호 90은 구십으로 읽습니다.
(2) 도로명 주소의 67은 육십칠로 읽습니다.

09쪽 4. 수의 순서를 알아볼까요

1 (위에서부터) 72, 74 / 67, 69 / 84, 86 / 90, 92

2 (1) 56, 59 (2) 66, 68
(3) 75, 78 (4) 86, 88, 89

기본 강화책
1 단원

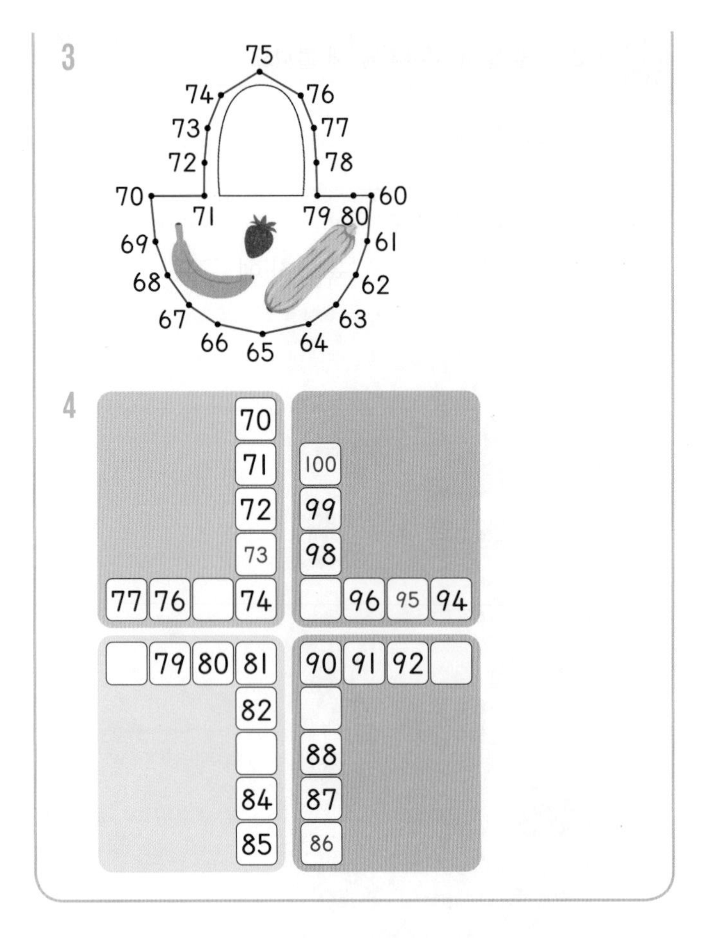

3 60, 61, 62, ..., 78, 79, 80을 순서대로 선으로 이어 봅니다.

4 70에서부터 수의 순서가 어느 방향으로 놓이는지 알아봅니다.

10쪽 **5. 수의 크기를 비교해 볼까요**

1 53, '큽니다'에 ○표 / 53, '작습니다'에 ○표
2 <
3 (1) >
(2) <
(3) <
4 (1) 75에 △표, 96에 ○표
(2) 71에 ○표, 45에 △표
(3) 99에 ○표, 64에 △표
5 리아 6 59, 69

4 10개씩 묶음의 수가 클수록 더 큰 수이고, 10개씩 묶음의 수가 작을수록 더 작은 수입니다.

5 82는 65보다 크므로 리아가 규민이보다 줄넘기를 더 많이 넘었습니다. 미나가 줄넘기를 넘은 횟수는 74이므로 82보다 작습니다. 따라서 줄넘기를 가장 많이 넘은 친구는 리아입니다.

6 67은 59보다 크고 69보다 작은 수이므로 59와 69 사이에 놓아야 합니다.

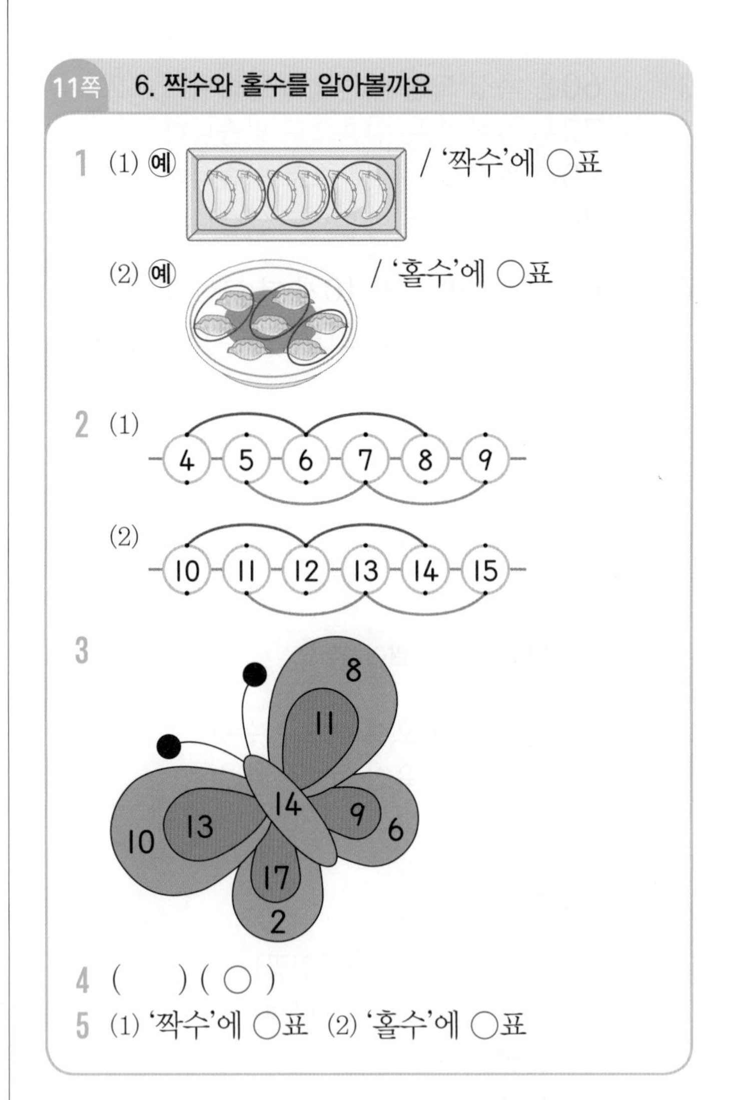

4 왼쪽 상자: 4, 12는 짝수, 9는 홀수입니다.
오른쪽 상자: 20, 6, 18 모두 짝수입니다.

5 (1) 달걀을 꺼내기 전에는 둘씩 짝 지을 때 남는 것이 없으므로 달걀판의 달걀 수는 짝수입니다.
(2) 달걀을 꺼낸 후에는 둘씩 짝 지을 때 하나가 남으므로 달걀판의 달걀 수는 홀수입니다.

2 덧셈과 뺄셈(1)

기초력 더하기

12쪽 1. 세 수의 덧셈

1 2, 3, 7　　2 2, 3, 6
3 1, 2, 7　　4 2, 3, 8
5 1, 2, 8　　6 5, 1, 9
7 (위에서부터) 6, 4, 6
8 (위에서부터) 9, 6, 9
9 (위에서부터) 7, 6, 7
10 8　　11 9　　12 6

1~6 참고 더하는 수의 순서를 바꾸어 써도 정답입니다.

13쪽 2. 세 수의 뺄셈

1 3, 2, 2　　2 1, 4, 4
3 1, 2, 5　　4 4, 3, 2
5 2, 3, 3　　6 2, 1, 4
7 (위에서부터) 2, 5, 2
8 (위에서부터) 2, 3, 2
9 (위에서부터) 1, 5, 1
10 2　　11 2　　12 1

1~6 참고 빼는 두 수의 순서를 바꾸어 써도 정답입니다.

14쪽 3. 10이 되는 더하기 / 10에서 빼기

1 10　　2 10　　3 10
4 10　　5 10　　6 10
7 10　　8 10　　9 10
10 9　　11 3　　12 7
13 5　　14 1　　15 4
16 8　　17 6　　18 2

15쪽 4. 10 만들어 더하기

1 $\boxed{3+7}+2=\boxed{12}$　　2 $\boxed{8+2}+3=\boxed{13}$
3 $5+\boxed{4+6}=\boxed{15}$　　4 $4+\boxed{5+5}=\boxed{14}$
5 $\boxed{1+9}+4=\boxed{14}$　　6 $1+\boxed{7+3}=\boxed{11}$
7 $\boxed{2+8}+9=\boxed{19}$　　8 $5+\boxed{6+4}=\boxed{15}$
9 $\boxed{9+1}+2=\boxed{12}$
10 15　　11 16　　12 17
13 13　　14 18　　15 12
16 16　　17 17　　18 18
19 14　　20 11　　21 13

수학익힘 다잡기

16쪽 1. 세 수의 덧셈을 해 볼까요

1 (1) 예 1, 3, 2, 6 (2) 예 2, 1, 4, 7
2
3 (위에서부터) 7 / 5, 5, 7
4 예
예 1, 2, 6, 9
5 2, 5(또는 5, 2)

4 빨간색 1개, 파란색 2개, 노란색 6개를 색칠하여 $1+2+6=9$로 나타냈습니다.
채점 가이드 세 가지 색으로 팔찌를 색칠하고 색깔별 수를 바르게 나타내어 덧셈식을 만들었는지 확인합니다.

17쪽 2. 세 수의 뺄셈을 해 볼까요

1 (1) 3, 2, 4(또는 2, 3, 4)
(2) 1, 2, 4(또는 2, 1, 4)
2 (위에서부터) 1 / 5, 5, 1
3 예 2, 3 / 2, 3, 3
4 (1) 2, 4(또는 4, 2) (2) 2, 3(또는 3, 2)

3 찰흙 8덩어리에서 2덩어리와 3덩어리를 빼면 3덩어리가 남습니다.
채점 가이드 말풍선 안에 적은 두 수를 8에서 빼어 바르게 계산했는지 확인합니다.

4 (1) 7에서 두 수를 빼었을 때 1이 되려면 2와 4를 골라야 합니다.
(2) 9에서 두 수를 빼었을 때 4가 되려면 2와 3을 골라야 합니다.

18쪽 3. 10이 되는 더하기를 해 볼까요

1 8, 9, 10 / 10
2 예 / 4, 6
3 (1) 3 (2) 8 (3) 6 (4) / 2
4 (위에서부터) 7, 9, 2, 5
5 5, 3
6 / 1, 9(또는 9, 1)

2 채점 가이드 두 가지로 색칠한 칸 수와 10이 되는 덧셈식의 두 수가 같은지 확인합니다.

3 (4) 점의 수가 모두 10이 되려면 왼쪽 칸에 점 2개를 그립니다. ➔ $2+8=10$

4 $7+3=10$, $1+9=10$, $8+2=10$, $5+5=10$

19쪽 4. 10에서 빼기를 해 볼까요

1 (1) 6, 4 (2) 5, 5
2 예 / 4, 4, 6
3 2개
4 (1) 5 (2) 6, 4

2 10개에서 4개를 빼면 $10-4=6$입니다.
채점 가이드 /을 그린 개수와 10에서 뺀 수가 같은지 확인합니다.

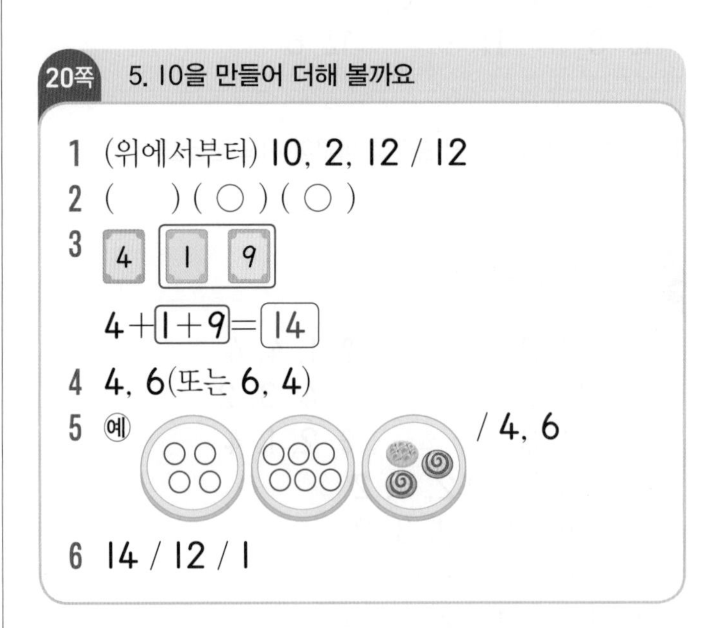

20쪽 5. 10을 만들어 더해 볼까요

1 (위에서부터) 10, 2, 12 / 12
2 ( ) (○) (○)
3 4 1 9
$4+\boxed{1+9}=\boxed{14}$
4 4, 6(또는 6, 4)
5 예 / 4, 6
6 14 / 12 / 1

2 • $3+7+5$에서 $3+7$로 10을 만들어 더할 수 있습니다.
• $8+4+6$에서 $4+6$으로 10을 만들어 더할 수 있습니다.

4 합이 10이 되는 두 수를 골라야 하므로 수 카드 4와 6을 골라 덧셈식을 완성합니다.

5 채점 가이드 그린 ○ 수의 합이 10이 되는지 확인합니다.

6 (1모둠이 걸은 고리 수)$=\boxed{3+7}+4=14$(개)
(2모둠이 걸은 고리 수)$=2+\boxed{2+8}=12$(개)
➔ $14>12$이므로 1모둠이 고리를 더 많이 걸었습니다.

3 모양과 시각

기초력 더하기

21쪽 1. 여러 가지 모양 찾기 / 여러 가지 모양 알아보기

1 ●에 ○표
2 ■에 ○표
3 ▲에 ○표
4 ■에 ○표
5 ●에 ○표
6 ▲에 ○표
7 ●에 ○표
8 ■에 ○표
9 ▲에 ○표
10 ●에 ○표

22쪽 2. 여러 가지 모양으로 꾸미기

1 2, 1, 2
2 2, 2, 5
3 5, 3, 1
4 4, 1, 2
5 3, 1, 4
6 3, 4, 3
7 예
8 예

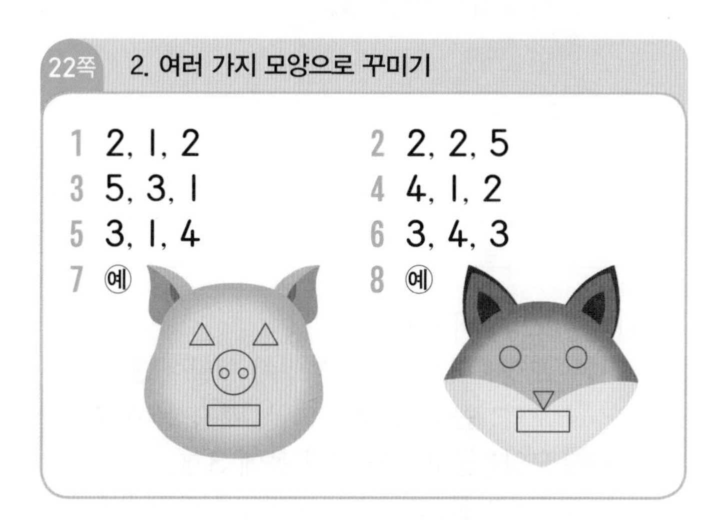

23쪽 3. 몇 시

1 8
2 6
3 5
4 1
5 10
6 3
7
8

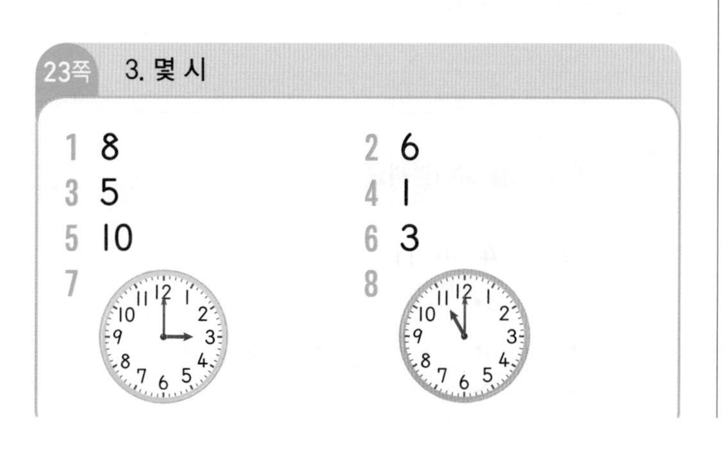

9
10
11
12

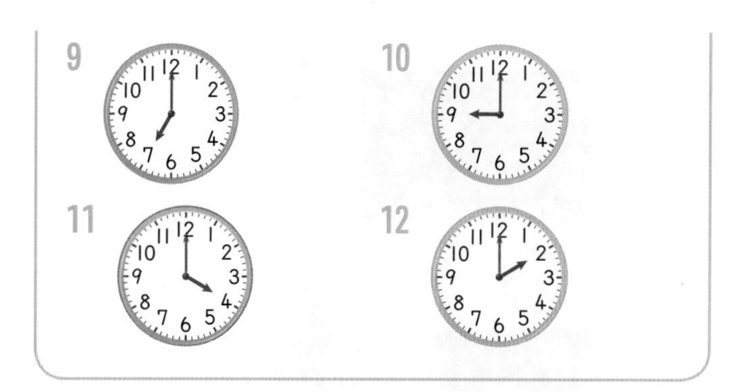

24쪽 4. 몇 시 30분

1 9, 30
2 3, 30
3 6, 30
4 11, 30
5 4, 30
6 1, 30
7
8
9
10
11
12

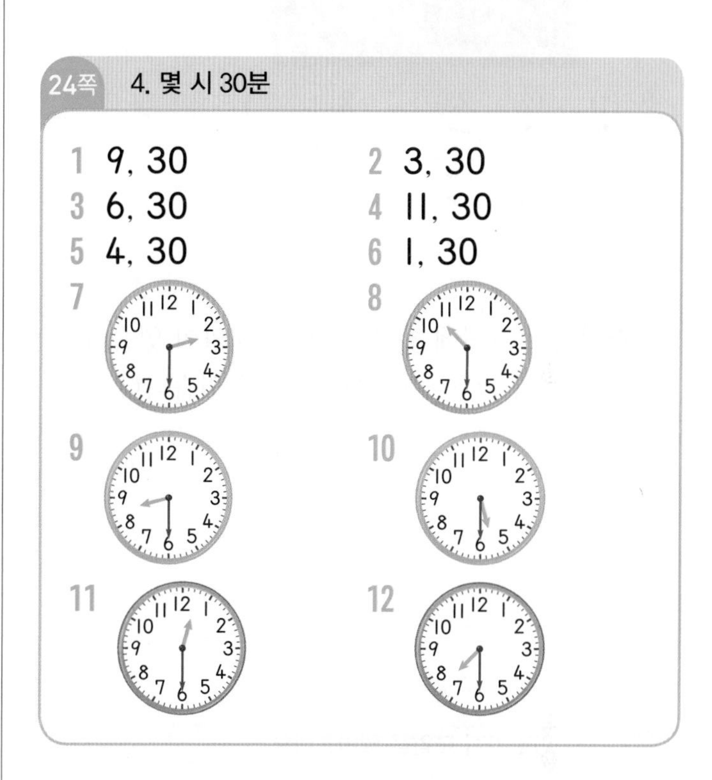

수학익힘 다잡기

25쪽 1. 여러 가지 모양을 찾아볼까요

1 (1)

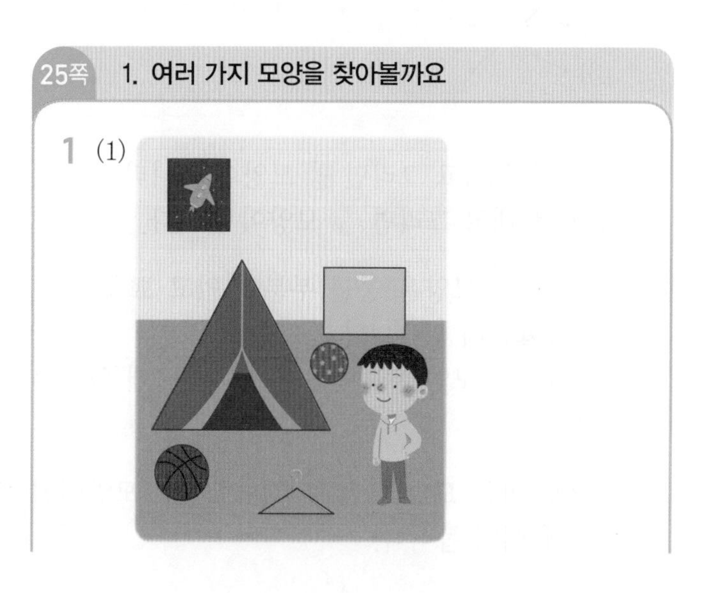

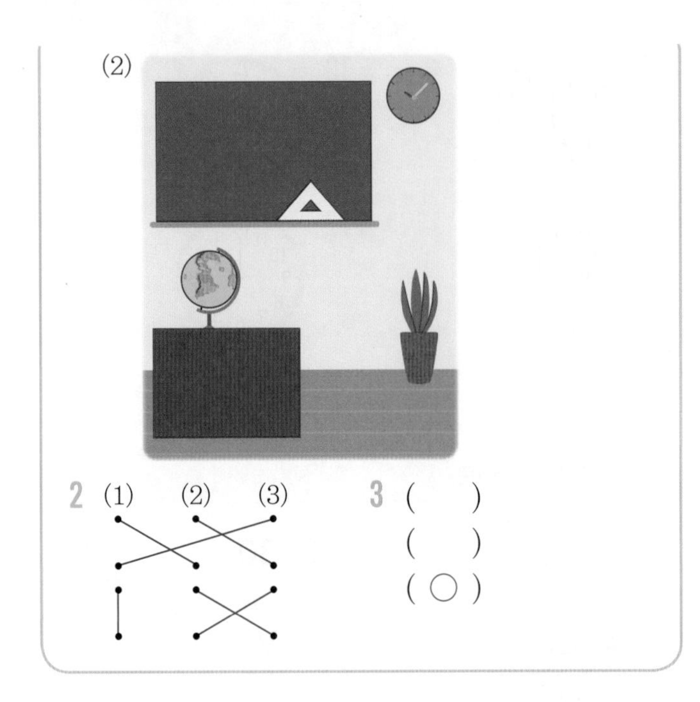

3 땅따먹기 그림에 ■ 모양과 ▲ 모양이 있습니다. 회전 놀이 기구에 ● 모양 1개가 있습니다.

26쪽 2. 여러 가지 모양을 알아볼까요

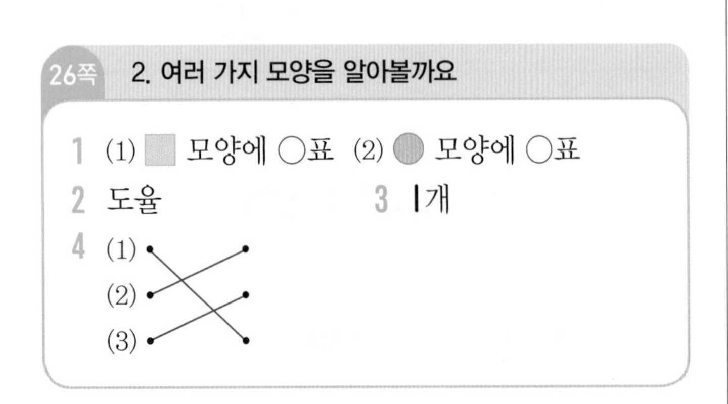

1 (1) 상자를 대고 그리면 ■ 모양이 됩니다.
(2) 캔을 대고 그리면 ● 모양이 됩니다.

2 • 리아: ■ 모양은 둥근 부분이 없고 뾰족한 부분이 4군데 있습니다.
• 규민: ▲ 모양은 뾰족한 부분이 3군데 있습니다.

4 몸으로 만든 모양의 안쪽 부분이 어떤 모양인지 알맞게 이어 봅니다.

27쪽 3. 여러 가지 모양으로 꾸며 볼까요

1 (1) ■ 모양: 버섯에 2개
▲ 모양: 버섯, 곰과 부엉이 얼굴에 3개
● 모양: 곰과 부엉이 얼굴, 사슴 몸에 9개
(2) ■ 모양: 물고기와 게의 몸에 3개
▲ 모양: 물고기 몸과 꼬리, 게 다리에 4개
● 모양: 거북이 등, 물고기와 게 눈에 8개

2 채점 가이드 ■, ▲, ● 모양을 각각 1개 이상 이용하여 물병을 꾸몄는지 확인합니다.

28쪽 4. 몇 시를 알아볼까요

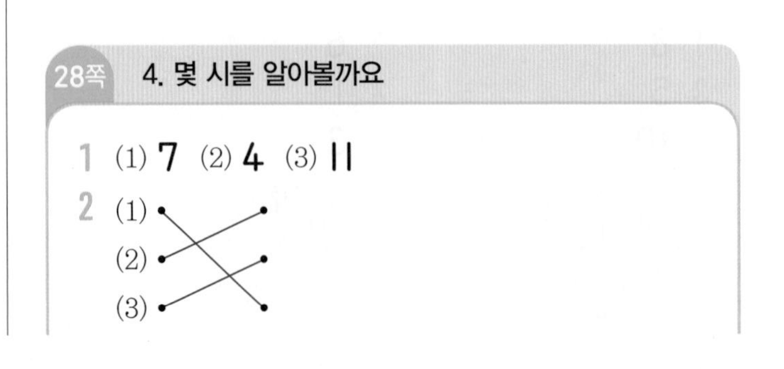

4 (1) 1시는 짧은바늘이 1을 가리키도록 그립니다.
(2) 8시는 짧은바늘이 8을 가리키도록 그립니다.

29쪽 5. 몇 시 30분을 알아볼까요

1 (1) 4, 30 (2) 10, 30

2 (1) ——
(2) ╳
(3)

3 (1) (2) (3)

4

3 (1) 2시 30분은 긴바늘이 6을 가리키도록 그립니다.
(2) 8시 30분은 긴바늘이 6을 가리키도록 그립니다.
(3) 9시 30분은 긴바늘이 6을 가리키도록 그립니다.

4 점심시간이 시작한 시각은 12시 30분이므로 긴바늘이 6을 가리키도록 그리고, 끝난 시각은 2시이므로 짧은바늘이 2를 가리키도록 그립니다.

4 덧셈과 뺄셈(2)

기초력 더하기

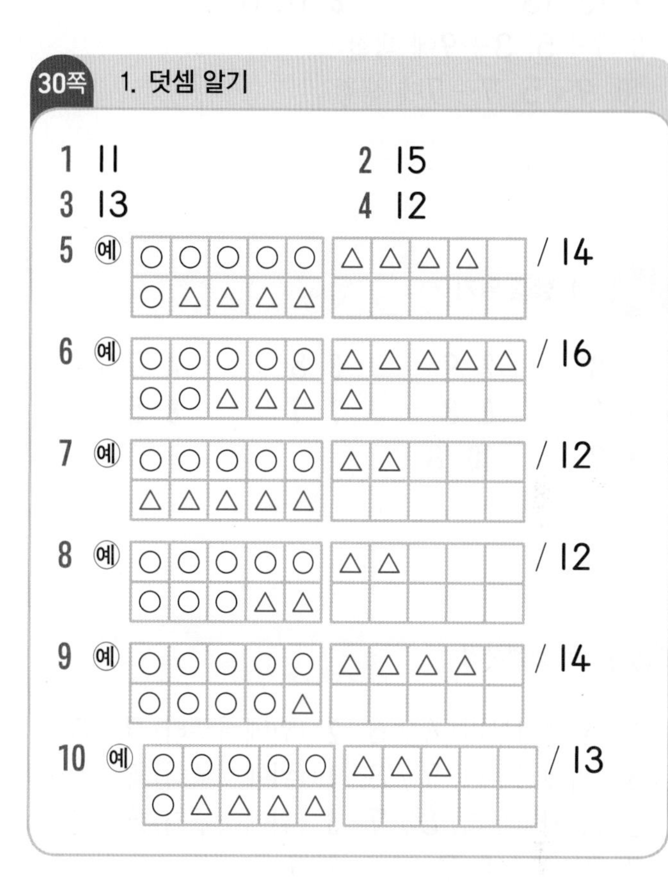

30쪽 1. 덧셈 알기

1 11 2 15
3 13 4 12
5 예 ○○○○○ △△△△ / ○△△△△ / 14
6 예 ○○○○○ △△△△△ / ○○△△△ △ / 16
7 예 ○○○○○ △△ / △△△△△ / 12
8 예 ○○○○○ △△ / ○○○△△ / 12
9 예 ○○○○○ △△△△ / ○○○○△ / 14
10 예 ○○○○○ △△△ / ○△△△△ / 13

31쪽 2. 덧셈하기

1 (위에서부터) 13 / 3
2 (위에서부터) 12 / 1
3 (위에서부터) 12 / 3
4 (위에서부터) 11 / 4
5 (위에서부터) 14 / 1
6 (위에서부터) 13 / 3
7 12 8 15 9 16
10 16 11 13 12 17
13 11 14 11 15 14

기본 강화책

4 단원

32쪽 3. 여러 가지 덧셈

1 11, 12, 13, 14　2 12, 13, 14, 15
3 14, 13, 12, 11　4 17, 16, 15, 14
5 17, 17　6 13, 13
7 13, 13　8 11, 11
9 $7+5$, $3+9$에 색칠
10 $9+5$, $7+7$에 색칠

33쪽 4. 뺄셈 알기

1 8　2 9　3 8　4 7
5 6　6 8　7 7　8 5
9 9　10 8

34쪽 5. 뺄셈하기

1 (위에서부터) 4 / 6　2 (위에서부터) 7 / 3
3 (위에서부터) 7 / 3　4 (위에서부터) 4 / 1
5 (위에서부터) 8 / 7　6 (위에서부터) 4 / 2
7 8　8 7　9 9
10 7　11 5　12 6
13 3　14 7　15 6

35쪽 6. 여러 가지 뺄셈

1 6, 5, 4, 3　2 6, 7, 8, 9
3 9, 9, 9, 9　4 8, 8, 8, 8
5 $15-9$, $14-8$에 ○표
6 $12-5$, $13-6$에 ○표
7 $12-7$, $14-9$에 ○표
8 $13-9$, $11-7$에 ○표
9 $13-5$, $15-7$에 ○표
10 $14-7$, $16-9$에 ○표

수학익힘 다잡기

36쪽 1. 덧셈을 알아볼까요

1 11　2 12　3 6, 14 / 14
4 7, 7, 14 / 14
5 (1) (주사위 8, 4) / 12 / 4, 12
(2) (주사위 5, 6) / 11 / 6, 11
(3) (주사위 6, 7) / 13 / 7, 13

4 리아가 모은 유리병은 현우와 같은 개수인 7개이므로 유리병은 모두 $7+7=14$(개)입니다.

5 (1) $9+3=12$이므로 8과 더해 12가 되려면 점을 4개 그려야 합니다. ➜ $8+4=12$
(2) $7+4=11$이므로 5와 더해 11이 되려면 점을 6개 그려야 합니다. ➜ $5+6=11$
(3) $5+8=13$이므로 6과 더해 13이 되려면 점을 7개 그려야 합니다. ➜ $6+7=13$

37쪽 2. 덧셈을 해 볼까요

1 (위에서부터) (1) 12 / 2 (2) 12 / 2
2 (1) 11 (2) 15
3 6, 9, 15 / 15개
4 11 / 예 9, 3, 12
5 5, 6, 11(또는 6, 5, 11) / 8, 9, 17(또는 9, 8, 17)
6 예 '기차'에 ○표, '나무'에 ○표 / 4, 8, 12

4 $9+2=11$, $4+8=12$, $7+8=15$, $9+6=15$로도 만들 수 있습니다.
채점 가이드 각 색깔의 칸에서 고른 수로 덧셈식을 만들었는지 확인합니다.

5 합이 가장 작은 덧셈식은 가장 작은 수 5와 두 번째로 작은 수 6을 더합니다.
합이 가장 큰 덧셈식은 가장 큰 수 9와 두 번째로 큰 수 8을 더합니다.

6 휴지심을 12개 사용하는 경우를 찾습니다.
기차와 나무: $4+8=12$(개),
성과 성: $6+6=12$(개)

38쪽 3. 여러 가지 덧셈을 해 볼까요

1 (1) 12, 13, 14, 15 (2) 13, 13 (3) 11, 8
2 (1) 8 (2) 9
3 13, 15, 14, 12
4

6+9	9+5	6+7
8+6	7+8	9+6
5+8	5+9	8+5

4 • $7+6=13$ → $6+7$, $5+8$, $8+5$에 ○표
• $7+7=14$ → $9+5$, $8+6$, $5+9$에 △표
• $8+7=15$ → $6+9$, $7+8$, $9+6$에 □표

39쪽 4. 뺄셈을 알아볼까요

1 6
2 '선인장'에 ○표, 5
3 16, 7, 9 / 9잔
4 14, 6, 8 / 8개
5 7개

5 연서가 사용하고 남은 구슬: $17-9=8$(개)
$15-8=7$이므로 현우가 사용한 구슬은 7개입니다.

40쪽 5. 뺄셈을 해 볼까요

1 (1) 10 (2) 10
2 (위에서부터) (1) 9 / 1 (2) 7 / 3
3 (1) (2) (3) (4)
4 14, 8, 6 / 6권
5 6 / 예 14, 9, 5
6 15, 6, 9 / 12, 9, 3

5 $13-8=5$, $14-8=6$, $14-5=9$로도 만들 수 있습니다.
채점 가이드 각 색깔의 칸에서 고른 수로 뺄셈식을 만들었는지 확인합니다.

6 차가 가장 크려면 주황색 카드 중 더 큰 수에서 초록색 카드 중 더 작은 수를 빼야 하므로 $15-6=9$입니다.
차가 가장 작으려면 주황색 카드 중 더 작은 수에서 초록색 카드 중 더 큰 수를 빼야 하므로 $12-9=3$입니다.

기본 강화책

4 단원

41쪽 6. 여러 가지 뺄셈을 해 볼까요

1 (왼쪽에서부터) (1) 8, 7, 6 / 8, 7, 6
(2) 8, 7, 6 / 8, 7, 6
2 (위에서부터) 9, 8, 7, 6
3 (1) 12, 5, 7 / 12, 7, 5
(2) 16, 7, 9 / 16, 9, 7
4

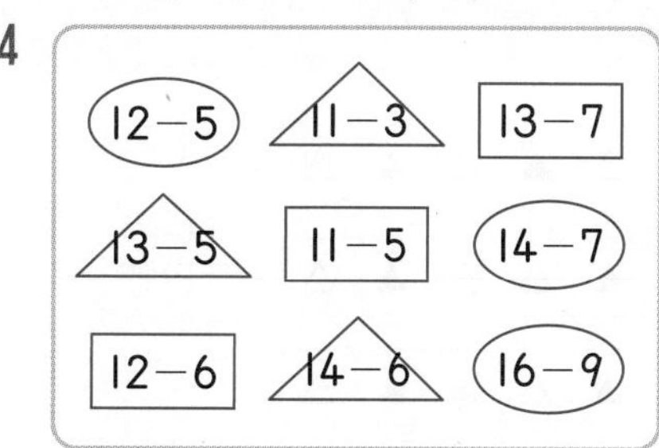

4 • $13-6=7$ → $12-5$, $14-7$, $16-9$에 ○표
• $12-4=8$ → $11-3$, $13-5$, $14-6$에 △표
• $14-8=6$ → $13-7$, $11-5$, $12-6$에 □표

5 규칙 찾기

기초력 더하기

42쪽 1. 규칙 찾기

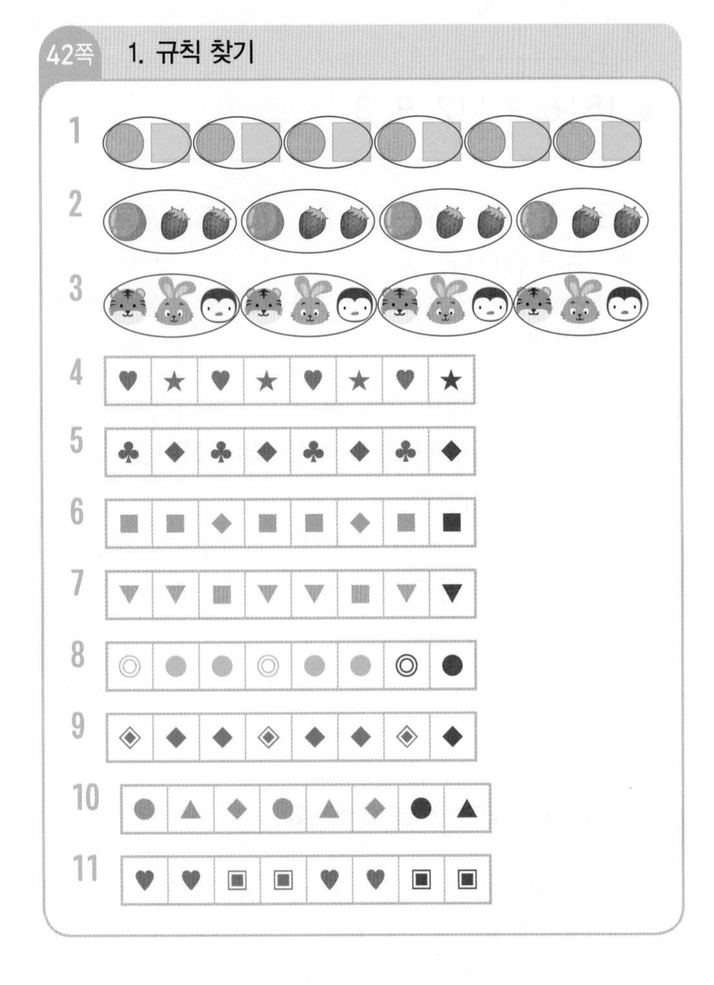

43쪽 2. 규칙 만들기

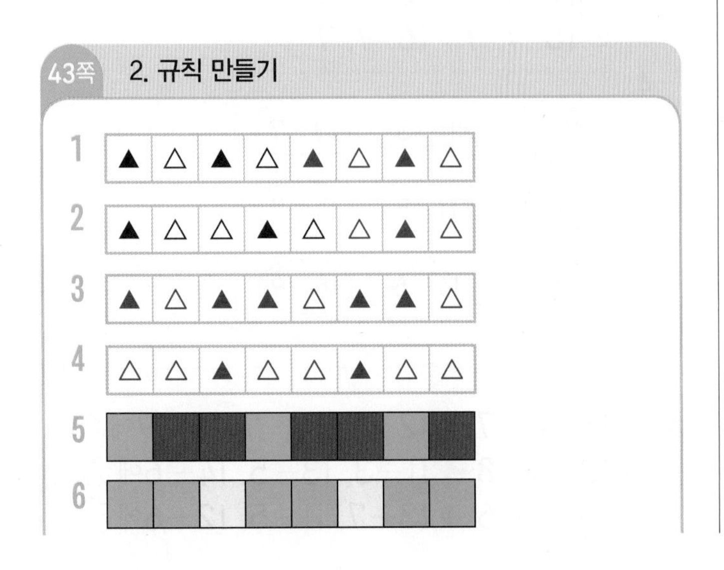

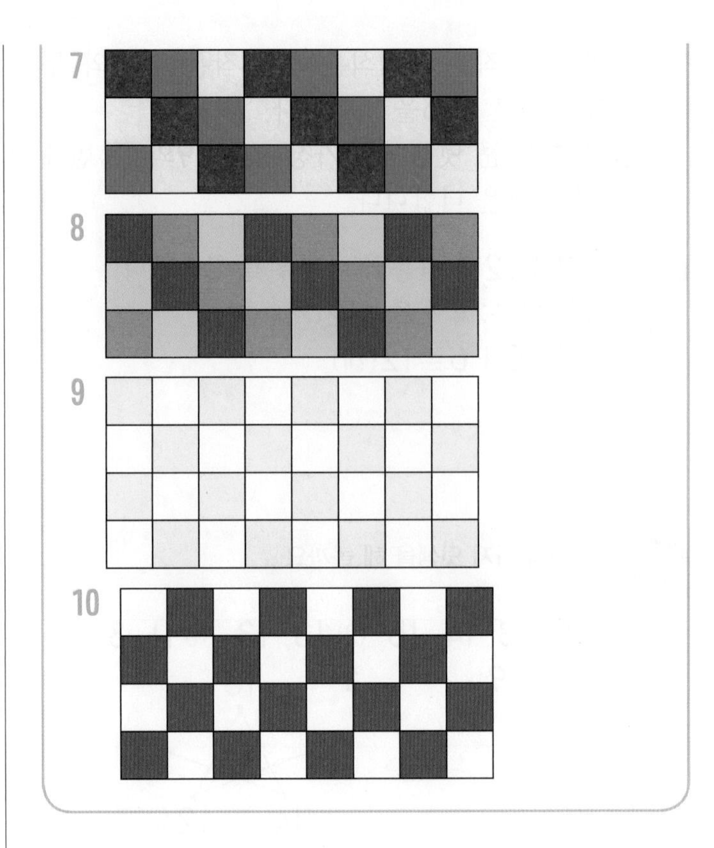

44쪽 3. 수 배열에서 규칙 찾기 / 수 배열표에서 규칙 찾기

1 8
2 9
3 8, 10
4 50, 10
5 35, 40
6 7, 4
7 55, 66
8 13, 21
9 19, 21, 23에 색칠
10 26, 29, 32에 색칠
11 40, 43에 색칠
12 31, 35에 색칠
13 40, 42, 44에 색칠
14 40, 43, 46, 49에 색칠

45쪽 4. 규칙을 여러 가지 방법으로 나타내기

1

○	△	○	△	○	△	○

2

○	○	△	○	○	△	○

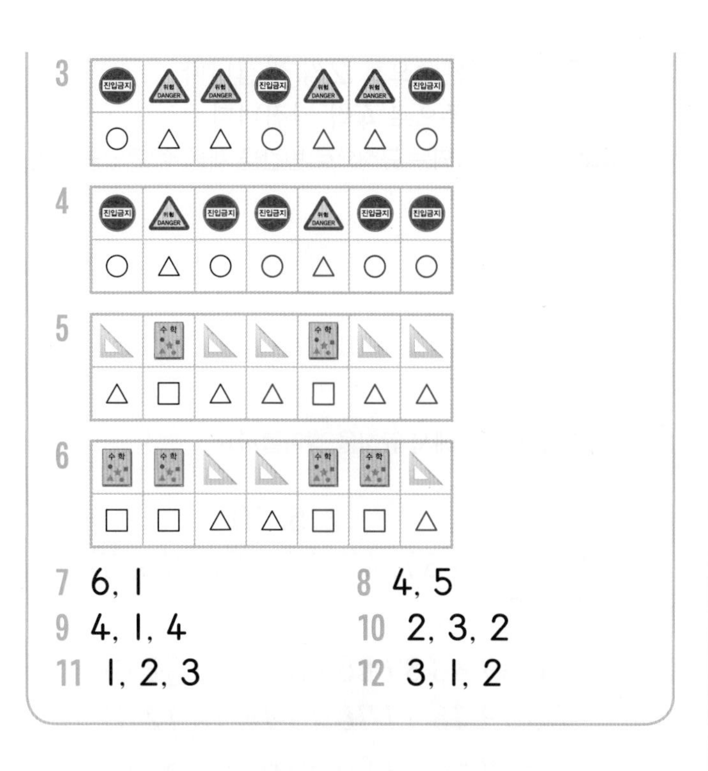

7 6, 1 8 4, 5
9 4, 1, 4 10 2, 3, 2
11 1, 2, 3 12 3, 1, 2

수학익힘 다잡기

46쪽 1. 규칙을 찾아볼까요

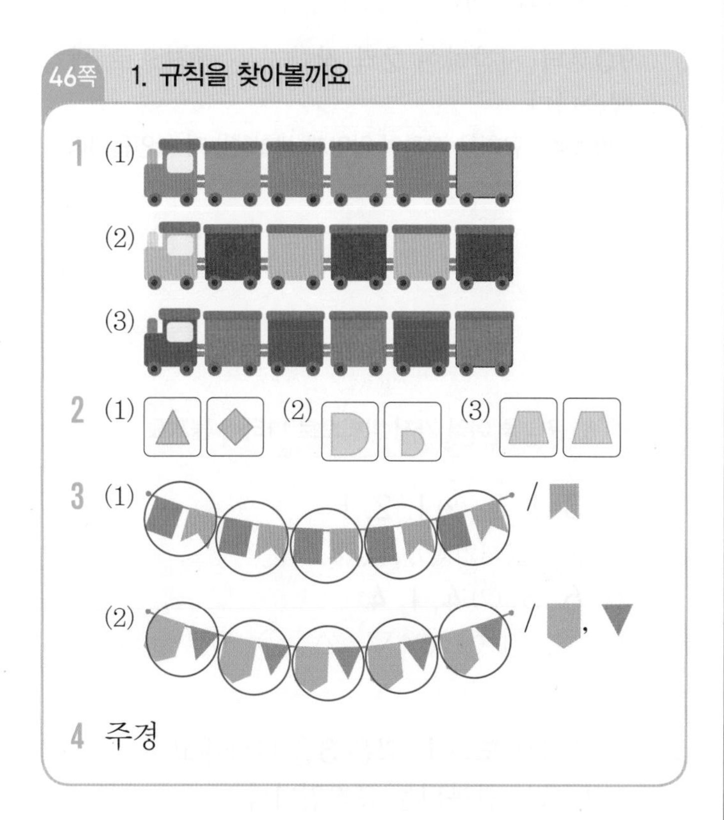

4 주경

4 연결 모형의 색이 보라색, 흰색, 보라색으로 반복됩니다.

47쪽 2. 규칙을 만들어 볼까요(1)

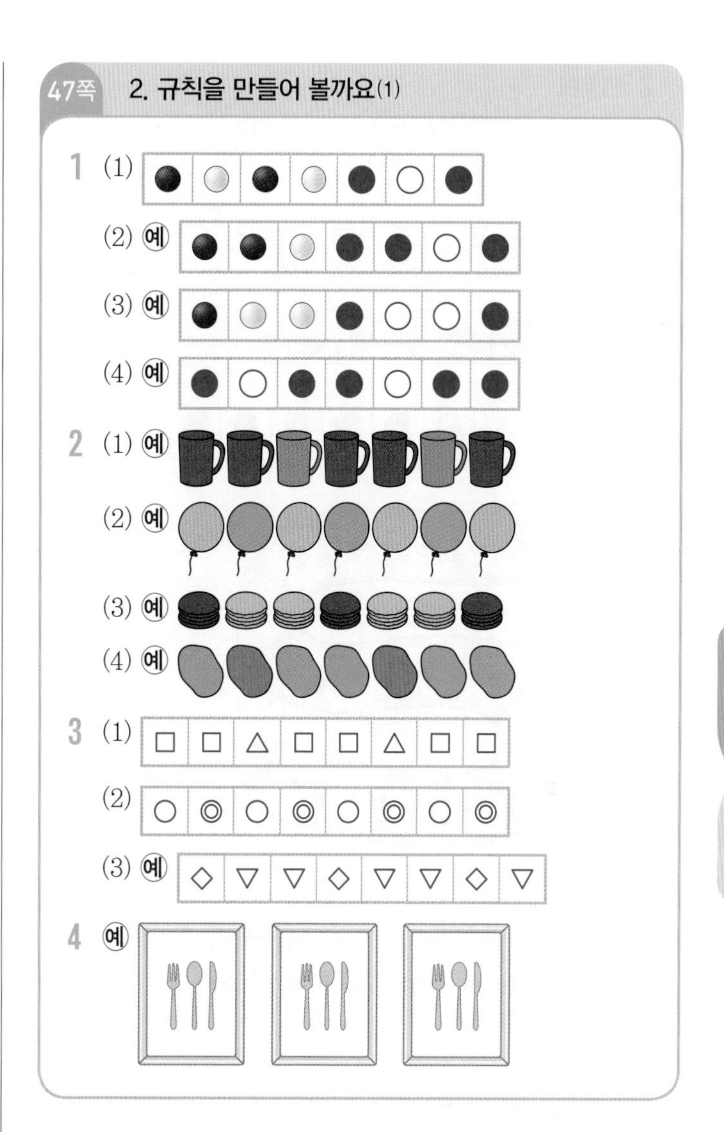

4 채점 가이드 규칙을 정해 3개의 쟁반에 숟가락, 포크, 나이프를 똑같이 그립니다.

48쪽 3. 규칙을 만들어 볼까요(2)

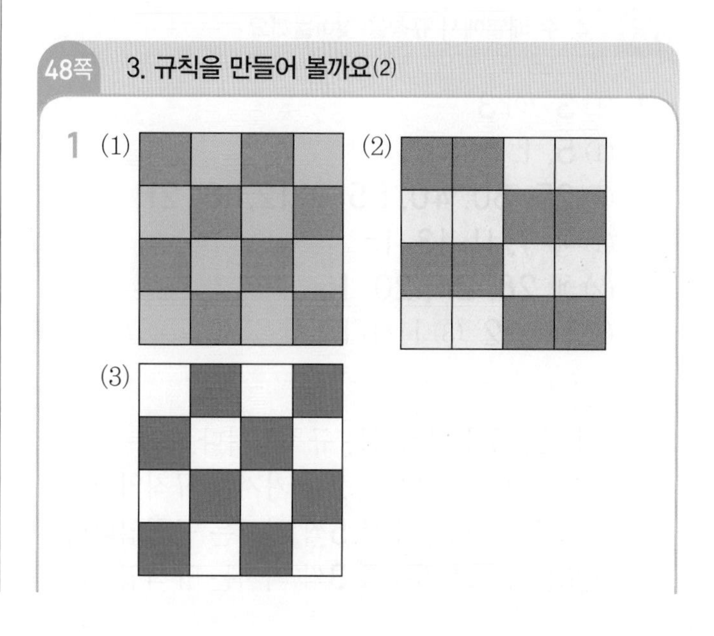

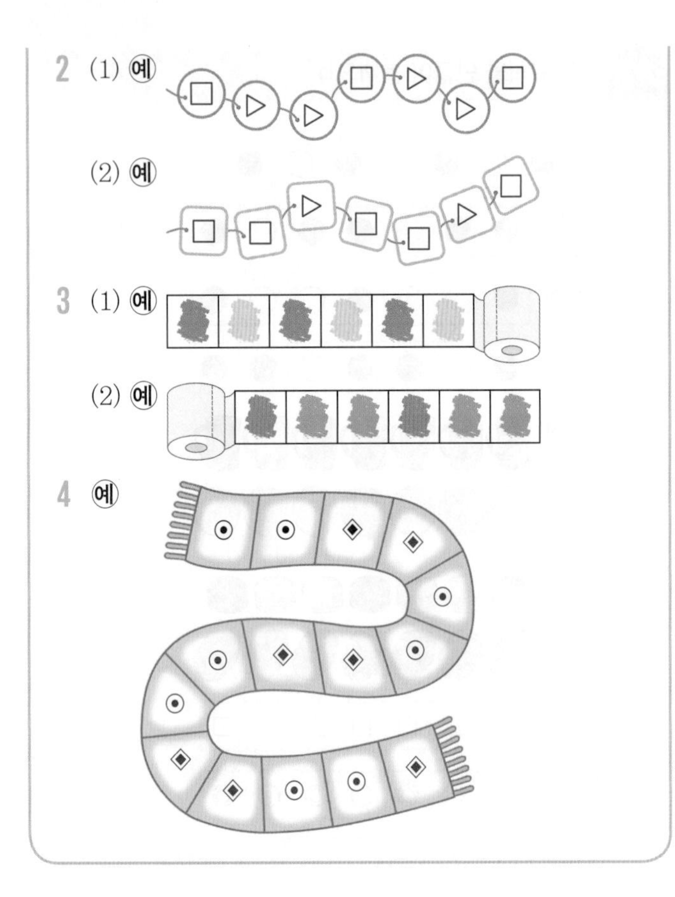

4 자신만의 규칙을 정해 무늬를 꾸며 봅니다.
채점 가이드 ⊙, ◈ 모양을 사용하여 반복되는 규칙을 만들었는지 확인합니다.

49쪽 4. 수 배열에서 규칙을 찾아볼까요

1 (1) 3 (2) 3
2 (1) 5, 1 (2) 10, 14
(3) 25, 30, 40, 55 (4) 12, 18, 21
3 (1) 예 9, 11, 13, 15
(2) 예 28, 24, 20, 16
4 (1) 1 (2) 2 (3) 1 (4) 1

2 (1) 1, 3, 5가 반복되는 규칙입니다.
(2) 오른쪽으로 갈수록 2씩 커지는 규칙입니다.
(3) 오른쪽으로 갈수록 5씩 커지는 규칙입니다.
(4) 오른쪽으로 갈수록 3씩 커지는 규칙입니다.

3 (1) 3부터 오른쪽으로 2씩 커집니다.
(2) 4부터 왼쪽으로 4씩 커집니다.
참고 수가 반복되는 규칙으로 빈칸을 채울 수도 있습니다.

50쪽 5. 수 배열표에서 규칙을 찾아볼까요

1 61, 1 2 5, 10
3 (위에서부터) 37, 47, 57 / 72, 73, 74
4 32, 35
5 예

90	89	88	87	86	85	84	83	82	81
80	79	78	77	76	75	74	73	72	71
70	69	68	67	66	65	64	63	62	61

6 3, '커지고'에 ○표 / 1, '작아집니다'에 ○표

4 → 방향으로 1씩 커지고, ↓ 방향으로 5씩 커지는 규칙입니다.

5 90부터 시작하여 2씩 작아지는 규칙으로 색칠했습니다.
채점 가이드 규칙을 정하여 알맞게 색칠했는지 확인합니다.

51쪽 6. 규칙을 여러 가지 방법으로 나타내 볼까요

1 (1) 3, 1, 3 (2) 1, 2, 1
2 (1) ×, ○ (2) ○, ×, ×
3 (1) 6, 3 (2) 4, 1, 4
4 (1) ○, □, ○ (2) ▽, △, ○, ▽

1 (1) 윷에서 도는 1, 걸은 3을 나타내고 1, 3이 반복되는 규칙입니다.
(2) 윷에서 개는 2, 도는 1을 나타내고, 2, 1이 반복되는 규칙입니다.

6 덧셈과 뺄셈(3)

기초력 더하기

52쪽 1. (몇십몇)+(몇)

1 91	2 78	3 45
4 19	5 65	6 29
7 55	8 47	9 39
10 23	11 72	12 57
13 29	14 89	15 98
16 47	17 57	18 76

53쪽 2. (몇십)+(몇십)

1 30	2 50	3 70
4 60	5 80	6 40
7 60	8 60	9 90
10 70	11 40	12 80
13 70	14 50	15 90
16 80	17 90	18 80

54쪽 3. (몇십몇)+(몇십몇)

1 78	2 56	3 67
4 57	5 33	6 79
7 68	8 64	9 89
10 79	11 57	12 93
13 38	14 65	15 89
16 84	17 78	18 93

55쪽 4. (몇십몇)−(몇)

1 52	2 14	3 72
4 32	5 23	6 62
7 91	8 47	9 83
10 12	11 54	12 61
13 34	14 45	15 23
16 42	17 73	18 81

56쪽 5. (몇십)−(몇십)

1 50	2 70	3 40
4 30	5 50	6 10
7 10	8 10	9 50
10 60	11 20	12 60
13 80	14 20	15 40
16 20	17 30	18 10

57쪽 6. (몇십몇)−(몇십몇)

1 34	2 62	3 35
4 36	5 74	6 51
7 25	8 43	9 53
10 32	11 15	12 41
13 36	14 24	15 42
16 45	17 22	18 31

58쪽 7. 덧셈과 뺄셈

1 34, 44, 54, 64
2 73, 73, 76, 76
3 55, 45, 35, 25
4 67, 66, 65, 64
5 $30+17=47$, $36-12=24$에 색칠
6 $48+21=69$, $39-15=24$에 색칠
7 $80-30=50$, $14+50=64$에 색칠
8 $40+30=70$, $97-47=50$에 색칠

수학익힘 다잡기

59쪽 1. 덧셈을 알아볼까요(1)

1 27
2 (1) 30, 60
(2) 40, 14, 54(또는 14, 40, 54)
3 16, 46 / 46마리 4 11, 25 / 25개
5 (1) (2) (3)

5 (1) $34+15=49$, $8+41=49$
(2) $12+26=38$, $17+21=38$
(3) $52+10=62$, $10+52=62$

60쪽 1. 덧셈을 알아볼까요(2)

1 13, 20, 33 / 33개
2 연서 3 91, 78, 46
4 36, 59

3 ■ 모양: $71+20=91$
▲ 모양: $26+52=78$
● 모양: $12+34=46$

4 나무에 숨겨 둔 도토리: $15+21=36$(개)
땅 속에 숨겨 둔 도토리: $28+31=59$(개)

61쪽 2. 빼셈을 알아볼까요(1)

1 21 2 (1) 20, 30 (2) 40, 20
3 23, 22 / 22장 4 25, 13 / 13개
5 (1) (2) (3)

62쪽 2. 뺄셈을 알아볼까요(2)

1 (1) (2) (3)
2 미나 3 11
4 31, 27

3 → 방향으로 1씩 커지고 ↓ 방향으로 10씩 커지는 규칙입니다.
㉠: 15, ㉡: 26 → $26-15=11$

4 남은 사과는 $45-14=31$(개),
남은 복숭아는 $38-11=27$(개)입니다.

63쪽 3. 덧셈과 뺄셈을 해 볼까요(1)

1 (1) 48, 58, 68, 78 (2) 69, 69, 67, 67
(3) 55, 45, 35, 25 (4) 48, 47, 46, 45
2 (1) 65, 75 (2) 64, 63, 62
3 예 47, 21, 68 / 47, 21, 26

3 빨간색 주머니와 연두색 주머니에서 수를 하나씩 골라 덧셈식과 뺄셈식을 만듭니다. 고른 수에 따라 다양한 답이 나올 수 있습니다.

64쪽 3. 덧셈과 뺄셈을 해 볼까요(2)

1 (1) 25, 45 (2) 26, 14, 12
2 (1) 56 (2) 25
3 $28+11=39$ / 39명
4 $36-14=22$ / 22번
5 (1) 37개 (2) 11개

1 (1) 검은색 바둑돌이 20개, 흰색 바둑돌이 25개이므로 모두 $20+25=45$(개)입니다.
(2) 흰색 바둑돌은 26개, 검은색 바둑돌은 14개이므로 흰색 바둑돌은 검은색 바둑돌보다 $26-14=12$(개) 더 많습니다.

큐브 개념

정답 및 풀이 | 초등 수학 1·2

연산 | 전 단원 연산을 다잡는 기본서

개념 | 교과서 개념을 다잡는 기본서

유형 | 모든 유형을 다잡는 기본서

큐브 찐-후기

시작만 했을 뿐인데 완북했어요!

시작만 했을 뿐인데 그 끝은 완북으로! 학습할 땐 힘들었지만 큐브 연산으로 기초를 튼튼하게 다지면서 새 학기 때 수학의 자신감은 덤으로 뿜뿜할 수 있을 듯 해요^^

초1중2민지사랑민찬

결과는 대성공! 공부 습관과 함께 자신감 얻었어요!

겨울방학 동안 공부 습관 잡아주고 싶었는데 결과는 대성공이었습니다. 다른 친구들과 함께한다는 느낌 때문인지 아이가 책임감을 느끼고 참여하는 것 같더라고요. 덕분에 공부 습관과 함께 수학 자신감을 얻었어요.

스리마미

아이 스스로 얻은 성취감이 커서 너무 좋습니다!

아이가 방학 중에 개념 공부를 마치고 수학이 세상에서 제일 싫었다가 이제는 좋아졌다고 하네요. 아이 스스로 얻은 성취감이 커서 너무 좋습니다. 자칭 수포자 아이와 함께 이렇게 쉽게 마친 것도 믿어지지 않네요.

초5 초3 유유

엄마표 학습에 동영상 강의가 도움이 되었어요!

동영상 강의가 있어서 설명을 듣고 개념 정리 문제를 풀어보니 보다 쉽게 이해할 수 있었어요. 엄마표로 진행하는 거라 엄마인 저도 막히는 부분이 있었는데 동영상 강의가 많은 도움이 되었네요.

3학년 칭칭맘

자세한 개념 설명 덕분에 부담없이 할 수 있어요!

처음에는 할 수 있을까 욕심을 너무 부리는 건 아닌가 신경 쓰였는데, 선행용, 예습용으로 하기에 입문하기 좋은 난이도와 자세한 개념 설명 덕분에 아이가 부담없이 할 수 있었던 거 같아요~

초5워킹맘

심리적으로 수학과 가까워진 거 같아서 만족해요!

아이는 처음 배우는 개념을 정독한 후 문제를 풀다 보니 부담감 없이 할 수 있었던 것 같아요. 매일 아이가 제일 먼저 공부하는 책이 큐브였어요. 그만큼 심리적으로 수학과 가까워진 거 같아서 만족스러워요.

초2 산들바람

수학 개념을 제대로 잡을 수 있어요!

처음에는 어려웠던 개념들도 차분히 문제를 풀어보면서 자신감을 얻은 거 같아서 아이도 엄마도 즐거웠답니다. 6주 동안 큐브 개념으로 4학년 1학기 수학 개념을 제대로 잡을 수 있어서 너무 뿌듯했어요.

초4초6 너굴사랑